安全衛生法要覧

改訂第6版

建設労務安全研究会 編

労働新聞社

はじめに

　労働安全衛生法は、昭和47年、快適な職場環境の形成を促進し、労働者の安全と健康を確保することを目的として制定されて以来、数次の改正を経て現在に至っております。この間、労働災害は着実に減少してまいりました。これは、この法律に基づくルールの厳守と労働災害防止活動が定着し、合わせて工事関係者の創意工夫と絶ゆまぬ努力が実を結んだ結果であると思われます。

　さて、平成16年に初版を発行した本書は、現場実務者が法令を容易に理解できるようにイラストを多用して解説を加え、具体的な安全対策書として編さんしたものですが、内容を絶えず最新のものとするため、この度、当研究会によって法令全般の見直しを行い、主要な関連通達の要旨を新たに追加いたしました。

　本書が、建設工事に携わる皆様に広く活用され、労働災害の絶滅と安全で安心して働きやすい環境づくりのために役立つことができれば幸いです。

令和3年10月

　　　　　　　建設労務安全研究会　理事長　　本多　敦郎

目　次

Ⅲ　労働安全衛生規則　安全基準

Ⅳ　労働安全衛生規則　衛生基準

V　労働安全衛生規則　特別規制

VI　クレーン等安全規則

VII　粉じん障害防止規則

I 労働安全衛生法

1. 総　則
2. 安全衛生管理体制
3. 労働者の危険又は健康障害を防止するための措置
4. 機械等並びに危険物及び有害物に関する規制
5. 労働者の就業に当たっての措置
6. 健康の保持増進のための措置
7. 免　許　等
8. 監　督　等

1. 総　則

目的、定義等

この章は本法の総則として、目的、定義、事業者等の責務、建設業にみられる共同企業体における事業者義務の特例について定めている。

目　的	**第1条**　この法律は、労働基準法（昭和22年法律第49号）と相まって、労働災害の防止のための危害防止基準の確立、責任体制の明確化及び自主的活動の促進の措置を講ずる等その防止に関する総合的計画的な対策を推進することにより職場における労働者の安全と健康を確保するとともに、快適な職場環境の形成を促進することを目的とする。
定　義	**第2条**　この法律において、次の各号に掲げる用語の意義は、それぞれ当該各号に定めるところによる。 　一　労働災害　労働者の就業に係る建設物、設備、原材料、ガス、蒸気、粉じん等により、又は作業行動その他業務に起因して、労働者が負傷し、疾病にかかり、又は死亡することをいう。 　二　労働者　労働基準法第9条に規定する労働者（同居の親族のみを使用する事業又は事務所に使用される者及び家事使用人を除く）をいう。 　三　事業者　事業を行う者で、労働者を使用するものをいう。 　三の2　化学物質　元素及び化合物をいう。 　四　作業環境測定　作業環境の実態をは握するため空気環境その他の作業環境について行うデザイン、サンプリング及び分析（解析を含む。）をいう。
事業者等の責務	**第3条**　事業者は、単にこの法律で定める労働災害の防止のための最低基準を守るだけでなく、快適な職場環境の実現と労働条件の改善を通じて職場における労働者の安全と健康を確保するようにしなければならない。また、事業者は、国が実施する労働災害の防止に関する施策に協力するようにしなければならない。 2　機械、器具その他の設備を設計し、製造し、若しくは輸入する者、原材料を製造し、若しくは輸入する者又は建設物を建設し、若しくは設計する者は、これらの物の設計、製造、輸入又は建設に際して、これらの物が使用されることによる労働災害の発生の防止に資するように努めなければならない。 3　建設工事の注文者等仕事を他人に請け負わせる者は、施工方法、工期等について安全で衛生的な作業の遂行をそこなうおそれのある条件を附さないように配慮しなければならない。
労働者の責務	**第4条**　労働者は、労働災害を防止するため必要な事項を守るほか、事業者その他の関係者が実施する労働災害の防止に関する措置に協力するように努めなければならない。
事業者に関する規定の適用	**第5条**　二以上の建設業に属する事業の事業者が、一の場所において行われる当該事業の仕事を共同連帯して請け負った場合においては、厚生労働省令で定めるところにより、そのうちの1人を代表者として定め、これを都道府県労働局長に届け出なければならない。 2　前項の規定による届出がないときは、都道府県労働局長が代表者を指名する。 3　前2項の代表者の変更は、都道府県労働局長に届け出なければ、その効力を生じない。 4　第1項に規定する場合においては、当該事業を同項又は第2項の代表者のみの事業と、当該代表者のみを当該事業の事業者と、当該事業の仕事に従事する労働者を当該代表者のみが使用する労働者とそれぞれみなして、この法律を適用する。

労働安全衛生法の目的と事業者の責務

事業者の責務 ─法第3条─

労働安全衛生法で定める労働災害防止のための最低基準を守るの
はもちろんのこと、快適な職場環境、労働条件の改善を通じて労
働者の安全と健康を確保するよう措置を講じる必要がある。

事業者の責務を履行する流れ

| 計画 | 店社における総合的な
安全衛生管理計画を作成 | ← | ・安全衛生の基本方針
・安全衛生の目標
・労働災害防止対策の重点事項等 |

| 実施 | 安全衛生管理計画で策定された計画事項を適宜実施する
①安全大会の開催 ②安全週間等の推進 ③社員安全教育の実施、その他 |

| 点検 | 店社パトロール等 |

| 改善 | 安全衛生委員会等 |

・労働者の安全と健康

・快適な職場環境の形成

工事安全衛生管理計画書の作成

目的：個別工事の労働災害防止、快適な職場環境
とするために工事毎の安全衛生管理計画書を作成
し、実施運営する必要がある。
1. 工事安全衛生管理の基本方針
2. 安全衛生の目標
3. 労働災害防止対策の重点事項
4. 工程別安全衛生管理計画
5. 安全衛生活動計画
6. 安全衛生管理組織　等

2．安全衛生管理体制

① 個別企業の安全衛生管理体制

　労働災害を防止する最大の責任は事業者にあり、企業の自主的な努力なくしては、労働災害は絶滅できない。この意味で、企業としての安全衛生管理に関する責任体制を確立することにより自主的活動を促進させることを、この法律の目的に掲げている。

　この章では次の2とおりの安全衛生管理体制を掲げている。

　①　個別企業の使用従属関係における安全衛生管理体制（店社安全衛生管理体制）

　②　下請混在作業関係における安全衛生管理体制（混在する作業場の安全衛生管理体制）

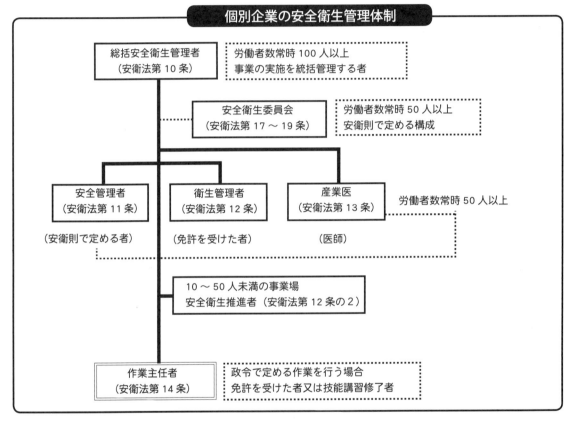

個別企業の安全衛生管理体制

	適用範囲	資格要件	業務内容
総括安全衛生管理者 法10 令2 則2・3・3の2	常時100人以上の労働者を使用する事業場（建設業の場合）（「常時…以上の労働者を使用する」とは、臨時的労働者の数を含めて、常態として使用する労働者の数が当該数以上であることをいう）	その事業を実質的に統括する権限と責任ある者（工場長、作業所長等）	○安全管理者、衛生管理者、救護技術管理者に対する指揮 ○労働者の危険又は健康障害を防止するための措置 ○労働者の安全又は衛生のための教育の措置 ○健康診断の実施その他健康の保持増進の措置 ○労働災害の原因調査及び再発防止対策の措置 ○安全衛生に関する方針の表明 ○危険性又は有害性等の調査及びその結果に基づき講ずる措置

	適用範囲	資格要件	業務内容
			○安全衛生に関する計画の作成、実施、評価及び改善
安全管理者 法 11 令 3 則 4 ～ 6	常時 50 人以上の労働者を使用する事業場	次のいずれかに該当する者で、厚生労働大臣が定める研修を修了したもの。 ○大学・高専理科系卒業後、2年以上の実務経験のある者 ○高校の理科系卒業後、4年以上の実務経験のある者 ○労働安全コンサルタント ○その他（大臣告示）	○総括安全衛生管理者が総括管理すべき業務のうち安全に係る技術的事項 ○作業場等を巡視し、設備、作業方法等に危険のおそれがあるときの必要な措置
衛生管理者 法 12 令 4 則 7 ～ 12	常時 50 人以上の労働者を使用する事業場	○医師　　○歯科医師 ○労働衛生コンサルタント ○衛生管理の免許者 　建設業は第 1 種衛生管理者または衛生工学衛生管理者	○総括安全衛生管理者が管理すべき業務のうち衛生に係る技術的事項 ○毎週 1 回以上作業場等を巡視し、設備、作業方法又は衛生状態に有害のおそれのあるときの必要な措置
安全衛生推進者等 法 12 の 2 則 12 の 2 ～ 12 の 4	常時 10 人以上50 人未満の労働者を使用する事業場	（告示） ○大学又は高等専門学校を卒業した者で、その後 1 年以上安全衛生の実務に従事した経験を有する者 ○高等学校を卒業した者で、その後 3 年以上安全衛生の実務に従事した経験を有する者 ○5 年以上安全衛生の実務を従事した経験を有する者 ○労働局長が定める講習を修了した者	○労働者の危険又は健康障害を防止するための措置 ○労働者の安全又は衛生のための教育の実施 ○健康診断の実施その他健康保持増進のための措置 ○労働災害の原因の調査及び再発を防止するための措置 　　　　　　　　　　　　　　など
産業医等 法 13 ～ 　　13 の 3 令 5 則 13 ～ 15	常時 50 人以上の労働者を使用する事業場	○医師	○健康診断、面接指導、その他労働者の健康管理 ○衛生教育その他労働者の健康の保持増進を図るための措置で医学に関する専門的知識を必要するものに関すること ○労働者の健康障害の原因調査及び再発防止のための医学的措置に関すること ○上記 3 項目について、総括安全衛生管理者に対する勧告、衛生管理者に対する指導、助言 ○作業場等を月1回（適正な情報提供があれば2月に1回）以上巡視し、作業方法又は衛生状態に有害のおそれがあるときの健康障害防止のための措置
作業主任者 法 14 令 6 則 16 ～ 18	政令（令6条）で定める作業	次のいずれかに該当する者で選任された者 ○都道府県労働局長の免許を受けた者 ○都道府県労働局長の登録を受けた者が行う技能講習を修了した者	○当該作業に従事する労働者の指揮その他の厚生労働省令で定める事項

	適用範囲	委員会構成・選任資格	審議事項・実施事項
安全委員会 法17 令8 則21、23	常時50人以上の労働者を使用する事業場（建設業の場合）	委員会の構成 ○総括安全衛生管理者（または事業の実施を統括管理する者） ○事業者が指名した安全管理者 ○当該事業場の労働者で安全に関して経験を有するもののうち事業者が指名した者（半数は過半数代表の推薦に基づき指名）	（調査審議事項） ○危険を防止するための基本となる対策 ○労働災害の原因及び再発防止対策で安全に係るものに関すること ○労働者の危険防止に関する重要事項（安全規定・安全教育実施計画の作成等） ○危険性又は有害性等の調査及びその結果に基づき講ずる措置のうち、安全に係るものに関すること ○安全衛生に関する計画の作成、実施、評価及び改善に関すること
衛生委員会 法18 令9 則22～23	常時50人以上の労働者を使用する事業場	○総括安全衛生管理者（または事業の実施を統括管理する者） ○事業者が指名した衛生管理者 ○当該事業場の労働者で、衛生に関して経験を有するもののうち事業者が指名した者（半数は過半数代表の推薦に基づき指名） ○産業医、作業環境測定士を事業者は委員に指名できる	○健康障害を防止するための基本となる対策 ○労働災害の原因及び再発防止対策で衛生に係るものに関すること ○労働者の健康障害防止に関する重要事項（衛生規程・衛生教育実施計画・健診結果等に基づく対策・健康保持増進措置の作成等） ○危険性又は有害性等の調査及びその結果に基づき講ずる措置のうち衛生に関すること ○長時間にわたる労働による労働者の健康障害防止を図るための対策の樹立に関すること ○労働者の精神的健康の保持増進を図るための対策の樹立に関すること
安全衛生委員会 法19 令8、9 則21～23	（安全委員会、衛生委員会を設ける義務があるときは、両委員会の職務を合わせもつ委員会を、設けることができることを定めているものである）		

総括安全衛生管理者	第10条　事業者は、政令で定める規模の事業場ごとに、厚生労働省令で定めるところにより、総括安全衛生管理者を選任し、その者に安全管理者、衛生管理者又は第25条の2第2項の規定により技術的事項を管理する者の指揮をさせるとともに、次の業務を統括管理させなければならない。 一　労働者の危険又は健康障害を防止するための措置に関すること。 二　労働者の安全又は衛生のための教育の実施に関すること。 三　健康診断の実施その他健康の保持増進のための措置に関すること。 四　労働災害の原因の調査及び再発防止対策に関すること。 五　前各号に掲げるもののほか、労働災害を防止するため必要な業務で、厚生労働省令で定めるもの。 2　総括安全衛生管理者は、当該事業場においてその事業の実施を統括管理する者をもって充てなければならない。

	3　都道府県労働局長は、労働災害を防止するため必要があると認めるときは、総括安全衛生管理者の業務の執行について事業者に勧告することができる。
安全管理者	**第11条**　事業者は、政令で定める業種及び規模の事業場ごとに、厚生労働省令で定める資格を有する者のうちから、厚生労働省令で定めるところにより、安全管理者を選任し、その者に前条第1項各号の業務（第25条の2第2項の規定により技術的事項を管理する者を選任した場合においては、同条第1項各号の措置に該当するものを除く。）のうち安全に係る技術的事項を管理させなければならない。 2　労働基準監督署長は、労働災害を防止するため必要があると認めるときは、事業者に対し、安全管理者の増員又は解任を命ずることができる。
衛生管理者	**第12条**　事業者は、政令で定める規模の事業場ごとに、都道府県労働局長の免許を受けた者その他厚生労働省令で定める資格を有する者のうちから、厚生労働省令で定めるところにより、当該事業場の業務の区分に応じて、衛生管理者を選任し、その者に第10条第1項各号の業務（第25条の2第2項の規定により技術的事項を管理する者を選任した場合においては、同条第1項各号の措置に該当するものを除く。）のうち衛生に係る技術的事項を管理させなければならない。 2　前条第2項の規定は、衛生管理者について準用する。
安全衛生推進者等	**第12条の2**　事業者は、第11条第1項の事業場及び前条第1項の事業場以外の事業場で、厚生労働省令で定める規模のものごとに、厚生労働省令で定めるところにより、安全衛生推進者（第11条第1項の政令で定める業種以外の業種の事業場にあっては、衛生推進者）を選任し、その者に第10条第1項各号の業務（第25条の2第2項の規定により技術的事項を管理する者を選任した場合においては、同条第1項各号の措置に該当するものを除くものとし、第11条第1項の政令で定める業種以外の業種の事業場にあっては、衛生に係る業務に限る。）を担当させなければならない。
産業医等	**第13条**　事業者は、政令で定める規模の事業場ごとに、厚生労働省令で定めるところにより、医師のうちから産業医を選任し、その者に労働者の健康管理その他の厚生労働省令で定める事項（以下「労働者の健康管理等」という。）を行わせなければならない。 2　産業医は、労働者の健康管理等を行うのに必要な医学に関する知識について厚生労働省令で定める要件を備えた者でなければならない。 3　産業医は、労働者の健康管理等を行うのに必要な医学に関する知識に基づいて、誠実にその職務を行わなければならない。 4　産業医を選任した事業者は、産業医に対し、厚生労働省令で定めるところにより、労働者の労働時間に関する情報その他の産業医が労働者の健康管理等を適切に行うために必要な情報として厚生労働省令で定めるものを提供しなければならない。 5　産業医は、労働者の健康を確保するため必要があると認めるときは、事業者に対し、労働者の健康管理等について必要な勧告をすることができる。この場合において、事業者は、当該勧告を尊重しなければならない。 6　事業者は、前項の勧告を受けたときは、厚生労働省令で定めるところにより、当該勧告の内容その他の厚生労働省令で定める事項を衛生委員会又は安全衛生委員会に報告しなければならない。

	第13条の2　事業者は、前条第1項の事業場以外の事業場については、労働者の健康管理等を行うのに必要な医学に関する知識を有する医師その他厚生労働省令で定める者に労働者の健康管理等の全部又は一部を行わせるように努めなければならない。
	2　前条第4項の規定は、前項に規定する者に労働者の健康管理等の全部又は一部を行わせる事業者について準用する。この場合において、同条第4項中「提供しなければ」とあるのは、「提供するように努めなければ」と読み替えるものとする。
	第13条の3　事業者は、産業医又は前条第1項に規定する者による労働者の健康管理等の適切な実施を図るため、産業医又は同項に規定する者が労働者からの健康相談に応じ、適切に対応するために必要な体制の整備その他の必要な措置を講ずるように努めなければならない。
作業主任者	第14条　事業者は、高圧室内作業その他の労働災害を防止するための管理を必要とする作業で、政令で定めるものについては、都道府県労働局長の免許を受けた者又は都道府県労働局長の登録を受けた者が行う技能講習を修了した者のうちから、厚生労働省令で定めるところにより、当該作業の区分に応じて、作業主任者を選任し、その者に当該作業に従事する労働者の指揮その他の厚生労働省令で定める事項を行わせなければならない。
	第15条～第16条については20ページからの「建設現場安全衛生管理体制」の項参照。
安全委員会	第17条　事業者は、政令で定める業種及び規模の事業場ごとに、次の事項を調査審議させ、事業者に対し意見を述べさせるため、安全委員会を設けなければならない。 　一　労働者の危険を防止するための基本となるべき対策に関すること。 　二　労働災害の原因及び再発防止対策で、安全に係るものに関すること。 　三　前2号に掲げるもののほか、労働者の危険の防止に関する重要事項 2　安全委員会の委員は、次の者をもって構成する。ただし、第一号の者である委員（以下「第一号の委員」という。）は、1人とする。 　一　総括安全衛生管理者又は総括安全衛生管理者以外の者で当該事業場においてその事業の実施を統括管理するもの若しくはこれに準ずる者のうちから事業者が指名した者 　二　安全管理者のうちから事業者が指名した者 　三　当該事業場の労働者で、安全に関し経験を有するもののうちから事業者が指名した者 3　安全委員会の議長は、第一号の委員がなるものとする。 4　事業者は、第一号の委員以外の委員の半数については、当該事業場に労働者の過半数で組織する労働組合があるときにおいてはその労働組合、労働者の過半数で組織する労働組合がないときにおいては労働者の過半数を代表する者の推薦に基づき指名しなければならない。 5　前2項の規定は、当該事業場の労働者の過半数で組織する労働組合との間における労働協約に別段の定めがあるときは、その限度において適用しない。
衛生委員会	第18条　事業者は、政令で定める規模の事業場ごとに、次の事項を調査審議させ、事業者に対して意見を述べさせるため、衛生委員会を設けなければならない。 　一　労働者の健康障害を防止するための基本となるべき対策に関すること。 　二　労働者の健康の保持増進を図るための基本となるべき対策に関すること。 　三　労働災害の原因及び再発防止対策で、衛生に係るものに関すること。 　四　前3号に掲げるもののほか、労働者の健康障害の防止及び健康の保持増進に関する重要事項

	2　衛生委員会の委員は、次の者をもって構成する。ただし、第一号の者である委員は、1人とする。 　一　総括安全衛生管理者又は総括安全衛生管理者以外の者で当該事業場においてその事業の実施を統括管理するもの若しくはこれに準ずる者のうちから事業者が指名した者 　二　衛生管理者のうちから事業者が指名した者 　三　産業医のうちから事業者が指名した者 　四　当該事業場の労働者で、衛生に関し経験を有するもののうちから事業者が指名した者 3　事業者は、当該事業場の労働者で、作業環境測定を実施している作業環境測定士であるものを衛生委員会の委員として指名することができる。 4　前条第3項から第5項までの規定は、衛生委員会について準用する。この場合において、同条第3項及び第4項中「第一号の委員」とあるのは、「第18条第2項第一号の者である委員」と読み替えるものとする。
安全衛生委員会	第19条　事業者は、第17条及び前条の規定により安全委員会及び衛生委員会を設けなければならないときは、それぞれの委員会の設置に代えて、安全衛生委員会を設置することができる。 2　安全衛生委員会の委員は、次の者をもって構成する。ただし、第一号の者である委員は、1人とする。 　一　総括安全衛生管理者又は総括安全衛生管理者以外の者で当該事業場においてその事業の実施を統括管理するもの若しくはこれに準ずる者のうちから事業者が指名した者 　二　安全管理者及び衛生管理者のうちから事業者が指名した者 　三　産業医のうちから事業者が指名した者 　四　当該事業場の労働者で、安全に関し経験を有するもののうちから事業者が指名した者 　五　当該事業所の労働者で、衛生に関し経験を有するもののうちから事業者が指名した者 3　事業者は、当該事業場の労働者で、作業環境測定を実施している作業環境測定士であるものを安全衛生委員会の委員として指名することができる。 4　第17条第3項から第5項までの規定は、安全衛生委員会について準用する。この場合において、同条第3項及び第4項中「第一号の委員」とあるのは、「第19条第2項第一号の者である委員」と読み替えるものとする。
安全管理者等に対する教育等	第19条の2　事業者は、事業場における安全衛生の水準の向上を図るため、安全管理者、衛生管理者、安全衛生推進者、衛生推進者その他労働災害の防止のための業務に従事する者に対し、これらの者が従事する業務に関する能力の向上を図るための教育、講習等を行い、又はこれらを受ける機会を与えるように努めなければならない。 2　厚生労働大臣は、前項の教育、講習等の適切かつ有効な実施を図るため必要な指針を公表するものとする。 3　厚生労働大臣は、前項の指針に従い、事業者又はその団体に対し、必要な指導等を行うことができる。
国の援助	第19条の3　国は、第13条の2第1項の事業場の労働者の健康の確保に資するため、労働者の健康管理等に関する相談、情報の提供その他の必要な援助を行うように努めるものとする。

② 建設現場安全衛生管理体制

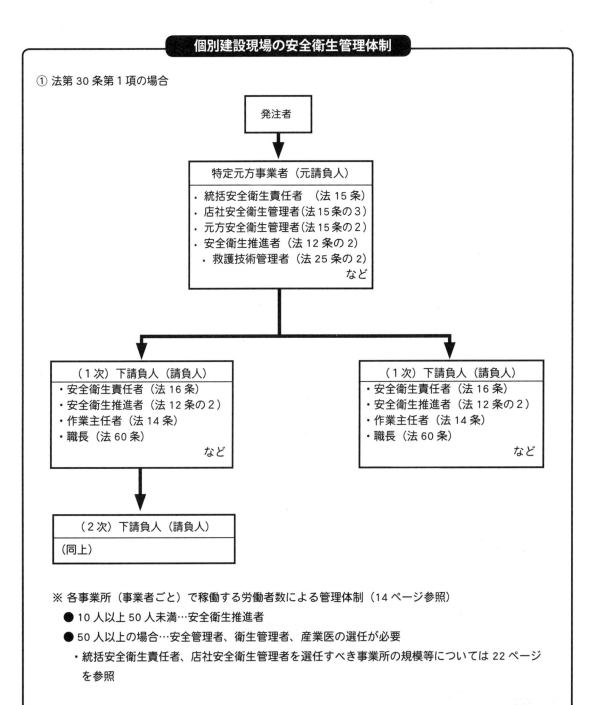

個別建設現場の安全衛生管理体制

① 法第 30 条第 1 項の場合

発注者

特定元方事業者（元請負人）
・ 統括安全衛生責任者　（法 15 条）
・ 店社安全衛生管理者（法 15 条の 3）
・ 元方安全衛生管理者（法 15 条の 2）
・ 安全衛生推進者　（法 12 条の 2）
・ 救護技術管理者（法 25 条の 2）
　　　　　　　　　　　　　　　など

（1 次）下請負人（請負人）
・安全衛生責任者（法 16 条）
・安全衛生推進者（法 12 条の 2）
・作業主任者（法 14 条）
・職長（法 60 条）
　　　　　　　　　　　　　　など

（1 次）下請負人（請負人）
・安全衛生責任者（法 16 条）
・安全衛生推進者（法 12 条の 2）
・作業主任者（法 14 条）
・職長（法 60 条）
　　　　　　　　　　　　　　など

（2 次）下請負人（請負人）
（同上）

※ 各事業所（事業者ごと）で稼働する労働者数による管理体制（14 ページ参照）

　● 10 人以上 50 人未満…安全衛生推進者

　● 50 人以上の場合…安全管理者、衛生管理者、産業医の選任が必要

　・統括安全衛生責任者、店社安全衛生管理者を選任すべき事業所の規模等については 22 ページ
　　を参照

② 法第 30 条第 2 項（前段）の場合

※ 発注者で特定元方事業者以外の者は、
1 の場所において行われる特定事業
（建設）の仕事を 2 以上の請負人に請
け負わせている場合で当該場所にお
いて請負人の労働者が混在して仕事
を行う場合に発注者が指名する。

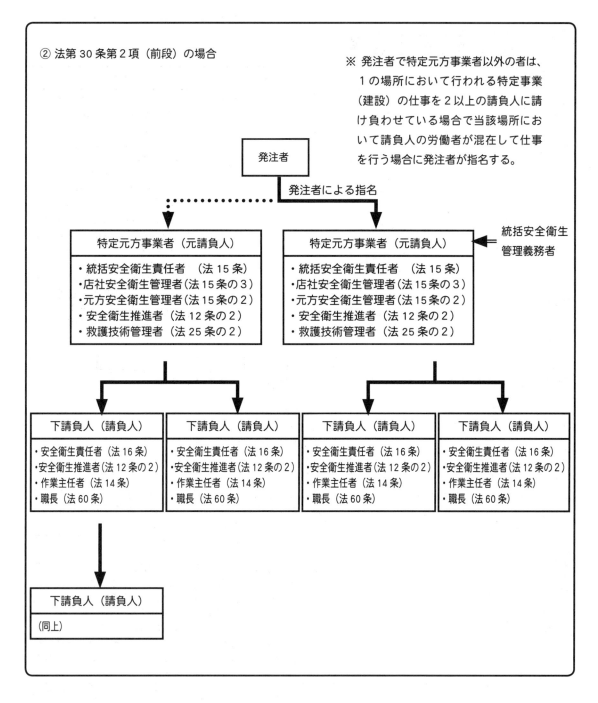

	適用範囲	資格要件	業務内容
統括安全衛生責任者 法 15 令 7 則 18 の 2 の 2	・同一の場所で、元請下請（重層下請の末端までを含む）合わせて常時 50 人以上の労働者が混在する現場 ・ずい道又は圧気工事を行う現場で常時 30 人以上 ・橋梁の建設の仕事等（作業場所が狭いこと等により安全な作業の遂行が損なわれるおそれのある場所として、厚生労働省で定める場所において行われるものに限る）で常時 30 人以上	・当該場所においてその事業を実質的に統括管理する者（工場長、作業所長等）	・特定元方事業者の講ずべき次の事項を統括管理させなければならない。 ① 協議組織の設置、運営 ② 作業間の連絡調整 ③ 作業場所の巡視 ④ 安全衛生教育の指導、援助 ⑤ 仕事の工程に関する計画及び作業場所における機械、設備等の配置に関する計画の作成 ⑥ その他必要事項 ・救護に関する事前の措置のうち技術的事項を管理する者の指揮、法第 25 条の 2 第 1 項各号の措置の統括管理
元方安全衛生管理者 法 15 の 2 則 18 の 3 ～ 5	・同上 （統括安全衛生責任者を選任した現場）	・大学、高専の理科系を卒業後 3 年以上建設工事の施工における安全衛生の実務経験を有する者 ・高校の理科系を卒業後 5 年以上建設工事の施工における安全衛生の実務を有する者 ・その他	同上の技術的事項
店社安全衛生管理者 法 15 の 3 則 18 の 6 ～ 8	・工事の種類別現場規模により選任	①大学又は高等専門学校を卒業した者でその後 3 年以上建設工事における安全衛生の実務に従事した経験を有する者 ②高等学校を卒業した者でその後 5 年以上建設工事の施工における安全衛生の実務に従事した経験を有する者 ③8 年以上建設工事の施工における安全衛生の実務に従事した経験を有する者	① 現場の統括安全衛生管理を担当する者に対する指導を行うこと。 ② 現場を毎月 1 回以上巡視すること ③ 現場において行われる建設工事の状況を把握すること ④ 現場の協議組織に随時参加すること ⑤ 仕事の工程に関する計画及び作業場所における機械、設備等の設置に関する計画を確認すること
救護技術管理者 法 25 の 2 令 9 の 2 則 24 の 3 ～ 9	・ずい道等の建設の仕事で出入口から 1000m 以上の場所で作業することとなるもの及び深さ 50m 以上となるたて坑の掘削を行うもの	・ずい道建設の仕事に 3 年以上従事した経験を有するもので厚生労働大臣の定める研修の修了者	・次の措置のうち技術的事項を管理する ① 労働者の救護に関し、必要な機械等の備え付け及び管理 ② 労働者の救護に関し、必要な事項についての訓練 ③ その他、爆発、火災等に備えて、労働者の救護に関し、必要な事項
	・ゲージ圧力 0.1 メガパスカル以上で行う圧気工事	・圧気工法の仕事に 3 年以上従事したもので厚生労働大臣の定める研修の修了者	

②関係請負人が選任する責任者

	適用範囲	資格要件	業務内容
安全衛生責任者 法 16 則 19	・元請において統括安全衛生責任者を選任すべき現場で仕事を行う関係請負人とは 1 次下請及び 2 次あるいは 3 次下請等の再下請業者の末端までを含む	・個別関係請負人ごとに当該事業場の労働者を統括する者 法定な資格要件ではないが、通達（平 12.3.28 基発第 179 号など）により「職長・安全衛生責任者教育カリキュラム」による教育を修了した者を選任するよう指導が行われている点にも留意	・統括安全衛生責任者との連絡及び統括安全衛生責任者から連絡を受けた事項の関係者への連絡

統括安全衛生責任者	第 15 条　事業者で、一の場所において行う事業の仕事の一部を請負人に請け負わせているもの（当該事業の仕事の一部を請け負わせる契約が 2 以上あるため、その者が 2 以上あることとなるときは、当該請負契約のうちの最も先次の請負契約における注文者とする。以下「元方事業者」という。）のうち、建設業その他政令で定める業種に属する事業（以下「特定事業」という。）を行う者（以下「特定元方事業者」という。）は、その労働者及びその請負人（元方事業者の当該事業の仕事が数次の請負契約によって行われるときは、当該請負人の請負契約の後次のすべての請負契約の当事者である請負人を含む。以下「関係請負人」という。）の労働者が当該場所において作業を行うときは、これらの労働者の作業が同一の場所において行われることによって生ずる労働災害を防止するため、統括安全衛生責任者を選任し、その者に元方安全衛生管理者の指揮をさせるとともに、第 30 条第 1 項各号の事項を統括管理させなければならない。ただし、これらの労働者の数が政令で定める数未満であるときは、この限りでない。 2　統括安全衛生責任者は、当該場所においてその事業の実施を統括管理する者をもって充てなければならない。 3　第 30 条第 4 項の場合において、同項のすべての労働者の数が政令で定める数以上であるときは、当該指名された事業者は、これらの労働者に関し、これらの労働者の作業が同一の場所において行われることによって生ずる労働災害を防止するため、統括安全衛生責任者を選任し、その者に元方安全衛生管理者の指揮をさせるとともに、同条第 1 項各号の事項を統括管理させなければならない。この場合においては、当該指名された事業者及び当該指名された事業者以外の事業者については、第 1 項の規定は、適用しない。 4　第 1 項又は前項に定めるもののほか、第 25 条の 2 第 1 項に規定する仕事が数次の請負契約によって行われる場合においては、第 1 項又は前項の規定により統括安全衛生責任者を選任した事業者は、統括安全衛生責任者に第 30 条の 3 第 5 項において準用する第 25 条の 2 第 2 項の規定により技術的事項を管理する者の指揮をさせるとともに、同条第 1 項各号の措置を統括管理させなければならない。 5　第 10 条第 3 項の規定は、統括安全衛生責任者の業務の執行について準用する。この場合において、同項中「事業者」とあるのは、「当該統括安全衛生責任者を選任した事業者」と読み替えるものとする。
元方安全衛生管理者	第 15 条の 2　前条第 1 項又は第 3 項の規定により統括安全衛生責任者を選任した事業者で、建設業その他政令で定める業種に属する事業を行うものは、厚生労働省令で定める資格を有する者のうちから、厚生労働省令で定めるところにより、元方安全衛生管理者を選任し、その者に第 30 条第 1 項各号の事項のうち技術的事項を管理させなければならない。

店社安全衛生管理者	2　第11条第2項の規定は、元方安全衛生管理者について準用する。この場合において、同項中「事業者」とあるのは、「当該元方安全衛生管理者を選任した事業者」と読み替えるものとする。 第15条の3　建設業に属する事業の元方事業者は、その労働者及び関係請負人の労働者が一の場所（これらの労働者の数が厚生労働省令で定める数未満である場所及び第15条第1項又は第3項の規定により統括安全衛生責任者を選任しなければならない場所を除く。）において作業を行うときは、当該場所において行われる仕事に係る請負契約を締結している事業場ごとに、これらの労働者の作業が同一の場所で行われることによって生ずる労働災害を防止するため、厚生労働省令で定める資格を有する者のうちから、厚生労働省令で定めるところにより、店社安全衛生管理者を選任し、その者に、当該事業場で締結している当該請負契約に係る仕事を行う場所における第30条第1項各号の事項を担当する者に対する指導その他厚生労働省令で定める事項を行わせなければならない。 2　第30条第4項の場合において、同項のすべての労働者の数が厚生労働省令で定める数以上であるとき（第15条第1項又は第3項の規定により統括安全衛生責任者を選任しなければならないときを除く。）は、当該指名された事業者で建設業に属する事業の仕事を行うものは、当該場所において行われる仕事に係る請負契約を締結している事業場ごとに、これらの労働者に関し、これらの労働者の作業が同一の場所で行われることによって生ずる労働災害を防止するため、厚生労働省令で定める資格を有する者のうちから、厚生労働省令で定めるところにより、店社安全衛生管理者を選任し、その者に、当該事業で締結している当該請負契約に係る仕事を行う場所における第30条第1項各号の事項を担当する者に対する指導その他厚生労働省令で定める事項を行わせなければならない。この場合においては、当該指名された事業者及び当該指名された事業者以外の事業者については、前項の規定は適用しない。

統括安全衛生責任者及び店社安全衛生管理者を選任すべき業種

選任すべき事業場（安衛令7条2項、安衛則18条の6）

区分	工事の種類 現場規模	20 ～ 30	30 ～ 50	50 ～ 労働者数（人）
①	ずい道等の建設の仕事	店社安全衛生管理者	統括安全衛生責任者	
②	圧気工法による作業を行う場合	店社安全衛生管理者	統括安全衛生責任者	
③	一定の橋梁の建設の仕事	店社安全衛生管理者	統括安全衛生責任者	
④	鉄骨造、鉄骨鉄筋コンクリート造の建築物の建設の仕事	店社安全衛生管理者		統括安全衛生責任者
⑤	その他の仕事			統括安全衛生責任者

注：1．区分①〜④の工事において、統括安全衛生責任者を選任して監督署に申出た場合は、店社安全衛生管理者を選任する必要はない（安衛則18条の6第2項）

　　2．区分①〜④の工事において、統括安全衛生責任者を選任した場合は専属の者とする
　　　「元方事業者による建設現場安全管理指針（平7．4.21　基発第267号の2）」

　　3．区分③の「一定の橋梁」とは、人口が集中している地域内の道路若しくは道路に隣接した場所や鉄道の軌道上、軌道に隣接した場所をいう（安衛則18条の2の2）

令第7条第2項第一号の厚生労働省令で定める場所	**安全衛生規則第18条の2の2** 令第7条第2項第一号の厚生労働省令で定める場所は、人口が集中している地域内における道路上若しくは道路に隣接した場所又は鉄道の軌道上若しくは軌道に隣接した場所とする。
店社安全衛生管理者の選任に係る労働者数等	**安全衛生規則第18条の6** 法第15条の3第1項及び第2項の厚生労働省令で定める労働者の数は、次の各号の仕事の区分に応じ、当該各号に定める数とする。 一 令第7条第2項第一号の仕事及び主要構造部が鉄骨造又は鉄骨鉄筋コンクリート造である建築物の建設の仕事 常時20人 二 前号の仕事以外の仕事 常時50人 2 建設業に属する事業の仕事を行う事業者であって、法第15条第2項に規定するところにより、当該仕事を行う場所において、統括安全衛生責任者の職務を行う者を選任し、並びにその者に同条第1項又は第3項及び同条第4項の指揮及び統括管理をさせ、並びに法第15条の2第1項の資格を有する者のうちから元方安全衛生管理者の職務を行う者を選任し、及びその者に同項の事項を管理させているもの（法第15条の3第1項又は第2項の規定により店社安全衛生管理者を選任しなければならない事業者に限る。）は、当該場所において同条第1項又は第2項の規定により店社安全衛生管理者を選任し、その者に同条第1項又は第2項の事項を行わせているものとする。
店社安全衛生管理者の資格	**安全衛生規則第18条の7** 法第15条の3第1項及び第2項の厚生労働省令で定める資格を有する者は、次のとおりとする。 一 学校教育法による大学又は高等専門学校を卒業した者（大学改革支援・学位授与機構により学士の学位を授与された者若しくはこれと同等以上の学力を有すると認められる者又は専門職大学前期課程を修了した者を含む。別表第5第1号の表及び別表第5第1号の2の表において同じ。）で、その後3年以上建設工事の施工における安全衛生の実務に従事した経験を有するもの 二 学校教育法による高等学校又は中等教育学校を卒業した者（学校教育法施行規則（昭和22年文部省令第11号）第150条に規定する者又はこれと同等以上の学力を有すると認められる者を含む。別表第5第一号の表及び第一号の2の表において同じ。）で、その後5年以上建設工事の施工における安全衛生の実務に従事した経験を有するもの 三 8年以上建設工事の施工における安全衛生の実務に従事した経験を有する者 四 前3号に掲げる者のほか、厚生労働大臣が定める者
店社安全衛生管理者の職務	**安全衛生規則第18条の8** 法第15条の3第1項及び第2項の厚生労働省令で定める事項は、次のとおりとする。 一 少なくとも毎月1回法第15条の3第1項又は第2項の労働者が作業を行う場所を巡視すること。 二 法第15条の3第1項又は第2項の労働者の作業の種類その他作業の実施の状況を把握すること。 三 法第30条第1項第一号の協議組織の会議に随時参加すること。 四 法第30条第1項第五号の計画に関し同号の措置が講ぜられていることについて確認すること。

③　安全衛生責任者の職務

安全衛生責任者	第16条　第15条第1項又は第3項の場合において、これらの規定により統括安全衛生責任者を選任すべき事業者以外の請負人で、当該仕事を自ら行うものは安全衛生責任者を選任し、その者に統括安全衛生責任者との連絡その他の厚生労働省令で定める事項を行わせなければならない。 2　前項の規定により安全衛生責任者を選任した請負人は、同項の事業者に対し、遅滞なく、その旨を通報しなければならない。

安全衛生規則第19条（安全衛生責任者の職務）

　法第16条第1項の厚生労働省令で定める事項は、次のとおりとする。
一　統括安全衛生責任者との連絡
二　統括安全衛生責任者から連絡を受けた事項の関係者への連絡
三　前号の統括安全衛生責任者からの連絡に係る事項のうち当該請負人に係るものの実施についての管理
四　当該請負人がその労働者の作業の実施に関し計画を作成する場合における当該計画と特定元方事業者が作成する法第30条第1項第五号の計画との整合性の確保を図るための統括安全衛生責任者との調整
五　当該請負人の労働者の行う作業及び当該労働者以外の者の行う作業によって生ずる法第15条第1項の労働災害に係る危険の有無の確認
六　当該請負人がその仕事の一部を他の請負人に請け負わせている場合における当該他の請負人の安全衛生責任者との作業間の連絡及び調整

安全衛生責任者の職務

① 統括安全衛生責任者との連絡

② 連絡を受けた事項の関係者への連絡

③ 統括安全衛生責任者から連絡を受けた事項のうち当該請負人に係るものの実施の管理

④ 当該請負人が作成する作業計画について、統括安全衛生責任者との調整

⑤ 混在作業による労働災害に係る危険の有無の確認

⑥ 後次の請負人の安全衛生責任者との作業間の連絡及び調整

3．労働者の危険又は健康障害を防止するための措置

① 請負関係におけるそれぞれの責務

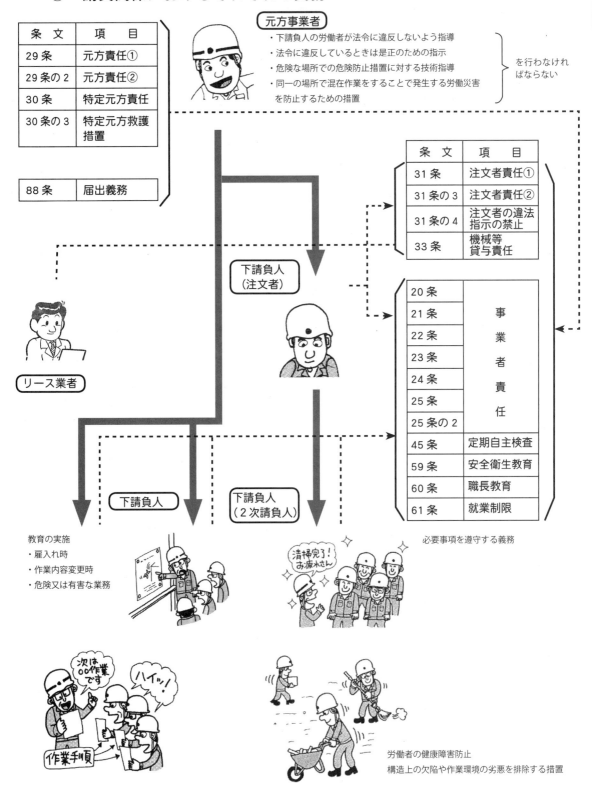

元方事業者

・下請負人の労働者が法令に違反しないよう指導
・法令に違反しているときは是正のための指示
・危険な場所での危険防止措置に対する技術指導
・同一の場所で混在作業をすることで発生する労働災害
　を防止するための措置

を行わなければならない

条　文	項　目
29 条	元方責任①
29 条の 2	元方責任②
30 条	特定元方責任
30 条の 3	特定元方救護措置
88 条	届出義務

条　文	項　目
31 条	注文者責任①
31 条の 3	注文者責任②
31 条の 4	注文者の違法指示の禁止
33 条	機械等貸与責任

下請負人（注文者）

リース業者

条　文	項　目
20 条	事
21 条	
22 条	業
23 条	
24 条	者
25 条	責
25 条の 2	
45 条	定期自主検査
59 条	安全衛生教育
60 条	職長教育
61 条	就業制限

下請負人

下請負人（2 次請負人）

教育の実施
・雇入れ時
・作業内容変更時
・危険又は有害な業務

清掃完了！お疲れさん

必要事項を遵守する義務

次は○○作業です

ハイッ!!

作業手順

労働者の健康障害防止
構造上の欠陥や作業環境の劣悪を排除する措置

事業者としての危険又は健康障害防止措置責任

条　文	実施すべき措置
安衛法第20条 機械設備・爆発物等による危険の防止措置	労働者の危険を防止するために、講じなければならない措置 1．機械、器具その他の設備による危険 2．爆発、発火、引火性の物等による危険 3．電気、熱その他のエネルギーによる危険
安衛法第21条 掘削等・墜落等による危険の防止措置	作業の方法や作業場所等から生ずる危険防止のために、講じなければならない措置 1．掘削、採石、荷役、伐採等の業務における作業方法から生ずる危険 2．墜落や土砂等が崩壊するおそれのある場所等に係る危険
安衛法第22条 健康障害防止措置	原材料、ガス、放射線、高温、放射線等による健康障害防止のために、講じなければならない措置 1．原材料、ガス、蒸気、粉じん、酸欠空気、病原体等による健康障害 2．放射線、高温、低温、超音波、騒音、振動、異常気象等による危険 3．計器監視、精密工作等の作業による健康障害 4．排気、排液又は残さい物による健康障害
安衛法第23条 作業環境の保全措置	建物その他の建設物等の構造上の保全や健全な作業環境の保持に必要な措置 1．建設物や作業場について、通路、床面、階段等の保全並びに換気、採光、照明、保温、防湿、休養、避難及び清潔に必要な措置 2．労働者の健康、風紀、生命の保持のために必要な措置
安衛法第24条 作業行動についての必要な措置	労働者の作業行動から生じる災害を防止するために必要な措置 ○例として重量物取扱い作業に注意すべき事項の教育、指導措置
安衛法第25条 緊急時の退避	労働災害発生の急迫した危険があるときは、作業中止や退避等の必要な措置 ○例として、可燃性ガスの発生の危険、ずい道の作業で、落盤、出水等の危険、酸素欠乏危険作業で酸素久乏等の危険、有機溶剤業務で有機溶剤中毒の危険等の場合
安衛法第25条の2 爆発・火災等による救護措置	爆発、火災等が生じたことに伴い労働者の救護を行う際の労働災害の発生を防止するための措置 1．労働者の救護に関し<u>必要な機械等</u>※の備付け及び管理を行うこと。 2．労働者の救護に関する、必要な事項についての訓練を行う。 3．爆発、火災に備えて、労働者の救護に関して必要な事項についての訓練を行う。 ※必要な機械等（安衛則24条の3） ・空気呼吸器、酸素呼吸器、メタン等ガス及び酸素濃度の測定器具、懐中電灯等の照明器具、救護に必要なはしご、ロープ 　○上記機械等の使用方法の訓練（安衛則24条の4） 　　・救急蘇生法の方法、救急措置 　　・救護訓練は、1年1回実施し、記録を3年間保存
安衛法第28条の2 危険性・有害性等の調査及び必要な措置	労働災害発生のリスクを事前に摘み取るため、設備、原材料等や作業行動等に起因する危険性・有害性等の調査（リスクアセスメント）を行い、その結果に基づき、必要な措置を実施するよう努めなければならない。…努力義務 ○リスクアセスメントの実施時期 ・建設物を設置、移転、変更、解体するとき ・設備、原材料等を新規に採用、変更するとき ・作業方法や作業手順を新規に採用、変更するとき ・その他危険性・有害性等について変化が生じ、生ずるおそれがあるとき ○リスクアセスメントについては、安衛法第57条の3（45ページ）も参照

事業者の講ずべき措置等	**第20条** 事業者は、次の危険を防止するため必要な措置を講じなければならない。 一 機械、器具その他の設備（以下「機械等」という。）による危険 二 爆発性の物、発火性の物、引火性の物等による危険 三 電気、熱その他のエネルギーによる危険
掘削等・墜落等による危険の防止措置	**第21条** 事業者は、掘削、採石、荷役、伐木等の業務における作業方法から生ずる危険を防止するため必要な措置を講じなければならない。 2 事業者は、労働者が墜落するおそれのある場所、土砂等が崩壊するおそれのある場所等に係る危険を防止するため必要な措置を講じなければならない。
健康障害防止措置	**第22条** 事業者は、次の健康障害を防止するため必要な措置を講じなければならない。 一 原材料、ガス、蒸気、粉じん、酸素欠乏空気、病原体等による健康障害 二 放射線、高温、低温、超音波、騒音、振動、異常気圧等による健康障害 三 計器監視、精密工作等の作業による健康障害 四 排気、排液又は残さい物による健康障害
通路等の保全・換気・採光等の必要な措置	**第23条** 事業者は、労働者を就業させる建設物その他の作業場について通路、床面、階段等の保全並びに換気、採光、照明、保温、防湿、休養、避難及び清潔に必要な措置その他労働者の健康、風紀及び生命の保持のため必要な措置を講じなければならない。
作業行動についての必要な措置	**第24条** 事業者は、労働者の作業行動から生ずる労働災害を防止するため必要な措置を講じなければならない。
危険急迫時の作業中止・退避等	**第25条** 事業者は、労働災害発生の急迫した危険があるときは、直ちに作業を中止し、労働者を作業場から退避させる等必要な措置を講じなければならない。
爆発・火災等による労働者の救護措置	**第25条の2** 建設業その他政令で定める業種に属する事業の仕事で、政令で定めるものを行う事業者は、爆発、火災等が生じたことに伴い労働者の救護に関する措置がとられる場合における労働災害の発生を防止するため、次の措置を講じなければならない。 一 労働者の救護に関し必要な機械等の備付け及び管理を行うこと。 二 労働者の救護に関し必要な事項についての訓練を行うこと。 三 前2号に掲げるもののほか、爆発、火災等に備えて、労働者の救護に関し必要な事項を行うこと。 2 前項に規定する事業者は、厚生労働省令で定める資格を有する者のうちから、厚生労働省令で定めるところにより、同項各号の措置のうち技術的事項を管理する者を選任し、その者に当該技術的事項を管理させなければならない。
事業者の行うべき調査等	**第28条の2** 事業者は、厚生労働省令で定めるところにより、建設物、設備、原材料、ガス、蒸気、粉じん等による、又は作業行動その他業務に起因する危険性又は有害性等（第57条第1項の政令で定める物及び第57条の2第1項に規定する通知対象物による危険性又は有害性等を除く。）を調査し、その結果に基づいて、この法律又はこれに基づく命令の規定による措置を講ずるほか、労働者の危険又は健康障害を防止するため必要な措置を講ずるように努めなければならない。ただし、当該調査のうち、化学物質、化学物質を含有する製剤その他の物で労働者の危険又は健康障害を生ずるおそれのあるものに係るもの以外のものについては、製造業その他厚生労働省令で定める業種に属する事業者に限る。 2 厚生労働大臣は、前条第1項及び第3項に定めるもののほか、前項の措置に関して、その適切かつ有効な実施を図るため必要な指針を公表するものとする。 3 厚生労働大臣は、前項の指針に従い、事業者又はその団体に対し、必要な指導、援助等を行うことができる。

元方事業者・注文者のそれぞれの責任

項　目	条　文	条文の主旨
元方事業者責任	第29条 元方事業者の関係請負人等への必要な指導	元方事業者は関係請負人や関係請負人の労働者が、法令に違反しないよう指導。違反している場合は是正に必要な指示を行う。
	第29条の2 元方事業者の危険のおそれのある場所に対する関係請負人等への技術上の指導その他必要な措置	危険な場所で、関係請負人が適正に危険防止措置が講じられるよう技術上の指導その他必要な措置 ○危険な場所（安衛則634条の2） ・土砂崩壊、埋設物損壊のおそれがある場所 ・土石流が発生するおそれのある場所 ・機械等が転倒するおそれのある場所 ・架空電線等に接近し感電のおそれのある場所
特定元方事業者責任	第30条 同一場所で行われることにより生じる労働災害の防止	同一場所で混在作業をすることで生じる労働災害を防止する措置 1．協議組織の設置及び運営（安衛則635条） 2．作業間の連絡及び調整（安衛則636条） 3．作業場所の巡視（安衛則637条） 4．その他9項目
注文者責任	第31条 貸与する設備、材料等から生ずる災害の防止	注文者が関係請負人の労働者に提供した設備、材料等による労働災害防止のための必要な措置 ・注文者が数次の場合は、最上位者が措置を行う ・注文者の講ずべき措置は20項目
	第31条の3 特定作業にかかる災害の防止	複数の事業者が一つの場所において特定作業を行う場合の連絡・調整義務 ○特定作業とは 移動式クレーン3t以上、パワーショベル・ドラグショベル・クラムシェル等機体重量3t以上、くい打ち機・くい抜き機・アースドリル・アースオーガー等これらの機械を使用する作業
	第31条の4 違法な指示の禁止	注文者の関係請負人に対する違法な指示の禁止 ○発注者の違法な指示とは 元方事業者には発注者、一次業者に対しては発注者と元方事業者、二次業者に対しては発注者・元方事業者・一次業者
機械等貸与者の責任	第33条 貸与する機械等から生ずる災害の防止	機械等の貸与者と貸与を受けた者の義務 ○リース会社　点検・整備、書面交付（能力、使用上の注意事項） ○貸与された者　オペレータの資格等の確認、オペレータへの通知（作業内容、指揮系統、連絡・合図の方法、運行経路等機械の運行に関する事項、機械操作による労働災害防止に関する事項）
点検業務	第45条 機械等の定期自主検査の実施	政令で定める機械等について定期に自主検査を行い結果を記録する ・特定自主検査以外の自主検査も資格を有する者か検査業者によることが望ましい

項目	条文	条文の主旨
資格者配置責任	第59条〜61条 業務に応じた教育の実施と資格者配置の責任	雇入れ時の安全衛生教育、有害業務従事者に対する特別教育、技能講習修了者を配置する ・作業変更時の教育も含まれる
届出義務	第88条 工事の規模に応じた計画の届出	工事の規模、業種等によりその計画を厚生労働大臣、労働基準監督署長に届け出る（一定要件を満たせば免除も）

労働安全衛生法による責任

労働安全衛生法では、労働災害防止のために、事業者、注文者、元方事業者、特定元方事業者等の責務について、それぞれ必要な規定をもうけるとともに、違反についての罰則を定めている。

罰則	第119条 懲役6カ月以下 又は 罰金50万円以下	事業者の講ずべき危害防止措置の不履行　　　　（法20条〜25条） 注文者の講ずべき措置の不履行　　　　　　　（法31条第1項） 機械等貸与者の講ずべき措置の不履行　　　　（法33条1、2項） 建築物貸与者の講ずべき措置の不履行　　　　　　（法34条） 作業主任者の不選任、特別教育の不履行　　　（法14条、59条） 就業制限規定の違反　　　　　　　　　　　　　　（法61条） 使用停止命令等の違反　　　　（法98条1項、99条1項） （その他省略）
	第120条 罰金50万円以下	統括安全衛生責任者の選任義務違反　　　　　（法15条1、3項） 安全衛生責任者の選任義務違反　　　　　　　（法16条、1項） 特定元方事業者等の講ずべき措置の不履行　（法30条、1、4項） 請負人の講ずべき措置の不履行　　　　　　　（法32条1〜6項） 定期自主検査義務違反　　　　　　　　　　　　　（法45条） 計画の届出義務違反　　　　　　　　　　　（法88条1〜4項） 労働者の危害防止措置の不遵守　　　　（法26条、法32条4項） 貸与機械等を操作する者の遵守義務違反　　　　（法33条3項） （その他省略）
	第122条 両罰規定	違反行為者を罰するほか、その法人や人に対して罰金刑が科せられる。

② 元方事業者の安全確保措置

元方事業者の講ずべき措置	第29条　元方事業者は、関係請負人及び関係請負人の労働者が、当該仕事に関し、この法律又はこれに基づく命令の規定に違反しないよう必要な指導を行なわなければならない。 2　元方事業者は関係請負人又は関係請負人の労働者が、当該仕事に関し、この法律又はこれに基づく命令の規定に違反していると認めるときは、是正のため必要な指示を行なわなければならない。 3　前項の指示を受けた関係請負人又はその労働者は、当該指示に従わなければならない。 第29条の2　建設業に属する事業の元方事業者は、土砂等が崩壊するおそれのある場所、機械等が転倒するおそれのある場所その他の厚生労働省令で定める場所において関係請負人の労働者が当該事業の仕事の作業を行うときは、当該関係請負人が講ずべき当該場所に係る危険を防止するための措置が適正に講ぜられるように、技術上の指導その他の必要な措置を講じなければならない。

第29条の2

元方事業者の講ずべき措置

元方事業者の措置

・技術指導　・資材の提供　・自ら設備設置
・関係請負人と協力して設備設置

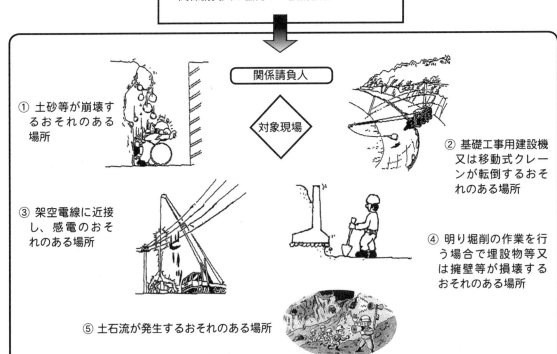

関係請負人

対象現場

① 土砂等が崩壊するおそれのある場所

② 基礎工事用建設機又は移動式クレーンが転倒するおそれのある場所

③ 架空電線に近接し、感電のおそれのある場所

④ 明り掘削の作業を行う場合で埋設物等又は擁壁等が損壊するおそれのある場所

⑤ 土石流が発生するおそれのある場所

③　特定元方事業者の安全確保措置

特定元方事業者等の講ずべき措置	第30条　特定元方事業者は、その労働者及び関係請負人の労働者の作業が同一の場所において行われることによって生ずる労働災害を防止するため、次の事項に関する必要な措置を講じなければならない。
	一　協議組織の設置及び運営を行うこと。

第30条　特定元方事業者は、その労働者及び関係請負人の労働者の作業が同一の場所において行われることによって生ずる労働災害を防止するため、次の事項に関する必要な措置を講じなければならない。

　一　協議組織の設置及び運営を行うこと。

　二　作業間の連絡及び調整を行うこと。

　三　作業場所を巡視すること。

　四　関係請負人が行う労働者の安全又は衛生のための教育に対する指導及び援助を行うこと。

　五　仕事を行う場所が仕事ごとに異なることを常態とする業種で、厚生労働省令で定めるものに属する事業を行う特定元方事業者にあっては、仕事の工程に関する計画及び作業場所における機械、設備等の配置に関する計画を作成するとともに、当該機械、設備等を使用する作業に関し関係請負人がこの法律又はこれに基づく命令の規定に基づき講ずべき措置についての指導を行うこと。

　六　前各号に掲げるもののほか、当該労働災害を防止するため必要な事項

2　特定事業の仕事の発注者（注文者のうち、その仕事を他の者から請け負わないで注文している者をいう。以下同じ。）で、特定元方事業者以外のものは、一の場所において行なわれる特定事業の仕事を2以上の請負人に請け負わせている場合において、当該場所において当該仕事に係る2以上の請負人の労働者が作業を行なうときは、厚生労働省令で定めるところにより、請負人で当該仕事を自ら行なう事業者である者のうちから、前項に規定する措置を講ずべき者として1人を指名しなければならない。一の場所において行なわれる特定事業の仕事の全部を請け負った者で、特定元方事業者以外のもののうち、当該仕事を2以上の請負人に請け負わせている者についても、同様とする。

3　前項の規定による指名がされないときは、同項の指名は、労働基準監督署長がする。

4　第2項又は前項の規定による指名がされたときは、当該指名された事業者は、当該場所において当該仕事の作業に従事するすべての労働者に関し、第1項に規定する措置を講じなければならない。この場合においては、当該指名された事業者及び当該指名された事業者以外の事業者については、第1項の規定は、適用しない。

第30条の3　第25条の2第1項に規定する仕事が数次の請負契約によって行われる場合（第4項の場合を除く。）においては、元方事業者は、当該場所において当該仕事の作業に従事するすべての労働者に関し、同条第1項各号の措置を講じなければならない。この場合においては、当該元方事業者及び当該元方事業者以外の事業者については、同項の規定は、適用しない。

2　第30条第2項の規定は、第25条の2第1項に規定する仕事の発注者について準用する。この場合において、第30条第2項中「特定元方事業者」とあるのは、「元方事業者」と、「特定事業の仕事を2以上」とあるのは「仕事を2以上」と、「前項に規定する措置」とあるのは、「第25条の2第1項各号の措置」と、「特定事業の仕事の全部」とあるのは、「仕事の全部」と読み替えるものとする。

3　前項において準用する第30条第2項の規定による指名がされないときは、同項の指名は、労働基準監督署長がする。

4　第2項において準用する第30条第2項又は前項の規定による指名がされたときは、当該指名された事業者は、当該場所において当該仕事の作業に従事するすべての労働者に関し、第25条の2第1項各号の措置を講じなければならない。この場合においては、当該指名された事業者及び当該指名された事業者以外の事業者については、同項の規定は、適用しない。

	5　第25条の2第2項の規定は、第1項に規定する元方事業者及び前項の指名された事業者について準用する。この場合においては、当該元方事業者及び当該指名された事業者並びに当該元方事業者及び当該指名された事業者以外の事業者については、同条第2項の規定は、適用しない。

特定元方事業者の講ずべき措置

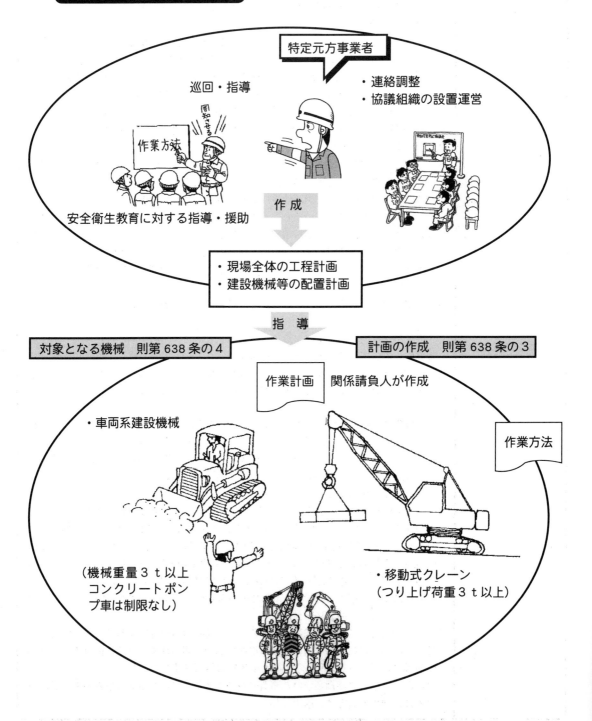

④　注文者の安全確保措置

注文者の講ずべき措置	**第31条**　特定事業の仕事を自ら行う注文者は、建設物、設備又は原材料（以下「建設物等」という。）を、当該仕事を行う場所においてその請負人（当該仕事が数次の請負契約によって行われるときは、当該請負人の請負契約の後次のすべての請負契約の当事者である請負人を含む。第31条の4において同じ。）の労働者に使用させるときは、当該建設物等について、当該労働者の労働災害を防止するため必要な措置を講じなければならない。 2　前項の規定は、当該事業の仕事が数次の請負契約によって行なわれることにより同一の建設物等について同項の措置を講ずべき注文者が2以上あることとなるときは、後次の請負契約の当事者である注文者については、適用しない。 **第31条の3**　建設業に属する事業の仕事を行う2以上の事業者の労働者が1の場所において機械で厚生労働省令で定めるものに係る作業（以下この条において「特定作業」という。）を行う場合において、特定作業に係る仕事を自ら行う発注者又は当該仕事の全部を請け負った者で、当該場所において当該仕事の一部を請け負わせているものは、厚生労働省令で定めるところにより、当該場所において特定作業に従事するすべての労働者の労働災害を防止するために必要な措置を講じなければならない。 2　前項の場合において、同項の規定により同項に規定する措置を講ずべき者がいないときは、当該場所において行われる特定作業に係る仕事の全部を請負人に請け負わせている建設業に属する事業の元方事業者又は第30条第2項若しくは第3項の規定により指名された事業者で建設業に属する事業を行うものは、前項に規定する措置を講ずる者を指名する等、当該場所において特定作業に従事するすべての労働者の労働災害を防止するため必要な配慮をしなければならない。
違法な指示の禁止	**第31条の4**　注文者は、その請負人に対し、当該仕事に関し、その指示に従って当該請負人の労働者を労働させたならば、この法律又はこれに基づく命令の規定に違反することとなる指示をしてはならない。
請負人の講ずべき措置等	**第32条**　第30条第1項又は第4項の場合において、同条第1項に規定する措置を講ずべき事業者以外の請負人で、当該仕事を自ら行うものは、これらの規定により講ぜられる措置に応じて、必要な措置を講じなければならない。 2　（略） 3　第30条の3第1項又は第4項の場合において、第25条の2第1項各号の措置を講ずべき事業者以外の請負人で、当該仕事を自ら行うものは、第30条の3第1項又は第4項の規定により講ぜられる措置に応じて、必要な措置を講じなければならない。 4　第31条第1項の場合において、当該建設物等を使用する労働者に係る事業者である請負人は、同項の規定により講ぜられる措置に応じて、必要な措置を講じなければならない。 5　（略） 6　第30条第1項若しくは第4項、第30条の2第1項若しくは第4項、第30条の3第1項若しくは第4項、第31条第1項又は第31条の2の場合において、労働者は、これらの規定又は前各項の規定により、講ぜられる措置に応じて、必要な事項を守らなければならない。 7　第1項から第5項までの請負人及び前項の労働者は、第30条第1項の特定元方事業者等、第30条の2第1項若しくは第30条の3第1項の元方事業者等、第31条第1項若しくは第31条の2の注文者又は第1項から第5項までの請負人が第30条第1項若しくは第4項、第30条の2第1項若しくは第4項、第30条の3第1項若しくは第4項、第31条第1項、第31条の2又は第1項から第5項までの規定に基づく措置の実施を確保するためにする指示に従わなければならない。

特定作業を行う注文者の講ずべき措置

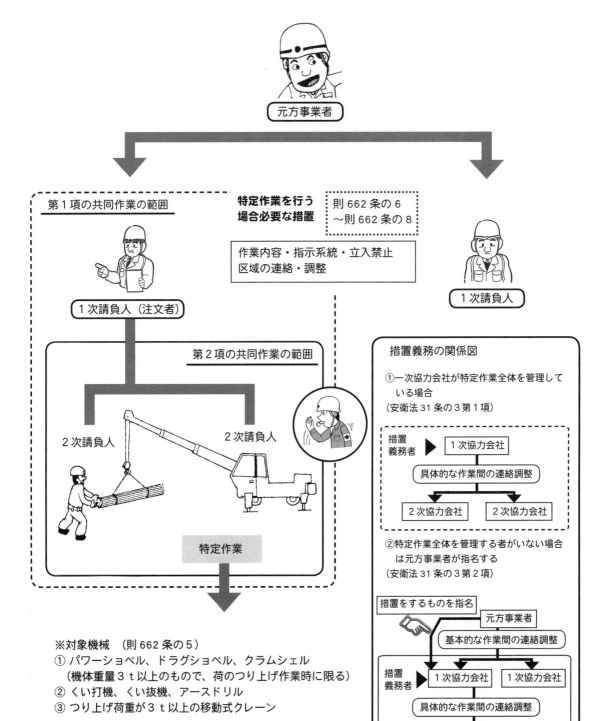

元方事業者

第1項の共同作業の範囲

特定作業を行う 場合必要な措置 則662条の6 〜則662条の8

作業内容・指示系統・立入禁止 区域の連絡・調整

1次請負人（注文者）

1次請負人

第2項の共同作業の範囲

2次請負人

2次請負人

特定作業

措置義務の関係図

①一次協力会社が特定作業全体を管理している場合
（安衛法31条の3第1項）

措置 義務者 ▶ 1次協力会社

具体的な作業間の連絡調整

2次協力会社　2次協力会社

②特定作業全体を管理する者がいない場合は元方事業者が指名する
（安衛法31条の3第2項）

措置をするものを指名

元方事業者

基本的な作業間の連絡調整

措置 義務者 ▶ 1次協力会社　1次協力会社

具体的な作業間の連絡調整

2次協力会社　2次協力会社

※対象機械　（則662条の5）
① パワーショベル、ドラグショベル、クラムシェル
　（機体重量3t以上のもので、荷のつり上げ作業時に限る）
② くい打機、くい抜機、アースドリル
③ つり上げ荷重が3t以上の移動式クレーン

⑤ 機械等貸与者等の講ずべき措置等

機械等貸与（リース）者等に関する特別規制

（安衛則 666 条）

① 作業の内容
② 指揮系統
③ 連絡、合図等の方法
④ 運行経路、制限速度、機械の運行に関する事項
⑤ その他機械操作による労働災害防止に必要な事項

機械を操作する者に対し通知

（安衛則 667 条）

○書面交付
① 当該機械等の能力
② 当該機械等の特性その他使用上注意すべき事項

機械貸与者

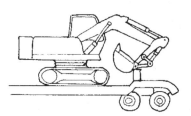

当該機械をあらかじめ点検し、異常を認めたときは、補修その他必要な整備を行うこと。

機械の貸与を受けた者

機械等を操作する者が、当該機械等の操作について法令に基づき必要とされる資格又は技能を有する者であることを確認する

機械等を操作する者

貸与を受けた事業者から通知を受けた場合、当該事項を守らねばならない。

機械等貸与者等の講ずべき措置等	第33条　機械等で、政令で定めるものを他の事業者に貸与する者で、厚生労働省令で定めるもの（以下「機械等貸与者」という。）は、当該機械等の貸与を受けた事業者の事業場における当該機械等による労働災害を防止するため必要な措置を講じなければならない。 2　機械等貸与者から機械等の貸与を受けた者は、当該機械等を操作する者がその使用する労働者でないときは、当該機械等の操作による労働災害を防止するため必要な措置を講じなければならない。 3　前項の機械等を操作する者は、機械等の貸与を受けた者が同項の規定により講ずる措置に応じて、必要な事項を守らなければならない。
建築物貸与者の講ずべき措置	第34条　建築物で、政令で定めるものを他の事業者に貸与する者（以下「建築物貸与者」という。）は、当該建築物の貸与を受けた事業者の事業に係る当該建築物による労働災害を防止するため必要な措置を講じなければならない。ただし当該建築物の全部を1の事業者に貸与するときは、この限りでない。

⑥ 特 別 規 制

　建設業等においては、重層下請と称されるように、関係請負人が数次にわたり、しかも同一の場所で請負関係にある多数の事業者が混在して作業を行っているため、作業間の連絡調整の不徹底、建設物等の管理責任の不明確さ等から労働災害が生ずることが多い。

　このような請負関係の複雑な事業において労働災害の防止を図るには、直接労働関係にある事業者に対する規制のみでは実効を期しがたいため、労働安全衛生法では元方事業者等に対して労働災害防止に関する下記の特別規制を行っており、これを実施するよう法第 30 条、第 31 条で定めている。

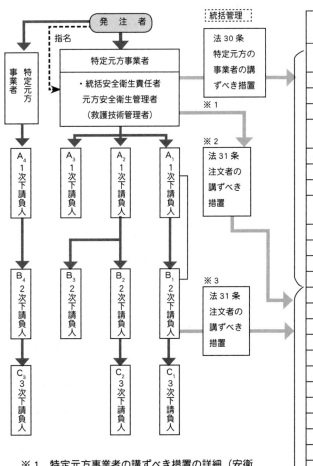

安衛則	
634-2	法第 29 条の 2 の厚生労働省令で定める場所
635	協議会の設置及び運営→すべての関係請負人参加、定期開催
636	作業間の連絡調整→随時
637	作業場所の巡視→毎作業日少なくとも 1 回
638	教育に対する指導及び援助→場所・資料等の提供
638-2	仕事の工程に関する計画及び作業場所における機械、設置等の配置に関する計画の作成
638-3	計画の作成（計画の内容）
638-4	関係請負人の講ずべき措置についての指導
639	クレーン等の運転についての合図の統一
640	事故現場等の標識の統一等 → 酸欠場所等明示・立入禁止
641	有機溶剤等の容器の集積箇所の統一
642	警報の統一（周知）→発破・火災・土砂崩壊・出水
642-2	避難等の訓練の実施方法の統一等
642-3	周知のための資料の提供（受入の教育）
644	くい打機及びくい抜機についての措置
645	軌道装置についての措置
646	型わく支保工についての措置
647	アセチレン溶接装置についての措置
648	交流アーク溶接機についての措置
649	電動機械器具についての措置
650	潜函等についての措置
651	ずい道等についての措置
652	ずい道型わく支保工についての措置
653	物品揚卸口等についての措置
654	架設通路についての措置
655	足場についての措置
655-2	作業構台についての措置
656	クレーン等についての措置
657	ゴンドラについての措置
658	局所排気についての措置
659	全体換気装置についての措置
660	圧気工法に用いる設備についての措置
661	エックス線装置についての措置
662	ガンマ線照射装置についての措置
662-5	法第 31 条の 3 第 1 項の厚生労働省令で定める機械
662-6	パワーショベル等についての措置
662-7	くい打機についての措置
662-8	移動式クレーンについての措置

　※ 1　特定元方事業者の講ずべき措置の詳細（安衛則の条文）は 338 ページを参照のこと

　※ 2　注文者とは請負契約の一方の当事者であって請負人に特定事業の仕事を請け負わせている者をいい、注文者が設置した足場や機械を請負人の労働者に使用させる場合、その労働災害を防止すため必要な措置を講じなければならない。

　※ 3　下請負人であっても B₁ が持ち込んだ移動式足場を下請負人 C₁ に使用させる場合、その注文者の措置義務は下請負人 B₁ にある

⑦　注文者と事業者の関係、その講ずべき措置の準拠条文一覧表

注文者の講ずべき措置		適合させるべき基準	
安衛則 644	くい打機及びくい抜機（不特定の場所に自走できるものを除く）についての措置 右欄の基準に適合させる。	強度の確保	（安衛則 172）
		不適格なワイヤロープの使用禁止	（ 〃 174）
		巻上げ用ワイヤロープの安全係数	（ 〃 175）
		巻上げ用ワイヤロープについての措置	（ 〃 176）
		ブレーキ等の備付け	（ 〃 178）
		ウインチの据付け	（ 〃 179）
		みぞ車の位置	（ 〃 180）
		みぞ車の取付け	（ 〃 181）
		蒸気ホースの措置	（ 〃 183）
安衛則 645	軌道装置についての措置 右欄の基準に適合させる。	軌条の重量	（安衛則 196）
		軌条の継目	（ 〃 197）
		軌条の敷設	（ 〃 198）
		まくら木	（ 〃 199）
		道床	（ 〃 200）
		曲線部	（ 〃 201）
		軌道のこう配	（ 〃 202）
		軌道の分岐点等	（ 〃 203）
		逸走防止装置	（ 〃 204）
		信号装置	（ 〃 207）
		動力車のブレーキ	（ 〃 208）
		動力車の設備	（ 〃 209）
		車輪	（ 〃 212）
		連結装置	（ 〃 213）
		巻上げ装置のブレーキ	（ 〃 215）
		ワイヤロープ	（ 〃 216）
		不適格なワイヤロープの使用禁止	（ 〃 217）
安衛則 646	型わく支保工についての措置 右欄の基準及び型わく支保工用のパイプサポート構造規格（昭和 56.12.23 告示第 101 号）に適合させる。	型わく支保工の材料	（安衛則 237）
		支柱等主要な部分の鋼材	（ 〃 238）
		型わく支保工の構造	（ 〃 239）
		型わく支保工についての措置等	（ 〃 242）
		段状の型わく支保工	（ 〃 243）
安衛則 647	アセチレン装置についての措置 （注）溶解アセチレンを用いる設備は、この欄及び右欄には該当しない。	発生器室の設置	（安衛則 302 -2、3 項）
		発生器室の構造	（ 〃 303）
		アセチレン溶接装置の構造規格	（ 〃 305- 1 項）
		安全器の設置	（ 〃 306）

安衛則 648	交流アーク溶接機についての措置 右欄の基準に適合させる。	自動電撃防止装置の備付け	（安衛則 332）
		構造規格	（昭和 47.12.4 告示第 143 号）
安衛則 649	電動機械器具についての措置 右欄の基準に適合させる。	感電防止用漏電しゃ断装置の接続	（安衛則 333）
安衛則 650	潜函等についての措置 潜函等の内部で明り掘削の作業を行うときは、掘下げの深さが 20 m を超えるとき、送気設備を設けるとともにその潜函等は、右欄の基準に適合させる。	潜函等の急激な沈下による危険の防止措置	（安衛則 376-2 号）
		潜函等の内部における作業についての措置	（安衛則 377-1 項 の 2、3 号）
安衛則 651	ずい道等についての措置 ずい道等の建設を行うとき（落盤又は肌落ちの危険のある場合に限る。）は、ずい道支保工を設け、ロックボルトを施す等落盤又は肌落ちを防止する措置を行うとともにずい道支保工は、右欄の基準に適合させる。	ずい道支保工の材料	（安衛則 390）
		ずい道支保工の構造	（ 〃 391）
		ずい道支保工の危険防止	（ 〃 394）
安衛則 652	ずい道型わく支保工についての措置 ずい道型わく支保工は、右欄の基準に適合させる。	ずい道型わく支保工の材料	（安衛則 397）
		ずい道型わく支保工の構造	（ 〃 398）
安衛則 653	物品揚卸口等（開口部等）について 右欄の基準に適合させる。	イ. 作業床、物品揚卸口、ピット、坑等の使用させるときは、これらの高さ又は深さが 2 m 以上の箇所で墜落の危険のあるところに囲い、手摺、覆い等を設けること。ただし、囲い、手摺、覆い等を設けることが作業の性質上困難なときは除く。	（安衛則 518、519）
		（注）防網、安全帯等の措置は、貸与を受けた事業者の義務措置に含まれる。	
		ロ. 作業床で高さ又は深さが 1.5m を超える箇所には、安全に昇降するための設備等を設ける。	（安衛則 526）
安衛則 654	架設通路についての措置 右欄の基準に適合させる	架設通路の構造	（安衛則 552）
安衛則 655	足場についての措置 足場には次の措置をする。 ＊作業床の最大積載荷重を定め、これを表示する。 ＊強風、大雨、大雪又は地震（中震〔震度 4〕以上）の後は、安全点検をし、危険のおそれがあるときは、速やかに修理する。 ※悪天候（強風、大雨、大雪）とは ・強風―10 分間の平均風速 10m/ 秒以上 ・大雨―1 回の降雨が 50mm 以上 ・大雪―1 回の降雪が 25cm 以上 上記のほか右欄の基準に適合させる。	足場の材料等	（安衛則 559）
		鋼管足場に使用する鋼管等の規格	（ 〃 560）
		足場の構造	（ 〃 561）
		作業床の最大積載荷重の安全係数	（ 〃 562-2 項）
		作業床の構造	（ 〃 563）
		丸太足場の構造	（ 〃 569）
		鋼管足場の構造	（ 〃 570）
		鋼管規格に適合する鋼管足場の構造	（ 〃 571）
		鋼管規格に適合する鋼管以外の鋼管足場の構造	（ 〃 572）
		つり足場の構造	（ 〃 574）
		鋼管足場用の部材及び付属金具の規格	（昭和 56.12.25 労働省告示第 103 号）
		つり足場用のつりチェーン及びつりわくの規格	（昭和 56.12.26 労働省告示第 104 号）
		合板足場板の規格	（昭和 56.12.26 労働省告示第 105 号）

安衛則 655-2	作業構台についての措置 作業構台には次の措置をする。 作業床の最大積載荷重を定め、これを表示する。 強風、大雨、大雪又は地震（中震〔震度4〕以上）の後は、安全点検をする。 上記のほか右欄の基準に適合させる。	作業構台の材料等	（安衛則575の2）
		作業構台の構造	（　〃　575の3）
		作業構台についての措置	（　〃　575の6）
安衛則 656	クレーン等についての措置 クレーン等は、クレーン等製造許可基準（昭和47.9.30 労働省告示第76号）又はその種類に応じた右欄の規格に適合させる。	クレーン構造規格	（平成7.12.26 労働省告示 第134号）
		移動式クレーン構造規格	（平成7.12.26 労働省告示 第135号）
		デリック構造規格	（昭和38.3.30 労働省告示 第55号）
		エレベータ構造規格	（平成5.8.2 労働省告示 第91号）
		簡易リフト構造規格	（昭和37.10.31 労働省告示 第57号）
		建設用リフト構造規格	（昭和37.10.31 労働省告示 第58号）
		クレーン又は移動式クレーンの過負荷防止装置構造規格	（昭和47.9.30 労働省告示 第81号）
安衛則 657	ゴンドラについての措置 右欄の基準に適合させる。	ゴンドラ構造規格	（平成6.3.28 労働省告示 第26号）
安衛則 658	局所排気装置についての措置 右欄の基準に適合させる。	局所排気装置の性能 局所排気装置の要件	（有機則　16） （粉じん則11）
安衛則 659	全体換気装置についての措置 右欄の基準に適合させる。	全体換気装置の性能	（有機則　17）
安衛則 660	圧気工法に用いる設備についての措置 潜函工法その他の圧気工法に用いる設備は、右欄の基準に適合させる。	送気管の配管等 空気清浄装置 排気管 圧力計 異常温度の自動警報装置 のぞき窓等 通話装置	（高圧則4） （高圧則5） （高圧則6） （高圧則7） （高圧則7の2） （高圧則7の3） （高圧則21-2項）
安衛則 661	エックス線装置についての措置 右欄の基準に適合させる。	エックス線装置構造規格	（昭和47.12.4 労働省告示 第149号）
安衛則 662	ガンマ線照射装置についての措置 右欄の基準に適合させる。	ガンマ線照射装置構造規格	（昭和50.6.26 労働省告示 第52号）

機械等に関する規制

製造時等検査等	**第38条** 特定機械等を製造し、若しくは輸入した者、特定機械等で厚生労働省令で定める期間設置されなかったものを設置しようとする者又は特定機械等で使用を廃止したものを再び設置し、若しくは使用しようとする者は、厚生労働省令で定めるところにより、当該特定機械等及びこれに係る厚生労働省令で定める事項について、当該特定機械等が、特別特定機械等（特定機械等のうち厚生労働省令で定めるものをいう。以下同じ。）以外のものであるときは都道府県労働局長の、特別特定機械等であるときは厚生労働大臣の登録を受けた者（以下「登録製造時等検査機関」という。）の検査を受けなければならない。ただし、輸入された特定機械等及びこれに係る厚生労働省令で定める事項（次項において「輸入時等検査対象機械等」という。）について当該特定機械等を外国において製造した者が次項の規定による検査を受けた場合は、この限りでない。 ２　前項に定めるもののほか、次に掲げる場合には、外国において特定機械等を製造した者は、厚生労働省令で定めるところにより、輸入時等検査対象機械等について、自ら、当該特定機械等が、特別特定機械等以外のものであるときは都道府県労働局長の、特別特定機械等であるときは登録製造時等検査機関の検査を受けることができる。 　一　当該特定機械等を本邦に輸出しようとするとき 　二　当該特定機械等を輸入した者が当該特定機械等を外国において製造した者以外の者（以下この号において単に「他の者」という。）である場合において、当該製造した者が当該他の者について前項の検査が行われることを希望しないとき ３　特定機械等（移動式のものを除く。）を設置した者、特定機械等の厚生労働省令で定める部分に変更を加えた者又は特定機械等で使用を休止したものを再び使用しようとする者は、厚生労働省令で定めるところにより、当該特定機械等及びこれに係る厚生労働省令で定める事項について、労働基準監督署長の検査を受けなければならない。
検査証の交付等	**第39条** 都道府県労働局長又は登録製造時等検査機関は、前条第１項又は第２項の検査（以下「製造時等検査」という。）に合格した移動式の特定機械等について、厚生労働省令で定めるところにより、検査証を交付する。 ２　労働基準監督署長は、前条第３項の検査で、特定機械等の設置に係るものに合格した特定機械等について、厚生労働省令で定めるところにより、検査証を交付する。 ３　労働基準監督署長は、前条第３項の検査で、特定機械等の部分の変更又は再使用に係るものに合格した特定機械等について、厚生労働省令で定めるところにより、当該特定機械等の検査証に、裏書を行う。
使用等の制限	**第40条** 前条第１項又は第２項の検査証（以下「検査証」という。）を受けていない特定機械等（第38条第３項の規定により部分の変更又は再使用に係る検査を受けなければならない特定機械等で、前条第３項の裏書を受けていないものを含む。）は、使用してはならない。 ２　検査証を受けた特定機械等は、検査証とともにするのでなければ、譲渡し、又は貸与してはならない。
検査証の有効期間等	**第41条** 検査証の有効期間（次項の規定により検査証の有効期間が更新されたときにあっては、当該更新された検査証の有効期間）は、特定機械等の種類に応じて、厚生労働省令で定める期間とする。

2　検査証の有効期間の更新を受けようとする者は、厚生労働省令で定めるところにより、当該特定機械等及びこれに係る厚生労働省令で定める事項について、厚生労働大臣の登録を受けた者（以下「登録性能検査機関」という。）が行う性能検査を受けなければならない。

| 譲渡等の制限等 | **第42条**　特定機械等以外の機械等で、別表第2に掲げるものその他危険若しくは有害な作業を必要とするもの、危険な場所において使用するもの又は危険若しくは健康障害を防止するため使用するもののうち、政令で定めるものは、厚生労働大臣が定める規格又は安全装置を具備しなければ、譲渡し、貸与し、又は設置してはならない。 |

別表第2　（第42条関係）
一　ゴム、ゴム化合物又は合成樹脂を練るロール機及びその急停止装置
二　第2種圧力容器（第1種圧力容器以外の圧力容器であって政令で定めるものをいう。次表において同じ。）
三　小型ボイラー
四　小型圧力容器（第1種圧力容器のうち政令で定めるものをいう。次表において同じ。）
五　プレス機械又はシャーの安全装置
六　防爆構造電気機械器具
七　クレーン又は移動式クレーンの過負荷防止装置
八　防じんマスク
九　防毒マスク
十　木材加工用丸のこ盤及びその反発予防装置又は歯の接触予防装置
十一　動力により駆動されるプレス機械
十二　交流アーク溶接機用自動電撃防止装置
十三　絶縁用保護具
十四　絶縁用防具
十五　保護帽
十六　電動ファン付き呼吸用保護具

第43条　動力により駆動される機械等で、作動部分上の突起物又は動力伝導部分若しくは調速部分に厚生労働省令で定める防護のための措置が施されていないものは、譲渡し、貸与し、又は譲渡若しくは貸与の目的で展示してはならない。

| 型式検定 | **第44条の2**　第42条の機械等のうち、別表第4に掲げる機械等で政令で定めるものを製造し、又は輸入した者は、厚生労働省令で定めるところにより、厚生労働大臣の登録を受けた者（以下「登録型式検定機関」という。）が行う当該機械等の型式についての検定を受けなければならない。ただし、当該機械等のうち輸入された機械等で、その型式について次項の検定が行われた機械等に該当するものは、この限りでない。 |

2　前項に定めるもののほか、次に掲げる場合には、外国において同項本文の機械等を製造した者（以下この項及び第44条の4において「外国製造者」という。）は、厚生労働省令で定めるところにより、当該機械等の型式について、自ら登録型式検定機関が行う検定を受けることができる。
一　当該機械等を本邦に輸出しようとするとき。
二　当該機械等を輸入した者が外国製造者以外の者（以下この号において単に「他の者」という。）である場合において、当該外国製造者が当該他の者について前項の検定が行われることを希望しないとき。

3　登録型式検定機関は、前2項の検定（以下「型式検定」という。）を受けようとする者から申請があった場合には、当該申請に係る型式の機械等の構造並びに当該機械等を製造し、及び検査する設備等が厚生労働省令で定める基準に適合していると認めるときでなければ、当該型式を型式検定に合格させてはならない。

4　登録型式検定機関は、型式検定に合格した型式について、型式検定合格証を申請者に交付する。

5　型式検定を受けた者は、当該型式検定に合格した型式の機械等を本邦において製造し、又は本邦に輸入したときは、当該機械等に、厚生労働省令で定めるところにより、型式検定に合格した型式の機械等である旨の表示を付さなければならない。型式検定に合格した型式の機械等を本邦に輸入した者（当該型式検定を受けた者以外の者に限る。）についても、同様とする。

6　型式検定に合格した型式の機械等以外の機械等には、前項の表示を付し、又はこれと紛らわしい表示を付してはならない。

7　第1項本文の機械等で、第5項の表示が付されていないものは、使用してはならない。

別表第4（第44条の2関係）
一　ゴム、ゴム化合物又は合成樹脂を練るロール機の急停止装置のうち電気的制動方式以外の制動方式のもの
二　プレス機械又はシャーの安全装置
三　防爆構造電気機械器具
四　クレーン又は移動式クレーンの過負荷防止装置
五　防じんマスク
六　防毒マスク
七　木材加工用丸のこ盤の歯の接触予防装置のうち可動式のもの
八　動力により駆動されるプレス機械のうちスライドによる危険を防止するための機構を有するもの
九　交流アーク溶接機用自動電撃防止装置
十　絶縁用保護具
十一　絶縁用防具
十二　保護帽
十三　電動ファン付き呼吸用保護具

| 定期自主検査 | 第45条　事業者は、ボイラーその他の機械等で、政令で定めるものについて、厚生労働省令で定めるところにより、定期に自主検査を行ない、及びその結果を記録しておかなければならない。 |

2　事業者は、前項の機械等で政令で定めるものについて同項の規定による自主検査のうち厚生労働省令で定める自主検査（以下「特定自主検査」という。）を行うときは、その使用する労働者で厚生労働省令で定める資格を有するもの又は第54条の3第1項に規定する登録を受け、他人の求めに応じて当該機械等について特定自主検査を行う者（以下「検査業者」という。）に実施させなければならない。

3　厚生労働大臣は、第1項の規定による自主検査の適切かつ有効な実施を図るため必要な自主検査指針を公表するものとする。

4　厚生労働大臣は、前項の自主検査指針を公表した場合において必要があると認めるときは、事業者若しくは検査業者又はこれらの団体に対し、当該自主検査指針に関し必要な指導等を行うことができる。

第57条第1項の政令で定める物及び通知対象物について事業者が行うべき調査等	第57条の3　事業者は、厚生労働省令で定めるところにより、第57条第1項の政令で定める物及び通知対象物による危険性又は有害性等を調査しなければならない。 2　事業者は、前項の調査の結果に基づいて、この法律又はこれに基づく命令の規定による措置を講ずるほか、労働者の危険又は健康障害を防止するため必要な措置を講ずるように努めなければならない。 3　厚生労働大臣は、第28条第1項及び第3項に定めるもののほか、前2項の措置に関して、その適切かつ有効な実施を図るため必要な指針を公表するものとする。 4　厚生労働大臣は、前項の指針に従い、事業者又はその団体に対し、必要な指導、援助等を行うことができる。

5．労働者の就業に当たっての措置

労働者及び監督者の教育

安全衛生教育	**第59条** 事業者は、労働者を雇い入れたときは、当該労働者に対し、厚生労働省令で定めるところにより、その従事する業務に関する安全又は衛生のための教育を行なわなければならない。 2 前項の規定は、労働者の作業内容を変更したときについて準用する。 3 事業者は、危険又は有害な業務で、厚生労働省令で定めるものに労働者をつかせるときは、厚生労働省令で定めるところにより、当該業務に関する安全又は衛生のための特別の教育を行なわなければならない。
職長教育	**第60条** 事業者は、その事業場の業種が政令で定めるものに該当するときは、新たに職務につくこととなった職長その他の作業中の労働者を直接指導又は監督する者（作業主任者を除く。）に対し、次の事項について、厚生労働省令で定めるところにより、安全又は衛生のための教育を行なわなければならない。 一 作業方法の決定及び労働者の配置に関すること。 二 労働者に対する指導又は監督の方法に関すること。 三 前2号に掲げるもののほか、労働災害を防止するため必要な事項で、厚生労働省令で定めるもの。
危険又は有害業務作業者への安全衛生教育	**第60条の2** 事業者は、前2条に定めるもののほか、その事業場における安全衛生の水準の向上を図るため、危険又は有害な業務に現に就いている者に対し、その従事する業務に関する安全又は衛生のための教育を行うように努めなければならない。 2 厚生労働大臣は、前項の教育の適切かつ有効な実施を図るための必要な指針を公表するものとする。 3 厚生労働大臣は、前項の指針に従い、事業者又はその団体に対し、必要な指導等を行うことができる。
就業制限	**第61条** 事業者は、クレーンの運転その他の業務で、政令で定めるものについては、都道府県労働局長の当該業務に係る免許を受けた者又は都道府県労働局長の登録を受けた者が行う当該業務に係る技能講習を修了した者その他厚生労働省令で定める資格を有する者でなければ、当該業務に就かせてはならない。 2 前項の規定により当該業務につくことができる者以外の者は、当該業務を行なってはならない。 3 第1項の規定により当該業務につくことができる者は、当該業務に従事するときは、これに係る免許証その他その資格を証する書面を携帯していなければならない。 4 職業能力開発促進法（昭和44年法律第64号）第24条第1項（同法第27条の2第2項において準用する場合を含む。）の認定に係る職業訓練を受ける労働者について必要がある場合においては、その必要の限度で、前3項の規定について、厚生労働省令で別段の定めをすることができる。
中高年齢者等についての配慮	**第62条** 事業者は、中高年齢者その他労働災害の防止上その就業に当たって特に配慮を必要とする者については、これらの者の心身の条件に応じて適正な配置を行なうように努めなければならない。

職長・安全衛生責任者に対する教育

安衛法第 60 条	安衛則第 40 条第 1 項	安衛則第 40 条第 2 項
作業方法の決定及び労働者の配置に関すること		**2 時間以上** 1. 作業手順の定め方 2. 労働者の適正な配置の方法
労働者に対する指導又は監督の方法に関すること		**2.5 時間以上** 3. 指導及び教育の方法 4. 作業中における監督及び指示の方法
労働災害を防止する為に必要な事項（省令）	1. 法第 28 条の 2 第 1 項又は第 57 条の 3 第 1 項及び第 2 項の危険性又は有害性等の調査及びその結果に基づき講ずる措置に関すること	**4 時間以上** 5. 危険性又は有害性等の調査の方法 6. 危険性又は有害性等の調査の結果に基づき講ずる措置 7. 設備、作業等の具体的な改善の方法
	2. 異常時における措置に関すること	**1.5 時間以上** 8. 異常時における措置 9. 災害発生時における措置
	3. その他現場監督者として行うべき労働災害防止活動に関すること	**2 時間以上** 10. 作業に係る設備及び作業場所の保守管理の方法 11. 労働災害防止についての関心の保持及び労働者の創意工夫を引きだす方法

6．健康の保持増進のための措置

労働者の健康管理

健康診断	**第66条** 事業者は、労働者に対し、厚生労働省令で定めるところにより、医師による健康診断（第66条の10第1項に規定する検査を除く。以下この条及び次条において同じ。）を行わなければならない。 2　事業者は、有害な業務で、政令で定めるものに従事する労働者に対し、厚生労働省令で定めるところにより、医師による特別の項目についての健康診断を行なわなければならない。有害な業務で、政令で定めるものに従事させたことのある労働者で、現に使用しているものについても、同様とする。 3　事業者は、有害な業務で、政令で定めるものに従事する労働者に対し、厚生労働省令で定めるところにより、歯科医師による健康診断を行なわなければならない。 4　都道府県労働局長は、労働者の健康を保持するため必要があると認めるときは、労働衛生指導医の意見に基づき、厚生労働省令で定めるところにより、事業者に対し、臨時の健康診断の実施その他必要な事項を指示することができる。 5　労働者は、前各項の規定により事業者が行なう健康診断を受けなければならない。ただし、事業者の指定した医師又は歯科医師が行なう健康診断を受けることを希望しない場合において、他の医師又は歯科医師の行なうこれらの規定による健康診断に相当する健康診断を受け、その結果を証明する書面を事業者に提出したときは、この限りでない。
面接指導等	**第66条の8**　事業者は、その労働時間の状況その他の事項が労働者の健康の保持を考慮して厚生労働省令で定める要件に該当する労働者（次条第1項に規定する者及び第66条の8の4第1項に規定する者を除く。以下この条において同じ。）に対し、厚生労働省令で定めるところにより、医師による面接指導（問診その他の方法により心身の状況を把握し、これに応じて面接により必要な指導を行うことをいう。以下同じ。）を行わなければならない。 2　労働者は、前項の規定により事業者が行う面接指導を受けなければならない。ただし、事業者の指定した医師が行う面接指導を受けることを希望しない場合において、他の医師の行う同項の規定による面接指導に相当する面接指導を受け、その結果を証明する書面を事業者に提出したときは、この限りでない。 3　事業者は、厚生労働省令で定めるところにより、第1項及び前項ただし書の規定による面接指導の結果を記録しておかなければならない。 4　事業者は、第1項又は第2項ただし書の規定による面接指導の結果に基づき、当該労働者の健康を保持するために必要な措置について、厚生労働省令で定めるところにより、医師の意見を聴かなければならない。 5　事業者は、前項の規定による医師の意見を勘案し、その必要があると認めるときは、当該労働者の実情を考慮して、就業場所の変更、作業の転換、労働時間の短縮、深夜業の回数の減少等の措置を講ずるほか、当該医師の意見の衛生委員会若しくは安全衛生委員会又は労働時間等設定改善委員会への報告その他の適切な措置を講じなければならない。 **第66条の8の3**　事業者は、第66条の8第1項又は前条第1項の規定による面接指導を実施するため、厚生労働省令で定める方法により、労働者（次条第1項に規定する者を除く。）の労働時間の状況を把握しなければならない。

心理的な負担の程度を把握するための検査等	**第66条の10** 事業者は、労働者に対し、厚生労働省令で定めるところにより、医師、保健師その他の厚生労働省令で定める者（以下この条において「医師等」という。）による心理的な負担の程度を把握するための検査を行わなければならない。
	2　事業者は、前項の規定により行う検査を受けた労働者に対し、厚生労働省令で定めるところにより、当該検査を行った医師等から当該検査の結果が通知されるようにしなければならない。この場合において、当該医師等は、あらかじめ当該検査を受けた労働者の同意を得ないで、当該労働者の検査の結果を事業者に提供してはならない。
	3　事業者は、前項の規定による通知を受けた労働者であって、心理的な負担の程度が労働者の健康の保持を考慮して厚生労働省令で定める要件に該当するものが医師による面接指導を受けることを希望する旨を申し出たときは、当該申出をした労働者に対し、厚生労働省令で定めるところにより、医師による面接指導を行わなければならない。この場合において、事業者は、労働者が当該申出をしたことを理由として、当該労働者に対し、不利益な取扱いをしてはならない。
	4　事業者は、厚生労働省令で定めるところにより、前項の規定による面接指導の結果を記録しておかなければならない。
	5　事業者は、第三項の規定による面接指導の結果に基づき、当該労働者の健康を保持するために必要な措置について、厚生労働省令で定めるところにより、医師の意見を聴かなければならない。
	6　事業者は、前項の規定による医師の意見を勘案し、その必要があると認めるときは、当該労働者の実情を考慮して、就業場所の変更、作業の転換、労働時間の短縮、深夜業の回数の減少等の措置を講ずるほか、当該医師の意見の衛生委員会若しくは安全衛生委員会又は労働時間等設定改善委員会への報告その他の適切な措置を講じなければならない。
	7　厚生労働大臣は、前項の規定により事業者が講ずべき措置の適切かつ有効な実施を図るため必要な指針を公表するものとする。
	8　厚生労働大臣は、前項の指針を公表した場合において必要があると認めるときは、事業者又はその団体に対し、当該指針に関し必要な指導等を行うことができる。
	9　国は、心理的な負担の程度が労働者の健康の保持に及ぼす影響に関する医師等に対する研修を実施するよう努めるとともに、第2項の規定により通知された検査の結果を利用する労働者に対する健康相談の実施その他の当該労働者の健康の保持増進を図ることを促進するための措置を講ずるよう努めるものとする。
受動喫煙の防止	**第68条の2**　事業者は、室内又はこれに準ずる環境における労働者の受動喫煙（健康増進法（平成14年法律第103号）第28条第三号に規定する受動喫煙をいう。第71条第1項において同じ。）を防止するため、当該事業者及び事業場の実情に応じ適切な措置を講ずるよう努めるものとする。
国の援助	**第71条**　国は、労働者の健康の保持増進に関する措置の適切かつ有効な実施を図るため、必要な資料の提供、作業環境測定及び健康診断の実施の促進、受動喫煙の防止のための設備の設置の促進、事業場における健康教育等に関する指導員の確保及び資質の向上の促進その他の必要な援助に努めるものとする。
	2　国は、前項の援助を行うに当たっては、中小企業者に対し、特別の配慮をするものとする。

> **心理的な負担の程度を把握するための検査等に関する特例**
> **附則第4条**　第13条第1項の事業場（労働者数常時50人以上）以外の事業場についての第66条の10の規定の適用については、当分の間、同条第1項中「行わなければ」とあるのは、「行うように努めなければ」とする。

7. 免　許　等

技能講習等

技能講習	第76条　第14条又は第61条第1項の技能講習（以下「技能講習」という。）は、別表第18に掲げる区分ごとに、学科講習又は実技講習によって行う。 2　技能講習を行なった者は、当該技能講習を修了した者に対し、厚生労働省令で定めるところにより、技能講習修了証を交付しなければならない。 3　技能講習の受講資格及び受講手続その他技能講習の実施について必要な事項は、厚生労働省令で定める。

資格業務一覧　　技能講習を必要とする主な業務（作業主任者）

選任配置すべき者	業　務　内　容
足場の組立て等作業主任者	つり足場、張出し足場、又は高さ5m以上の構造の足場の組立て、解体又は変更の作業
型わく支保工の組立て等作業主任者	型わく支保工の組立て又は解体の作業
建築物等の鉄骨の組立て等作業主任者	建築物の骨組み又は塔であって、金属製の部材により構成されるもの（その高さが5m以上であるものに限る。）の組立て又は変更の作業
地山の掘削作業主任者※	掘削面の高さが2m以上となる地山の掘削作業
土止め支保工作業主任者※	土止め支保工の切りばり又は腹おこしの取付け又は取りはずしの作業
木造建築物の組立て等作業主任者	軒高5m以上の木造建築物の構造部材の組立て、屋根下地、外壁下地の取付けの作業
コンクリート造の工作物の解体等作業主任者	高さ5m以上のコンクリート造の工作物の解体又は破壊の作業
鋼橋架設等作業主任者	橋梁の上部構造であって、金属製の部材により構成されるもの（その高さが5m以上であるもの又は当該上部構造のうち橋梁の支間が30m以上である部分に限る。）の架設、解体又は変更の作業
有機溶剤作業主任者	屋内作用場、タンク等で有機溶剤とそれの含有量が5％を超えるものを取り扱う作業
ずい道等の掘削等作業主任者	ずい道等の掘削、ずり積み、ずい道支保工の組立て、ロックボルトの取付け又はコンクリート等の吹付けの作業
ずい道等の覆工等作業主任者	型わく支保工の組立て、移動、解体、コンクリートの打設等ずい道等の覆工の作業
コンクリート橋架設等作業主任者	橋梁の上部構造であって、コンクリート造のもの（その高さが5m以上であるもの又は当該上部構造のうち橋梁の支間が30m以上である部分に限る。）の架設、解体又は変更の作業

※技能講習は「地山の掘削及び土止め支保工作業主任者」として統合されている。

酸素欠乏危険作業主任者 （第1種）	酸素欠乏が予想される作業
酸素欠乏危険作業主任者 （第2種）	酸素欠乏が予想される作業に加え、 硫化水素中毒危険作業
石綿作業主任者	石綿若しくは石綿をその重量の0.1％を超えて含有する製剤その他の物（以下「石綿等」という。）を取り扱う作業（試験研究のため取り扱う作業を除く。）又は石綿等試験研究のため製造する作業
特定化学物質作業主任者	特定化学物質を製造し、又は取り扱う作業
木材加工用機械作業主任者	丸のこ盤、帯びのこ盤等木材加工用機械を5台以上有する事業場における当該機械による作業
コンクリート破砕器作業主任者	コンクリート破砕器を使用する破砕の作業
はい作業主任者	高さ2m以上の「はい」の「はい付け」又は「はいくずし」の作業
鉛作業主任者	鉛業務に係る作業
採石のための掘削作業主任者	掘削面の高さ2m以上となる岩石の採取のための掘削の作業
高圧室内作業主任者	高圧室内作業（大気圧を超える気圧下の作業室又はシャフト内）

技能講習を必要とする主な業務（作業者）

車両系建設機械、機体重量３ｔ以上 整地・運搬、積込み、掘削、解体用機械の運転 	動力を用い不特定の場所に自走できるものの運転 （道路上の走行を除く）	車両系建設機械、機体重量３ｔ以上 基礎工事用機械の運転 	条件は左記に同じ
車両系荷役運搬機械 ショベルローダー、フォークローダーの運転 	最大荷重１ｔ以上 （道路上の走行を除く）	車両系荷役運搬機械 不整地運搬車の運転 	最大積載量１ｔ以上のもの （道路上の走行を除く）
クレーンの運転 	つり上げ荷重が５ｔ以上の床上操作式クレーン （運転者が荷と一緒に移動する方式の機械）	移動式クレーンの運転 	つり上げ荷重が１ｔ以上５ｔ未満のもの
高所作業車の運転 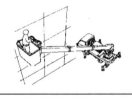	作業床の高さが１０ｍ以上のもの（道路上の走行を除く）	ガス溶接・溶断作業 	可燃性ガス及び酸素を用いて行う金属の溶接、溶断又は加熱の作業
玉掛け作業 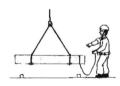	制限荷重が１ｔ以上の揚貨装置又はつり上げ荷重が１ｔ以上のクレーン、移動式クレーン若しくはデリックの玉掛け業務	車両系荷役運搬機械 フォークリフトの運転 	最大荷重１ｔ以上のもの（道路上の走行を除く）

8. 監 督 等

計画の届出

計画の届出等	**第88条**　事業者は、機械等で、危険若しくは有害な作業を必要とするもの、危険な場所において使用するもの又は危険若しくは健康障害を防止するため使用するもののうち、厚生労働省令で定めるものを設置し、若しくは移転し、又はこれらの主要構造部分を変更しようとするときは、その計画を当該工事の開始の日の30日前までに、厚生労働省令で定めるところにより、労働基準監督署長に届け出なければならない。ただし、第28条の2第1項に規定する措置その他の厚生労働省令で定める措置を講じているものとして、厚生労働省令で定めるところにより労働基準監督署長が認定した事業者については、この限りではない。 2　事業者は、建設業に属する事業の仕事のうち重大な労働災害を生ずるおそれがある特に大規模な仕事で、厚生労働省令で定めるものを開始しようとするときは、その計画を該当仕事の開始の日の30日前までに、厚生労働省令で定めるところにより、厚生労働大臣に届け出なければならない。 3　事業者は、建設業その他政令で定める業種に属する事業の仕事（建設業に属する事業にあっては、前項の厚生労働省令で定める仕事を除く。）で、厚生労働省令で定めるものを開始しようとするときは、その計画を当該仕事の開始の日の14日前までに、厚生労働省令で定めるところにより、労働基準監督署長に届け出なければならない。 4　事業者は、第1項の規定による届出に係る工事のうち厚生労働省令で定める工事計画、第2項の厚生労働省令で定める仕事の計画又は前項の規定による届出に係る仕事のうち厚生労働省令で定める仕事の計画を作成するときは、当該工事に係る建設物若しくは機械等又は当該仕事から生ずる労働災害の防止を図るため、厚生労働省令で定める資格を有する者を参画させなければならない。 5　前3項の規定（前項の規定のうち、第1項の規定による届出に係る部分を除く。）は、当該仕事が数次の請負契約によって行われる場合において、当該仕事を自ら行う発注者がいるときは当該発注者以外の事業者、当該仕事を自ら行う発注者がいないときは元請負人以外の事業者については、適用しない。 6　労働基準監督署長は第1項又は第3項の規定による届出があった場合において、厚生労働大臣は第2項の規定による届出があった場合において、それぞれ当該届出に係る事項がこの法律又はこれに基づく命令の規定に違反すると認めるときは、当該届出をした事業者に対し、その届出に係る工事若しくは仕事の開始を差し止め、又は当該計画を変更すべきことを命ずることができる。 7　厚生労働大臣又は労働基準監督署長は、前項の規定による命令（第2項又は第3項の規定による届出をした事業者に対するものに限る。）をした場合において、必要があると認めるときは、当該命令に係る仕事の発注者（当該仕事を自ら行う者を除く。）に対し、労働災害の防止に関する事項について必要な勧告又は要請を行うことができる。

厚生労働大臣の審査等	**第89条** 厚生労働大臣は、前条第1項から第3項までの規定による届出(次条を除き、以下「届出」という。)があった計画のうち、高度の技術的検討を要するものについて審査をすることができる。 2 厚生労働大臣は、前項の審査を行なうに当たっては、厚生労働省令で定めるところにより、学識経験者の意見をきかなければならない。 3 厚生労働大臣は、第1項の審査の結果必要があると認めるときは、届出をした事業者に対し、労働災害の防止に関する事項について必要な勧告又は要請をすることができる。 4 厚生労働大臣は前項の勧告又は要請をするに当たっては、あらかじめ、当該届出をした事業者の意見をきかなければならない。 5 第2項の規定により第1項の計画に関してその意見を求められた学識経験者は、当該計画に関して知り得た秘密を漏らしてはならない。
都道府県労働局長の審査等	**第89条の2** 都道府県労働局長は、第88条第1項又は第3項の規定による届出があった計画のうち、前条第1項の高度の技術的検討を要するものに準ずるものとして当該計画に係る建設物若しくは機械等又は仕事の規模その他の事項を勘案して厚生労働省令で定めるものについて審査をすることができる。ただし、当該計画のうち、当該審査と同等の技術的検討を行ったと認められるものとして厚生労働省令で定めるものについては、当該審査を行わないものとする。 2 前条第2項から第5項までの規定は、前項の審査について準用する。

計画の範囲

安全衛生規則第94条の2
法第89条の2第1項の厚生労働省令で定める計画は、次の仕事の計画とする。
　一　高さが100メートル以上の建築物の建設の仕事であって、次のいずれかに該当するもの
　　イ　埋設物その他地下に存する工作物(第2編第6章第1節及び第634条の2において「埋設物等」という。)がふくそうする場所に近接する場所で行われるもの
　　ロ　当該建築物の形状が円筒形である等特異であるもの
　二　堤高が100メートル以上のダムの建設の仕事であって、車両系建設機械(令別表第7に掲げる建設機械で動力を用い、かつ、不特定の場所に自走できるものをいう。以下同じ。)の転倒、転落等のおそれのある傾斜地において当該車両系建設機械を用いて作業が行われるもの
　三　最大支間300メートル以上の橋梁の建設の仕事であって、次のいずれかに該当するもの
　　イ　当該橋梁のけたが曲線けたであるもの
　　ロ　当該橋梁のけた下高さが30メートル以上のもの
　四　長さが1,000メートル以上のずい道等の建設の仕事であって、落盤、出水、ガス爆発等による労働者の危険が生ずるおそれがあると認められるもの
　五　掘削する土の量が20万立方メートルを超える掘削の作業を行う仕事であって、次のいずれかに該当するもの
　　イ　当該作業が地質が軟弱である場所において行われるもの
　　ロ　当該作業が狭あいな場所において車両系建設機械を用いて行われるもの
　六　ゲージ圧力が0.2メガパスカル以上の圧気工法による作業を行う仕事であって、次のいずれかに該当するもの
　　イ　当該作業が地質が軟弱である場所において行われるもの
　　ロ　当該作業を行う場所に近接する場所で当該作業と同時期に掘削の作業が行われるもの

法第 33 条第 1 項、法第 42 条、法第 61 条第 1 項の政令に定められている建設機械は下記の通り。

施行令　別表第 7　建設機械（令第 10 条、令第 13 条、令第 20 条関係）

一　整地・運搬・積込み用機械
1　ブル・ドーザー
2　モーター・グレーダー
3　トラクター・ショベル
4　ずり積機
5　スクレーパー
6　スクレープ・ドーザー
7　1 から 6 までに掲げる機械に類するものとして厚生労働省令で定める機械

二　掘削用機械
1　パワー・ショベル
2　ドラグ・ショベル
3　ドラグライン
4　クラムシェル
5　バケット掘削機
6　トレンチャー
7　1 から 6 までに掲げる機械に類するものとして厚生労働省令で定める機械

三　基礎工事用機械
1　くい打機
2　くい抜機
3　アース・ドリル
4　リバース・サーキュレーション・ドリル
5　せん孔機（チュービングマシンを有するものに限る。）
6　アース・オーガー
7　ペーパー・ドレーン・マシン
8　1 から 7 までに掲げる機械に類するものとして厚生労働省令で定める機械

四　締固め用機械
1　ローラー
2　1 に掲げる機械に類するものとして厚生労働省令で定める機械

五　コンクリート打設用機械
1　コンクリートポンプ車
2　1 に掲げる機械に類するものとして厚生労働省令で定める機械

六　解体用機械
1　ブレーカ
2　1 に掲げる機械に類するものとして厚生労働省令で定める機械

労働安全衛生法第 88 条第 1 項に基づき計画の届出を必要とする設備

1. 届出の提出期限　　設備等の設置等の工事開始 30 日前
2. 届出先　　　　　　所轄労働基準監督署長

種　別	規　模	届　出　事　項	添付図面	備　考
足　場	つり足場、張り出し足場以外の足場にあっては、高さが 10 m 以上の構造のもの	1.　設置箇所 2.　種類及び用途 3.　構造、材質及び主要寸法	組　立　図 配　置　図	設置〜廃止 60 日未満は適用除外
型わく支保工	支柱の高さが 3.5m 以上のもの	1.　コンクリート構造物の概要 2.　構造、材質及び主要寸法 3.　設置期間	組　立　図 配　置　図	
架設通路	高さ及び長さがそれぞれ 10 m 以上のもの	1.　設置箇所 2.　構造、材質及び主要寸法 3.　設置期間	平　面　図 側　面　図 断　面　図	組立〜解体 60 日未満は適用除外
軌道装置		1.　使用目的 2.　起点及び終点の位置並びにその高低差（平均こう配） 3.　軌道の長さ 4.　最小曲線半径及び最急こう配 5.　期間、単線又は複線の区別及び軌条の重量 6.　橋梁又はさん橋の長さ、幅及び構造 7.　動力車の種類、数、形式、自重、けん引力及び主要寸法 8.　巻き上げ機の形式、能力及び主要寸法 9.　ブレーキの種類及び作用 10.　信号、警報及び照明設備の状況 11.　最大運転速度 12.　逸走防止装置の設備箇所及び構造 13.　地下に設置するものにあっては、軌道装置と周囲との関係	平　面　図 断　面　図 構造図等	設置〜廃止 6 カ月未満は適用除外
特定化学設備（希硫酸等を用いたＰＨ処理設備）		1.　周囲の状況及び四隣との関係を示す図面 2.　特定化学設備を設置する建築物の構造 3.特定化学設備及びその付属設備の配置状況を示す図面 4.局所排気装置が設置されている場合にあっては局所排気装置適要書（様式第 25 号）		設置から廃止 6 カ月未満は適用除外

ただし、次の措置を講じているものとして、労働基準監督署長が認定した事業者は、届出の義務が免除される。
・ 安衛法第 28 条の 2 第 1 項の危険性又は有害性等の調査及びその結果に基づく措置
・ 安衛則第 24 条の 2 の安全衛生マネジメントシステムに従って行う自主的活動

労働安全衛生法第 88 条第 2 項に基づき計画の届出を必要とする建設業の仕事

1．届出の提出期限　　着工 30 日前
2．届出先　　　　　　厚生労働大臣

種　　別	届出事項及び添付図面
1．高さ 300m 以上の塔の建設 2．堤高 150m 以上のダムの建設 3．最大支間 500m（つり橋は 1,000m）以上の橋梁の建設 4．長さ 3,000m 以上のずい道等（含む斜坑）の建設 5．長さが 1,000m 以上 3,000m 未満のずい道等の建設で、深さが 50m 以上のたて坑の掘削を伴うもの 6．ゲージ圧力が 0.3MPa 以上の圧気工法	1．周囲の状況、四隣との関係図 2．建設物等の概要図（平面図、立面図等） 3．工事用機械、設備、建設物等の配置図 4．工法の概要を示す書面又は図面 5．労働災害を防止するための方法及び設備の概要を示す書面又は図面 6．工程表 7．圧気工法作業摘要書（圧気工法のみ）

労働安全衛生法第 88 条第 3 項に基づき計画の届出を必要とする建設業の仕事

1．届出の提出期限　　着工 14 日前
2．届出先　　　　　　所轄労働基準監督署長

種　　別	届出事項及び添付図面
1．高さ 31m を超える建築物又は工作物（橋梁を除く。）の建設、改造、解体又は破壊 2．最大支間 50m 以上の橋梁の建設等 2の2．最大支間 30m 以上 50m 未満の橋梁の上部構造の建設等（人口が集中している地域内おける道路上若しくは道路に接近した場所又は鉄道の軌道上若しくは軌道に接近した場所とする 3．ずい道等の建設等（ずい道等の内部に労働者が立ち入らないものを除く。） 4．掘削の高さ又は深さ 10m 以上の地山の掘削 5．圧気工法 5の2．建築物、工作物又は船舶に吹き付けられている石綿等（石綿等が使用されている仕上げ用塗材を除く）の除去、封じ込め又は囲い込みの作業を行う仕事 5の3　建築物、工作物又は船舶に張り付けられている石綿等が使用されている保温材、耐火被覆材等の除去、封じ込め又は囲い込みの作業（石綿等の粉じんを著しく発散するおそれのあるものに限る。）を行う仕事 5の4．ダイオキシン類特別措置法に該当し、一定以上の能力を有する廃棄物の焼却設備に設置された焼却炉、集じん機等の設備の解体等 6．掘削の高さ又は深さが 10m 以上の土石の採取のための掘削 7．坑内掘りの土石の採取のための掘削	1．周囲の状況、四隣との関係図 2．建築物等の概要図 3．工事用機械、設備、建築物等の配置図 4．工法の概要を示す書面又は図面 5．労働災害を防止するための方法及び設備の概要を示す書面又は図面 6．工程図 7．圧気工法作業摘要図（圧気工法のみ）

石綿障害予防規則第 5 条に基づき計画の届出を必要とする建設業の仕事

1．届出の提出期限　　工事開始前まで
2．届出先　　　　　　所轄労働基準監督署長

種　　別	届出事項及び添付図面
（石綿障害予防規則第 5 条） 　一　解体等対象建築物等に吹き付けられている石綿等（石綿等が使用されている仕上げ用塗材を除く）の除去、封じ込め又は囲い込みの作業 　二　解体等対象建築物等に吹き付けられている保温材、耐火被覆材等の除去、封じ込め又は囲い込みの作業（石綿等の粉じんを著しく発散するおそれのあるものに限る。） 2．前項の規定は法第 88 条第 3 項の規定による届出をする場合にあっては適用しない	（記載事項） 1．周囲の状況、四隣との関係図 2．建設物等の概要図（平面、立面図等） 3．除去する石綿含有建材等の種類 4．使用する機器や保護具 5．隔壁、立ち入り禁止措置 6．粉じんの発散防止、抑制方法 7．換気方法 8．粉じん濃度測定 9．解体廃棄物の処理方法

工事計画の作成に当たって参画させる者の資格（安衛法第88条第4項、安衛則第92条の3、別表第9）

◎建築関係の仕事

| 学校教育法による大学又は高等専門学校において理科系統の正規の課程を修めて卒業しその後10年以上建築工事の設計監理又は施工管理の実務に従事した経験を有する者 |
| 学校教育法による高等学校において、理科系統の正規の学科を修めて卒業し、その後15年以上建築工事の設計監理又は施工管理の実務に従事した経験を有する者 |
| 建築士法第12条の一級建築士試験に合格した者 |
| 労働安全コンサルタント（建築） |

建設工事における安全衛生の実務に3年以上従事した経験を有する者又は厚生労働大臣が定める研修の修了者

（計画の作成に参画できる仕事）

イ. 高さ300m以上の塔の建設
ロ. 高さ31mを超える建築物又は工作物の建設、改造、解体又は破壊（橋梁、ダムを除く。）

安衛則89条第一号及び安衛則90条第一号（ダムを除く）

◎土木関係の仕事

| 学校教育法による大学又は高等専門学校において理科系統の正規の課程を修めて卒業し、その後10年以上土木工事の設計監理又は施工管理の実務に従事した経験を有する者 |
| 学校教育法による高等学校において理科系統の正規の学科を修めて卒業し、その後15年以上土木工事の設計管理又は施工管理の実務に従事した経験を有する者 |
| 技術士法第7条第1項の技術士試験合格者（建設部門に係るものに限る） |
| 建設業法施行令第27条の3に規定する1級土木施工管理技術検定に合格した者 |
| 労働安全コンサルタント（土木） |

建設工事における安全衛生の実務に3年以上従事した経験を有する者又は厚生労働大臣が定める研修の修了者

つぎの仕事の設計監理又は施工管理の実務に3年以上従事した経験を有する者

ダム 3年以上 ※	堤高150m以上のダム 高さ31m超のダム	安衛則第89条第二号及び安衛則第90条第一号（ダムに限る）
橋梁 3年以上 ※	最大支間500m（つり橋は1000m）以上の橋梁 最大支間距離50m以上の橋梁 最大支間30m以上50m未満の上部構造の建設等（人口密集地域等の一定条件のものに限る。）	安衛則第89条第三号 安衛則第90条第二号 安衛則第90条第二-二号
ずい道等 3年以上 ※	長さ3000m以上のずい道 長さ1000m以上3000m未満のずい道で深さ50m以上のたて坑を伴うもの	安衛則第89条第四号 安衛則第89条第五号 安衛則第90条第三号
圧気 3年以上	ゲージ圧力0.3MPa以上の圧気作業 圧気作業	安衛則第89条第六号 安衛則第90条第五号
明り掘削 3年以上	掘削の高さ又は深さが10m以上の地山の掘削	安衛則第90条第四号

（計画の作成に参画できる仕事）

（注）上図※印については、ダムの基礎部分の掘削、橋梁の下部の掘削及び潜函工法により明り掘削の仕事の設計監理又は施工監理の実務に3年以上従事した経験を有する場合には、第90条第四号の地山の明り掘削の作業を行う仕事の計画の作成に参画する資格を有することとなるものである。

◎工事関係の仕事

| 型枠支保工の工事の設計監理又は施工管理の実務に3年以上 一級建築士 一級土木施工管理技士 一級建築施工管理技士 |
| 労働安全コンサルタント（土木・建築） |

建設工事における安全衛生の実務に3年以上従事した経験を有する者又は厚生労働大臣が定める研修の修了者

型枠支保工（支柱の高さが3.5m以上のもの）に係る仕事

安衛則第92条の3

| 足場の工事の設計監理又は施工管理の実務に3年以上 一級建築士 一級土木施工管理技士 一級建築施工管理技士 |
| 労働安全コンサルタント（土木・建築） |

建設工事における安全衛生の実務に3年以上従事した経験を有する者又は厚生労働大臣が定める研修の修了者

足場（つり足場、張出し足場以外の足場にあっては、高さが10m以上の構造のもの）に係る仕事

安衛則第92条の3

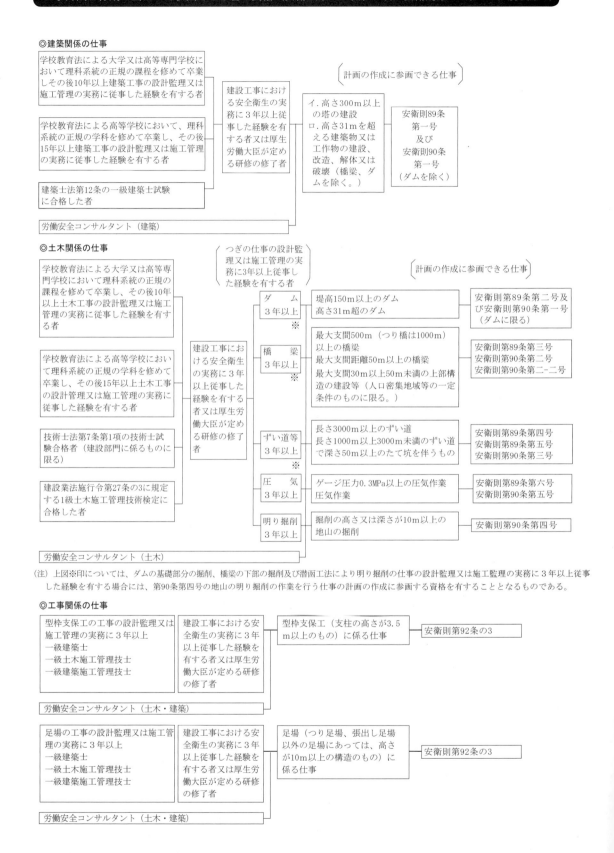

Ⅱ　労働安全衛生規則　通則

1．総　則
2．安全衛生管理体制
3．労働者の救護に関する措置
4．機械等並びに危険物及び有害物に関する規制
5．安全衛生教育
6．就業制限
7．健康の保持増進のための措置
8．監督等

1. 総　　則

共同企業体

共 同 企 業 体	第1条　労働安全衛生法（以下「法」という。）第5条第1項の規定による代表者の選定は、出資の割合その他工事施行に当たっての責任の程度を考慮して行なわなければならない。 　2　法第5条第1項の規定による届出をしようとする者は、当該届出に係る仕事の開始の日の14日前までに、様式第1号による届書を、当該仕事が行われる場所を管轄する都道府県労働局長に提出しなければならない。 　3　法第5条第3項の規定による届出をしようとする者は、代表者の変更があった後、遅滞なく、様式第1号による届書を前項の都道府県労働局長に提出しなければならない。 　4　前2項の規定による届書の提出は、当該仕事が行なわれる場所を管轄する労働基準監督署長を経由して行なうものとする。
	労働安全衛生規則第1条様式第1号の共同企業体代表者届の届出者は、原則としては、法人である事業者にあっては、法人名又は法人代表者（社長）名をもって提出すべきものであるが、共同企業体を構成する事業者（法人）のためにする届出の権能を含めて広範囲な事業活動の職務権限が支店長等に委ねられている場合には、当該支店長等の名称による届出でも差つかえないこと。 （昭47.11.15　基発第725号）

**代表者の選出は、出資割合その他工事施工に
当たっての責任の程度を考慮して決める**

様式第1号（第1条関係）

共同企業体代表者 ~~（変更）~~ 届

事 業 の 種 類	※共同企業体の名称	※共同企業体の主たる事務所の所在地及び仕事を行う場所の地名番号	
鉄骨鉄筋コンクリート造家屋建築工事	八重洲・山田共同企業体 中央会館新築工事作業所	東京都中央区八丁堀X－X－X　電話　　　　（XXXX）XXXX	
		上記と同じ	
発 注 者 名	中央産業株式会社	工 事 請 負 金 額	14,769,000,000円
工 事 の 概 要	鉄骨鉄筋コンクリート造 地下2階,地上20階建 建築面積　　　2,600m² 延面積　　　55,800m²	工 事 の 開 始 及 び 終 了 予 定 年 月 日	令和4年4月1日から 令和6年6月30日まで
※代表者職氏名	新 八重洲建設株式会社 代表取締役社長　春 原 一 郎 旧 （変更の場合のみ記入）	※ 変 更 の 年 月 日	
※変更の理由			
仕事を開始するまでの連絡先	八重洲建設株式会社東京支店 東京都千代田区祝田町X－X－X 　　　　　　　　　　　　　電話　　　（XXXX）XXXX		

※　令和4年　3月　12日

※　東京 労働局長殿

八重洲建設株式会社
取締役支店長　冬 原 八 郎
山田建設株式会社
代表取締役社長　山 田 太 郎
※共同企業体を構成する事業者職氏名

備考

1　共同企業体代表者届にあつては、表題の（変更）の部分を抹消し、共同企業体代表者変更届にあつては、※印を付してある項目のみ記入すること。

2　「事業の種類」の欄には、次の区分により記入すること。

水力発電所建設工事　ずい道建設工事　地下鉄建設工事　鉄道軌道建設工事　橋梁建設工事　道路建設工事　河川土木工事　砂防工事　土地整理土木工事　その他の土木工事　鉄骨鉄筋コンクリート造家屋建築工事　鉄骨造家屋建築工事　その他の建築工事又は設備工事

3　この届は、仕事を行う場所を管轄する労働基準監督署長に提出すること。

2. 安全衛生管理体制

① 総括安全衛生管理者・安全管理者・衛生管理者

総括安全衛生管理者の選任	第2条　法第10条第1項の規定による総括安全衛生管理者の選任は、総括安全衛生管理者を選任すべき事由が発生した日から14日以内に行なわなければならない。

> 1　第1項の「選任すべき事由が発生した日」とは、当該事業場の業種に応じて、その規模が政令で定める規模に達した日、総括安全衛生管理者に欠員が生じた日等を示すものであること。
> （昭47.9.18　基発第601号の1）

2　事業者は、総括安全衛生管理者を選任したときは、遅滞なく、様式第3号による報告書を、当該事業場の所在地を管轄する労働基準監督署長（以下「所轄労働基準監督署長」という。）に提出しなければならない。

【安全施行令】
総括安全衛生管理者を選任すべき事業場
第2条　労働安全衛生法（以下「法」という。）第10条第1項の政令で定める規模の事業場は、次の各号に掲げる業種の区分に応じ、常時当該各号に掲げる数以上の労働者を使用する事業場とする。

1	林業、鉱業、建設業、運送業及び清掃業	100人
2	製造業（物の加工業を含む。）、電気業、ガス業、熱供給業、水道業、通信業、各種商品卸売業、家具・建具・じゅう器等卸売業、各種商品小売業、家具・建具・じゅう器小売業、燃料小売業、旅館業、ゴルフ場業、自動車整備業及び機械修理業	300人
3	その他の業種	1000人

総括安全衛生管理者の代理者	第3条　事業者は、総括安全衛生管理者が旅行、疾病、事故その他やむを得ない事由によって職務を行なうことができないときは、代理者を選任しなければならない。
総括安全衛生管理者が統括管理する業務	第3条の2　法第10条第1項第五号の厚生労働省令で定める業務は、次のとおりとする。 一　安全衛生に関する方針の表明に関すること。 二　法第28条の2第1項又は第57条の3第1項及び第2項の危険性又は有害性等の調査及びその結果に基づき講ずる措置に関すること。 三　安全衛生に関する計画の作成、実施、評価及び改善に関すること。

総括安全衛生管理者の選任と届出

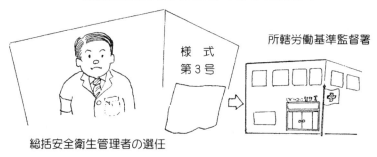

所轄労働基準監督署

様式
第3号

総括安全衛生管理者の選任

安全管理者の選任	第4条　法第11条第1項の規定による安全管理者の選任は、次に定めるところにより行わなければならない。

第4条　法第11条第1項の規定による安全管理者の選任は、次に定めるところにより行わなければならない。

一　安全管理者を選任すべき事由が発生した日から14日以内に選任すること。

二　その事業場に専属の者を選任すること。ただし、2人以上の安全管理者を選任する場合において、当該安全管理者の中に次条第二号に掲げる者がいるときは、当該者のうち1人については、この限りでない。

三　化学設備（労働安全衛生法施行令（以下「令」という。）第9条の3第一号に掲げる化学設備をいう。以下同じ。）のうち、発熱反応が行われる反応器等異常化学反応又はこれに類する異常な事態により爆発、火災等を生ずるおそれのあるもの（配管を除く。以下「特殊化学設備」という。）を設置する事業場であって、当該事業場の所在地を管轄する都道府県労働局長（以下「所轄都道府県労働局長」という。）が指定するもの（以下「指定事業場」という。）にあっては、当該都道府県労働局長が指定する生産施設の単位について、操業中、常時、法第10条第1項各号の業務のうち安全に係る技術的事項を管理するのに必要な数の安全管理者を選任すること。

四　次の表の中欄に掲げる業種に応じて、常時同表の右欄に掲げる数以上の労働者を使用する事業場にあっては、その事業場全体について法第10条第1項各号の業務のうち安全に係る技術的事項を管理する安全管理者のうち少なくとも1人を専任の安全管理者とすること。ただし、同表4の項の業種にあっては、過去3年間の労働災害による休業1日以上の死傷者数の合計が100人を超える事業場に限る。

安全衛生管理者のうち少なくとも1人を選任の安全管理者とすべき業種と規模

	業　　　　　種	常時使用する労働者数
1	建設業 有機化学工業製品製造業 石油製品製造業	300人
2	無機化学工業製品製造業 化学肥料製造業 道路貨物運送業 港湾運送業	500人
3	紙・パルプ製造業 鉄鋼業 造船業	1,000人
4	令第2条第一号及び第二号に掲げる業種 （1の項から3の項まで掲げる業種を除く。）	2,000人

2　第2条第2項及び第3条の規定は、安全管理者について準用する。

【安衛施行令】
安全管理者を選任すべき業種と規模
第3条　法第11条第1項の政令で定める業種及び規模の事業場は、前条第一号又は第二号に掲げる業種の事業場で、常時50人以上の労働者を使用するものとする。

安全管理者の資格	**第5条** 法第11条第1項の厚生労働省令で定める資格を有する者は、次のとおりとする。 一 次のいずれかに該当する者で、法第10条第1項各号の業務のうち安全に係る技術的事項を管理するのに必要な知識についての研修であって厚生労働大臣が定めるものを修了したもの 　イ 学校教育法（昭和22年法律第26号）による大学（旧大学令（大正7年勅令第388号）による大学を含む。以下同じ。）又は高等専門学校（旧専門学校令（明治36年勅令第61号）による専門学校を含む。以下同じ。）における理科系統の正規の課程を修めて卒業した者（独立行政法人大学改革支援・学位授与機構（以下「大学改革支援・学位授与機構」という。）により学士の学位を授与された者（当該課程を修めた者に限る。）若しくはこれと同等以上の学力を有すると認められる者又は当該課程を修めて同法による専門職大学の前期課程（以下「専門職大学前期課程」という。）を修了した者を含む。第18条の4第1号において同じ。）で、その後2年以上産業安全の実務に従事した経験を有するもの 　ロ 学校教育法による高等学校（旧中等学校令（昭和18年勅令第36号）による中等学校を含む。以下同じ。）又は中等教育学校において理科系統の正規の学科を修めて卒業した者で、その後4年以上産業安全の実務に従事した経験を有するもの 二 労働安全コンサルタント 三 前2号に掲げる者のほか、厚生労働大臣が定める者
安全管理者の巡視及び権限の付与	**第6条** 安全管理者は、作業場等を巡視し、設備、作業方法等に危険のおそれがあるときは、直ちに、その危険を防止するため必要な措置を講じなければならない。 2 事業者は、安全管理者に対し、安全に関する措置をなし得る権限を与えなければならない。
衛生管理者の選任	**第7条** 法第12条第1項の規定による衛生管理者の選任は、次に定めるところにより行わなければならない。 一 衛生管理者を選任すべき事由が発生した日から14日以内に選任すること。 二 その事業場に専属の者を選任すること。ただし、2人以上の衛生管理者を選任する場合において、当該衛生管理者の中に第10条第三号に掲げる者がいるときは、当該者のうち1人については、この限りでない。 三 次に掲げる業種の区分に応じ、それぞれに掲げる者のうちから選任すること。 　イ 農林畜水産業、鉱業、建設業、製造業（物の加工業を含む。）、電気業、ガス業、水道業、熱供給業、運送業、自動車整備業、機械修理業、医療業及び清掃業 第一種衛生管理者免許若しくは衛生工学衛生管理者免許を有する者又は第10条各号に掲げる者 　ロ その他の業種 第一種衛生管理者免許、第二種衛生管理者免許若しくは衛生工学衛生管理者免許を有する者又は第10条各号に掲げる者 四 次の表の上欄〔本書において左欄〕に掲げる事業場の規模に応じて、同表の下欄〔本書において右欄〕に掲げる数以上の衛生管理者を選任すること。

事業場の規模 （常時使用する労働者数）	衛生管理者数
50 人以上 200 人以下	1 人
200 人を超え 500 人以下	2 人
500 人を超え 1,000 人以下	3 人
1,000 人を超え 2,000 人以下	4 人
2,000 人を超え 3,000 人以下	5 人
3,000 人を超える場合	6 人

　五　次に掲げる事業場にあっては、衛生管理者のうち少なくとも 1 人を専任の衛生
　　管理者とすること。
　　イ　常時 1,000 人を超える労働者を使用する事業場
　　ロ　常時 500 人を超える労働者を使用する事業場で、坑内労働又は労働基準法施
　　　　行規則（昭和 22 年厚生省令第 23 号）第 18 条各号に掲げる業務に常時 30 人
　　　　以上の労働者を従事させるもの
　六　常時 500 人を超える労働者を使用する事業場で、坑内労働又は労働基準法施行
　　規則第 18 条第一号、第三号から第五号まで若しくは第九号に掲げる業務に常時
　　30 人以上の労働者を従事させるものにあっては衛生管理者のうち 1 人を衛生工学
　　衛生管理者免許を受けた者のうちから選任すること。
2　第 2 条第 2 項及び第 3 条の規定は、衛生管理者について準用する。

衛生管理者の選任の特例

第 8 条　事業者は、前条第 1 項の規定により衛生管理者を選任することができないやむを得ない事由がある場合で、所轄都道府県労働局長の許可を受けたときは、同項の規定によらないことができる。

共同の衛生管理者の選任

第 9 条　都道府県労働局長は、必要であると認めるときは、地方労働基準審議会の議を経て、衛生管理者を選任することを要しない 2 以上の事業場で、同一の地域にあるものについて、共同して衛生管理者を選任すべきことを勧告することができる。

衛生管理者の資格

第 10 条　法第 12 条第 1 項の厚生労働省令で定める資格を有する者は、次のとおりとする。
　一　医師
　二　歯科医師
　三　労働衛生コンサルタント
　四　前 3 号に掲げる者のほか、厚生労働大臣が定める者

衛生管理者の定期巡視及び権限の付与

第 11 条　衛生管理者は、少なくとも毎週 1 回作業場等を巡視し、設備、作業方法又は衛生状態に有害のおそれがあるときは、直ちに、労働者の健康障害を防止するため必要な措置を講じなければならない。
2　事業者は、衛生管理者に対し、衛生に関する措置をなし得る権限を与えなければならない。

衛生工学に関する事項の管理

第 12 条　事業者は、第 7 条第 1 項第六号の規定により選任した衛生管理者に、法第 10 条第 1 項各号の業務のうち衛生に係る技術的事項で衛生工学に関するものを管理させなければならない。

② 安全衛生推進者等

安全衛生推進者等を選任すべき事業場	**第12条の2** 法第12条の2の厚生労働省令で定める規模の事業場は、常時10人以上50人未満の労働者を使用する事業場とする。
安全衛生推進者等の選任	**第12条の3** 法第12条の2の規定による安全衛生推進者又は衛生推進者（以下「安全衛生推進者等」という。）の選任は、都道府県労働局長の登録を受けた者が行う講習を修了した者その他法第10条第1項各号の業務（衛生推進者にあっては、衛生に係る業務に限る。）を担当するため必要な能力を有すると認められる者のうちから、次に定めるところにより行わなければならない。 一　安全衛生推進者を選任すべき事由が発生した日から14日以内に選任すること。 二　その事業場に専属の者を選任すること。ただし、労働安全コンサルタント、労働衛生コンサルタントその他厚生労働大臣が定める者のうちから選任するときは、この限りでない。 2　次に掲げる者は、前項の講習の講習科目（安全衛生推進者に係るものに限る。）のうち厚生労働大臣が定めるものの免除を受けることができる。 一　第5条各号に掲げる者 二　第10条各号に掲げる者
安全衛生推進者等の氏名の周知	**第12条の4** 事業者は、安全衛生推進者等を選任したときは、当該安全衛生推進者等の氏名を作業場の見やすい箇所に掲示する等により関係労働者に周知させなければならない。

安全衛生推進者の選任とその意義

 10人以上50人未満の事業場 → 選任すべき事由が発生してから14日以内に選任 → 氏名を作業場の見やすい箇所に掲示する

　労働安全衛生法では労働者数が50人以上の事業場では安全管理者及び衛生管理者を選任し、それぞれの職務を行うことを義務付けていますが、近年における労働災害の発生率では大規模事業場に比べ、中小規模事業場が高くなっています。

　この大きな理由の一つとして安全衛生業務を担当する人の不在があげられています。

　そこで労働者数が50人未満の事業場においても安全衛生業務を担当する人を選任することが必要となってきたわけです。

　すなわち、安全衛生推進者は小規模事業場における安全衛生業務について積極的な活動を行い、災害がなく健康で明るい職場をつくるための中心的役割を行う人ということになります。

　したがって、その選任に当たっては会社の実情に合わせて、その位置づけを配慮し真にその職務を遂行できる人を選ぶことが大切です。

　労働安全衛生法では労働者数10人以上50人未満の事業場においては、安全衛生推進者（非工業業種では衛生推進者）を選任しなければならないことを規定しています。

③ 産　業　医

産業医の選任等	**第 13 条**　法第 13 条第 1 項の規定による産業医の選任は、次に定めるところにより行なわなければならない。 　一　産業医を選任すべき事由が発生した日から 14 日以内に選任すること。 　二　次に掲げる者（イ及びロにあっては、事業場の運営について利害関係を有しない者を除く。）以外の者のうちから選任すること。 　　イ　事業者が法人の場合にあっては当該法人の代表者 　　ロ　事業者が法人でない場合にあっては事業を営む個人 　　ハ　事業場においてその事業の実施を統括管理する者 　三　常時 1,000 人以上の労働者を使用する事業場又は次に掲げる業務に常時 500 人以上の労働者を従事させる事業場にあっては、その事業場に専属の者を選任すること。 　　イ　多量の高熱物体を取り扱う業務及び著しく暑熱な場所における業務 　　ロ　多量の低温物体を取り扱う業務及び著しく寒冷な場所における業務 　　ハ　ラジウム放射線、エツクス線その他の有害放射線にさらされる業務 　　ニ　土石、獣毛等のじんあい又は粉末を著しく飛散する場所における業務 　　ホ　異常気圧下における業務 　　ヘ　さく岩機、鋲打機等の使用によって、身体に著しい振動を与える業務 　　ト　重量物の取扱い等重激な業務 　　チ　ボイラー製造等強烈な騒音を発する場所における業務 　　リ　坑内における業務 　　ヌ　深夜業を含む業務 　　ル　水銀、砒ひ素、黄りん、弗化水素酸、塩酸、硝酸、硫酸、青酸、か性アルカリ、石炭酸その他これらに準ずる有害物を取り扱う業務 　　ヲ　鉛、水銀、クロム、砒素、黄りん、弗化水素、塩素、塩酸、硝酸、亜硫酸、硫酸、一酸化炭素、二硫化炭素、青酸、ベンゼン、アニリンその他これらに準ずる有害物のガス、蒸気又は粉じんを発散する場所における業務 　　ワ　病原体によつて汚染のおそれが著しい業務 　　カ　その他厚生労働大臣が定める業務 　四　常時 3,000 人をこえる労働者を使用する事業場にあっては、2 人以上の産業医を選任すること。 2　第 2 条第 2 項の規定は、産業医について準用する。ただし、学校保健安全法（昭和 33 年法律第 56 号）第 23 条（就学前の子どもに関する教育、保育等の総合的な提供の推進に関する法律（平成 18 年法律第 77 号。以下この項及び第 44 条の 2 第 1 項において「認定こども園法」という。）第 27 条において準用する場合を含む。）の規定により任命し、又は委嘱された学校医で、当該学校（同条において準用する場合にあつては、認定こども園法第 2 条第 7 項に規定する幼保連携型認定こども園）において産業医の職務を行うこととされたものについては、この限りでない。 3　第 8 条の規定は、産業医について準用する。この場合において、同条中「前条第 1 項」とあるのは、「第 13 条第 1 項」と読み替えるものとする。 4　事業者は、産業医が辞任したとき又は産業医を解任したときは、遅滞なく、その旨及びその理由を衛生委員会又は安全衛生委員会に報告しなければならない。

産業医及び産業 歯科医の職務等	**第14条** 法第13条第1項の厚生労働省令で定める事項は、次に掲げる事項で医学に関する専門的知識を必要とするものとする。 一　健康診断の実施及びその結果に基づく労働者の健康を保持するための措置に関すること。 二　法第66条の8第1項、第66条の8の2第1項及び第66条の8の4第1項に規定する面接指導並びに法第66条の9に規定する必要な措置の実施並びにこれらの結果に基づく労働者の健康を保持するための措置に関すること。 三　法第66条の10第1項に規定する心理的な負担の程度を把握するための検査の実施並びに同条第3項に規定する面接指導の実施及びその結果に基づく労働者の健康を保持するための措置に関すること。 四　作業環境の維持管理に関すること。 五　作業の管理に関すること。 六　前各号に掲げるもののほか、労働者の健康管理に関すること。 七　健康教育、健康相談その他労働者の健康の保持増進を図るための措置に関すること。 八　衛生教育に関すること。 九　労働者の健康障害の原因の調査及び再発防止のための措置に関すること。 （以下第2項～第7項省略）
産業医に対する情 報の提供	**第14条の2**　法第13条第4項の厚生労働省令で定める情報は、次に掲げる情報とする。 一　法第66条の5第1項、第66条の8第5項（法第66条の8の2第2項又は第66条の8の4第2項において読み替えて準用する場合を含む。）又は第66条の10第6項の規定により既に講じた措置又は講じようとする措置の内容に関する情報（これらの措置を講じない場合にあっては、その旨及びその理由） 二　第52条の2第1項、第52条の7の2第1項又は第52条の7の4第1項の超えた時間が1月当たり80時間を超えた労働者の氏名及び当該労働者に係る当該超えた時間に関する情報 三　前二号に掲げるもののほか、労働者の業務に関する情報であって産業医が労働者の健康管理等を適切に行うために必要と認めるもの 2　法第13条第4項の規定による情報の提供は、次の各号に掲げる情報の区分に応じ、当該各号に定めるところにより行うものとする。 一　前項第一号に掲げる情報　法第66条の4、第66条の8第4項（法第66条の8の2第2項又は第66条の8の4第2項において準用する場合を含む。）又は第66条の10第5項の規定による医師又は歯科医師からの意見聴取を行った後、遅滞なく提供すること。 二　前項第二号に掲げる情報　第52条の2第2項（第52条の7の2第2項又は第52条の7の4第2項において準用する場合を含む。）の規定により同号の超えた時間の算定を行った後、速やかに提供すること。 三　前項第三号に掲げる情報　産業医から当該情報の提供を求められた後、速やかに提供すること。

産業医による勧告等	第14条の3　産業医は、法第13条第5項の勧告をしようとするときは、あらかじめ、当該勧告の内容について、事業者の意見を求めるものとする。 2　事業者は、法第13条第5項の勧告を受けたときは、次に掲げる事項を記録し、これを3年間保存しなければならない。 　一　当該勧告の内容 　二　当該勧告を踏まえて講じた措置の内容（措置を講じない場合にあっては、その旨及びその理由） 3　法第13条第6項の規定による報告は、同条第5項の勧告を受けた後遅滞なく行うものとする。 4　法第13条第6項の厚生労働省令で定める事項は、次に掲げる事項とする。 　一　当該勧告の内容 　二　当該勧告を踏まえて講じた措置又は講じようとする措置の内容（措置を講じない場合にあっては、その旨及びその理由）
産業医に対する権限の付与等	第14条の4　事業者は、産業医に対し、第14条第1項各号に掲げる事項をなし得る権限を与えなければならない。 2　前項の権限には、第14条第1項各号に掲げる事項に係る次に掲げる事項に関する権限が含まれるものとする。 　一　事業者又は総括安全衛生管理者に対して意見を述べること。 　二　第14条第1項各号に掲げる事項を実施するために必要な情報を労働者から収集すること。 　三　労働者の健康を確保するため緊急の必要がある場合において、労働者に対して必要な措置をとるべきことを指示すること。
産業医の定期巡視	第15条　産業医は、少なくとも毎月1回（産業医が、事業者から、毎月1回以上、次に掲げる情報の提供を受けている場合であって、事業者の同意を得ているときは、少なくとも2月に1回）作業場等を巡視し、作業方法又は衛生状態に有害のおそれがあるときは、直ちに、労働者の健康障害を防止するため必要な措置を講じなければならない。 　一　第11条第1項の規定により衛生管理者が行う巡視の結果 　二　前号に掲げるもののほか、労働者の健康障害を防止し、又は労働者の健康を保持するために必要な情報であって、衛生委員会又は安全衛生委員会における調査審議を経て事業者が産業医に提供することとしたもの
産業医を選任すべき事業場以外の事業場の労働者の健康管理等	第15条の2　法第13条の2第1項の厚生労働省令で定める者は、労働者の健康管理等を行うのに必要な知識を有する保健師とする。 2　事業者は、法第13条第1項の事業場以外の事業場について、法第13条の2第1項に規定する者に労働者の健康管理等の全部又は一部を行わせるに当たっては、労働者の健康管理等を行う同項に規定する医師の選任、国が法第19条の3に規定する援助として行う労働者の健康管理等に係る業務についての相談その他の必要な援助の事業の利用等に努めるものとする。 3　第14条の2第1項の規定は法第13条の2第2項において準用する法第13条第4項の厚生労働省令で定める情報について、第14条の2第2項の規定は法第13条の2第2項において準用する法第13条第4項の規定による情報の提供について、それぞれ準用する。

④　作業主任者

作業主任者の選任	第16条　法第14条の規定による作業主任者の選任は、別表第1の上欄に掲げる作業の区分に応じて、同表の中欄に掲げる資格を有する者のうちから行なうものとし、その作業主任者の名称は、同表の下欄に掲げるとおりとする。 2　事業者は、令第6条第17号の作業のうち、高圧ガス取締法（昭和26年法律第204号）、ガス事業法（昭和29年法律第51号）又は電気事業法（昭和39年法律第170号）の適用を受ける第1種圧力容器の取扱いの作業については、前項の規定にかかわらず、ボイラー及び圧力容器安全規則（昭和47年厚生労働省令第33号。以下「ボイラー則」という。）の定めるところにより、特定第1種圧力容器取扱作業主任者免許を受けた者のうちから第1種圧力容器取扱作業主任者を選任することができる。
作業主任者の職務の分担	第17条　事業者は、別表第1の上欄に掲げる一の作業を同一の場所で行なう場合において、当該作業に係る作業主任者を2人以上選任したときは、それぞれの作業主任者の職務の分担を定めなければならない。
作業主任者の氏名等の周知	第18条　事業者は、作業主任者を選任したときは、当該作業主任者の氏名及びその者に行なわせる事項を作業場の見やすい箇所に掲示する等により関係労働者に周知させなければならない。

作業主任者の選任が必要な作業（抜粋）

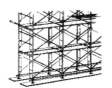

高さ5m以上の足場の組立て・解体作業

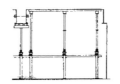

型わく支保工の組立て解体の作業

掘削面の高さが2m以上の地山の掘削

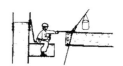

高さ5m以上の鉄骨の組立て、解体、変更の作業

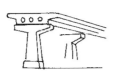

高さ5m以上又は支間30m以上のコンクリート橋梁の上部構造の架設、変更の作業

高さ5m以上又は支間30m以上の鋼橋梁の上部構造の架設、解体、変更の作業

土止め支保工の切ばり腹おこしの取付け、取外しの作業

高さ5m以上のコンクリート造の工作物の解体破壊の作業

ずい道等の掘削、ずい道支保工の組立て等の作業

屋内作業場等で有機溶剤取扱い等の作業

木造建築物の組立て等作業主任者
軒高5m以上の木造建築物の構造部材の組立て等の作業

酸素欠乏危険作業主任者（2種）
・酸素欠乏危険が予測される作業
・上記＋硫化水素中毒危険作業

⑤　統責者、元方・店社安衛管理者、安全衛生責任者

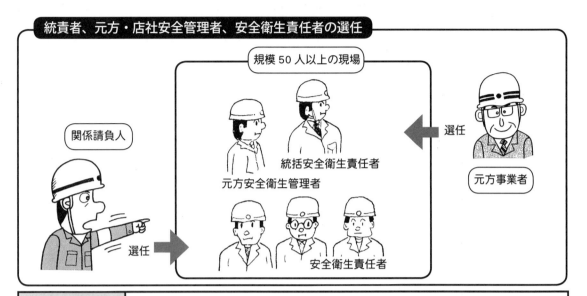

令第7条第2項第一号の厚生労働省令で定める場所	第18条の2の2　令第7条第2項第一号の厚生労働省令で定める場所は、人口が集中している地域内における道路上若しくは道路に隣接した場所又は鉄道の軌道上若しくは軌道に隣接した場所とする。
元方安全衛生管理者の選任	第18条の3　法第15条の2第1項の規定による元方安全衛生管理者の選任は、その事業場に専属の者を選任して行わなければならない。
元方安全衛生管理者の資格	第18条の4　法第15条の2第1項の厚生労働省令で定める資格を有する者は、次のとおりとする。 一　学校教育法による大学又は高等専門学校における理科系統の正規の課程を修めて卒業した者で、その後3年以上建設工事の施工における安全衛生の実務に従事した経験を有するもの 二　学校教育法による高等学校において理科系統の正規の学科を修めて卒業した者で、その後5年以上建設工事の施工における安全衛生の実務に従事した経験を有するもの 三　前2号に掲げる者のほか、厚生労働大臣が定める者
権限の付与	第18条の5　事業者は、元方安全衛生管理者に対し、その労働者及び関係請負人の労働者の作業が同一場所において行われることによって生ずる労働災害を防止するため必要な措置をなし得る権限を与えなければならない。
店社安全衛生管理者の選任に係る労働者数等	第18条の6　法第15条の3第1項及び第2項の厚生労働省令で定める労働者の数は、次の各号の仕事の区分に応じ、当該各号に定める数とする。 一　令第7条第2項第一号の仕事及び主要構造部が鉄骨造又は鉄骨鉄筋コンクリート造である建築物の建設の仕事　常時20人 二　前号の仕事以外の仕事　常時50人

	２　建設業に属する事業の仕事を行う事業者であって、法第15条第２項に規定するところにより、当該仕事を行う場所において、統括安全衛生責任者の職務を行う者を選任し、並びにその者に同条第１項又は第３項及び同条第４項の指揮及び統括管理をさせ、並びに法第15条の２第１項の資格を有する者のうちから元方安全衛生管理者の職務を行う者を選任し、及びその者に同項の事項を管理させているもの（法第15条の３第１項又は第２項の規定により店社安全衛生管理者を選任しなければならない事業者に限る。）は、当該場所において同条第１項又は第２項の規定により店社安全衛生管理者を選任し、その者に同条第１項又は第２項の事項を行わせているものとする。
店社安全衛生管理者の資格	第18条の7　法第15条の３第１項及び第２項の厚生労働省令で定める資格を有する者は、次のとおりとする。 一　学校教育法による大学又は高等専門学校を卒業した者（大学改革支援・学位授与機構により学士の学位を授与された者若しくはこれと同等以上の学力を有すると認められる者又は専門職大学前期課程を修了した者を含む。別表第５第１号の表及び別表第５第１号の２の表において同じ。）で、その後３年以上建設工事の施工における安全衛生の実務に従事した経験を有するもの 二　学校教育法による高等学校又は中等教育学校を卒業した者（学校教育法施行規則（昭和22年文部省令第11号）第150条に規定する者又はこれと同等以上の学力を有すると認められる者を含む。別表第５第一号の表及び第一号の２の表において同じ。）で、その後５年以上建設工事の施工における安全衛生の実務に従事した経験を有するもの 三　８年以上建設工事の施工における安全衛生の実務に従事した経験を有する者 四　前３号に掲げる者のはか、厚生労働大臣が定める者
店社安全衛生管理者の職務	第18条の8　法第15条の３第１項及び第２項の厚生労働省令で定める事項は、次のとおりとする。 一　少なくとも毎月１回法第15条の３第１項又は第２項の労働者が作業を行う場所を巡視すること。 二　法第15条の３第１項又は第２項の労働者の作業の種類その他作業の実施の状況を把握すること。 三　法第30条第１項第一号の協議組織の会議に随時参加すること。 四　法第30条第１項第五号の計画に関し同号の措置が講ぜられていることについて確認すること。 ┌─────────────────────┐ 店社安全衛生管理者の職務 ・作業場所の毎月１回の巡視（作業の実施状況の把握） ・法30条第１項の協議会への出席 ・法30条第１項第五号の措置の確認 └─────────────────────┘
安全衛生責任者の職務	第19条　法第16条第１項の厚生労働省令で定める事項は、次のとおりとする。 一　統括安全衛生責任者との連絡 二　統括安全衛生責任者から連絡を受けた事項の関係者への連絡 三　前号の統括安全衛生責任者からの連絡に係る事項のうち当該請負人に係るものの実施についての管理 四　当該請負人がその労働者の作業の実施に関し計画を作成する場合における当該計画と特定元方事業者が作成する法第30条第１項第五号の計画との整合性の確保を図るための統括安全衛生責任者との調整 五　当該請負人の労働者の行う作業及び当該労働者以外の者の行う作業によって生ずる法第15条第１項の労働災害に係る危険の有無の確認 六　当該請負人がその仕事の一部を他の請負人に請け負わせている場合における当該他の請負人の安全衛生責任者との作業間の連格及び調整

統括安全衛生責任者等の代理者	**第20条**　第3条の規定は、統括安全衛生責任者、元方安全衛生管理者、店社安全衛生管理者及び安全衛生責任者について準用する。

現場における安全衛生責任者の位置づけ（建設業法による）

1次下請負業者
（大工工事）　　　　　　　　　　　　　　　　　　　　　**1次下請負業者が記入**

下請負業者社名	大 山 建 設 株 式 会 社
主 任 技 術 者	大 沢 　 常 男
安全衛生責任者	中 島 　 明
工 期	自平成　年　日　月〜平成　年　月　日

2次下請負業者
（大工工事）

下請負業者社名	株 式 会 社 山 田 工 務 店
主 任 技 術 者	小 林 　 誠
安全衛生責任者	松 井 　 繁
工 期	自平成　年　日　月〜平成　年　月　日

2次下請負業者
（大工工事）

下請負業者社名	中 央 建 設 株 式 会 社
主 任 技 術 者	千 代 田 二 郎
安全衛生責任者	中 央 　 太 郎
工 期	自平成　年　日　月〜平成　年　月　日

安全委員会の付議事項	**第21条**　法第17条第1項第三号の労働者の危険の防止に関する重要事項には、次の事項が含まれるものとする。 一　安全に関する規程の作成に関すること。 二　法第28条の2第1項又は第57条の3第1項及び第2項の危険性又は有害性等の調査及びその結果に基づき講ずる措置のうち、安全に係るものに関すること。 三　安全衛生に関する計画（安全に係る部分に限る。）の作成、実施、評価及び改善に関すること。 四　安全教育の実施計画の作成に関すること。 五　厚生労働大臣、都道府県労働局長、労働基準監督署長、労働基準監督官又は産業安全専門官から文書により命令、指示、勧告又は指導を受けた事項のうち、労働者の危険の防止に関すること。
衛生委員会の付議事項	**第22条**　法第18条第1項第四号の労働者の健康障害の防止及び健康の保持増進に関する重要事項には、次の事項が含まれるものとする。 一　衛生に関する規程の作成に関すること。 二　法第28条の2第1項又は第57条の3第1項及び第2項の危険性又は有害性等の調査及びその結果に基づき講ずる措置のうち、衛生に係るものに関すること。 三　安全衛生に関する計画（衛生に係る部分に限る。）の作成、実施、評価及び改善に関すること。 四　衛生教育の実施計画の作成に関すること。 五　法第57条の4第1項及び第57条の5第1項の規定により行われる有害性の調査並びにその結果に対する対策の樹立に関すること 六　法第65条第1項又は第5項の規定により行われる作業環境測定の結果及びその結果の評価に基づく対策の樹立に関すること。 七　定期に行われる健康診断、法第66条第4項の規定による指示を受けて行われる臨時の健康診断、法第66条の2の自ら受けた健康診断及び法に基づく他の省令の規定に基づいて行われる医師の診断、診察又は処置の結果並びにその結果に対する対策の樹立に関すること。 八　労働者の健康の保持増進を図るため必要な措置の実施計画の作成に関すること。 九　長時間にわたる労働による労働者の健康障害の防止を図るための対策の樹立に関すること。 十　労働者の精神的健康の保持増進を図るための対策の樹立に関すること。 十一　厚生労働大臣、都道府県労働局長、労働基準監督署長、労働基準監督官又は労働衛生専門官から文書により命令、指示、勧告又は指導を受けた事項のうち、労働者の健康障害の防止に関すること。

委員会の会議	**第 23 条**　事業者は、安全委員会、衛生委員会又は安全衛生委員会（以下「委員会」という。）を毎月 1 回以上開催するようにしなければならない。 2　前項に定めるもののほか、委員会の運営について必要な事項は、委員会が定める。 3　事業者は、委員会の開催の都度、遅滞なく、委員会における議事の概要を次に掲げるいずれかの方法によって労働者に周知させなければならない。 　一　常時各作業場の見やすい場所に掲示し、又は備え付けること。 　二　書面を労働者に交付すること。 　三　磁気テープ、磁気ディスクその他これらに準ずる物に記録し、かつ、各作業場に労働者が当該記録の内容を常時確認できる機器を設置すること。 4　事業者は、委員会の開催の都度、次に掲げる事項を記録し、これを 3 年間保存しなければならない。 　一　委員会の意見及び当該意見を踏まえて講じた措置の内容 　二　前号に掲げるもののほか、委員会における議事で重要なもの 5　産業医は、衛生委員会又は安全衛生委員会に対して労働者の健康を確保する観点から必要な調査審議を求めることができる。
関係労働者の意見の聴取	**第 23 条の 2**　委員会を設けている事業者以外の事業者は、安全又は衛生に関する事項について、関係労働者の意見を聴くための機会を設けるようにしなければならない。
自主的活動の促進	**第 24 条の 2**　厚生労働大臣は、事業場における安全衛生の水準の向上を図ることを目的として事業者が一連の過程を定めて行う次に掲げる自主的活動を促進するため必要な指針を公表することができる。 　一　安全衛生に関する方針の表明 　二　法第 28 条の 2 第 1 項又は第 57 条の 3 第 1 項及び第 2 項の危険性又は有害性等の調査及びその結果に基づき講ずる措置 　三　安全衛生に関する目標の設定 　四　安全衛生に関する計画の作成、実施、評価及び改善 　　┌─────────────────────────┐ 　　│ 労働安全衛生マネジメントシステムに関する指針 │ 　　│ （平 11.4.30　労働省告示第 53 号） │ 　　└─────────────────────────┘

労働安全衛生マネジメントシステム（OHSMS）

事業者が労働者と協力して、安全衛生管理業務を「計画（P）－実施（D）－評価（C）－改善（A）」の一連の定めたプロセスで連続的、継続的に、かつ、自主的に行うことにより、事業場での労働災害の潜在的危険性を低減して、労働者の健康の増進及び快適な職場環境形成の促進を図り、安全衛生水準の向上に資することを目的とした新しい安全衛生管理の仕組みである（OHSMS…Occupational Health and Safty Management System）

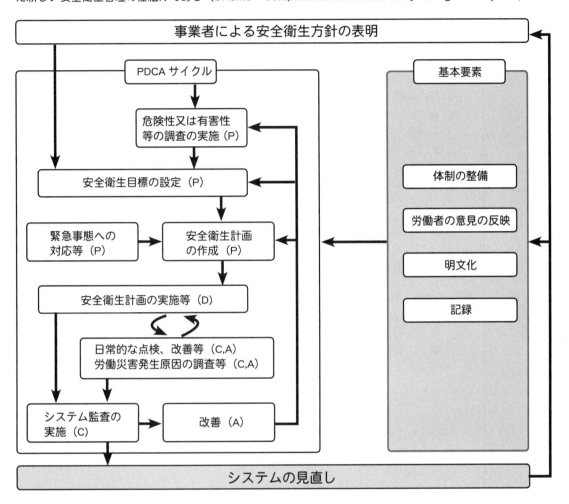

3．労働者の救護に関する措置

①　救護に関する必要な措置等

救護に関し必要な機械等	**第24条の3**　法第25条の2第1項に規定する事業者（以下この章において「事業者」という。）は、次の各号に掲げる機械、器具その他の設備（以下「機械等」という。）を備え付けなければならない。ただし、メタン又は硫化水素が発生するおそれのないときは、第二号に掲げるメタン又は硫化水素に係る測定器具については、この限りでない。 　一　空気呼吸器又は酸素呼吸器（第3項において「空気呼吸器等」という。） 　二　メタン、硫化水素、一酸化炭素及び酸素の濃度を測定するため必要な測定器具 　三　懐中電燈等の携帯用照明器具 　四　前3号に掲げるもののほか、労働者の救護に関し必要な機械等 2　事業者は、前項の機械等については、次の各号の区分に応じ、当該各号に掲げる時までに備え付けなければならない。 　一　令第9条の2第一号に掲げる仕事 　　出入口からの距離が1,000メートルの場所において作業を行うこととなる時又はたて坑（通路として用いられるものに限る。）の深さが50メートルとなる時 　二　令第9条の2第二号に掲げる仕事 　　ゲージ圧力が0.1メガパスカルの圧気工法による作業を行うこととなる時 3　事業者は、第1項の機械等については、常時有効に保持するとともに、空気呼吸器等については、常時清潔に保持しなければならない。
救護に関する訓練	**第24条の4**　事業者は、次に掲げる事項についての訓練を行わなければならない。 　一　前条第1項の機械等の使用方法に関すること。 　二　救急そ生の方法その他の救急処置に関すること。 　三　前2号に掲げるもののほか、安全な救護の方法に関すること。 2　事業者は、前項の訓練については、前条第2項各号の区分に応じ、当該各号に掲げる時までに1回、及びその後1年以内ごとに1回行わなければならない。 3　事業者は第1項の訓練を行ったときは、次の事項を記録し、これを3年間保存しなければならない。 　一　実施年月日 　二　訓練を受けた者の氏名 　三　訓練の内容
救護の安全に関する規程	**第24条の5**　事業者は、第24条の3第2項各号の区分に応じ、当該各号に掲げる時までに、労働者の救護の安全に関し次の事項を定めなければならない。 　一　救護に関する組織に関すること。 　二　救護に関し必要な機械等の点検及び整備に関すること。 　三　救護に関する訓練の実施に関すること。 　四　前3号に掲げるもののほか、救護の安全に関すること。
人員の確認	**第24条の6**　事業者は、第24条の3第2項各号の区分に応じ、当該各号に掲げる時までに、ずい道等（ずい道及びたて坑以外の坑（採石法（昭和25年法律第291号）第2条に規定する岩石の採取のためのものを除く。）をいう。以下同じ。）の内部又は高圧室内（潜かん工法その他の圧気工法による作業を行うための大気圧を超える気圧下の作業室又はシャフトの内部をいう。）において作業を行う労働者の人数及び氏名を常時確認することができる措置を講じなければならない。 　「労働者の人数及び氏名を常時確認することができる措置」には、出入口に入坑者又は入室者の名札を掲げることとする措置が含まれるものであること。 　（昭55.11.25　基発第648号）

救護に関する技術的事項を管理する者の選任	**第24条の7** 法第25条の2第2項の規定による救護に関する技術的事項を管理する者の選任は、次に定めるところにより行わなければならない。 　一　第24条の3第2項各号の区分に応じ、当該各号に掲げる時までに選任すること。 　二　その事業場に専属の者を選任すること。 2　第3条及び第8条の規定は、救護に関する技術的事項を管理する者について準用する。この場合において、同条中「前条第1項」とあるのは「第24条の7第1項第二号」と、「同項」とあるのは「同号」と読み替えるものとする。
救護に関する技術的事項を管理する者の資格	**第24条の8** 法第25条の2第2項の厚生労働省令で定める資格を有する者は、次の各号の区分に応じ、当該各号に掲げる者で、厚生労働大臣の定める研修を修了したものとする。 　一　令第9条の2第一号に掲げる仕事　3年以上ずい道等の建設の仕事に従事した経験を有する者 　二　令第9条の2第二号に掲げる仕事　3年以上圧気工法による作業を行う仕事に従事した経験を有する者
権限の付与	**第24条の9** 事業者は、救護に関する技術的事項を管理する者に対し、労働者の救護の安全に関し必要な措置をなし得る権限を与えなければならない。

②　危険性又は有害性等の調査等

危険性又は有害性等の調査	**第24条の11** 法第28条の2第1項の危険性又は有害性等の調査は、次に掲げる時期に行うものとする。 　一　建設物を設置し、移転し、変更し、又は解体するとき 　二　設備、原材料等を新規に採用し、又は変更するとき 　三　作業方法又は作業手順を新規に採用し、又は変更するとき 　四　前3号に掲げるもののほか、建設物、設備、原材料、ガス、蒸気、粉じん等による、又は作業行動その他業務に起因する危険性又は有害性等について変化が生じ、又は生ずるおそれがあるとき 2　法第28条の2第1項ただし書きの厚生労働省令で定める業種は、令第2条第一号に掲げる業種及び同条第二号に掲げる業種（製造業を除く）とする。 　┌─────────────────────────────┐ 　│危険性又は有害性等の調査等に関する指針 　│（平18.3.10　指針公示第1号） 　│化学物質等による危険性又は有害性等の調査等に関する指針 　│（平27.9.18　指針公示第3号） 　└─────────────────────────────┘
機械に関する危険性等の通知	**第24条の13** 労働者に危険を及ぼし、又は労働者の健康障害をその使用により生ずるおそれのある機械（以下単に「機械」という。）を譲渡し、又は貸与する者（次項において「機械譲渡者等」という。）は、文書の交付等により当該機械に関する次に掲げる事項を、当該機械の譲渡又は貸与を受ける相手方の事業者（次項において「相手方事業者」という。）に通知するよう努めなければならない。 　一　型式、製造番号その他の機械を特定するために必要な事項 　二　機械のうち、労働者に危険を及ぼし、又は労働者の健康障害をその使用により生ずるおそれのある箇所に関する事項 　三　機械に係る作業のうち、前号の箇所に起因する危険又は健康障害を生ずるおそれのある作業に関する事項

救護の安全に関する規定

事業者は、労働者の救護の安全に関し、次の事項を定めなければならない

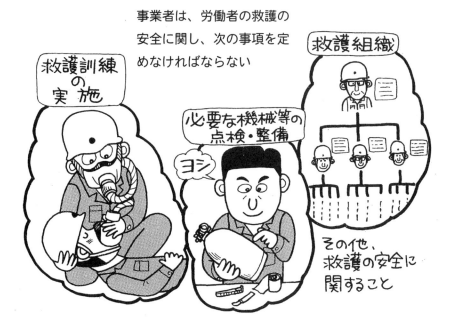

救護に関する技術的事項を管理する者の資格及び権限の付与

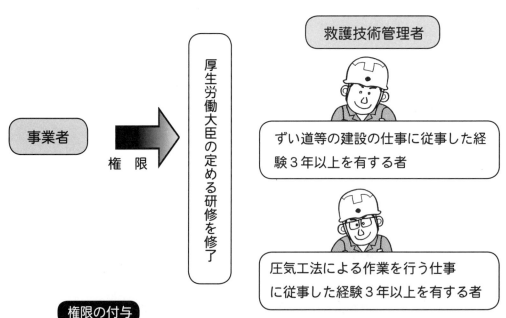

権限の付与
・救護技術管理者に労働者の救護の安全に必要な権限を付与する

4．機械等並びに危険物及び有害物に関する規制

機械等に関する規制

作動部分上の突起物等の防護措置	第25条　法第43条の厚生労働省令で定める防護のための措置は、次のとおりとする。 　　一　作動部分上の突起物については、埋頭型とし、又は覆いを設けること。 　　二　動力伝導部分又は調速部分については、覆い又は囲いを設けること。
規格を具備すべき防毒マスク	第26条　令第13条第5項の厚生労働省令で定める防毒マスクは、次のとおりとする。 　　一　一酸化炭素用防毒マスク 　　二　アンモニア用防毒マスク 　　三　亜硫酸ガス用防毒マスク 本条は、一定の規格を具備し、かつ、検定を受けるべき防毒マスクの種類を規定したものであり、その対象とするものは本条に掲げるものを含め次のものであること。 なお、その規格は労働大臣告示「防毒マスクの規格」で定められ、検定は、「機械等検定規則」で行なわれるものであること。 　1　ハロゲンガス用防毒マスク 　2　有機ガス用防毒マスク 　3　一酸化炭素用防毒マスク（新たに加えられたものである。） 　4　アンモニア用防毒マスク 　5　亜硫酸・いおう用防毒マスク （昭47.9.18　基発第601号の1） 従来、労働安全衛生規則第26条においては、労働大臣が定める規格を具備すべき防毒マスクについて、亜硫酸・いおう用防毒マスクを掲げ、亜硫酸・いおう用防毒マスクについてのみたばこの煙を用いた粉じん捕集効率試験を実施することとしてきたところであるが、全ての種類の防毒マスクについて、防じん機能を有する者に係る規格を設けることとしたため、いおう粉じんを捕集するためのフィルターを具備する亜硫酸・いおう用防毒マスクの区分を廃止することとしたこと。 （平12.11.15　基発第686号）
規格に適合した機械等の使用	第27条　事業者は、法別表第2に掲げる機械等及び令第13条第3項各号に掲げる機械等については、法第42条の厚生労働大臣が定める規格又は安全装置を具備したものでなければ、使用してはならない。
通知すべき事項	第27条の2　法第43条の2の厚生労働省令で定める事項は、次のとおりとする。 　　一　通知の対象である機械等であることを識別できる事項 　　二　機械等が法第43条の2各号のいずれかに該当することを示す事実
安全装置等の有効保持	第28条　事業者は、法及びこれに基づく命令により設けた安全装置、覆い、囲い等（以下「安全装置等」という。）が有効な状態で使用されるようそれらの点検及び整備を行なわなければならない。 第29条　労働者は、安全装置等について、次の事項を守らなければならない。 　　一　安全装置等を取りはずし、又はその機能を失わせないこと。

二　臨時に安全装置等を取りはずし、又はその機能を失わせる必要があるときは、あらかじめ、事業者の許可を受けること。

　　三　前号の許可を受けて安全装置等を取りはずし、又はその機能を失わせたときは、その必要がなくなった後、直ちにこれを原状に復しておくこと。

　　四　安全装置等が取りはずされ、又はその機能を失ったことを発見したときは、すみやかに、その旨を事業者に申し出ること。

　2　事業者は、労働者から前項第四号の規定による申出があったときは、すみやかに、適当な措置を講じなければならない。

5. 安全衛生教育

①　雇入れ時等の教育

雇入れ時の教育	第35条　事業者は、労働者を雇い入れ、又は労働者の作業内容を変更したときは、当該労働者に対し、遅滞なく、次の事項のうち当該労働者が従事する業務に関する安全又は衛生のため必要な事項について、教育を行なわなければならない。ただし、令第2条第三号に掲げる業種の事業場の労働者については、第一号から第四号までの事項についての教育を省略することができる。 　一　機械等、原材料等の危険性又は有害性及びこれらの取扱い方法に関すること。 　二　安全装置、有害物抑制装置又は保護具の性能及びこれらの取扱い方法に関すること。 　三　作業手順に関すること。 　四　作業開始時の点検に関すること。 　五　当該業務に関して発生するおそれのある疾病の原因及び予防に関すること。 　六　整理、整頓及び清潔の保持に関すること。 　七　事故時等における応急措置及び退避に関すること。 　八　前各号に掲げるもののほか、当該業務に関する安全又は衛生のために必要な事項 2　事業者は、前項各号に掲げる事項の全部又は一部に関し十分な知識及び技能を有していると認められる労働者については、当該事項についての教育を省略することができる。

雇入れ時の教育

労働者を雇入れ、又は労働者の作業内容を変更したときに実施する

安衛則　通則

②　特別教育

特別教育を必要とする業務	第36条　法第59条第3項の厚生労働省令で定める危険又は有害な業務は、次のとおりとする。 一　研削といしの取替え又は取替え時の試運転の業務 二　動力により駆動されるプレス機械（以下「動力プレス」という。）の金型、シャーの刃部又はプレス機械若しくはシャーの安全装置若しくは安全囲いの取付け、取外し又は調整の業務 三　アーク溶接機を用いて行う金属の溶接、溶断等（以下「アーク溶接等」という。）の業務 四　高圧（直流にあっては750ボルトを、交流にあっては600ボルトを超え、7,000ボルト以下である電圧をいう。以下同じ。）若しくは特別高圧（7,000ボルトを超える電圧をいう。以下同じ。）の充電電路若しくは当該充電電路の支持物の敷設、点検、修理若しくは操作の業務、低圧（直流にあっては750ボルト以下、交流にあっては600ボルト以下である電圧をいう。以下同じ。）の充電電路（対地電圧が50ボルト以下であるもの及び電信用のもの、電話用のもの等で感電による危害を生ずるおそれのないものを除く。）の敷設若しくは修理の業務（次号に掲げる業務を除く。）又は配電盤室、変電室等区画された場所に設置する低圧の電路（対地電圧が50ボルト以下であるもの及び電信用のもの、電話用のもの等で感電による危害の生ずるおそれのないものを除く。）のうち充電部分が露出している開閉器の操作の業務 四の二　対地電圧が50ボルトを超える低圧の蓄電池を内蔵する自動車の整備の業務 五　最大荷重1トン未満のフォークリフトの運転（道路交通法（昭和35年法律第105号）第2条第1項第一号の道路（以下「道路」という。）上を走行させる運転を除く。）の業務 五の2　最大荷重1トン未満のショベルローダー又はフォークローダーの運転（道路上を走行させる運転を除く。）の業務 五の3　最大積載量が1トン未満の不整地運搬車の運転（道路上を走行させる運転を除く。）の業務 六　制限荷重5トン未満の揚貨装置の運転の業務 六の2　伐木等機械（伐木、造材又は原木若しくは薪炭材の集積を行うための機械であって、動力を用い、かつ、不特定の場所に自走できるものをいう。以下同じ。）の運転（道路上を走行させる運転を除く。）の業務 六の3　走行集材機械（車両の走行により集材を行うための機械であって、動力を用い、かつ、不特定の場所に自走できるものをいう。以下同じ。）の運転（道路上を走行させる運転を除く。）の業務 七　機械集材装置（集材機、架線、搬器、支柱及びこれらに附属する物により構成され、動力を用いて、原木又は薪炭材（以下「原木等」という。）を巻き上げ、かつ、空中において運搬する設備をいう。以下同じ。）の運転の業務 七の2　簡易架線集材装置（集材機、架線、搬器、支柱及びこれらに附属する物により構成され、動力を用いて、原木等を巻き上げ、かつ、原木等の一部が地面に接した状態で運搬する設備をいう。以下同じ。）の運転又は架線集材機械（動力を用いて原木等を巻き上げることにより当該原木等を運搬するための機械であって、動力を用い、かつ、不特定の場所に自走できるものをいう。以下同じ。）の運転（道路上を走行させる運転を除く。）の業務

八　チェーンソーを用いて行う立木の伐木、かかり木の処理又は造材の業務

九　機体重量が３トン未満の令別表第７第一号、第二号、第三号又は第六号に掲げる機械で、動力を用い、かつ、不特定の場所に自走できるものの運転（道路上を走行させる運転を除く。）の業務

九の２　令別表第７第三号に掲げる機械で、動力を用い、かつ、不特定の場所に自走できるもの以外のものの運転の業務

九の３　令別表第７第三号に掲げる機械で、動力を用い、かつ、不特定の場所に自走できるものの作業装置の操作（車体上の運転者席における操作を除く。）の業務

十　令別表第７第四号に掲げる機械で、動力を用い、かつ、不特定の場所に自走できるものの運転（道路上を走行させる運転を除く。）の業務

十の２　令別表第７第五号に掲げる機械の作業装置の操作の業務

十の３　ボーリングマシンの運転の業務

十の４　建設工事の作業を行う場合における、ジャッキ式つり上げ機械（複数の保持機構（ワイヤロープ等を締め付けること等によって保持する機構をいう。以下同じ。）を有し、当該保持機構を交互に開閉し、保持機構間を動力を用いて伸縮させることにより荷のつり上げ、つり下げ等の作業をワイヤロープ等を介して行う機械をいう。以下同じ。）の調整又は運転の業務

十の５　作業床の高さ（令第10条第四号の作業床の高さをいう。）が10メートル未満の高所作業車（令第10条第四号の高所作業車をいう。以下同じ。）の運転（道路上を走行させる運転を除く。）の業務

十一　動力により駆動される巻上げ機（電気ホイスト、エヤーホイスト及びこれら以外の巻上げ機でゴンドラに係るものを除く。）の運転の業務

十二　削除

十三　令第15条第１項第八号に掲げる機械等（巻上げ装置を除く。）の運転の業務

十四　小型ボイラー（令第１条第四号の小型ボイラーをいう。以下同じ。）の取扱いの業務

十五　次に掲げるクレーン（移動式クレーン（令第１条第八号の移動式クレーンをいう。以下同じ。）を除く。以下同じ。）の運転の業務
　イ　つり上げ荷重が５トン未満のクレーン
　ロ　つり上げ荷重が５トン以上の跨線テルハ

十六　つり上げ荷重が１トン未満の移動式クレーンの運転（道路上を走行させる運転を除く。）の業務

十七　つり上げ荷重が５トン未満のデリックの運転の業務

十八　建設用リフトの運転の業務

十九　つり上げ荷重が１トン未満のクレーン、移動式クレーン又はデリックの玉掛けの業務

二十　ゴンドラの操作の業務

二十の２　作業室及び気閘室へ送気するための空気圧縮機を運転する業務

二十一　高圧室内作業に係る作業室への送気の調節を行うためのバルブ又はコックを操作する業務

二十二　気こう室への送気又は気こう室からの排気の調整を行うためのバルブ又はコックを操作する業務

二十三　潜水作業者への送気の調節を行うためのバルブ又はコックを操作する業務

二十四　再圧室を操作する業務

二十四の２　高圧室内作業に係る業務

二十五　令別表第５に掲げる四アルキル鉛等業務

二十六　令別表第６に掲げる酸素欠乏症危険場所における作業に係る業務

二十七　特殊化学設備の取扱い、整備及び修理の業務（令第20条第五号に規定する第１種圧力容器の整備の業務を除く。）

二十九　粉じん障害防止規則（昭和 54 年労働省令第 18 号。以下「粉じん則」という。）第 2 条第 1 項第三号の特定粉じん作業（設備による注水又は注油をしながら行なう粉じん則第 3 条各号に掲げる作業に該当するものを除く。）に係る業務

三十　ずい道等の掘削の作業又はこれに伴うずり、資材等の運搬、覆工のコンクリート打設等の作業（当該ずい道等の内部において行われるものに限る。）に係る作業

三十四　ダイオキシン類対策特別措置法施行令（平成 11 年政令第 433 号）別表第 1 第五号に掲げる廃棄物焼却炉を有する廃棄物の焼却施設（第 90 条第五号の 3 を除き、以下「廃棄物の焼却施設」という。）においてばいじん及び焼却灰その他の燃え殻を取り扱う業務（第三十六号に掲げる業務を除く。）

三十五　廃棄物の焼却施設に設置された廃棄物焼却炉、集じん機等の設備の保守点検等の業務

三十六　廃棄物の焼却施設に設置された廃棄物焼却炉、集じん機等の設備の解体等の業務及びこれに伴うばいじん及び焼却灰その他の燃え殻を取り扱う業務

三十七　石綿障害予防規則（平成 17 年厚生労働省令第 21 号。以下「石綿則」という。）第 4 条第 1 項各号に掲げる作業に係る業務

三十八　除染則第 2 条第 7 項の除染等業務及び同条第 8 項の特定線量下業務

三十九　足場の組立て、解体又は変更の作業に係る業務（地上又は堅固な床上における補助作業の業務を除く。）

四十　高さが 2 メートル以上の箇所であって作業床を設けることが困難なところにおいて、昇降器具（労働者自らの操作により上昇し、又は下降するための器具であって、作業箇所の上方にある支持物にロープを緊結してつり下げ、当該ロープに労働者の身体を保持するための器具（第 539 条の 2 及び第 539 条の 3 において「身体保持器具」という。）を取り付けたものをいう。）を用いて、労働者が当該昇降器具により身体を保持しつつ行う作業（40 度未満の斜面における作業を除く。以下「ロープ高所作業」という。）に係る業務

四十一　高さが 2 メートル以上の箇所であって作業床を設けることが困難なところにおいて、墜落制止用器具（令第 13 条第 3 項第 28 号の墜落制止用器具をいう。第 130 条の 5 第 1 項において同じ。）のうちフルハーネス型のものを用いて行う作業に係る業務（前号に掲げる業務を除く。）

特別教育の科目の省略	**第 37 条**　事業者は、法第 59 条第 3 項の特別の教育（以下「特別教育」という。）の科目の全部又は一部について十分な知識及び技能を有していると認められる労働者については、当該科目についての特別教育を省略することができる。
特別教育の記録の保存	**第 38 条**　事業者は、特別教育を行なったときは、当該特別教育の受講者、科目等の記録を作成して、これを 3 年間保存しておかなければならない。
特別教育の細目	**第 39 条**　前 2 条及び第 592 条の 7 に定めるもののほか、第 36 条第一号から第十三号まで、第二十七号、第三十号から第三十六号まで及び第三十九号から第四十一号までに掲げる業務に係る特別教育の実施について必要な事項は、厚生労働大臣が定める。

安全衛生特別教育規程（昭 47.9.30　労働省告示第 92 号）
クレーン取扱い業務特別教育規程（昭 47.9.30　労働省告示第 118 号）
粉じん作業特別教育規程（昭 54.7.23　労働省告示第 68 号）
石綿使用建築物等解体業務特別教育規程
（平 17.3.31　厚生労働省告示第 132 号）　　　　　　　など

③　職長等の教育

職長等の教育	第40条　法第60条第三号の厚生労働省令で定める事項は、次のとおりとする。 　一　法第28条の2第1項又は第57条の3第1項及び第2項の危険性又は有害性等の調査及びその結果に基づき講ずる措置に関すること。 　二　異常時等における措置に関すること。 　三　その他現場監督者として行うべき労働災害防止活動に関すること。 2　法第60条の安全又は衛生のための教育は、次の表の上欄〔本書において左欄〕に掲げる事項について、同表の下欄〔本書において右欄〕に掲げる時間以上行わなければならないものとする。

事　　　項	時　間
法第60条第一号に掲げる事項 　一　作業手順の定め方 　二　労働者の適正な配置の方法	2時間
法第60条第二号に掲げる事項 　一　指導及び教育の方法 　二　作業中における監督及び指示の方法	2.5時間
前項第一号に掲げる事項 　一　危険性又は有害性等の調査の方法 　二　危険性又は有害性等の調査の結果に基づき講ずる措置 　三　設備、作業等の具体的な改善の方法	4時間
前項第二号に掲げる事項 　一　異常時における措置 　二　災害発生時における措置	1.5時間
前項第三号に掲げる事項 　一　作業に係る設備及び作業場所の保守管理の方法 　二　労働災害防止についての関心の保持及び労働者の創意工夫を引き出す方法	2時間

	3　事業者は、前項の表の上欄〔本書において左欄〕に掲げる事項の全部又は一部について十分な知識及び技能を有していると認められる者については、当該事項に関する教育を省略することができる。
指定事業場等における安全衛生教育の計画及び実施結果報告	第40条の3　事業者は、指定事業場又は所轄都道府県労働局長が労働災害の発生率等を考慮して指定する事業場について、法第59条又は60条の規定に基づく安全又は衛生のための教育に関する具体的な計画を作成しなければならない。 2　前項の事業者は、4月1日から翌年3月31日までに行った法第59条又は第60条の規定に基づく安全又は衛生のための教育の実施結果を、毎年4月30日までに、様式第4号の5により、所轄労働基準監督署長に報告しなければならない。

6. 就 業 制 限

就業制限についての資格等

就業制限についての資格	第41条　法第61条第1項に規定する業務につくことができる者は、下表の下欄（本書において右欄）に掲げる業務の区分に応じて、それぞれ、同表の上欄〔本書において左欄〕に掲げる者とする。
職業訓練の特例	第42条　事業者は、職業能力開発促進法第24条第1項の認定に係る職業訓練を受ける労働者（以下「訓練生」という。）に技能を修得させるため令第20条第二号、第三号、第五号から第八号まで又は第十一号から第十六号までに掲げる業務に就かせる必要がある場合において、次の措置を講じたときは、法第61条第1項の規定にかかわらず、職業訓練開始後6月（訓練期間が6月の訓練科に係る訓練生で、令第20条第二号、第三号又は第五号から第八号までに掲げる業務に就かせるものにあっては5月、当該訓練科に係る訓練生で、同条第十一号から第十六号までに掲げる業務に就かせるものにあっては3月）を経過した後は、訓練生を当該業務に就かせることができる。 　一　訓練生が当該業務に従事する間、訓練生に対し、当該業務に関する危険又は健康障害を防止するため必要な事項を職業訓練指導員に指示させること。 　二　訓練生に対し、当該業務に関し必要な安全又は衛生に関する事項について、あらかじめ教育を行なうこと。 2　事業者は、訓練生に技能を修得させるため令第20条第十号に掲げる業務につかせる必要がある場合において、前項の措置を講じたときは、法第61条第1項の規定にかかわらず、職業訓練開始後直ちに訓練生を当該業務につかせることができる。 3　前2項の場合における当該訓練生については、法第61条第2項の規定は、適用しない。

技能講習を必要とする主な業務（作業者）

法61条第1項に規定する業務

車両系建設機械の運転者 （基礎工事用機械で機体重量3t以上）	動力を用いて不特定の場所に自走できるものの運転（道路上の走行を除く）
車両系建設機械の運転者 （解体用の機械で機体重量3t以上）	同　上
ショベルローダー、フォークローダーの運転者	最大荷重1t以上のもの （道路上の走行運転を除く）
不整地運搬車の運転	同　上
クレーン運転者	つり上げ荷重が5t以上の床上操作式クレーン（運転者が荷と一緒に移動する方式の機械）
移動式クレーンの運転者	つり上げ荷重が1t以上5t未満のもの
高所作業車運転者	最大上昇時の高さが10m以上のもの （道路上の走行を除く）
ガス溶接作業従事者	可燃性ガス及び酸素を用いて行う金属の溶接、又は加熱の作業
玉掛け作業者	つり上げ荷重1t以上の玉掛けの業務
フォークリフト運転者	最大荷重1t以上のもの （道路上の走行を除く）

7. 健康の保持増進のための措置

① 健康診断

雇入時の健康診断	**第43条** 事業者は、常時使用する労働者を雇い入れるときは、当該労働者に対し、次の項目について医師による健康診断を行わなければならない。ただし、医師による健康診断を受けた後、3月を経過しない者を雇い入れる場合において、その者が当該健康診断の結果を証明する書面を提出したときは、当該健康診断の項目に相当する項目については、この限りでない。 一　既往歴及び業務歴の調査 二　自覚症状及び他覚症状の有無の検査 三　身長、体重、腹囲、視力及び聴力（1,000ヘルツ及び4,000ヘルツの音に係る聴力をいう。次条第1項第三号において同じ。）の検査 四　胸部エックス線検査 五　血圧の測定 六　血色素量及び赤血球数の検査（次条第1項第六号において「貧血検査」という。） 七　血清グルタミックオキサロアセチックトランスアミナーゼ（GOT）、血清グルタミックピルビックトランスアミナーゼ（GPT）及びガンマーグルタミルトランスペプチダーゼ（γ−GTP）の検査（次条第1項第七号において「肝機能検査」という。） 八　低比重リポ蛋白コレステロール（LDLコレステロール）、高比重リポ蛋白コレステロール（HDLコレステロール）及び血清トリグリセライドの量の検査（次条第1項第八号において「血中脂質検査」という。） 九　血糖検査 十　尿中の糖及び蛋白の有無の検査（次条第1項第十号において「尿検査」という。） 十一　心電図検査
定期健康診断	**第44条** 事業者は、常時使用する労働者（第45条第1項に規定する労働者を除く。）に対し、1年以内ごとに1回、定期に、次の項目について医師による健康診断を行わなければならない。 一　既往歴及び業務歴の調査 二　自覚症状及び他覚症状の有無の検査 三　身長、体重、腹囲、視力及び聴力の検査 四　胸部エックス線検査及び喀痰検査 五　血圧の測定 六　貧血検査 七　肝機能検査 八　血中脂質検査 九　血糖検査 十　尿検査 十一　心電図検査 （第2項から第4項省略）
特定業務従事者の健康診断	**第45条** 事業者は、第13条第1項第三号に掲げる業務に常時従事する労働者に対し、当該業務への配置替えの際及び6月以内ごとに1回、定期に、第44条第1項各号に掲げる項目について医師による健康診断を行わなければならない。（以下省略）
海外派遣労働者の健康診断	**第45条の2** 事業者は、労働者を本邦外の地域に6月以上派遣しようとするときは、あらかじめ、当該労働者に対し、第44条第1項各号に掲げる項目及び厚生労働大臣が定める項目のうち医師が必要であると認める項目について、医師による健康診断を行わなければならない。 （第2項から第4項省略）

	参考 産業医の選任 第13条 　三　常時 1,000 人以上の労働者を使用する事業場又は次に掲げる業務に常時 500 人以上の労働者を従事させる事業場にあつては、その事業場に専属の者を選任すること。 　　イ〜ニ　略 　　ホ　異常気圧下における業務 　　ヘ　さく岩機、鋲打機等の使用によつて、身体に著しい振動を与える業務 　　ト　重量物の取扱い等重激な業務 　　チ　ボイラー製造等強烈な騒音を発する場所における業務 　　リ　坑内における業務 　　ヌ〜カ　略
結核健康診断	第46条　削除 [結核健康診断の廃止] 安衛則第 43 条、第 44 条、第 45 条又は第 45 条の 2 の健康診断の際結核発病のおそれがあると診断された労働者に対し、その後おおむね 6 月後に行わなければならないこととされている健康診断を廃止すること。 （平 21. 3.11　基発第 0311001 号）
給食従業員の検便	第47条　事業者は、事業に附属する食堂又は炊事場における給食の業務に従事する労働者に対し、その雇入れの際又は当該業務への配置替えの際、検便による健康診断を行なわなければならない。
健康診断結果報告	第52条　常時 50 人以上の労働者を使用する事業者は、第 44 条、第 45 条又は第 48 条の健康診断（定期のものに限る。）を行なったときは、遅滞なく、定期健康診断結果報告書（様式第 6 号）を所轄労働基準監督署長に提出しなければならない。

②　面接指導等

面接指導の対象となる労働者の要件等	第52条の2　法第 66 条の 8 第 1 項の厚生労働省令で定める要件は、休憩時間を除き 1 週間当たり 40 時間を超えて労働させた場合におけるその超えた時間が 1 月当たり 80 時間を超え、かつ、疲労の蓄積が認められる者であることとする。ただし、次項の期日前 1 月以内に法第 66 条の 8 第 1 項又は第 66 条の 8 の 2 第 1 項に規定する面接指導を受けた労働者その他これに類する労働者であって法第 66 条の 8 第 1 項に規定する面接指導（以下この節において「法第 66 条の 8 の面接指導」という。）を受ける必要がないと医師が認めたものを除く。 2　前項の超えた時間の算定は、毎月 1 回以上、一定の期日を定めて行わなければならない。 3　事業者は、第 1 項の超えた時間の算定を行つたときは、速やかに、同項の超えた時間が 1 月当たり 80 時間を超えた労働者に対し、当該労働者に係る当該超えた時間に関する情報を通知しなければならない。
面接指導の実施方法等	第52条の3　法第 66 条の 8 の面接指導は、前条第 1 項の要件に該当する労働者の申出により行うものとする。 2　前項の申出は、前条第 2 項の期日後、遅滞なく、行うものとする。 3　事業者は、労働者から第 1 項の申出があったときは、遅滞なく、法第 66 条の 8 の面接指導を行わなければならない。

	4　産業医は、前条第1項の要件に該当する労働者に対して、第1項の申出を行うよう勧奨することができる。
法第66条の8の3の厚生労働省令で定める方法等	**第52条の7の3**　法第66条の8の3の厚生労働省令で定める方法は、タイムカードによる記録、パーソナルコンピュータ等の電子計算機の使用時間の記録等の客観的な方法その他の適切な方法とする。 2　事業者は、前項に規定する方法により把握した労働時間の状況の記録を作成し、3年間保存するための必要な措置を講じなければならない。

③　健康管理手帳

健康管理手帳の交付	**第53条**　法第67条第1項の厚生労働省令で定める要件に該当する者は、労働基準法の施行の日以降において、次の表の上欄〔本書において左欄〕に掲げる業務に従事し、その従事した業務に応じて、離職の際に又は離職の後に、それぞれ、同表の下欄〔本書において右欄〕に掲げる要件に該当する者その他厚生労働大臣が定める要件に該当する者とする。 表（下記） 【安衛施行令】 **健康管理手帳を交付する業務** **第23条**　法第67条第1項の政令で定める業務は、次のとおりとする。 　一～二　略 　三　粉じん作業（じん肺法（昭和35年法律第30号）第2条第1項第三号に規定する粉じん作業をいう。）に係る業務 　四～十　略 　十一　石綿等の製造又は取扱いに伴い石綿の粉じんを発散する場所における業務 　十二～十四　略

業　務	要　件
令第23条第三号の業務	じん肺法（昭和35年法律第30号）第13条第2項（同法第15条第3項、第16条第2項及び第16条の2第2項において準用する場合を含む。）の規定により決定されたじん肺管理区分が管理2又は管理3であること。
令第23条第11号の業務（石綿等（令第6条第23号に規定する石綿等をいう。以下同じ。）を製造し、又は取り扱う業務に限る。）	次のいずれかに該当すること。 一　両肺野に石綿による不整形陰影があり、又は石綿による胸膜肥厚があること。 二　石綿等の製造作業、石綿等が使用されている保温材、耐火被覆材等の張付け、補修若しくは除去の作業、石綿等の吹付けの作業又は石綿等が吹き付けられた建築物、工作物等の解体、破砕等の作業（吹付けられた石綿等の除去の作業を含む。）に1年以上従事した経験を有し、かつ、初めて石綿等の粉じんにばく露した日から10年以上を経過していること。 三　石綿等を取り扱う作業（前号の作業を除く。）に10年以上従事した経験を有していること。 四　前2号に掲げる要件に準ずるものとして厚生労働大臣が定める要件に該当すること。

8. 監　督　等

計画の届出等

計画の届出をすべき機械等	**第85条**　法第88条第1項の厚生労働省令で定める機械等は、法に基づく他の省令に定めるもののほか、別表第7の上欄に掲げる機械等とする。ただし、別表第7の上欄に掲げる機械等で次の各号のいずれかに該当するものを除く。 一　機械集材装置、運材索道（架線、搬器、支柱及びこれらに附属する物により構成され、原木又は薪炭材を一定の区間空中において運搬する設備をいう。以下同じ。）、架設通路及び足場以外の機械等（法第37条第1項の特定機械等及び令第6条第14号の型枠支保工（以下「型枠支保工」という。）を除く。）で、6月未満の期間で廃止するもの 二　機械集材装置、運材索道、架設通路又は足場で、組立てから解体までの期間が60日未満のもの
計画の届出等	**第86条**　事業者は、別表第7の上欄に掲げる機械等を設置し、若しくは移転し、又はこれらの主要構造部分を変更しようとするときは、法第88条第1項の規定により、様式第20号による届書に、当該機械等の種類に応じて同表の中欄に掲げる事項を記載した書面及び同表の下欄〔本書94ページ表中の右欄〕に掲げる図面等を添えて、所轄労働基準監督署長に提出しなければならない。 2　特定化学物質障害予防規則（昭和47年労働省令第39号。以下「特化則」という。）第49条第1項の規定による申請をした者が行う別表第7の16の項から20の3の項までの上欄に掲げる機械等の設置については、法第88条第1項の規定による届出は要しないものとする。 3　石綿則第47条第1項又は第48条の3第1項の規定による申請をした者が行う別表第7の25の項の上欄に掲げる機械等の設置については、法第88条第1項の規定による届出は要しないものとする。
法第88条第1項ただし書の厚生労働省令で定める措置	**第87条**　法第88条第1項ただし書の厚生労働省令で定める措置は、次に掲げる措置とする。 一　法第28条の2第1項又は第57条の3第1項及び第2項の危険性又は有害性等の調査及びその結果に基づき講ずる措置 二　前号に掲げるもののほか、第24条の2の指針に従って事業者が行う自主的活動
認定の単位	**第87条の2**　法第88条第1項ただし書の規定による認定（次条から第88条までにおいて「認定」という。）は、事業場ごとに、所轄労働基準監督署長が行う。
欠格事項	**第87条の3**　次のいずれかに該当するものは、認定を受けることができない。 一　法又は法に基づく命令に規定（認定を受けようとする事業場に係るものに限る。）に違反して、罰金以上の刑に処せられ、その執行を終わり、又は執行を受けることがなくなった日から起算して2年を経過しない者 二　認定を受けようとする事業場について第87条の9の規定により認定を取り消され、その取消しの日から起算して2年を経過しない者 三　法人で、その業務を行う役員のうちに前2号のいずれかに該当する者があるもの
認定の基準	**第87条の4**　所轄労働基準監督署長は、認定を受けようとする事業場が次に掲げる要件のすべてに適合しているときは、認定を行なわなければならない。 一　第87条の措置を適切に実施していること。 二　労働災害の発生率が、当該事業場の属する業種における平均的な労働災害の発生率を下回っていると認められること。 三　申請の日前1年間に労働者が死亡する労働災害その他の重大な労働災害が発生していないこと。

法第88条第1項の規定による計画の届出

様式第20号（第86条関係）

機 械 等 設 置・<del>移 転</del>・変 更 届

事 業 の 種 類	総合工事業	事 業 場 の 名 称	八重洲・山田共同企業体 中央会館新築工事 作業所	常時使用す る労働者数	65人
設 置 地	東京都中央区八丁堀 X-X-X		主たる事務所 の 所 在 地	東京都千代田区祝田町 X-X-X 電話03（XXXX）XXXX	

計 画 の 概 要	中央会館新築工事のための仮設足場の設置、高さ35m、 長さ東西面29m、南北面24m、足場材料の種類、主として 枠組足場を使用一部単管を併用する。 各段ごとに鋼製足場板を使用し、 単管部分については合板足場板を使用する。 壁継については間隔を狭め、15㎡ごとに設置する。 建造物と外部足場の間隔30cm以内であっても2層毎に層間ネットを 設置する。（同時に連続した層での上下作業はしない。） 外部への飛来防止のため朝顔及び養生網を設置する。 壁継については間隔を狭め、15㎡ごとに設置する。 足場の計画図面は別添のとおり

製造し、又は取 り扱う物質等 及び当該業務 に従事する労 働者数	種 類 等	取 扱 量	従事労働者数		
			男	女	計

参画者の氏名	工事部長 秋川一郎	参 画 者 の 経 歴 の 概 要	工業高校建築家卒業、1級建築士12345 号、現場主任10年、工事課長6年、作業所 長5年等勤続25年、安全衛生実務経験8年
工 事 着 手予定年月日	令和4年4月1日	工 事 落 成 予 定 年 月 日	令和6年6月30日

令和4 年 3月 1 日

事業者職氏名 八重洲・山田共同企業体
中央会館新築工事作業所
所長 夏山二郎

中央 労働基準監督署長 殿

備考

1 表題の「設置」、「移転」及び「変更」のうち、該当しない文字を抹消すること。

2 「事業の種類」の欄は、日本標準産業分類の中分類により記入すること。

3 「設置地」の欄は、「主たる事務所の所在地」と同一の場合は記入を要しないこと。

4 「計画の概要」の欄は、機械等の設置、移転又は変更の概要を簡潔に記入すること。

5 「製造し、又は取り扱う物質等及び当該業務に従事する労働者数」の欄は、別表第 7の13の項から25の項まで（22の項を除く。）の上欄に掲げる機械等の設置等の場合 に記入すること。

　　この場合において、以下の事項に注意すること。

イ 別表第7の21の項の上欄に掲げる機械等の設置等の場合は、「種類等」及び「取 扱量」の記入は要しないこと。

ロ　「種類等」の欄は、有機溶剤等にあってはその名称及び有機溶剤中毒予防規則第
　　１条第１項第３号から第５号までに掲げる区分を、鉛等にあってはその名称を、焼
　　結鉱等にあっては焼結鉱、煙灰又は電解スライムの別を、四アルキル鉛等にあって
　　は四アルキル鉛又は加鉛ガソリンの別を、粉じんにあっては粉じんとなる物質の
　　種類を記入すること。

ハ　「取扱量」の欄には、日、週、月等一定の期間に通常取り扱う量を記入し、別表
　　第７の14の項の上欄に掲げる機械等の設置等の場合は、鉛等又は焼結鉱の種類ご
　　とに記入すること。

ニ　「従事労働者数」の欄は、別表第７の14の項、15の項、23の項及び24の項の上欄
　　に掲げる機械等の設置等の場合は、合計数の記入で足りること。

6　「参画者の氏名」及び「参画者の経歴の概要」の欄は、型枠支保工又は足場に係る
　工事の場合に記入すること。

7　「参画者の経歴の概要」の欄には、参画者の資格に関する職歴、勤務年数等を記入
　すること。

8　別表第７の22の項の上欄に掲げる機械等の設置等の場合は、「事業場の名称」の欄
　には建築物の名称を、「常時使用する労働者」の欄には利用事業場数及び利用労働者
　数を、「設置地」の欄には建築物の住所を、「計画の概要」の欄には建築物の用途、建
　築物の大きさ（延床面積及び階数）、設備の種類（空気調和設備、機械換気設備の別）
　及び換気の方式を記入し、その他の事項については記入を要しないこと。

9　この届出に記載しきれない事項は、別紙に記載して添付すること。

認定の申請	第87条の5　認定の申請をしようとする事業者は、認定を受けようとする事業場ごとに、計画届免除認定申請書（様式第20号の2）に次に掲げる書面を添えて、所轄労働基準監督署長に提出しなければならない。 一　第87条の3各号に該当しないことを説明した書面 二　第87条の措置の実施状況について、申請の日前3月以内に2人以上の安全に関して優れた識見を有する者又は衛生に関して優れた識見を有する者による評価を受け、当該措置を適切に実施していると評価されていることを証する書面及び当該評価の概要を記載した書面 三　前号の評価について、1人以上の安全に関して優れた識見を有する者及び1人以上の衛生に関して優れた識見を有する者による監査を受けたことを証する書面 四　前条第二号及び第三号に掲げる要件に該当することを証する書面（当該書面がない場合には、当該事実についての申立書） 2　前項第二号及び第三号の安全に関して優れた識見を有する者とは、次のいずれかに該当する者であって認定の実施について利害関係を有しないものをいう。 一　労働安全コンサルタントとして3年以上その業務に従事した経験を有するもので、第24条の2の指針に従って事業者が行う自主的活動の実施状況についての評価を3件以上行ったもの 二　前号に掲げる者と同等以上の能力を有すると認められる者 3　第1項第二号及び第三号の衛生に関して優れた識見を有する者とは、次のいずれかに該当する者であって認定の実施について利害関係を有しないものをいう。 一　労働衛生コンサルタントとして3年以上その業務に従事した経験を有する者で、第24条の2の指針に従って事業者が行う自主的活動の実施状況についての評価を3件以上行ったもの 二　前号に掲げる者と同等以上の能力を有すると認められる者 4　所轄労働基準監督署長は、認定をしたときは、様式第20の3による認定証を交付するものとする。
認定の更新	第87条の6　認定は、3年ごとにその更新を受けなければ、その期間の経過によってその効力を失う。 2　第87条の3、第87条の4及び前条第1項から第3項までの規定は、前項の認定の更新について準用する。
実施状況等の報告	第87条の7　認定を受けた事業者は、認定に係る事業場（次条において「認定事業場」という。）ごとに、1年以内ごとに1回、実施状況等報告書（様式第20号の4）に第87条の措置の実施状況について行った監査の結果を記載した書面を添えて、所轄労働基準監督署長に提出しなければならない。
措置の停止	第87条の8　認定を受けた事業者は、認定事業場において第87条の措置を行わなくなったときは、遅滞なく、その旨を所轄労働基準監督署長に届け出なければならない。
認定の取消し	第87条の9　所轄労働基準監督署長は、認定を受けた事業者が次のいずれかに該当するに至ったときは、その認定を取り消すことができる。 一　第87条の3第一号又は第三号に該当するに至ったとき。 二　第87条の4第一号又は第二号に適合しなくなったと認めるとき。 三　第87条の4第三号に掲げる労働災害を発生させたとき。 四　第87条の7の規定に違反して、同条の報告書及び書面を提出せず、又は虚偽の記載をしてこれらを提出したとき。 五　不正の手段により認定又はその更新を受けたとき。

（1〜8、13〜22、24〜25　略）

機械等の種類	事　項	図面等
9　軌道装置	1　使用目的 2　起点及び終点の位置並びにその高低差（平均こう配） 3　軌道の長さ 4　最小曲線半径及び最急こう配 5　軌間、単線又は複線の区別及び軌条の重量 6　橋梁又はさん橋の長さ、幅及び構造 7　動力車の種類、数、形式、自重、けん引力及び主要寸法 8　巻上げ機の形式、能力及び主要寸法 9　ブレーキの種類及び作用 10　信号、警報及び照明設備の状況 11　最大運転速度 12　逸走防止装置の設置箇所及び構造 13　地下に設置するものにあっては、軌道装置と周囲との関係	中欄に掲げる事項が書面により明示できないときは、当該事項に係る平面図、断面図、構造図の図面
10　型わく支保工（支柱の高さが3.5メートル以上のものに限る。）	1　打設しようとするコンクリート構造物の概要 2　構造、材質及び主要寸法 3　設置期間	組立図及び配置図
11　架設通路（高さ及び長さがそれぞれ10メートル以上のものに限る。）	1　設置箇所 2　構造、材質及び主要寸法 3　設置期間	平面図、側面図及び断面図
12　足場（つり足場、張出し足場以外の足場にあっては、高さが10メートル以上の構造のものに限る。）	1　設置箇所 2　種類及び用途 3　構造、材質及び主要寸法	組立図及び配置図
23　粉じん則別表第2第六号及び第八号に掲げる特定粉じん発生源を有する機械又は設備並びに同表第十四号の型ばらし装置	1　粉じん作業（粉じん則第2条第1項第一号の粉じん作業をいう。以下同じ。）の概要 2　機械又は設備の種類、名称、能力、台数及び粉じんの飛散を防止する方法 3　粉じんの飛散を防止する方法として粉じんの発生源を密閉する設備によるときは、密閉の方式、主要構造部分の構造の概要及びその機能 4　前号の方法及び局所排気装置により粉じんの飛散を防止する方法以外の方法によるときは、粉じんの飛散を防止するための設備の形式、主要構造部分の構造の概要及びその能力	1　周囲の状況及び四隣との関係を示す図面 2　作業場における主要な機械又は設備の配置を示す図面 3　局所排気装置以外の粉じんの飛散を防止するための設備の構造を示す図面

建設業の 特例	**第88条**　第87条の2の規定にかかわらず、建設業に属する事業の仕事を行う事業者については、当該仕事の請負契約を締結している事業場ごとに認定を行う。 2　前項の認定についての次の表の上欄〔本書において左欄〕に掲げる規定の適用については、これらの規定中同表の中欄に掲げる字句は、それぞれ同表の下欄〔本書において右欄〕に掲げる字句に読み替えるものとする。

第87条の3 第一号	事業場	建設業に属する事業の仕事に係る請負契約を締結している事業場及び当該事業場において締結した請負契約に係る仕事を行う事業場（以下「店社等」という。）
第87条の4	事業場が	店社等が
	当該事業場の属する業種	建設業
第87条の7	認定に係る事業場（次条において「認定事業場」という。）	認定に係る店社等
第87条の8	認定事業場	認定に係る店社等

計画の届出をすべき機械等

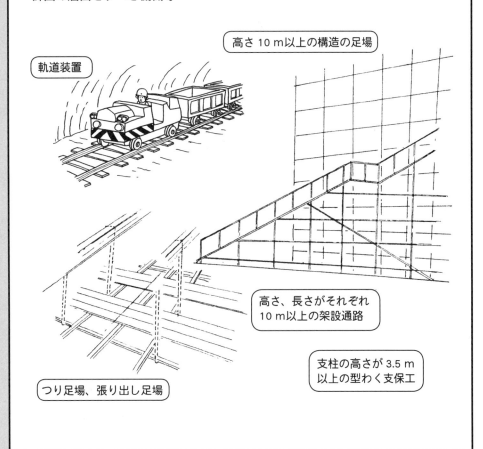

軌道装置

高さ10m以上の構造の足場

高さ、長さがそれぞれ10m以上の架設通路

支柱の高さが3.5m以上の型わく支保工

つり足場、張り出し足場

仕事の範囲	**第89条** 法第88条第2項の厚生労働省令で定める仕事は、次のとおりとする。 　一　高さが300メートル以上の塔の建設の仕事 　二　堤高（基礎地盤から堤頂までの高さをいう。）が150メートル以上のダムの建設の仕事 　三　最大支間500メートル（つり橋にあっては、1,000メートル）以上の橋梁の建設の仕事 　四　長さが3,000メートル以上のずい道等の建設の仕事 　五　長さが1,000メートル以上3,000メートル未満のずい道等の建設の仕事で、深さが50メートル以上のたて坑（通路として使用されるものに限る。）の掘削を伴うもの 　六　ゲージ圧力が0.3メガパスカル以上の圧気工法による作業を行う仕事 **第90条** 法第88条第3項の厚生労働省令で定める仕事は、次のとおりとする。 　一　高さ31メートルを超える建築物又は工作物（橋梁を除く。）の建設、改造、解体又は破壊（以下「建設等」という。）の仕事 　二　最大支間50メートル以上の橋梁の建設等の仕事 　二の2　最大支間30メートル以上50メートル未満の橋梁の上部構造の建設等の仕事（第18条の2の2の場所において行われるものに限る。） 　三　ずい道等の建設等の仕事（ずい道等の内部に労働者が立ち入らないものを除く。） 　四　掘削の高さ又は深さが10メートル以上である地山の掘削（ずい道等の掘削及び岩石の採取のための掘削を除く。以下同じ。）の作業（掘削機械を用いる作業で、掘削面の下方に労働者が立ち入らないものを除く。）を行う仕事 　五　圧気工法による作業を行う仕事 　五の2　建築物、工作物又は船舶(鋼製の船舶に限る。次号において同じ。)に吹き付けられている石綿等（石綿等が使用されている仕上げ用塗り材を除く。）の除去、封じ込め又は囲い込みの作業を行う仕事 　五の3　建築物、工作物又は船舶に張り付けられている石綿等が使用されている保温材、耐火被覆材(耐火性能を有する被覆材をいう。)等の除去、封じ込め又は囲い込みの作業(石綿等の粉じんを著しく発散するおそれのあるものに限る。)を行う仕事 　五の4　ダイオキシン類対策特別措置法施行令別表第1第五号に掲げる廃棄物焼却炉（火格子面積が2平方メートル以上又は焼却能力が1時間当たり200キログラム以上のものに限る。）を有する廃棄物の焼却施設に設置された廃棄物焼却炉、集じん機等の設備の解体等の仕事 　六　掘削の高さ又は深さが10メートル以上の土石の採取のための掘削の作業を行う仕事 　七　坑内掘りによる土石の採取のための掘削の作業を行う仕事
建設業に係る計画の届出	**第91条** 建設業に属する事業の仕事について法第88条第2項の規定による届出をしようとする者は、様式第21号による届書に次の書類及び圧気工法による作業を行う仕事に係る場合にあっては圧気工法作業摘要書（様式第21号の2）を添えて厚生労働大臣に提出しなければならない。ただし、圧気工法作業摘要書を提出する場合においては、次の書類の記載事項のうち圧気工法作業摘要書の記載事項と重複する部分の記入は、要しないものとする。 　一　仕事を行う場所の周囲の状況及び四隣との関係を示す図面 　二　建設等をしようとする建設物等の概要を示す図面 　三　工事用の機械、設備、建設物等の配置を示す図面 　四　工法の概要を示す書面又は図面 　五　労働災害を防止するための方法及び設備の概要を示す書面又は図面 　六　工程表 2　前項の規定は、法第88条第3項の規定による届出について準用する。この場合において、同項中「厚生労働大臣」とあるのは、「所轄労働基準監督署長」と読み替えるものとする。

資格を有する者の参画に係る工事又は仕事の範囲	**第92条の2**　法第88条第4項の厚生労働省令で定める工事は、別表第7の上欄第十号及び第十二号に掲げる機械等を設置し、若しくは移転し、又はこれらの主要構造部分を変更する工事とする。 2　法第88条第4項の厚生労働省令で定める仕事は、第90条第一号から第五号までに掲げる仕事（同条第一号から第三号までに掲げる仕事にあっては、建設の仕事に限る。）とする。
計画の作成に参画する者の資格	**第92条の3**　法第88条第4項の厚生労働省令で定める資格を有する者は、別表第9の上欄に掲げる工事又は仕事の区分に応じて、同表の下欄に掲げる者とする。
技術上の審査	**第93条**　厚生労働大臣は、法第89条第2項の規定により学識経験者の意見をきくときは、次条の審査委員候補者名簿に記載されている者のうちから、審査すべき内容に応じて、審査委員を指名するものとする。
審査委員候補者名簿	**第94条**　厚生労働大臣は、安全又は衛生について高度の専門的な知識を有する者のうちから、審査委員候補者を委嘱して審査委員候補者名簿を作成し、これを公表するものとする。
計画の範囲	**第94条の2**　法第89条の2第1項の厚生労働省令で定める計画は、次の仕事の計画とする。 一　高さが100メートル以上の建築物の建設の仕事であって、次のいずれかに該当するもの 　イ　埋設物その他地下に存する工作物（第2編第6章第1節及び第634条の2において「埋設物等」という。）がふくそうする場所に近接する場所で行われるもの 　ロ　当該建築物の形状が円筒形である等特異であるもの 二　堤高が100メートル以上のダムの建設の仕事であって、車両系建設機械（令別表第7に掲げる建設機械で、動力を用い、かつ、不特定の場所に自走できるものをいう。以下同じ。）の転倒、転落等のおそれのある傾斜地において当該車両系建設機械を用いて作業が行われるもの 三　最大支間300メートル以上の橋梁の建設の仕事であって、次のいずれかに該当するもの 　イ　当該橋梁のけたが曲線けたであるもの 　ロ　当該橋梁のけた下高さが30メートル以上のもの 四　長さが1,000メートル以上のずい道等の建設の仕事であって、落盤、出水、ガス爆発等による労働者の危険が生ずるおそれがあると認められるもの 五　掘削する土の量が20万立方メートルを超える掘削の作業を行う仕事であって、次のいずれかに該当するもの 　イ　当該作業が地質が軟弱である場所において行われるもの 　ロ　当該作業が狭あいな場所において車両系建設機械を用いて行われるもの 六　ゲージ圧力が0.2メガパスカル以上の圧気工法による作業を行う仕事であって、次のいずれかに該当するもの 　イ　当該作業が地質が軟弱である場所において行われるもの 　ロ　当該作業を行う場所に近接する場所で当該作業と同時期に掘削の作業が行われるもの
審査の対象除外	**第94条の3**　法第89条の2第1項ただし書の厚生労働省令で定める計画は、国又は地方公共団体その他の公共団体が法第30条第2項に規定する発注者として注文する建設業に属する事業の仕事の計画とする。
有害物ばく露作業報告	**第95条の6**　事業者は、労働者に健康障害を生ずるおそれのある物で厚生労働大臣が定めるものを製造し、又は取り扱う作業場において、労働者を当該物のガス、蒸気又は粉じんにばく露するおそれのある作業に従事させたときは、厚生労働大臣の定めるところにより、当該物のばく露の防止に関し必要な事項について、様式第21号の7による報告書を所轄労働基準監督署長に提出しなければならない。

建 設 工 事 計 画 届
土 石 採 取

様式第21号（第91条、第92条関係）

事業の種類	事業場の名称	仕事を行う場所の地名番号	
鉄骨鉄筋コンクリート造家屋建築工事	八重洲・山田共同企業体 中央会館新築工事作業所	東京都中央区八丁堀X－X－X 電話　　　（XXXX）XXXX	
仕事の範囲	深さ11mの掘削、 高さ75mのビル建設	採取する土石の種類	
発注者名	中央産業株式会社	工事請負金額	14,769,000,000　円
仕事の開始予定年月日	令和 4 年 5 月 12 日	仕事の終了予定年月日	令和 6 年 6 月 30 日
計画の概要	鉄骨鉄筋コンクリート造、地下２階、地上20階、建築面接2,600m²、延面積55,800m²、深さ11m、高さ75m、足場計画、主な使用機械、安全管理計画については別添のとおり。		
参画者の氏名	工事部長　秋川一郎	参画者の経歴の概要	工業高校建築科卒業、現場主任10年、工事課長６年、作業所長５年等勤続25年、安全衛生実務経験８年
主たるの事務所の所在地	東京都千代田区祝田町X－X－X 電話　　　（XXXX）XXXX		
使用予定労働者数	10　人	関係請負人の予定数 50　人	関係請負人の使用する労働者の予定数の合計 100,000　人

令和　 4 年 4 月 9 日

八重洲・山田共同企業体
事業者職氏名　中央会館新築工事作業所
所長　夏山二郎

　　　 厚 生 労 働 大 臣
中央　　労働基準監督署長　　殿

備考
　1　表題の「建設工事」及び「土石採取」のうち、該当しない文字を抹消すること。
　2　「事業の種類」の欄は、次の区分により記入すること。
　建 設 業　　水力発電所等建設工事　ずい道建設工事　地下鉄建設工事　鉄道軌道建設工事
　　　　　　　橋梁建設工事　道路建設工事　河川土木工事　砂防工事　土地整理土木工事
　　　　　　　その他の土木工事　鉄骨鉄筋コンクリート造家屋建築工事　鉄筋造家屋建築工事
　　　　　　　建築設備工事　その他の建築工事　電気工事業　機械器具設置工事　その他の設備工事
　土石採取業　採石業　砂利採取業　その他土石採取業
　3　「仕事の範囲」の欄は、労働安全衛生規則第90条各号の区分により記入すること。
　4　「発注者名」及び「工事請負金額」の欄は、建設工事の場合に記入すること。
　5　「計画の概要」の欄は、届け出る仕事の主な内容について、簡潔に記入すること。
　6　「使用予定労働者数」の欄は、届出事業者が直接雇用する労働者数を記入すること。
　7　「関係請負人の使用する労働者の予定数の合計」の欄は、延数で記入すること。
　8　「参画者の経歴の概要」の欄には、参画者の資格に関する学歴、職歴、勤務年数等を記入すること。

事故報告	**第96条**　事業者は、次の場合は、遅滞なく、様式第22号による報告書を所轄労働基準監督署長に提出しなければならない。 　一　事業場又はその附属建設物内で、次の事故が発生したとき 　　イ　火災又は爆発の事故（次号の事故を除く。） 　　ロ　遠心機械、研削といしその他高速回転体の破裂の事故 　　ハ　機械集材装置、巻上げ機又は索道の鎖又は索の切断の事故 　　ニ　建設物、附属建設物又は機械集材装置、煙突、高架そう等の倒壊の事故 　二　令第1条第三号のボイラー（小型ボイラーを除く。）の破裂、煙道ガスの爆発又はこれらに準ずる事故が発生したとき 　三　小型ボイラー、令第1条第五号の第1種圧力容器及び同条第七号の第2種圧力容器の破裂の事故が発生したとき 　四　クレーン（クレーン則第2条第一号に掲げるクレーンを除く。）の次の事故が発生したとき 　　イ　逸走、倒壊、落下又はジブの折損 　　ロ　ワイヤロープ又はつりチェーンの切断 　五　移動式クレーン（クレーン則第2条第一号に掲げる移動式クレーンを除く。）の次の事故が発生したとき 　　イ　転倒、倒壊又はジブの折損 　　ロ　ワイヤロープ又はつりチェーンの切断 　六　デリック（クレーン則第2条第一号に掲げるデリックを除く。）の次の事故が発生したとき 　　イ　倒壊又はブームの折損 　　ロ　ワイヤロープの切断 　七　エレベーター（クレーン則第2条第二号及び第四号に掲げるエレベーターを除く。）の次の事故が発生したとき 　　イ　昇降路等の倒壊又は搬器の墜落 　　ロ　ワイヤロープの切断 　八　建設用リフト（クレーン則第2条第二号及び第三号に掲げる建設用リフトを除く。）の次の事故が発生したとき 　　イ　昇降路等の倒壊又は搬器の墜落 　　ロ　ワイヤロープの切断 　九　令第1条第九号の簡易リフト（クレーン則第2条第二号に掲げる簡易リフトを除く。）の次の事故が発生したとき 　　イ　搬器の墜落 　　ロ　ワイヤロープ又はつりチェーンの切断 　十　ゴンドラの次の事故が発生したとき 　　イ　逸走、転倒、落下又はアームの折損 　　ロ　ワイヤロープの切断 2　次条第1項の規定による報告書の提出と併せて前項の報告書の提出をしようとする場合にあっては、当該報告書の記載事項のうち次条第1項の報告書の記載事項と重複する部分の記入は要しないものとする。
労働者死傷病報告	**第97条**　事業者は、労働者が労働災害その他就業中又は事業場内若しくはその附属建設物内における負傷、窒息又は急性中毒により死亡し、又は休業したときは、遅滞なく、様式第23号による報告書を所轄労働基準監督署長に提出しなければならない。 2　前項の場合において、休業の日数が4日に満たないときは、事業者は、同項の規定にかかわらず、1月から3月まで、4月から6月まで、7月から9月まで及び10月から12月までの期間における当該事実について、様式第24号による報告書をそれぞれの期間における最後の月の翌月末日までに、所轄労働基準監督署長に提出しなければならない。

災害の発生原因等

```
┌─────────────────────────┐      ┌─────────────────────┐      ┌─────────────────────────────┐
│ 直接的原因                │      │ 安全衛生管理上の欠陥  │      │ 間接的原因                    │
│ ・作業方法の欠陥          │      │ 企業の管理責任        │      │ ・指揮命令権限が不明確        │
│ ・誤った動作              │      └─────────────────────┘      │ ・責任体制の不備              │
│ ・機械等の指定外の使用    │                                    │ ・機械・設備導入時の事前評価  │
│ ・危険な状態を作る        │                                    │   の不備                      │
│ ・危険場所への接近        │                                    │ ・安全衛生パトロール等の不備  │
│ ・運転の失敗（機械等）    │                                    │ ・施工計画・作業計画の不備    │
│ ・安全装置を無効にする    │                                    │ ・作業マニュアルの不備        │
│ ・不安全な状態で放置する  │                                    │ ・作業主任者の未選任・職務の  │
│ ・保護具、服装の欠陥      │                                    │   励行の不備                  │
│ ・不安全な行動            │                                    └─────────────────────────────┘
│ ・安全装置の不履行        │
│ ・運転中の機械・装置等の掃                                     ┌─────────────────────────────┐
│   除、注油、修理、点検等  │                                    │ 直節的原因                    │
└─────────────────────────┘                                    │ ・物自体の欠陥                │
                                                                │ ・物の置き方、作業場所の欠陥  │
人的要因 不安全・不衛生な行動        物的要因 不安全・不衛生な状態 │ ・作業環境の欠陥              │
                                                                │ ・防護措置の欠陥              │
人（第三者を含む）                   物（環境を含む）起因物       │ ・保護具、服装等の欠陥        │
                                                                │ ・不安全な状態                │
                          接　触                                 └─────────────────────────────┘

                          災害の発生
```

1．災害が発生する場合、不安全な状態と不安全な行動がそれぞれ原因となるときもあるが複合した形で発生する場合が多い

2．物は、設備、機械、工具及び保護具のほか温熱条件、照明あるいは騒音など環境条件を含む

災害発生時の対応

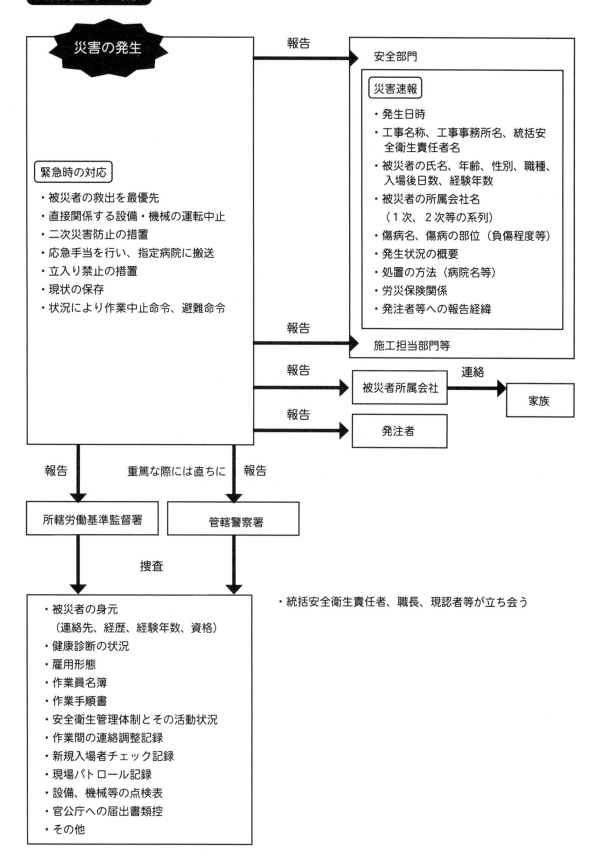

災害の発生

緊急時の対応
- ・被災者の救出を最優先
- ・直接関係する設備・機械の運転中止
- ・二次災害防止の措置
- ・応急手当を行い、指定病院に搬送
- ・立入り禁止の措置
- ・現状の保存
- ・状況により作業中止命令、避難命令

報告 → 安全部門

災害速報
- ・発生日時
- ・工事名称、工事事務所名、統括安全衛生責任者名
- ・被災者の氏名、年齢、性別、職種、入場後日数、経験年数
- ・被災者の所属会社名
　　（1次、2次等の系列）
- ・傷病名、傷病の部位（負傷程度等）
- ・発生状況の概要
- ・処置の方法（病院名等）
- ・労災保険関係
- ・発注者等への報告経緯

報告 → 施工担当部門等

報告 → 被災者所属会社 → 連絡 → 家族

報告 → 発注者

報告 → 所轄労働基準監督署

重篤な際には直ちに　報告 → 管轄警察署

捜査

- ・被災者の身元
　　（連絡先、経歴、経験年数、資格）
- ・健康診断の状況
- ・雇用形態
- ・作業員名簿
- ・作業手順書
- ・安全衛生管理体制とその活動状況
- ・作業間の連絡調整記録
- ・新規入場者チェック記録
- ・現場パトロール記録
- ・設備、機械等の点検表
- ・官公庁への届出書類控
- ・その他

・統括安全衛生責任者、職長、現認者等が立ち会う

101

事 故 報 告 書

事業の種類	事業場の名称（建設業にあつては工事名併記のこと）		労働者数
職別工事業	大山建設株式会社八丁堀作業所(中央会館新築工事)		55人

事 業 場 の 所 在 地	発 生 場 所
東京都中央区八丁堀X－X－X （電話　XXXX－XXXX　　）	東京都中央区八丁堀X－X－X

発 生 日 時	事故を発生した機械等の種類等
令和4年　10月　15日　18時　30分	

構内下請事業の場合は親事業場の名称 建設業の場合は元方事業場の名称	八重洲・山田共同企業体

事 故 の 種 類	倒 壊

<table>
<tr><td rowspan="6">人的被害</td><td colspan="2">区　分</td><td>死亡</td><td>休業4日以上</td><td>休業1～3日</td><td>不休</td><td>計</td><td rowspan="6">物的被害</td><td>区　分</td><td>名称、規模等</td><td>被害金額</td></tr>
<tr><td rowspan="2">事故発生事業場の被災労働者数</td><td>男</td><td></td><td>1人</td><td></td><td></td><td>1人</td><td>建　物</td><td>㎡</td><td>円</td></tr>
<tr><td>女</td><td></td><td></td><td></td><td></td><td></td><td>その他の建設物</td><td>高さ15mの枠組足場</td><td>7,000,000円</td></tr>
<tr><td colspan="3" rowspan="3">その他の被災者の概数</td><td colspan="4" rowspan="3">な　し

（　　　）</td><td>機械設備</td><td></td><td>円</td></tr>
<tr><td>原材料</td><td></td><td>円</td></tr>
<tr><td>製　品</td><td></td><td>円</td></tr>
<tr><td colspan="8"></td><td>その他</td><td></td><td>円</td></tr>
<tr><td colspan="8"></td><td>合　計</td><td></td><td>7,000,000円</td></tr>
</table>

事 故 の 発 生 状 況	事故直前に突風（推定風速30m）が発生し、足場外側の垂直養生のシートが、風のため帆のようになり、枠組足場とも倒壊した。この時、作業者1名が外れた筋かいで負傷した。
事 故 の 原 因	建屋との緊結が不十分であったため、突風に対する強度が不足した。
事 故 の 防 止 対 策	①足場等の設備点検を行い強度を確認する。 ②悪天候時には現場周辺の人の動きにも注意を払う。
参 考 事 項	
報告書作成者職氏名	所長　中島　明

令和4年　10月　18日

中央　労働基準監督署長　殿　　　　　　　　事業者職氏名　大山建設株式会社
代表取締役社長　細内　俊夫

備考
1　「事業の種類」の欄には、日本標準産業分類の中分類により記入すること。
2　「事故を発生した機械等の種類等」の欄には、事故発生の原因となつた次の機械等について、それぞれ次の事項を記入すること。
（1）　ボイラー及び圧力容器に係る事故については、ボイラー、第一種圧力容器、第二種圧力容器、小型ボイラー又は小型圧力容器のうち該当するもの。
（2）　クレーン等に係る事故については、クレーン等の種類、型式及びつり上げ荷重又は積載荷重。
（3）　ゴンドラに係る事故については、ゴンドラの種類、型式及び積載荷重。
3　「事故の種類」の欄には、火災、鎖の切断、ボイラーの破裂、クレーンの逸走、ゴンドラの落下等具体的に記入すること。
4　「その他の被災者の概数」の欄には、届出事業者の事業場の労働者以外の被災者の数を記入し、（　　）内には死亡者数を内数で記入すること。
5　「建物」の欄には構造及び面積、「機械設備」の欄には台数、「原材料」及び「製品」の欄にはその名称及び数量を記入すること。
6　「事故の防止対策」の欄には、事故の発生を防止するために今後実施する対策を記入すること。
7　「参考事項」の欄には、当該事故において参考になる事項を記入すること。
8　この様式に記載しきれない事項については、別紙に記載して添付すること。

労働者死傷病報告

「労災かくし」について

1．労災かくしの罪は、協力業者が安衛法第100条の報告義務に違反して、事故発生の事実を報告しないことであるが、元請業者がその事実を知りながら、報告しないよう教唆し、又は、報告しないことを容認した場合は、共犯として元請業者も処罰の対象となる。

2．労災かくしの手口は、協力業者が自分の責任において処理するからと元請業者に申し出て、医療費、休業補償など自己負担する場合と、他の労災番号で請求する場合などがある。

　　いずれも、労災防止の真の目的を履き違え、見掛けだけの成績に誘い込もうとするものであり、事業者には有害無益のことである。このような申し出があっても、断固として拒否する。

3．事故発生の事実を社員が知り、作業所長など責任者に報告しない場合も、上記1に該当することになるので、末端まで徹底する。

4．以上のことを協力業者（2次以下も含む）に対し、乗り込み時、朝礼時などにいかなる軽微な事故でも報告するよう徹底しておく。

5．協力会社の会合において、会社幹部は必ず「労災かくし絶対禁止」について言及する。

　　この場合、たとえ、元請社員が知らない場合でも、正規手続に訂正するまで、多大な労力を要し、かつ会社の信用が害せられることを強調する。

6．作業所においては、災防協、新規入場面接の時に同様の主旨を徹底する。

労働者死傷病報告

労働保険番号（建設業の工事に従事する下請人の労働者が被災した場合、元請人の労働保険番号を記入すること。）　　**事業の種類**

| 8 | 1 | 0 | 0 | 1 | | 1 | 3 | 1 | 0 | 1 | 8 | 2 | 5 | 0 | 1 | 5 | 0 | 2 | 5 | | | | 職別工事業 |

都道府県　所掌　管轄　　　基幹番号　　　　枝番号　被一括事業場番号

事業場の名称（建設業にあっては工事名を併記のこと。）

カナ　| オ | オ | ヤ | マ | ケ | ン | セ | ツ | カ | ブ | シ | キ | ガ | イ | シ | ャ | | | | | |

漢字　| 大 | 山 | 建 | 設 | 株 | 式 | 会 | 社 | | | | | | | | | | | | | |

工事名　| 中 | 央 | 会 | 館 | 新 | 築 | 工 | 事 | | | | | | | | | | | | | |

職員記入欄（派遣先の事業の労働保険番号）
都道府県　所掌　管轄　　基幹番号　　　　枝番号　被一括事業場番号　　派遣労働者が被災した場合は、派遣先の事業場の郵便番号

事業場の所在地　東京都江東区亀戸2－X－X　電話　03（3681）63XX

構内下請事業の場合は親事業場の名称、建設業の場合は元方事業場の名称

派遣労働者が被災した場合は、派遣先の事業場の名称

提出事業者の区分　派遣先　派遣元

| **郵便番号** | **労働者数** | **発生日時**（時間は24時間表記とすること。） |
| 1 0 4 － X X X X | 5 5 人 | 7：平成　9：令和　9 0 4 7 1 6 1 3 2 0 |

元号　年　月　日　時　分

被災労働者の氏名（姓と名の間は1文字空けること。）　　**生年月日**　　**性別**

カナ　| ミ | ヤ | モ | ト | | タ | カ | ユ | キ | | | |
1：明治 3：大正 5：昭和 7：平成 9：令和　5 5 7 0 5 0 1 （40）歳　○　男・女（いずれかに○）

漢字　| 宮 | 本 | | 孝 | 之 | | | | | | | |
職種　鳶工　　経験期間　4　年　月

| **休業見込期間又は死亡日時**（死亡の場合は死亡欄に○） | **傷病名** | **傷病部位** | **被災地の場所** |
| 休業見込 9 0　日・週・月（いずれかに○）　死亡　死亡日時 | 単純骨折 | 右大腿部 | 東京都中央区八丁堀 |

災害発生状況及び原因

①どのような場所で ②どのような作業をしているときに ③どのような物又は環境に ④どのような不安全な又は有害な状態があって ⑤どのような災害が発生したかを詳細に記入すること。

コンプレッサー（1.5t）を小型トラックからおろすため、二段継ぎ鉄製三又（脚の長さ5.14m）吊上げ能力2.5tをトラックの荷台にあるコンプレッサーの真上に設置し、ついで2tのチェーンブロックを三又にとりつけ、18mmのワイヤーで玉掛けをして、コンプレッサーを10cm吊上げ、トラックを前進させてから徐々にチェーンブロックを下げはじめた。

2、3回チェーンを下げたとき突然三又の脚の一本がすべりだし、三又が安定を失って転倒し、約1mの高さに吊っていたコンプレッサーが落下し、コンプレッサーの端部が被害者の右太腿部に激突したものである。

労働者が外国人である場合のみ記入すること。
国籍・地域（　　　　　）　在留資格（　　　　　）

略図（発生時の状況を図示すること。）

2段継ぎ三又（脚長5.14m / 2.5トン吊り）
転倒
2トンチェーンブロック
滑った　被害者　コンプレッサー（1.5トン）

職員記入欄
国籍・地域コード　在留資格コード
起因物　店社コード　業種分類　自由設定項目（1）（2）（3）
事故の型　発注者種類　事業場等区分　業務上疾病（1：該当　2：非該当）

| **報告書作成者 職氏名** | 所長　中島　明 |

令和4年　7月　20日

中央　労働基準監督署長殿

事業者職氏名　大山建設株式会社　代表取締役社長　細内　俊夫

受付印

Ⅲ　労働安全衛生規則　安全基準

1．機械による危険の防止
2．車両系荷役運搬機械等
3．コンベヤー
4．車両系建設機械
5．くい打機、くい抜機等
6．高所作業車
7．軌道装置
8．型わく支保工
9．爆発火災等の防止
10．電気による危険の防止
11．明り掘削の作業
12．ずい道等の建設の作業等
13．建築物等の鉄骨の組立て等の作業における危険の防止
14．鋼橋架設等の作業における危険の防止
15．木造建築物の組立て等の作業における危険の防止
16．コンクリート造の工作物の解体等の作業における危険の防止
17．コンクリート橋架設等の作業における危険の防止
18．墜落、飛来崩壊等による危険の防止
19．通路、足場等
20．作業構台
21．土石流による危険の防止

安全基準項目	災害事例	条文		頁
1．機械による危険の防止 ① 一般基準 （機械全般）	機械の回転ローラー部分に手をはさまれる	第 101 条	・原動機、回転軸等による危険の防止	108
		第 104 条	・運転開始の合図	108
		第 106 条	・切削屑の飛来等による危険の防止	109
	圧送機の回転軸に足が接触する	第 107 条	・掃除等の場合の運転停止等	110
		第 110 条	・作業帽等の着用	111
		第 111 条	・手袋の使用禁止	111
② 工作機械	研削といしの歯が割れ眼に当たる	第 117 条	・研削といしの覆い	111
		第 118 条	・研削といしの試運転	112
		第 119 条	・研削といしの最高使用周速度をこえる使用の禁止	112
		第 120 条	・研削といしの側面使用の禁止	112
	高速カッター使用中火災になる			
③ 木材加工用機械	定置式丸のこ作業で手を巻き込まれる	第 122 条	・丸のこ盤の反ぱつ予防装置	113
		第 123 条	・丸のこ盤の歯の接触予防装置	113
	移動式丸のこ作業で、切断した反動で脚部を切傷する			

安衛則　安全基準

1. 機械による危険の防止

一般基準・工作機械・木材加工用機械

原動機、回転軸等による危険の防止	**第101条** 事業者は、機械の原動機、回転軸、歯車、プーリー、ベルト等の労働者に危険を及ぼすおそれのある部分には、覆い、囲い、スリーブ、踏切橋等を設けなければならない。 2 事業者は、回転軸、歯車、プーリー、フライホイール等に附属する止め具については、埋頭型のものを使用し、又は覆いを設けなければならない。 3 事業者は、ベルトの継目には、突出した止め具を使用してはならない。 4 事業者は、第1項の踏切橋には、高さが90センチメートル以上の手すりを設けなければならない。 5 労働者は、踏切橋の設備があるときは、踏切橋を使用しなければならない。 第1項の「ベルト等」の「等」には、チェーンが含まれること。 （昭45.10.16　基発753号） 第1項の「労働者に危険を及ぼすおそれのある部分」とは、労働者が通常の作業（日々行われる掃除、給油、検査等を含む。）又は通行の際に接触することにより巻き込まれ又は引き込まれる等の危険がある部分をいうこと。 （昭45.10.16　基発第753号） **原動機、回転軸等による危険の防止** 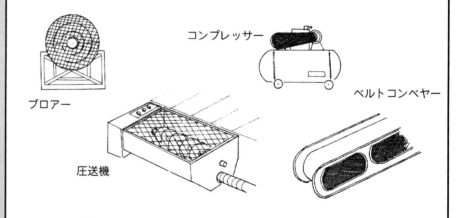 ブロアー　コンプレッサー　ベルトコンベヤー　圧送機
運転開始の合図	**第104条** 事業者は、機械の運転を開始する場合において、労働者に危険を及ぼすおそれのあるときは、一定の合図を定め、合図する者を指名して、関係労働者に対し合図を行なわせなければならない。 2 労働者は、前項の合図に従わなければならない。 第1項の「機械の運転を開始する場合において、労働者に危険を及ぼすおそれのあるとき」とは、総合運転方式にあっては原動機にスイッチを入れる場合、連続した一団の機械にあっては共通のスイッチを入れる場合等をいうこと。 （昭45.10.16　基発753号）

切削屑の飛来等による危険の防止	第106条　事業者は、切削屑が飛来すること等により労働者に危険を及ぼすおそれのあるときは、当該切削屑を生ずる機械に覆い又は囲いを設けなければならない。ただし、覆い又は囲いを設けることが作業の性質上困難な場合において、労働者に保護具を使用させたときは、この限りでない。 2　労働者は、前項ただし書の場合において、保護具の使用を命じられたときは、これを使用しなければならない。

第1項の「飛来すること等」の「等」には、巻付きが含まれること。
（昭45.10.16　基発第753号）
第1項ただし書の「覆い又は囲いを設けることが作業の性質上困難な場合」とは、人力により切削剤を使用する場合、加工物が大きいためにい又は囲いを設けることができない場合等をいうこと。
（昭45.10.16　基発第753号）

グラインダーの点検ポイント

・保護カバーが正しく取りつけてあるか
・防じんメガネ、防じんマスクを使用しているか
　（屋内の場合、換気はよいか）
・砥石に、ひび、きず等はないか
・砥石を取替えた時、3分間の試験運転をしたか（砥石の取替及び試運転は特別教育修了者）
・最高使用周速度をこえて使用していないか
・研削砥石の回転方向は正しいか
・コード、プラグ等に異常はないか（接地極付プラグを使用しているか）
・無理な姿勢で使用していないか

切削屑が飛来する場合の災害防止

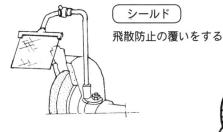

シールド
飛散防止の覆いをする

サンダー
保護メガネを使用する

安衛則　安全基準

掃除等の場合 の運転停止等	第107条　事業者は、機械（刃部を除く。）の掃除、給油、検査、修理又は調整の作業を行う場合において、労働者に危険を及ぼすおそれのあるときは、機械の運転を停止しなければならない。ただし、機械の運転中に作業を行わなければならない場合において、危険な箇所に覆いを設ける等の措置を講じたときは、この限りでない。 2　事業者は、前項の規定により機械の運転を停止したときは、当該機械の起動装置に錠を掛け、当該機械の起動装置に表示板を取り付ける等同項の作業に従事する労働者以外の者が当該機械を運転することを防止するための措置を講じなければならない。

第1項ただし書の「機械の運転中に作業を行わなければならない場合」とは、ベルトコンベヤのベルトを掃除する場合のように機械を運転しなければ作業を完全には行うことができない場合等をいうこと。
（昭45.10.16　基発第753号）
「当該機械の起動装置に表示板を取り付ける等」の「等」には次の措置が含まれること。
　　　イ　作業者に安全プラグを携帯させること。
　　　ロ　監視人を配置し、作業を行っている間当該機械を操作させないように措置を講じること。
　　　ハ　当該機械の起動装置の操作盤全体に錠をかけること。
（昭58.6.28　基発第339号）
機械の調整作業時においても、機械に巻き込まれる等の危険があることから、機械（刃部を除く。）の調整の作業について、掃除、給油、検査又は修理の作業と同様に、機械の運転停止等の措置を義務付けたこと。
第1項の「調整」の作業には、原材料が目詰まりした場合の原材料の除去や異物の除去等、機械の運転中に発生する不具合を解消するための一時的な作業や機械の設定のための作業が含まれること。
第1項の機械の運転停止に関して、機械の運転を停止する操作を行った後、速やかに機械の可動部分を停止させるためのブレーキを備えることが望ましいこと。
第1項ただし書の「覆いを設ける等」の「等」には、次の全ての機能を備えたモードを使用することが含まれること。なお、このモードは、「機械の包括的な安全基準に関する指針」（平成19年7月31日付け基発第0731001号）の別表第2の14（3）イに示されたものであること。
　　　①　選択したモード以外の運転モードが作動しないこと。
　　　②　危険性のある運動部分は、イネーブル装置、ホールド・ツゥ・ラン制御装置又は両手操作式制御装置の操作を続けることによってのみ動作できること。
　　　③　動作を連続して行う必要がある場合、危険性のある運動部分の動作は、低速度動作、低駆動力動作、寸動動作又は段階的操作による動作とすること。
第1項の「調整」の作業を行うときは、作業手順を定め、労働者に適切な安全教育を行うこと。
第2項の「当該機械の起動装置に表示板を取り付ける」措置を講じる場合には、表示板の脱落や見落としのおそれがあることから、施錠装置を併用することが望ましいこと。
（平25.4.12　基発0412第13号）

機械掃除時の危険の防止

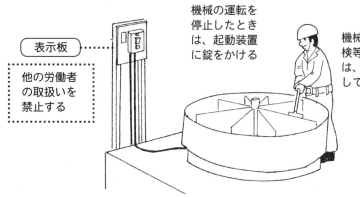

表示板 ...

他の労働者
の取扱いを
禁止する

機械の運転を
停止したとき
は、起動装置
に錠をかける

機械の掃除、点
検等を行うとき
は、運転を停止
して行う

作業帽等の着用

第110条　事業者は、動力により駆動される機械に作業中の労働者の頭髪又は被服が
　巻き込まれるおそれのあるときには、当該労働者に適当な作業帽または作業服を着
　用させなければならない。
2　労働者は、前項の作業帽又は作業服の着用を命じられたときは、これらを着用し
なければならない。

手袋の使用禁止

第111条　事業者は、ボール盤、面取り盤等の回転する刃物に作業中の労働者の手が
　巻き込まれるおそれのあるときは、当該労働者に手袋を使用させてはならない。
2　労働者は、前項の場合において、手袋の使用を禁止されたときは、これを使用し
てはならない。

> 「面取り盤等」の「等」には、フライス盤、中ぐり盤等が含まれるが、丸のこ
> 盤は含まれないこと。
> （昭47.9.18　基発第601号の1）

研削といしの覆い

第117条　事業者は、回転中の研削といしが労働者に危険を及ぼすおそれのあるとき
　は、覆いを設けなければならない。ただし、直径が50ミリメートル未満の研削と
　いしについては、この限りでない。

研削といしの試運転	第118条　事業者は、研削といしについては、その日の作業を開始する前には1分間以上、研削といしを取り替えたときには3分間以上試運転をしなければならない。
研削といしの最高使用周速度をこえる使用の禁止	第119条　事業者は、研削といしについては、その最高使用周速度をこえて使用してはならない。
研削といしの側面使用の禁止	第120条　事業者は、側面を使用することを目的とする研削といし以外の研削といしの側面を使用してはならない。

> 「側面を使用することを目的とする研削といし」とは、側面の使用面と指定されている研削といしをいい、その主なものとしては、リング形、ジスク形、ストレートカップ形、テーパーカップ形、さら形及びオフセット形の研削といしがあること。
> （昭 45.10.16　基発第 753 号）

研削といし使用時の危険防止

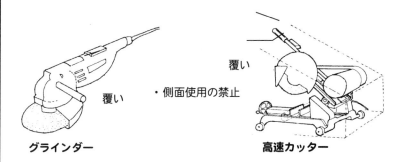

・研削時の火花が飛散し、残材等に燃え移らないよう周囲の状況を確認する
・作業を開始する前には1分間以上、研削といしを取り替えたときは3分間以上、試運転をすること

研削といしの取付け

正しい取付方法
・油、ゴミ等の異物をはさまない
・締付けは軸にずれないように
・確実に固定する
・フランジの締付けは確実に行う
　（締付けすぎない）

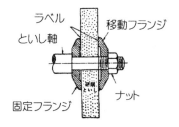

研削といしの点検

1. 最高使用周速度は研削盤の無負荷回転速度に適合しているか
2. 構造規格に適合しているか（寸法、種類の制限等）
3. 加工材に対して粒度と結合度は適正か
4. 正規のといし軸に取付けてあるか軸径は適正か
5. きずや欠損部分はないか
6. 目づまりはないか
7. 磨耗しすぎてはいないか。片べりしていないか
8. 結合材の種類、最高使用周速度等が表示されているか

丸のこ盤の反ぱつ予防装置	**第122条** 事業者は、木材加工用丸のこ盤（横切用丸のこ盤その他反ぱつにより労働者に危険を及ぼすおそれのないものを除く。）には、割刃その他の反ぱつ予防装置を設けなければならない。
丸のこ盤の歯の接触予防装置	**第123条** 事業者は、木材加工用丸のこ盤（製材用丸のこ盤及び自動送り装置を有する丸のこ盤を除く。）には、歯の接触予防装置を設けなければならない。

> 「製材用丸のこ盤」とは、主として「製材品」（板類、ひき割り類及びひき角類をいう。）を作るため、素材（丸太のほか、盤等を含む。）を丸のこにより縦びきし、または横びきする木材加工用丸のこ盤をいい、その主なものとしては、テーブル式丸のこ盤（腹押し丸のこ盤）、移動テーブル式丸のこ盤（耳すり盤）、および振子式丸のこ盤（振り下げ丸のこ盤または振り上げ丸のこ盤）があること。
> （昭47.9.18　基発第601号の1）

丸のこ使用時の危険防止

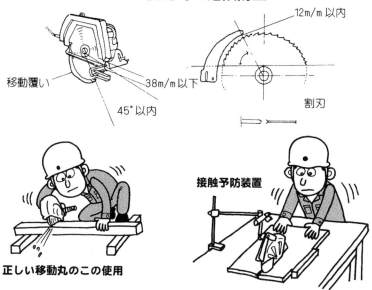

移動覆い

38m/m以下

45°以内

12m/m以内

割刃

正しい移動丸のこの使用

接触予防装置

> **建設業等において「携帯用丸のこ盤」を使用する作業に従事する者に対する安全教育の徹底について**
> 建設業で多く使用されている「携帯用丸のこ盤」の使用による災害が多発し、毎年死亡災害が発生していることから、それを使用する作業に従事する者に対する、一定のカリキュラムに基づいた「特別教育に準じた教育」の受講が勧奨されている。
> （平22.7.14　基安発0714第1号）

2．車両系荷役運搬機械等

① 総　則

定　義	**第151条の2**　この省令において車両系荷役運搬機械等とは、次の各号のいずれかに該当するものをいう。 一　フォークリフト 二　ショベルローダー 三　フォークローダー 四　ストラドルキャリヤー 五　不整地運搬車 六　構内運搬車（専ら荷を運搬する構造の自動車（長さが 4.7 メートル以下幅が 1.7 メートル以下、高さが 2.0 メートル以下のものに限る。）のうち、最高速度が毎時 15 キロメートル以下のもの（前号に該当するものを除く。）をいう。） 七　貨物自動車（専ら荷を運搬する構造の自動車（前2号に該当するものを除く。）をいう。） 　第五号〔現行＝第六号〕の「構内運搬車」とは、荷物の運搬を目的として製造されたもので主に事業場構内のみを走行するバッテリー式運搬車（通称「プラットフォームトラック」）等のことをいうものであること。なお、「構内運搬車」には、牽引車両により被牽引車を牽引する方式のもの、三輪のもの及び労働者が歩行しながら運転する方式のものが含まれること。 （昭 53.2.10　基発第 78 号） 　第六号〔現行＝七号〕の「貨物自動車」には、牽引車両により被牽引車を牽引する方式のもの、ダンプトラック、タンクローリー等が含まれること。 （昭 53.2.10　基発第 78 号）
作 業 計 画	**第151条の3**　事業者は、車両系荷役運搬機械等を用いて作業（不整地運搬車又は貨物自動車を用いて行う道路上の走行の作業を除く。以下第 151 条の7までにおいて同じ。）を行うときは、あらかじめ当該作業に係る場所の広さ及び地形、当該車両系荷役運搬機械等の種類及び能力、荷の種類及び形状等に適応する作業計画を定め、かつ、当該作業計画により作業を行わなければならない。 2　前項の作業計画は、当該車両系荷役運搬機械等の運行経路及び当該車両系荷役運搬機械等による作業の方法が示されているものでなければならない。 3　事業者は、第1項の作業計画を定めたときは、前項の規定により示される事項について関係労働者に周知させなければならない。 　第1項の「車両系荷役運搬機械等を用いて作業を行うとき」の「作業」には、フォークリフト等を用いる貨物の積卸しのほか、構内の走行も含むこと。 （昭 53.2.10　基発第 78 号） 　第1項の「荷の種類及び形状等」の「等」には、荷の重量、荷の有毒性等が含まれること。 （昭 53.2.10　基発第 78 号） 　第2項の「作業の方法」には、作業に要する時間が含まれること。 （昭 53.2.10　基発第 78 号） 　第3項の「関係労働者に周知」は、口頭による周知で差し支えないが、内容が複雑な場合等で口頭による周知が困難なときは、文書の配布、掲示等によること。 （昭 53.2.10　基発第 78 号）

作 業 指 揮 者	**第151条の4** 事業者は、車両系荷役運搬機械等を用いて作業を行うときは、当該作業の指揮者を定め、その者に前条第1項の作業計画に基づき作業の指揮を行わせなければならない。

> 本条の作業指揮者は、単独作業を行う場合には、特に選任を要しないものであること。また、はい作業主任者等が選任されている場合でこれらの者が作業指揮を併せて行えるときは、本条の作業指揮者を兼ねても差し支えないものであること。なお、事業者を異にする荷の受渡しが行われるとき又は事業者を異にする作業が輻輳するときの作業指揮は、各事業者ごとに作業指揮者が指名されることになるが、この場合は、各作業指揮者間において作業の調整を行わせること。
> （昭53.2.10　基発第78号）

制 限 速 度	**第151条の5** 事業者は、車両系荷役運搬機械等（最高速度が毎時10キロメートル以下のものを除く。）を用いて作業を行うときは、あらかじめ、当該作業に係る場所の地形、地盤の状態等に応じた車両系荷役運搬機械等の適正な制限速度を定め、それにより作業を行わなければならない。 2　前項の車両系荷役運搬機械等の運転者は、同項の制限速度を超えて車両系荷役運搬機械等を運転してはならない。

> 第1項の「制限速度」は、事業者の判断で適正と認められるものを定めるものであるが、定められた制限速度については事業者及び労働者とも拘束されるものであること。
> なお、「制限速度」は必要に応じて車種別、場所別に定めること。
> （昭53.2.10　基発第78号）

転 落 等 の 防 止	**第151条の6** 事業者は、車両系荷役運搬機械等を用いて作業を行うときは、車両系荷役運搬機械等の転倒又は転落による労働者の危険を防止するため、当該車両系荷役運搬機械等の運行経路について必要な幅員を保持すること、地盤の不同沈下を防止すること、路肩の崩壊を防止すること等必要な措置を講じなければならない。 2　事業者は、路肩、傾斜地等で車両系荷役運搬機械等を用いて作業を行う場合において、当該車両系荷役運搬機械等の転倒又は転落により労働者に危険が生ずるおそれのあるときは、誘導者を配置し、その者に当該車両系荷役運搬機械等を誘導させなければならない。 3　前項の車両系荷役運搬機械等の運転者は、同項の誘導者が行う誘導に従わなければならない。

> 第1項の「必要な幅員を保持すること、地盤の不同沈下を防止すること、路肩の崩壊を防止すること等」の「等」には、ガードレールの設置等が含まれること。
> （昭53.2.10　基発第78号）

接 触 の 防 止	**第151条の7** 事業者は、車両系荷役運搬機械等を用いて作業を行うときは、運転中の車両系荷役運搬機械等又はその荷に接触することにより労働者に危険が生ずるおそれのある箇所に労働者を立ち入らせてはならない。ただし、誘導者を配置し、その者に当該車両系荷役運搬機械等を誘導させるときは、この限りでない。 2　前項の車両系荷役運搬機械等の運転者は、同項ただし書の誘導者が行う誘導に従わなければならない。

第1項の「危険が生ずるおそれがある箇所」には、機械の走行範囲だけでなく、ショベルローダーの、バケット等の荷役装置の可動範囲、フォークローダーの材木のはみ出し部分等があること。
（昭53.2.10　基発第78号）
第1項の「誘導者」には、ストラドルキャリヤーにあっては、同乗する誘導者も含まれること。
（昭53.2.10　基発第78号）

合　図

第151条の8　事業者は、車両系荷役運搬機械等について誘導者を置くときは、一定の合図を定め、誘導者に当該合図を行わせなければならない。
2　前項の車両系荷役運搬機械等の運転者は、同項の合図に従わなければならない。

立入禁止

第151条の9　事業者は、車両系荷役運搬機械等（構造上、フォーク、ショベル、アーム等が不意に降下することを防止する装置が組み込まれているものを除く。）については、そのフォーク、ショベル、アーム等又はこれらにより支持されている荷の下に労働者を立ち入らせてはならない。ただし、修理、点検等の作業を行う場合においてフォーク、ショベル、アーム等が不意に降下することによる労働者の危険を防止するため、当該作業に従事する労働者に安全支柱、安全ブロック等を使用させるときは、この限りでない。

第1項の「アーム等」の「等」には、ダンプトラックの荷台等が含まれること。
（昭53.2.10　基発第78号）
第1項の「安全支柱・安全ブロック等」はフォーク、ショベル、アーム等を確実に支えることができる強度を有するものであること。なお、「安全ブロック等」の「等」には架台等があること。
（昭53.2.10　基発第78号）

フォーク、ショベル、アーム等の落下による危険の防止

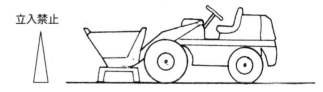

立入禁止

安全ブロック等を使用し、ショベル、アーム等の落下を防止する

2　前項ただし書の作業を行う労働者は、同項ただし書の安全支柱、安全ブロック等を使用しなければならない。

荷の積載

第151条の10　事業者は、車両系荷役運搬機械等に荷を積載するときは、次に定めるところによらなければならない。
一　偏荷重が生じないように積載すること。
二　不整地運搬車、構内運搬車又は貨物自動車にあっては、荷崩れ又は荷の落下による労働者の危険を防止するため、荷にロープ又はシートを掛ける等必要な措置を講ずること。

岩石等が転がり落ちないための安定した積み方

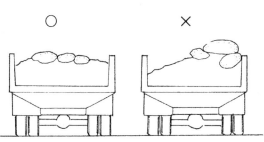

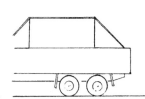

車体にロープで荷を固定し、
荷崩れ落下防止をする

安衛則　安全基準

運転位置から離れる場合の措置

第 151 条の 11　事業者は、車両系荷役運搬機械等の運転者が運転位置から離れるときは、当該運転者に次の措置を講じさせなければならない。
一　フォーク、ショベル等の荷役装置を最低降下位置に置くこと。
二　原動機を止め、かつ、停止の状態を保持するためのブレーキを確実にかける等の車両系荷役運搬機械等の逸走を防止する措置を講ずること。

第 1 項第一号の「荷役装置を最低降下位置に置くこと」の「最低降下位置」は、構造上降下させることができる最低の位置であること。
（昭 53.2.10　基発第 78 号）
「停止の状態を保持するための制動装置に操作する等」〔現行＝ブレーキを確実にかける等〕の「等」には、歯止めをすること等が含まれること。
（昭 43.1.13　安発第 2 号）
第 1 項第二号の「ブレーキを確実にかける等」の「等」には、くさび又はストッパーで止めることが含まれること。
（昭 53.2.10　基発第 78 号）

2　前項の運転者は、車両系荷役運搬機械等の運転位置から離れるときは、同項各号に掲げる措置を講じなければならない。

車両系荷役運搬機械等の移送

第 151 条の 12　事業者は、車両系荷役運搬機械等を移送するため自走又はけん引により貨物自動車に積卸しを行う場合において、道板、盛土等を使用するときは、当該車両系荷役運搬機械等の転倒、転落等による危険を防止するため、次に定めるところによらなければならない。
一　積卸しは、平たんで堅固な場所において行うこと。
二　道板を使用するときは、十分な長さ、幅及び強度を有する道板を用い、適当なこう配で確実に取り付けること。
三　盛土、仮設台等を使用するときは、十分な幅及び強度並びに適当なこう配を確保すること。

機械移送時の危険の防止

機械の積卸しには作業指揮者を指名し、その者の指揮のもとで行う

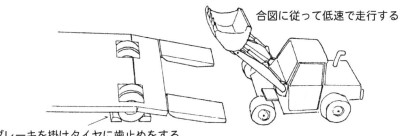

合図に従って低速で走行する

ブレーキを掛けタイヤに歯止めをする

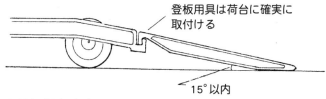

登板用具は荷台に確実に取付ける

15°以内

平坦で堅固な場所で行う
関係者以外の者の立入を禁止する

搭乗の制限	**第 151 条の 13**　事業者は、車両系荷役運搬機械等（不整地運搬車及び貨物自動車を除く。）を用いて作業を行うときは、乗車席以外の箇所に労働者を乗せてはならない。ただし、墜落による労働者の危険を防止するための措置を講じたときは、この限りでない。

> ただし書の「危険を防止するための措置」とは、ストラドルキャリヤー等の高所や走行中の車両系荷役運搬機械等から労働者が墜落することを防止するための覆い、囲い等を設けることをいうものであること。
> （昭 53.2.10　基発第 78 号）

主たる用途以外の使用の制限	**第 151 条の 14**　事業者は、車両系荷役運搬機械等を荷のつり上げ、労働者の昇降等当該車両系荷役運搬機械等の主たる用途以外の用途に使用してはならない。ただし、労働者に危険を及ぼすおそれのないときは、この限りでない。

> 本条は、墜落のみでなく、はさまれ、まき込まれ等の危険も併せて防止する趣旨であること。
> （昭 53.2.10　基発第 78 号）
> ただし書の「危険を及ぼすおそれのないとき」とは、フォークリフト等の転倒のおそれがない場合で、パレット等の周囲に十分な高さの手すり若しくはわく等を設け、かつ、パレット等をフォークに固定すること又は労働者に命綱を使用させること等の措置を講じたときをいうこと。
> （昭 53.2.10　基発第 78 号）

修　理　等	第151条の15　事業者は、車両系荷役運搬機械等の修理又はアタッチメントの装着若しくは取外しの作業を行うときは、当該作業を指揮する者を定め、その者に次の事項を行わせなければならない。

一　作業手順を決定し、作業を直接指揮すること。
二　第151条の9第1項ただし書に規定する安全支柱、安全ブロック等の使用状況を監視すること。

> 本条は、複数以上の労働者が作業を行う場合において労働者相互の連絡が不十分なことによる機械の不意の起動、重量物の落下等の災害を防止するために定めたものであり、単独で行う簡単な部品の取替え等労働者に危険を及ぼすおそれのない作業については指揮者の選任を要しないものであること。
> （昭53.2.10　基発第78号）

②　フォークリフト

前照燈及び後照燈	**第151条の16**　事業者は、フォークリフトについては、前照燈及び後照燈を備えたものでなければ使用してはならない。ただし、作業を安全に行うため必要な照度が保持されている場所においては、この限りでない。
ヘッドガード	**第151条の17**　事業者は、フォークリフトについては、次に定めるところに適合するヘッドガードを備えたものでなければ使用してはならない。ただし、荷の落下によりフォークリフトの運転者に危険を及ぼすおそれのないときは、この限りでない。 一　強度は、フォークリフトの最大荷重の２倍の値（その値が４トンを超えるものにあっては、４トン）の等分布静荷重に耐えるものであること。 二　上部わくの各開口部の幅又は長さは、16センチメートル未満であること。 三　運転者が座って操作する方式のフォークリフトにあっては、運転者の座席の上面からヘッドガードの上部わくの下面までの高さは、95センチメートル以上であること。 四　運転者が立って操作する方式のフォークリフトにあっては、運転者席の床面からヘッドガードの上部わくの下面までの高さは1.8メートル以上であること。
バックレスト	**第151条の18**　事業者は、フォークリフトについては、バックレストを備えたものでなければ使用してはならない。ただし、マストの後方に荷が落下することにより労働者に危険を及ぼすおそれのないときは、この限りでない。 　バックレスト　「バックレスト」とは、積荷が背後（マスト方向）に落下しないように設けた荷受けわくをいうこと。 　（昭43.1.13　安発第２号） **荷の落下危険の防止** 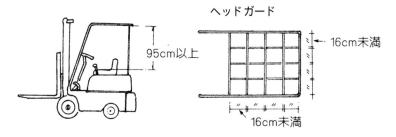
パレット等	**第151条の19**　事業者は、フォークリフトによる荷役運搬の作業に使用するパレット又はスキッドについては、次に定めることろによらなければ使用してはならない。 一　積載する荷の重量に応じた十分な強度を有すること。 二　著しい損傷、変形又は腐食がないこと。
使用の制限	**第151条の20**　事業者は、フォークリフトについては、許容荷重（フォークリフトの構造及び材料並びにフォーク等（フォーク、ラム等荷を積載する装置をいう。）に積載する荷の重心位置に応じ負荷させることができる最大の荷重をいう。）その他の能力を超えて使用してはならない。 　「その他の能力」とは、安定度等をいうものであること。 　（昭53.2.10　基発第78号）

定期自主検査 （年次自主検査）	**第151条の21** 事業者は、フォークリフトについては、１年を超えない期間ごとに１回、定期に、次の事項について自主検査を行わなければならない。ただし、１年を超える期間使用しないフォークリフトの当該使用しない期間においては、この限りでない。 ※検査事項省略 ２　事業者は、前項ただし書のフォークリフトについては、その使用を再び開始する際に、同項各号に掲げる事項について自主検査を行わなければならない。 ┌───┐ │ フォークリフトの定期自主検査指針（平5.12.20　自主検査指針公示第15号） │ └───┘
定期自主検査 （月次自主検査）	**第151条の22** 事業者は、フォークリフトについては、１カ月を超えない期間ごとに１回、定期に、次の事項について自主検査を行わなければならない。ただし、１月を超える期間使用しないフォークリフトの当該使用しない期間においては、この限りでない。 　一　制動装置、クラッチ及び操縦装置の異常の有無 　二　荷役装置及び油圧装置の異常の有無 　三　ヘッドガード及びバックレストの異常の有無 ２　事業者は、前項ただし書のフォークリフトについては、その使用を再び開始する際に、同項各号に掲げる事項について自主検査を行わなければならない。 ┌───┐ │ フォークリフトの定期自主検査指針（平8.9.25　自主検査指針公示第17号） │ └───┘
定期自主検査の 記録	**第151条の23** 事業者は、前２条の自主検査を行ったときは、次の事項を記録し、これを３年間保存しなければならない。 　一　検査年月日 　二　検査方法 　三　検査箇所 　四　検査の結果 　五　検査を実施した者の氏名 　六　検査の結果に基づいて補修等の措置を講じたときは、その内容
特定自主検査	**第151条の24** フォークリフトに係る特定自主検査は、第151条の21に規定する自主検査とする。 ２　フォークリフトに係る法第45条第２項の厚生労働省令で定める資格を有する労働者は、次の各号のいずれかに該当する者とする。 　一　次のいずれかに該当する者で、厚生労働大臣が定める研修を修了したもの 　　イ　学校教育法による大学又は高等専門学校において工学に関する学科を専攻して卒業した者で、フオークリフトの点検若しくは整備の業務に２年以上従事し、又はフオークリフトの設計若しくは工作の業務に５年以上従事した経験を有するもの 　　ロ　学校教育法による高等学校又は中等教育学校において工学に関する学科を専攻して卒業した者で、フオークリフトの点検若しくは整備の業務に４年以上従事し、又はフオークリフトの設計若しくは工作の業務に７年以上従事した経験を有するもの 　　ハ　フオークリフトの点検若しくは整備の業務に７年以上従事し、又はフオークリフトの設計若しくは工作の業務に10年以上従事した経験を有する者 　　ニ　フオークリフトの運転の業務に10年以上従事した経験を有する者 　二　その他厚生労働大臣が定める者

安衛則　安全基準

121

	3　事業者は、道路運送車両法 (昭和 26 年法律第 185 号) 第 2 条第 5 項に規定する運行 (以下「運行」という。) の用に供するフォークリフト (同法第 48 条第 1 項の適用を受けるものに限る。) について、同項の規定に基づいて点検を行つた場合には、当該点検を行つた部分については第 151 条の 21 の自主検査を行うことを要しない。 4　フォークリフトに係る特定自主検査を検査業者に実施させた場合における前条の規定の適用については、同条第五号中「検査を実施した者の氏名」とあるのは、「検査業者の名称」とする。 5　事業者は、フォークリフトに係る自主検査を行つたときは、当該フォークリフトの見やすい箇所に、特定自主検査を行つた年月を明らかにすることができる検査標章をはり付けなければならない。
点　　検	第 151 条の 25　事業者は、フォークリフトを用いて作業を行うときは、その日の作業を開始する前に、次の事項について点検を行わなければならない。 一　制動装置及び操縦装置の機能 二　荷役装置及び油圧装置の機能 三　車輪の異常の有無 四　前照燈、後照燈、方向指示器及び警報装置の機能

フォークリフトの点検

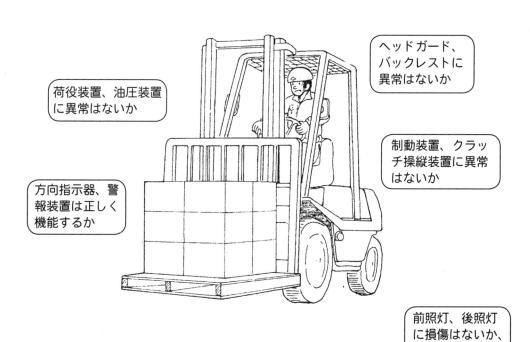

ヘッドガード、バックレストに異常はないか

荷役装置、油圧装置に異常はないか

制動装置、クラッチ操縦装置に異常はないか

方向指示器、警報装置は正しく機能するか

前照灯、後照灯に損傷はないか、点灯するか

運転者は有資格者を選任し、表示しているか

最大荷重１ｔ以上　　技能講習修了者
最大荷重１ｔ未満　　特別教育修了者

車輪にパンク、変形等の異常はないか

フォークリフト作業の安全の基本

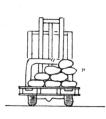

パレットの荷は荷崩れのないように積み込むこと

旋回するときは速度を落とし、特に後輪に気をつける

フォークを上げたままで、激しくチルト操作をしない積荷を載せたままで絶対にフォークから離れない

坂道を降りるときは、バックで運転する

フォークのパレット等に人を乗せて走らない

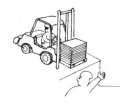

危険な場所では誘導者をつけ、決められた合図で誘導する

積荷が大きいときはバック運転で運ぶ

障害物には十分気をつけて運転する

フォークを上げたままで走行しない

フォークリフトを離れるときは次のことを行う
イ）安全な場所に駐車する
ロ）フォークを地面まで下ろす
ハ）駐車ブレーキを確実にかける
ニ）エンジンキーを抜きとる
ホ）坂道にとめるときは「輪止め」をしておく

③　不整地運搬車

前照燈及び尾燈	**第151条の43**　事業者は、不整地運搬車（運行の用に供するものを除く。）については、前照燈及び尾燈を備えたものでなければ使用してはならない。ただし、作業を安全に行うため必要な照度が保持されている場所においては、この限りでない。
使用の制限	**第151条の44**　事業者は、不整地運搬車については、最大積載量その他の能力を超えて使用してはならない。
昇降設備	**第151条の45**　事業者は、最大積載量が５トン以上の不整地運搬車に荷を積む作業（ロープ掛けの作業及びシート掛けの作業を含む。）又は最大積載量が５トン以上の不整地運搬車から荷を卸す作業（ロープ解きの作業及びシート外しの作業を含む。）を行うときは、墜落による労働者の危険を防止するため、当該作業に従事する労働者が床面と荷台上の荷の上面との間を安全に昇降するための設備を設けなければならない。 ２　前項の作業に従事する労働者は、床面と荷台上の荷の上面との間を昇降するときは、同項の昇降するための設備を使用しなければならない。 **安全な装置と最大積載量** 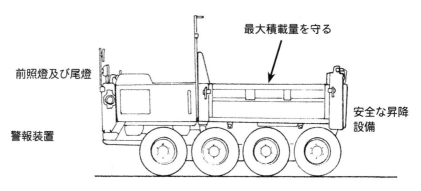
不適格な繊維ロープの使用禁止	**第151条の46**　事業者は、次の各号のいずれかに該当する繊維ロープを不整地運搬車の荷掛けに使用してはならない。 一　ストランドが切断しているもの 二　著しい損傷又は腐食があるもの
繊維ロープの点検	**第151条の47**　事業者は、繊維ロープを不整地運搬車の荷掛けに使用するときは、その日の使用を開始する前に、当該繊維ロープを点検し、異常を認めたときは、直ちに取り替えなければならない。
積卸し	**第151条の48**　事業者は、一の荷でその重量が100キログラム以上のものを不整地運搬車に積む作業（ロープ掛けの作業及びシート掛けの作業を含む。）又は不整地運搬車から卸す作業（ロープ解きの作業及びシート外しの作業を含む。）を行うときは、当該作業を指揮する者を定め、その者に次の事項を行わせなければならない。 一　作業手順及び作業手順ごとの作業の方法を決定し、作業を直接指揮すること。 二　器具及び工具を点検し、不良品を取り除くこと。 三　当該作業を行う箇所には、関係労働者以外の労働者を立ち入らせないこと。 四　ロープ解きの作業及びシート外しの作業を行うときは、荷台上の荷の落下の危険がないことを確認した後に当該作業の着手を指示すること。 五　第151条の45第１項の昇降するための設備及び保護帽の使用状況を監視すること。
中抜きの禁止	**第151条の49**　事業者は、不整地運搬車から荷を卸す作業を行うときは、当該作業に従事する労働者に中抜きをさせてはならない。 ２　前項の作業に従事する労働者は、中抜きをしてはならない。

荷積卸し作業時の危険防止

作業前に荷掛けに使用する
繊維ロープの点検をする

重量 100kg 以上の物を
不整地運搬車に積む作業

作業指揮者を定めその者に
作業を直接指揮させる
（151 条の 48 に定める事
項）

荷卸し作業で
は中抜きをし
ない

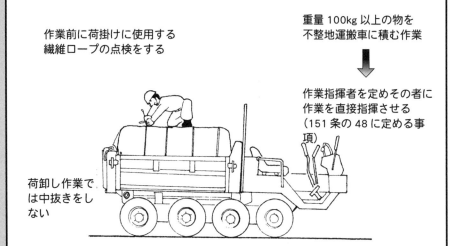

荷台への乗車制限

第 151 条の 50　事業者は、荷台にあおりのない不整地運搬車を走行させるときは、当該荷台に労働者を乗車させてはならない。

2　労働者は、前項の場合において同項の荷台に乗車してはならない。

第 151 条の 51　事業者は、荷台にあおりのある不整地運搬車を走行させる場合において、当該荷台に労働者を乗車させるときは、次に定めるところによらなければならない。

　一　荷の移動による労働者の危険を防止するため、移動により労働者に危険を及ぼすおそれのある荷について、歯止め、滑止め等の措置を講ずること。

　二　荷台に乗車させる労働者に次の事項を行わせること。

　　イ　あおりを確実に閉じること。

　　ロ　あおりその他不整地運搬車の動揺により労働者が墜落するおそれのある箇所に乗らないこと。

　　ハ　労働者の身体の最高部が運転者席の屋根の高さ（荷台上の荷の最高部が運転者席の屋根の高さを超えるときは、当該荷の最高部）を超えて乗らないこと。

2　前項第二号の労働者は、同号に掲げる事項を行わなければならない。

保護帽の着用

第 151 条の 52　事業者は、最大積載量が 5 トン以上の不整地運搬車に荷を積む作業（ロープ掛けの作業及びシート掛けの作業を含む。）又は最大積載量が 5 トン以上の不整地運搬車から荷を卸す作業（ロープ解きの作業及びシート外しの作業を含む。）を行うときは、墜落による労働者の危険を防止するため、当該作業に従事する労働者に保護帽を着用させなければならない。

2　前項の作業に従事する労働者は、同項の保護帽を着用しなければならない。

定期自主検査

第 151 条の 53　事業者は、不整地運搬車については、2 年を超えない期間ごとに 1 回、定期に、次の事項について自主検査を行わなければならない。ただし、2 年を超える期間使用しない不整地運搬車の当該使用しない期間においては、この限りでない。

　一　圧縮圧力、弁すき間その他原動機の異常の有無

　二　クラッチ、トランスミッション、ファイナルドライブその他動力伝達装置の異常の有無

　三　起動輪、遊動輪、上下転輪、履帯、タイヤ、ホイールベアリングその他走行装置の異常の有無

　四　ロッド、アームその他操縦装置の異常の有無

	五　制動能力、ブレーキドラム、ブレーキシューその他制動装置の異常の有無 六　荷台、テールゲートその他荷役装置の異常の有無 七　油圧ポンプ、油圧モーター、シリンダー、安全弁その他油圧装置の異常の有無 八　電圧、電流その他電気系統の異常の有無 九　車体、警報装置、方向指示器、燈火装置及び計器の異常の有無 2　事業者は、前項ただし書の不整地運搬車については、その使用を再び開始する際に、同項各号に掲げる事項について自主検査を行わなければならない。 ┌─────────────────────────────────┐ 不整地運搬車の定期自主検査指針（平3.7.26　自主検査指針公示第12号） └─────────────────────────────────┘ **第151条の54**　事業者は、不整地運搬車については、1月を超えない期間ごとに1回定期に、次の事項について自主検査を行わなければならない。ただし、1月を超える期間使用しない不整地運搬車の当該使用しない期間においては、この限りでない。 一　制動装置、クラッチ及び操縦装置の異常の有無 二　荷役装置及び油圧装置の異常の有無 2　事業者は、前項ただし書の不整地運搬車については、その使用を再び開始する際に、同項各号に掲げる事項について自主検査を行わなければならない。
定期自主検査の記録	**第151条の55**　事業者は、前2条の自主検査を行ったときは、次の事項を記録し、これを3年間保存しなければならない。 一　検査年月日 二　検査方法 三　検査箇所 四　検査の結果 五　検査を実施した者の氏名 六　検査の結果に基づいて補修等の措置を講じたときは、その内容
特定自主検査	**第151条の56**　不整地運搬車に係る特定自主検査は、第151条の53に規定する自主検査とする。 （第2項以下略）
点　検	**第151条の57**　事業者は、不整地運搬車を用いて作業を行うときは、その日の作業を開始する前に、次の事項について点検を行わなければならない。 一　制動装置及び操縦装置の機能 二　荷役装置及び油圧装置の機能 三　履帯又は車輪の異常の有無 四　前照燈、尾燈、方向指示器及び警報装置の機能
補　修　等	**第151条の58**　事業者は、第151条の53若しくは第151条の54の自主検査又は前条の点検を行った場合において、異常を認めたときは、直ちに補修その他必要な措置を講じなければならない。

3.コンベヤー

一般基準

逸走等の防止	**第151条の77** 事業者は、コンベヤー（フローコンベヤー、スクリューコンベヤー、流体コンベヤー及び空気スライドを除く。以下同じ。）については、停電、電圧降下等による荷又は搬器の逸走及び逆走を防止するための装置（第151条の82において「逸走等防止装置」という。）を備えたものでなければ使用してはならない。ただし、専ら水平の状態で使用するときその他労働者に危険を及ぼすおそれのないときは、この限りでない。 　コンベヤーについては、一定の場合には、逸走等防止装置、非常停止装置を設ける等の措置を講じなければならないこととすること。 （第151条の61から第151条の63まで関係） （昭53.2.10　基発第78号） 　コンベヤー　本条のコンベヤーは、荷を連続的に運搬する機械をいうものであり、具体的には、JISB0410（コンベヤ用語）を参考とすること。 （昭53.2.10　基発第78号） 　カッコ書　本条カッコ書は、フローコンベヤー、スクリューコンベヤー、流体コンベヤー及び空気スライドについては、これらに巻き込まれること等の危険性が少ないため、規則の適用を受けるコンベヤーから除外したものであること。 （昭53.2.10　基発第78号） 　「停電、電圧降下等」の「等」「停電、電圧降下等」の「等」には、労働者が誤ってコンベヤーを停止させることが含まれること。 （昭53.2.10　基発第78号） 　本条の適用除外　本条ただし書により傾斜コンベヤー又は垂直コンベヤー以外のコンベヤーは、原則として本条の適用を受けないこととなること。 （昭53.2.10　基発第78号） 　逸送及び逆送を防止するための装置　「逸送及び逆送を防止するための装置」としては、電磁ブレーキ等があること。 （昭53.2.10　基発第78号）
非常停止装置	**第151条の78** 事業者は、コンベヤーについては、労働者の身体の一部が巻き込まれる等労働者に危険が生ずるおそれのあるときは、非常の場合に直ちにコンベヤーの運転を停止することができる装置（第151条の82において「非常停止装置」という）を備えなければならない。 　本条は、労働者が作業中にコンベヤーに巻き込まれる等の災害が発生したときに、被災者自身又は他の労働者が元スイッチを切ることなしに直ちにコンベヤーを停止することができる装置の設置を義務づけたものであること。 （昭53.2.10　基発第78号） 　「危険が生ずるおそれがあるとき」に該当しないと認められるものは、次の措置のいずれかを行っているとき等をいうものであること。 　イ　コンベヤーの周囲を全部プラスチック、鉄板等で覆ってあること。 　ロ　コンベヤーの外側に柵を作り、通常作業中は労働者が入ることができないようにすること。 　ハ　ベルトコンベヤー等でローラー部分に柵又は覆いがあり、巻き込まれるおそれのある部分と作業を行う者との間を遮断すること。 （昭53.2.10　基発第78号）

荷の落下防止	**第151条の79** 事業者は、コンベヤーから荷が落下することにより労働者に危険を及ぼすおそれがあるときは、当該コンベヤーに覆い又は囲いを設ける等荷の落下を防止するための措置を講じなければならない。
トロリーコンベヤー	**第151条の80** 事業者は、トロリーコンベヤーについては、トロリーとチェーン及びハンガーとが容易に外れないよう相互に確実に接続されているものでなければ使用してはならない。
搭乗の制限	**第151条の81** 事業者は、運転中のコンベヤーに労働者を乗せてはならない。ただし、労働者を運搬する構造のコンベヤーについて、墜落、接触等による労働者の危険を防止するための措置を講じた場合は、この限りでない。 2 労働者は、前項ただし書の場合を除き、運転中のコンベヤーに乗ってはならない。
点　　検	**第151条の82** 事業者は、コンベヤーを用いて作業を行うときは、その日の作業を開始する前に、次の事項について点検を行わなければならない。 一　原動機及びプーリーの機能 二　逸走等防止装置の機能 三　非常停止装置の機能 四　原動機、回転軸、歯車、プーリー等の覆い、囲い等の異常の有無
補　修　等	**第151条の83** 事業者は、前条の点検を行った場合において、異常を認めたときは、直ちに補修その他必要な措置を講じなければならない。

ベルトコンベヤーの取扱い作業

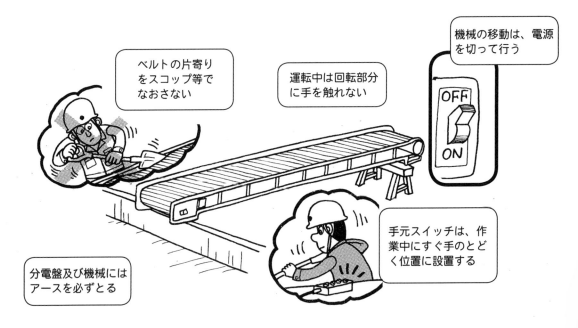

コンベヤの安全基準に関する技術上の指針

　労働安全衛生法（昭和 47 年法律第 57 号）第 28 条第 1 項の規定に基づき、コンベヤの安全基準に関する技術上の指針を次のとおり公表する。

1　総則

　1－1　趣旨

　　この指針は、コンベヤ又はその附属装置への接触、荷の落下等による災害を防止するため、コンベヤ及びその附属装置の設計、製造、設置及び使用に関する留意事項について規定したものである。

　1－2　設計及び製造

　（1）コンベヤの設計に当たっては、次の事項について留意すること。

　　イ　十分な強度及び安定度を有すること。

　　ロ　荷が滑り落ちるおそれがないこと。

　　ハ　荷積み、荷卸し、運搬等を行う箇所で、荷が脱落するおそれがないこと。

　（2）傾斜コンベヤ又は垂直コンベヤには、停電、電圧降下等による荷又は搬器の過走又は逆走を防止するための装置を設けること。

　（3）電動又は手動により作動する起伏装置、伸縮装置、旋回装置又は昇降装置を有するコンベヤには、それらの装置の作動を固定するための装置を設けること。

　（4）コンベヤの動力伝導部分には、覆い又は囲いを設けること。

　（5）コンベヤのベルト、プーリー、ローラー、チェーン、チェーンレール、スクリュー等労働者がはさまれ、又は巻き込まれるおそれのある部分には、覆い又は囲いを設けること。

　（6）コンベヤの起動又は停止のためのスイッチは、明確に表示され、容易に操作ができるものであり、かつ、接触、振動等により、不意に起動するおそれのないものとすること。

　（7）コンベヤには、給油者が危険な可動部分に接近しないで給油することができる給油装置を設けること。

　（8）荷積み又は荷卸しを人力で行うコンベヤにあっては、荷積み又は荷卸しの箇所におけるコンベヤの高さ、幅、速度等は、労働者がこれらの作業を行うのに適したものとすること。

　（9）手動操作による装置の操作に要する力量は、20kg 以下とすること。

　1－3　設置

　（1）コンベヤは、可動部分と静止部分又は他の物との間に労働者に危険を及ぼすおそれのある透き間を生じないようにすえ付けること。

　（2）コンベヤに取り付けるプラットホーム及び運転室の床面は、水平にすること。

　（3）（2）のプラットホームの歩道は、その幅を 60cm 以上とし、高さが 90cm 以上で中さん付きの手すりを設けること。ただし、当該歩道のうち建設物の柱に接する部分については、その幅を 40cm 以上とすることができること。

　（4）傾斜路、階段等の代わりにはしごを使用しないこと。

　　　ただし、作業場上やむを得ない場合は、次に定めるところにより、はしごを使用することができること。

　　イ　はしごの踏さんは、25cm 以上 35cm 以下の間隔で、かつ、等間隔に設けられていること。

　　ロ　はしごの表側に障害物がある場合は、はしごの踏さんと当該障害物との透き間は、60cm 以上とすること。ただし、当該障害物が部分的なものであるときは、踏さんとの透き間は 40cm 以上とすることができること。

　　ハ　はしごの裏側に障害物がある場合は、踏さんと当該障害物との透き間は、20cm 以上とすること。

　　ニ　はしごの傾斜角が 70 度以上で、かつ、垂直高さが 5m 以上である場合は、当該はしごの垂直高さが 2.5m を超える部分に、背バンド、囲い等を設けること。

　　ホ　はしごの長さが 15m を超える場合は、10m 以内ごとに踏だなを設けること。

　（5）制御装置操作室であって、地上又は外部の床面からの高さが 15m を超える位置に設けられたものには、階段、固定はしご等を設けること。

（6）（2）のプラットホーム及びその歩道の床面は、つまずき、滑り等の危険のないものとすること。

（7）労働者が作業中接触するおそれがある建設物及びコンベヤの鋭い角、突起物等は、これを取り除き、又は防護する等の危険防止のための措置を講ずること。

（8）労働者がコンベヤを横断する箇所には、高さが90cm以上で中さん付きの手すりを有する踏切橋を設けること。

（9）通路は、通路であることを明示し、かつ、危険な箇所を防護すること等により安全なものとすること。

（10）コンベヤがピット、床等の開口部を通っている場合は、ピット、床等の開口部に囲い又は手すりを設けること。

（11）作業床又は通路の上方を通るコンベヤには、荷の落下を防止するための設備を設けること。

（12）コンベヤには、運転を停止し、又は満杯になっている他のコンベヤへの荷の供給を停止させるインターロック回路を設けること。

（13）爆発の危険がある可燃性の粉じん等を運搬するコンベヤ又は爆発の危険のある場所において使用されるコンベヤに用いられる電気機械器具は、防爆構造とすること。

（14）コンベヤには、連続した非常停止スイッチを設け、又は要所ごとに非常停止スイッチを設けること。

（15）コンベヤには、その起動を予告する警報装置を設けること。

（16）歩道、手すり、階段、はしご等は、コンベヤの稼働開始前に設けること。

（17）コンベヤの設置場所には、その取扱い説明書等を備え付けること。

1－4　使用

（1）コンベヤは、設計時の使用目的以外の目的に使用しないこと。また、その取扱説明書等に記載された条件以外の条件で使用しないこと。

（2）作業場及び通路は、整とんし、かつ、清掃しておくこと。

（3）停止スイッチの周囲には、障害物を置かないこと。

（4）コンベヤの運転は、事業者から指名された者が行うこと。

（5）荷の供給に当たっては、コンベヤが過負荷にならないようにすること。

（6）人力による荷積み作業及び荷卸し作業は、荷の寸法、重量等を考慮して行い、必要がある場合は、機械装置を用いて行うこと。

（7）非常停止中又は事故停止中のコンベヤを再起動する場合は、あらかじめ、その停止の原因及び故障箇所の補修状況等を確認すること。

（8）コンベヤは、正常な状態で使用されるよう、定期的に点検及び整備をすること。

（9）コンベヤの掃除、給油、検査、修理等の保全の作業（以下「保全作業」という。）を行う場合において、労働者に危険を及ぼすおそれのあるときは、コンベヤの運転を停止し、かつ、コンベヤが作動しないような措置を講ずること。

（10）防護覆い、点検覆い等は、やむを得ない場合を除きコンベヤの運転中は開放しないこと。

（11）労働者は、作業の必要上やむを得ない場合であって、かつ、事業者が安全上必要な措置を講じた場合を除き、コンベヤに乗らないこと。

（12）労働者は、1－3（8）の踏切橋及び1－3（11）の通路を除いては、コンベヤの上又は下を横断しないこと。

（13）事業者は、労働者、保全作業を行う者及び監督者に対して、あらかじめ、コンベヤによる災害を防止するために必要な作業標準、取扱要領、保全方法等について教育をすること。

2　各種コンベヤ

2－1　ベルトコンベヤ等

2－1－1　ベルトコンベヤ

2－1－1－1　設計及び製造

（1）ベルトの幅は、荷の種類及び運搬量に適合する十分なものとし、必要な場合には、荷をベルトの中央に載せるための装置を設けること。

（2）運転停止、不規則な荷の積載等により荷が脱落し、又は滑るおそれのあるベルトコンベヤ（荷がばら物であるときは、傾斜コンベヤに限る。）には、荷の脱落又は滑りによる危険を防止するための装置を設けること。

（3）ベルトコンベヤの傾斜部における荷の全積載量が500kg以下で、かつ、1個の荷の重量が30kgを超えない場合その他荷又は搬器の過走又は逆走のおそれがない場合は、1-2（2）の装置を設けないことができること。

（4）ベルト又はプーリーに付着しやすい荷を運搬するベルトコンベヤには、ベルトクリーナー、プーリースクレーパー等を設けること。

2-1-1-2 設置

（1）労働者に危険を及ぼすおそれのあるホッパー及びシュートの開口部には、覆い又は囲いを設けること。

（2）大型のホッパー及びシュートには、点検口を設けることが望ましいこと。

（3）帰り側ベルトに付着した物の落下により労働者に危険を及ぼすおそれのある場合は、当該物の落下による危険を防止するための設備を設けること。

（4）労働者に危険を及ぼすおそれのあるテークアップには、覆い又は囲いを設けること。この場合において、重り式テークアップにあっては、重りの直下に労働者が立ち入ることを防止するための覆い若しくは囲いを設け、又は重りの落下を防止するための装置を設けること。

2-1-1-3 使用

（1）ベルトコンベヤへの荷の供給は、適当なフィーダー、シュート等により行うことが望ましいこと。

（2）ベルトクリーナー、プーリースクレーパー等については、特に調整及び整備を励行して、ベルトコンベヤの運転状態を最良に保持するようにすること。

2-1-2 シャットルコンベヤ等

2-1-2-1 設計及び製造

（1）シャットルコンベヤ等（シャットルコンベヤ及びスクレーパー、ホッパー、フィーダー等ベルトコンベヤに附属する装置であって、走行することができるものをいう。以下同じ。）は、突出部をできるかぎり少なくすること。

（2）シャットルコンベヤ等に設けられる運転台は、運転者が当該シャットルコンベヤ等以外の設備等と接触するおそれのない構造とすること。

（3）シャットルコンベヤ等には、走行範囲を制限するための装置を設けること。

（4）走行速度が毎秒0.1mを超えるシャットルコンベヤ等には、走行開始を予告するための警報装置を設けること。

（5）スクレーパー、ホッパー、フィーダー等ベルトコンベヤに附属する装置であって、走行することができるものには、固定装置を設けること。

2-1-2-2 設置

労働者に接触するおそれのあるシャットルコンベヤ等の車輪には、覆いを設けること。

2-1-3 モビルベルトコンベヤ

2-1-3-1 設計及び製造

（1）モビルベルトコンベヤの車輪間の距離は、転倒の危険を最も小さくするような距離とすること。

（2）起伏装置には、ブームの不意の起伏を防止するための装置及びクランクのはね返りを防止するための装置を設けること。

（3）起伏装置は、モビルベルトコンベヤの側方でのみ操作できるようにすること。

（4）ブームの位置が支持わくにより調節されるモビルベルトコンベヤには、調節できる範囲を制限する装置を設けること。

2-1-3-2 使用

（1）モビルベルトコンベヤを使用する場合は、車輪を固定すること。

（2）モビルベルトコンベヤの充電部分には、絶縁覆いを設けること。また、外部電線は、ビニルキャプタイヤケーブル又はこれと同等以上の絶縁効力を有するものとすること。

（3）電動式のモビルベルトコンベヤが接続される電路には、感電防止漏電しゃ断装置を接続すること。

（４）モビルベルトコンベヤを移動する場合は、あらかじめ、コンベヤを最低の位置に下ろし、電動式のものにあっては電源を切ること。

（５）モビルベルトコンベヤを移動する場合は、製造者により表示された最大けん引速度を超えないこと。

２－１－３－３　その他

モビルベルトコンベヤの設計及び製造、設置並びに使用については、２－１－３－１及び２－１－３－２によるほか、それぞれ２－１－１－１、２－１－１－２及び２－１－１－３によること。

２－１－４　ピッキングテーブルコンベヤ

２－１－４－１　設計及び製造

（１）１個の荷の重量が 5kg を超える場合は、ベルト速度は毎秒 0.3m 以下となるように設計すること。

（２）選別作業を行う側のキャリアローラー及びリタンローラーには、連続した側面覆いを設けること。

２－１－４－２　設置

（１）地上又は床面から選別作業面までの高さは、原則として 80cm とすること。

（２）選別作業場の床面積は、労働者が安全に作業を行うことができるように十分な広さとすること。

２－１－４－３　使用

選別作業は、ピッキングテーブルコンベヤのベルト幅が 60cm を超える場合は、その両側で行うこと。

２－１－４－４　その他

ピッキングテーブルコンベヤの設計及び製造、設置並びに使用については、２－１－４－１、２－１－４－２及び２－１－４－３によるほか、それぞれ２－１－１－１、２－１－１－２及び２－１－１－３によること。

２－２　エプロンコンベヤ

２－２－１　設計及び製造

（１）荷を供給する箇所には、必要に応じ、荷をエプロンの中央に載せるための装置を設けること。

（２）運転停止、不規則な荷の積載等により荷が滑るおそれのある傾斜コンベヤには、エプロンに滑り止め又は案内板を設けること。

（３）傾斜コンベヤには、ラチェットホイール式、フリーホイール式、バンドブレーキ式等の逆転防止装置を設けること。

２－２－２　設置

（１）労働者に危険を及ぼすおそれのあるシュートの開口部には、覆い又は囲いを設けること。

（２）大型のシュートには、点検口を設けることが望ましいこと。

（３）帰り側エプロンに付着した物の落下による労働者に危険を及ぼすおそれのある場合は、当該物の落下による危険を防止するための設備を設けること。

２－２－３　使用

エプロンコンベヤに荷を供給する場合は、適当なフィーダー、シュート等により行うこと。

２－３　フライトコンベヤ及びフローコンベヤ

２－３－１　設計及び製造

（１）点検口は、労働者が容易に点検できる位置に設けること。

（２）爆発の危険のある可燃性の粉じん等の運搬に用いるフローコンベヤには、爆発戸等を設けることにより安全な構造とすること。

２－３－２　設置

（１）ゲートの制御装置は、労働者が容易に操作でき、かつ、荷の流れを看視できる位置に設けること。

（２）労働者に危険を及ぼすおそれのあるホッパー又はシュートの開口部には、覆い又は囲いを設けること。

（３）大型のホッパー及びシュートには、点検口を設けることが望ましいこと。

（４）フローコンベヤのケーシングは、荷の種類に応じて効果的な方法により密閉されるように設置すること

２－３－３　使用

（１）作業終了後は、フローコンベヤのケーシングの内部に残留した物をできる限り排出しておくこと。

（2）フローコンベヤの保全作業のため、そのケーシングの内部に立ち入る場合は、あらかじめ、1－4（9）によるほか、爆発又は酸素欠乏の危険のないことを確認すること。

2－4　トウコンベヤ

2－4－1　設計及び製造

（1）主ライン及び分岐ラインの駆動装置には、過荷重防止装置を設けること。また、マルチプル駆動のトウコンベヤにあっては、1つの駆動装置の過荷重防止装置が作動したときには、他のすべての駆動装置の作動が停止する構造とすること。

（2）運転中に台車が外れるおそれのある傾斜部には、台車が外れることを防止するための装置を設けること。

2－4－2　設置

（1）運転中の台車の上の荷を取り扱う作業を行う場合は、労働者が台車の車輪に接触することによる危険を防止するため、作業床につま先板を設けること。台車にスカートを設けること等の措置を講ずること。

（2）トウコンベヤには、台車が人又は物と衝突するおそれのあるときにけん引チェーンから台車を切り離すための装置を設けること。

（3）レール及び台車は、安全色彩により明確に塗装すること。

（4）台車の通路は、安全色彩により積荷の幅を超える適当な幅で床に表示すること。

（5）チェーンレールの覆いは、継目に段がないようにすること。

（6）労働者に危険を及ぼすおそれのあるトウコンベヤの覆いのみぞ幅は、3cm を超えないこと。

2－4－3　使用

（1）傾斜部及びその隣接部においては、台車の逸走による危険を防止するため、台車をトウピンから外して移動させ、又は台車を停止させないこと。

（2）トウコンベヤの覆いが床面である場合は、その上を重車両が通行することを禁止すること。ただし、当該覆いが重車両の通行に耐えるように設計され、かつ、当該覆いを重車両が通行する場合に許容される重量、速度等が表示されている場合は、この限りでないこと。

（3）必要がある場合は、台車ごとに、最大積載荷重、荷の最大寸法及び積載方法を見やすい箇所に表示し、かつ、これらを労働者に周知させること。また、積荷ゲージを用いて積荷が最大寸法を超えていないことを確認することが望ましいこと。

2－5　トロリコンベヤ

2－5－1　設計及び製造

（1）主ライン及び分岐ラインの駆動装置には、過荷重防止装置を設けること。また、マルチプル駆動のトロリコンベヤにあっては、1つの駆動装置の過荷重防止装置が作動したときには、他のすべての駆動装置の作動が停止する構造とすること。

（2）チェーン、ハンガー及びトロリは、用意に外れないよう、相互に確実に接続しておくこと。

（3）傾斜部は、荷又はハンガーの過走又は逆走を防止するための装置を設けること。

（4）ツインレール式のトロリコンベヤにあっては、プッシャードッグ及びトロリが、傾斜部においても確実に移動できるように設計すること。

（5）ツインレール式のトロリコンベヤにあっては、分岐装置、合流装置、ドロップリフト等のレールの切目には、トロリの落下を防止するためストッパーその他の装置を設けること。

2－5－2　設置

労働者が荷又はハンガーと衝突するおそれのある通路には、1－3（9）によるほか、注意標識を設けること。

2－5－3　使用

（1）チェーン及びチェーンレールには、保全作業を行う場合を除き、はしご、板等を立て掛け、又は置かないこと。

（2）必要がある場合は、荷姿、つり下げ方法等についての注意書を見やすい箇所に表示し、かつ、これを労働者に周知させること。

2－6　ローラーコンベヤ及びホイールコンベヤ

2－6－1　設計及び製造

（1）地上又は床面からローラー又はホイールの上面までの高さが 1.8m を超える場合又は荷の落下により労働者に危険を及ぼすおそれのある場合は、荷の落下を防止するための設備をもうけること。ただし、荷積み場所及び荷卸し場所については、この限りでないこと。

（2）振り分けローラー又ははね上げローラーは、その振り分け又ははね上げの際に、荷が当該ローラーの直前で停止する構造とすること。

2－6－2　使用

　振り分けローラー及びはね上げローラーには、使用後それらを使用前の状態にもどさなければならない旨を見やすい箇所に表示し、かつ、これを労働者に周知させること。

2－7　スクリューコンベヤ

2－7－1　設計及び製造

（1）横型スクリューコンベヤにあっては、スクリューを内蔵するトラフの上面は、荷の供給口及び排出口を除き、すべて覆うこと。

（2）荷の供給口及び排出口は、労働者がスクリューに接触するおそれのない構造とし、又は当該荷の供給口及び排出口に囲い等を設けること。

（3）スクリュー支持軸の中間軸受けの給油装置は、トラフの外側から給油することができる構造とすること。

（4）爆発の危険のある可燃性の粉じん等の運搬に用いるスクリューコンベヤは、爆発炉等を設けることにより安全な構造とすること。

2－7－2　設置

　スクリューを内蔵するトラフの上面の覆いであって、労働者がその上を横断することとなるものは、150kg 以上の荷重を支えることができるものとすること。

2－8　振動コンベヤ

2－8－1　設計及び製造

（1）振動コンベヤは、動応力を十分考慮して設計すること。特に支持部及びつり下げ部の設計に当たっては、当該振動コンベヤから発生する動荷重の影響を十分考慮すること。

（2）荷の供給箇所には、必要に応じ、荷をトラフの中央に載せるための装置を設けること。

（3）荷の供給箇所であって、荷が脱落するおそれのあるものには、荷の脱落を防止するための装置を設けること。

（4）密閉式の振動コンベヤには、点検口を設けること。

2－8－2　設置

（1）労働者に危険を及ぼすおそれのあるホッパー及びシュートの開口部には、覆い又は囲いを設けること。

（2）大型のホッパー及びシュートには、点検口を設けることが望ましいこと。

2－8－3　シャットルコンベヤ等

　振動コンベヤのシャットルコンベヤ等については、2－1－2によること。

2－9　水コンベヤ

2－9－1　設計及び製造

（1）荷を搬送するための配管には、運転中に配管内の圧力が、過度に上昇し、又は過度に低下することを防止するための装置を設けること。

（2）（1）の装置は、その作動に伴って排出される荷及び水により労働者に危険を及ぼすおそれのない構造とすること。

2－9－2　設置

（1）投入ホッパーから連続的に荷が投入される水コンベヤであって、オーバーフローした荷及び水を受ける装置を設けているものの排出口は、労働者に危険を及ぼすおそれのない位置に設けること。

（2）排水装置の排出口及び排出パルプには、原則として囲いを設けること。

2-9-3　使用

（1）制御装置及び調整装置は、常に有効な状態に保持すること。

（2）水コンベヤの運転中に保全作業を行う必要がある場合は、あらかじめ、保全作業を行なう労働者に対し危険な箇所を明確に周知させておくこと。

（3）排出バルブには、運転中に監督者の指示なく操作することを禁止する旨を見やすい箇所に表示し、かつ、その旨を労働者に周知させること。

（4）配管については、荷の特性に応じ、摩耗、き裂等の有無について点検すること。

2-10　バケットエレベーター

2-10-1　設計及び製造

（1）エレベーターブーツには、清掃用のとびらを設けること。また、当該とびらは、内部の清掃が容易であり、かつ、不用意に開放されないような配置及び構造とすること。

（2）有害な荷を運搬する場合は、バケットエレベーターのエレベーターケーシングは密閉構造とすること。また、必要がある場合はバケットエレベーターに収じん装置を設けること。

（3）荷の全積載量が300kg以下で、かつ、スプロケット又はプーリーの垂直軸心距離が5m以下である場合その他バケットの過走又は逆走のおそれがない場合は、1-2（2）の装置を設けないことができること。

2-10-2　設置

（1）開放型バケットエレベーターの可動部分のうち接触により労働者に危険を及ぼすおそれのある部分には、覆い又は囲いを設けること。また、開放型バケットエレベーターから荷が落下するおそれのある場所には、荷の落下による危険を防止するための設備を設けること。

（2）労働者に危険を及ぼすおそれのあるテークアップには、覆い又は囲いを設けること。この場合において、重り式テークアップにあっては、重りの直下に労働者が立ち入ることを防止するための覆い若しくは囲いを設け、又は重りの落下を防止するための装置を設けること。

2-10-3　使用

（1）バケットエレベーターへの荷の供給は、適当なフィーダー、シュート等により行うこと。

（2）テークアップ装置については、ブーツの底とバケットの最下停止位置との間隔が常に適正であるように定期的に調整すること。

（3）バケットエレベーターの保全作業を行う場合で、労働者がブーツ等に立ち入る必要があるときは、1-4（9）に定める事項のほか、監視者により当該作業を監視させること等の措置を講ずること。

3　雑則

コンベヤには、見やすい箇所に次の事項が表示されていること。

（1）製造者名

（2）製造年月

（3）最大積載荷重又は単位時間当たりの運搬量

（4）運搬速度

（5）最大けん引速度（モビルベルトコンベヤに限る。）

（6）重量（モビルベルトコンベヤに限る。）

（7）荷の種類

安全基準項目	災害事例	条文		頁
4. 車両系建設機械				
① 構　造		第 151 条の 175	・定義等	140
		第 152 条	・前照燈の設置	140
		第 153 条	・ヘッドガード	140
		第 154 条	・調査及び記録	141
② 車両系建設機械の使用に係る危険の防止	ブルドーザーが移動中、法肩から転落する	第 155 条	・作業計画	143
		第 156 条	・制限速度	144
		第 157 条	・転落等の防止等	144
		第 158 条	・接触の防止	144
		第 159 条	・合　図	145
	ユンボのバケットが作業員に激突する	第 160 条	・運転位置から離れる場合の措置	145
		第 161 条	・車両系建設機械の移送	146
		第 162 条	・とう乗の制限	146
		第 163 条	・使用の制限	146
		第 164 条	・主たる用途以外の使用の制限	147
		第 165 条	・修理等	148
		第 166 条	・ブーム等の降下による危険の防止	148
		第 166 条の 2	・アタッチメントの倒壊等による危険の防止	149
		第 166 条の 3	・アタッチメントの装着の制限	150
		第 166 条の 4	・アタッチメントの重量の表示等	150
③ 定期自主検査等		第 167 条〜第 171 条	・定期自主検査等	153
④ コンクリートポンプ車		第 171 条の 2	・輸送管等の脱落及び振れの防止	156
		第 171 条の 3	・作業指揮	156
⑤ 解体用機械		第 171 条の 4	・使用の禁止	157
		第 171 条の 6	・立入禁止等	157
5. くい打機、くい抜機等				
くい打機、くい抜機等の使用に係る危険の防止	くい打機が移動中に倒壊する	第 172 条	・強度等	159
		第 173 条	・倒壊防止	159
		第 174 条	・不適格なワイヤロープの使用禁止	160
		第 175 条	・巻上げ用ワイヤロープの安全係数	160
		第 176 条	・巻上げ用ワイヤロープ	160
		第 177 条	・矢板、ロッド等との連結	161
		第 178 条	・ブレーキ等の備付け	161
	作業員が場所打ちくいのオーガーに巻き込まれる	第 179 条	・ウインチの据付け	161
		第 180 条	・みぞ車の位置	161
		第 181 条	・みぞ車等の取付け	162
		第 183 条	・蒸気ホース等	162
		第 184 条	・乱巻時の措置	162
		第 185 条	・巻上げ装置停止時の措置	163
		第 186 条	・運転位置からの離脱の禁止	163
		第 187 条	・立入禁止	163
		第 188 条	・矢板、ロッド等のつり上げ時の措置	163
		第 189 条	・合　図	164
		第 190 条	・作業指揮	164

安衛則　安全基準

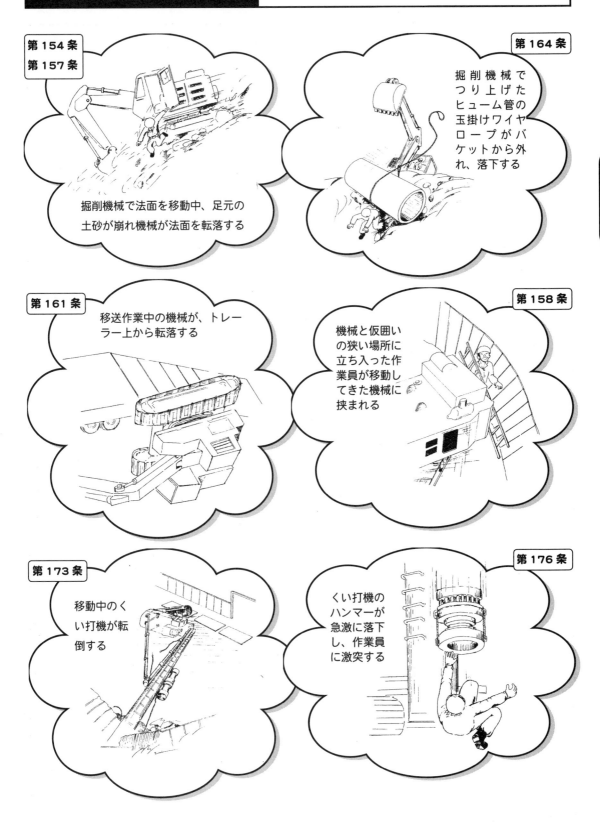

4．車両系建設機械

①　構　造

定義等	**第151条の175**　この節において解体用機械とは、令別表第7第六号に掲げる機械で、動力を用い、かつ、不特定の場所に自走できるものをいう。 2　令別表第7第六号2の厚生労働省令で定める機械は、次のとおりとする。 　一　鉄骨切断機 　二　コンクリート圧砕機 　三　解体用つかみ機 　本条は、第2章第1節において、令別表第7第六号に掲げる機械で、動力を用い、かつ、不特定の場所に自走できるものを「解体用機械」と定義するとともに、令別表第7第六号2のブレーカに類するものとして厚生労働省令で定める機械として、鉄骨切断機、コンクリート圧砕機及び解体用つかみ機を規定したものである。
前照燈の設置	**第152条**　事業者は、車両系建設機械には、前照燈を備えなければならない。ただし、作業を安全に行うため必要な照度が保持されている場所において使用する車両系建設機械については、この限りでない。 　本条は、夜間または地下で作業する照明設備を有しない機械による接触災害が多いことにかんがみ規定したものである。したがって、夜間又は地下で使用しない機械、十分な照明のもとで作業が行なわれる場所で使用する機械について適用を除外したものであること。なお、道路運送車両法の適用のある機械については、同法の規定による前照灯の設置があれば、本条の前照灯の設置があるものとして取り扱うこと。 （昭47.9.18　基発第601号の1）
ヘッドガード	**第153条**　事業者は、岩石の落下等により労働者に危険が生ずるおそれのある場所で車両系建設機械（ブル・ドーザー、トラクター・ショベル、ずり積機、パワー・ショベル及びドラグ・ショベル及び解体用機械に限る。）を使用するときは、当該車両系建設機械に堅固なヘッドガードを備えなければならない。 　本条は、過去における災害発生事例や作業場所における作業態様からみて一般的に岩石等の落下等により労働者（オペレーター）が被害を受けるおそれのある機種の車両系建設機械について、特にヘッドガードを設けることを義務付けたものである。 　「岩石の落下等により労働者に危険が生ずるおそれのある場所」とは、明り掘削の作業、採石のための掘削作業、ずい道等の建設の作業等を車両系建設機械を用いて行う場所であって、当該機械による作業が原因でその上方より岩石の落下等のおそれのある場所をいい、その上方においてコンクリートの打設を施す等、岩石の落下等の防止措置が確実に講じられている場所は含まない趣旨である。

「堅固なヘッドガード」の構造要件としては、車両系建設機械が使用されている場所の状況及び機種に応じて落下物等による危険を防止するものに十分な強度及び構造を有するものであることが望まれるものであるが、現実の問題としては、落下する岩石の種類、その大きさ、落下高さ等の種々の要件が重合し、条件の決定を著しく困難なものとしている。

したがって、過去におけるこの種の災害の発生状況、災害事例等を分析し、また、諸外国のヘッドガードの構造基準等をも参考としながら、ある一定の構造基準を作成すべきである。そのような観点から構造基準を検討すべく建設業労働災害防止協会において、有識者、ユーザー、メーカーの三者構成による「ヘッドガード構造基準作成委員会」を設け、審議した。

その結果を参考として「車両系建設機械用ヘッドガードの構造の基準について」（昭和 50 年 9 月 26 日付基発第 559 号）の通達が出されている。なお、岩石等の落下物の状況に応じ、労働者（オペレーター）を保護する構造（落下物保護構造）には、日本工業規格 A 8920 の 31 及び日本工業規格 A 8920 の 33 に定める規格に適合するものが含まれる。

岩石の落下等により当該物が労働者に激突するおそれがある場所で、鉄骨切断機等を使用するときは、堅固なヘッドガードを備えなければならないこととしたこと。

「岩石の落下等」の「等」には、鉄骨又はコンクリートの破片の落下や木造の工作物の倒壊が含まれること。また、本条のヘッドガードは、落下等のおそれのある物に対応したものとする必要があること。

（平 25.4.12　基発 0412 第 13 号）

調査及び記録

第 154 条　事業者は、車両系建設機械を用いて作業を行なうときは、当該車両系建設機械の転落、地山の崩壊等による労働者の危険を防止するため、あらかじめ、当該作業に係る場所について地形、地質の状態等を調査し、その結果を記録しておかなければならない。

〔本条の目的と合致している調査の利用等〕

当該場所において本条の目的と合致している内容で明り掘削作業、採石作業等について調査が行われている場合には、これらの調査結果をそのまま利用して差し支えないものであること。なお、明らかに崩壊、転落等の危険が認められない場合には、本条の趣旨からいって、調査の必要がないものであること。

（昭 47.9.18　基発第 601 号の 1）

ブルドーザー作業の危険の防止

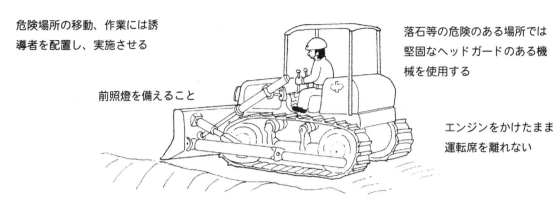

危険場所の移動、作業には誘導者を配置し、実施させる

前照燈を備えること

落石等の危険のある場所では堅固なヘッドガードのある機械を使用する

エンジンをかけたまま運転席を離れない

地山崩壊防止のため、作業前に地形、地質の状態を調査する

車両系建設機械の分類

1. 整地・運搬・積込用機械
- (1) ブルドーザー
- (2) モーター・グレーダー
- (3) トラクターショベル
- (4) ずり積機
- (5) スクレーパー
- (6) スクレープ・ドーザー

2. 掘削用機械
- (1) パワー・ショベル
- (2) ドラグ・ショベル
- (3) ドラグライン
- (4) クラムシェル
- (5) バケット掘削機
- (6) トレンチャー

3. 基礎工事用機械
- (1) くい打機
- (2) くい抜機
- (3) アース・ドリル
- (4) リバース・サーキュレーション・ドリル
- (5) せん孔機（チュービングマシンを有するものに限る）
- (6) アースオーガー
- (7) ペーパー・ドレーン・マシン

4. 締固め用機械
- (1) ローラー

5. コンクリート打設用機械
- (1) コンクリートポンプ車

6. 解体用機械
- (1) ブレーカ
- (2) 鉄骨切断機
- (3) コンクリート圧砕機
- (4) 解体用つかみ機

鉄骨切断機

コンクリート圧砕機

解体用つかみ機

② 車両系建設機械の使用に係る危険の防止

作業計画	第155条　事業者は、車両系建設機械を用いて作業を行なうときは、あらかじめ、前条の規定による調査により知り得たところに適応する作業計画を定め、かつ、当該作業計画により作業を行なわなければならない。 2　前項の作業計画は、次の事項が示されているものでなければならない。 　一　使用する車両系建設機械の種類及び能力 　二　車両系建設機械の運行経路 　三　車両系建設機械による作業の方法 3　事業者は、第1項の作業計画を定めたときは、前項第二号及び第三号の事項について関係労働者に周知させなければならない。

安衛則　安全基準

作業計画

元方事業者は関係請負人が作成する作業計画について適切な指導を行う

作業計画の作成
1. 使用する車両系建設機械の種類及び能力
2. 車両系建設機械の運行経路
3. 車両系建設機械による作業の方法

機械運転者の資格を確認する

作業計画は関係労働者に周知徹底する

誘導員を配置し正しい合図を実施させる

制限速度	**第156条** 事業者は、車両系建設機械（最高速度が毎時10キロメートル以下のものを除く。）を用いて作業を行なうときは、あらかじめ、当該作業に係る場所の地形、地質の状態等に応じた車両系建設機械の適正な制限速度を定め、それにより作業を行なわなければならない。 2 前項の車両系建設機械の運転者は、同項の制限速度をこえて車両系建設機械を運転してはならない。
転落等の防止等	**第157条** 事業者は、車両系建設機械を用いて作業を行うときは、車両系建設機械の転倒又は転落による労働者の危険を防止するため、当該車両系建設機械の運行経路について路肩の崩壊を防止すること、地盤の不同沈下を防止すること、必要な幅員を保持すること等必要な措置を講じなければならない。 2 事業者は、路肩、傾斜地等で車両系建設機械を用いて作業を行う場合において、当該車両系建設機械の転倒又は転落により労働者に危険が生ずるおそれのあるときは、誘導者を配置し、その者に当該車両系建設機械を誘導させなければならない。 3 前項の車両系建設機械の運転者は、同項の誘導者が行う誘導に従わなければならない。

> 1 第1項の「必要な幅員を保持する等」の「等」には、ガードレールの設置、標識の設定等が含まれること。
> 2 〔誘導者の配置の省略〕転倒、転落等のおそれのないようにガードレールの設置、標識の設定等が適切に行なわれている場合には、第2項の誘導者の配置を要しないものであること。
> （昭47.9.18　基発第601号の1）

第157条の2 事業者は、路肩、傾斜地等であって、車両系建設機械の転倒又は転落により運転者に危険が生ずるおそれのある場所においては、転倒時保護構造を有し、かつ、シートベルトを備えたもの以外の車両系建設機械を使用しないように努めるとともに、運転者にシートベルトを使用させるように努めなければならない。

> 　車両系建設機械が路肩の崩壊により転落したり、傾斜地で作業中バランスを崩して転倒等した際に、運転者が運転席から逃げようとして飛び降り、そこに機械が転倒して下敷きになる労働災害が発生しているが、転倒時保護構造を有し、かつ、シートベルトを備えた車両系建設機械の場合は、転倒しても運転室が押しつぶされることはなく、シートベルトを着用していれば身体が保持され、重篤な労働災害に至る可能性が低減する。
> 　このようなことから、事業者は、路肩、傾斜地等であって、車両系建設機械の転倒又は転落により運転者に危険が生ずるおそれのある場所においては、転倒時保護構造を有し、かつ、シートベルトを備えたもの以外の車両系建設機械を使用しないよう努めなければならないこととするとともに、運転者にシートベルトを使用させるように努めなければならないこととしたものである。

接触の防止	**第158条** 事業者は、車両系建設機械を用いて作業を行なうときは、運転中の車両系建設機械に接触することにより労働者に危険が生ずるおそれのある箇所に、労働者を立ち入らせてはならない。ただし、誘導者を配置し、その者に当該車両系建設機械を誘導させるときは、この限りでない。

2　前項の車両系建設機械の運転者は、同項ただし書の誘導者が行なう誘導に従わなければならない。

第1項の「危険が生ずるおそれのある箇所」には、機械の走行範囲のみならず、アーム、ブーム等の作業装置の可動範囲内の場所が含まれるものであること。
（昭47.9.18　基発第601号の1）

作業機械の危険防止

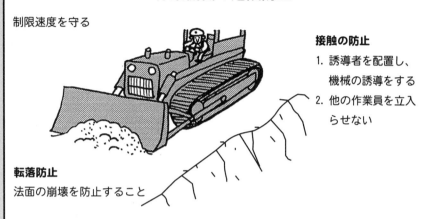

制限速度を守る

接触の防止
1. 誘導者を配置し、機械の誘導をする
2. 他の作業員を立入らせない

転落防止
法面の崩壊を防止すること

安衛則　安全基準

合　図

第159条　事業者は、車両系建設機械の運転について誘導者を置くときは、一定の合図を定め、誘導者に当該合図を行なわせなければならない。
2　前項の車両系建設機械の運転者は、同項の合図に従わなければならない。

運転位置から離れる場合の措置

第160条　事業者は、車両系建設機械の運転者が運転位置から離れるときは、当該運転者に次の措置を講じさせなければならない。
一　バケット、ジッパー等の作業装置を地上におろすこと。
二　原動機を止め、及び走行ブレーキをかける等の車両系建設機械の逸走を防止する措置を講ずること。

1　第1項第一号の「バケット、ジッパー等」の「等」には、ショベル、排土板等があること。
2　第1項第二号の「走行ブレーキをかける等」の「等」には、くさび、ストッパー等で止めることが含まれること。
（昭47.9.18　基発第601号の1）

2　前項の運転者は、車両系建設機械の運転位置から離れるときは、同項各号に掲げる措置を講じなければならない。

運転位置から離れる時の危険防止

バケット、ジッパー等
を地上におろす

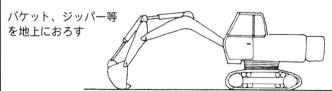

原動機を止め走行
ブレーキをかける

車両系建設機械の移送	第161条　事業者は、車両系建設機械を移送するため自走又はけん引により貨物自動車等に積卸しを行なう場合において、道板、盛土等を使用するときは、当該車両系建設機械の転倒、転落等による危険を防止するため、次に定めるところによらなければならない。 一　積卸しは、平たんで堅固な場所において行なうこと。 二　道板を使用するときは、十分な長さ、幅及び強度を有する道板を用い、適当なこう配で確実に取り付けること。 三　盛土、仮設台等を使用するときは、十分な幅、強度及びこう配を確保すること。

> 1　「貨物自動車等」の「等」には、トレーラーが含まれること。
> 2　第二号の「十分な」とは、積卸しを行なう車両系建設機械の重量および大きさに応じて決定されるべきものであること。また、「適当なこう配」とは、当該機械の登坂力等の性能を勘案し、安全な範囲のこう配をいうものであること。
> 3　第三号の盛土の強度については、盛土にくい丸太打ちを施し、かつ、十分につき固めるなどの措置を講ずることにより確保されるものであること。
> （昭 47.9.18　基発第 601 号の 1）

機械積卸し時の危険の防止

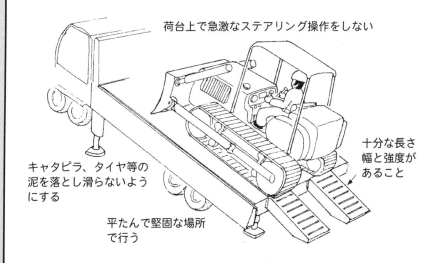

荷台上で急激なステアリング操作をしない

十分な長さ幅と強度があること

キャタピラ、タイヤ等の泥を落とし滑らないようにする

平たんで堅固な場所で行う

とう乗の制限	第162条　事業者は、車両系建設機械を用いて作業を行なうときは、乗車席以外の箇所に労働者を乗せてはならない。

> 「乗車席」とは、運転席、助手席その他乗車のための席をいうものであること。
> （昭 47.9.18　基発第 601 号の 1）

使用の制限	第163条　事業者は、車両系建設機械を用いて作業を行うときは、転倒及びブーム、アーム等の作業装置の破壊による労働者の危険を防止するため、当該車両系建設機械についてその構造上定められた安定度、最大使用荷重等を守らなければならない。

「その構造上定められた」とは、当面、メーカー等の仕様書等で示されたものをいい、車両系建設機械について規格等が定められた場合は、当該規格等で示されたものも含むこととなるものであること。

（昭47.9.18　基発第601号の1）

主たる用途以外の使用の制限

第164条　事業者は、車両系建設機械を、パワー・ショベルによる荷のつり上げ、クラムシェルによる労働者の昇降等当該車両系建設機械の主たる用途以外の用途に使用してはならない。

2　前項の規定は、次のいずれかに該当する場合には適用しない。

　一　荷のつり上げ作業を行う場合であって、次のいずれにも該当するとき。

　　イ　作業の性質上やむを得ないとき又は安全な作業の遂行上必要なとき。

　　ロ　アーム、バケット等の作業装置に次のいずれにも該当するフック、シャックル等の金具その他のつり上げ用の器具を取り付けて使用するとき。

　　（1）負荷させる荷重に応じた十分な強度を有するものであること。

　　（2）外れ止めの装置が使用されていること等により当該器具からつり上げた荷が落下するおそれのないものであること。

　　（3）作業装置から外れるおそれのないものであること。

　二　荷のつり上げの作業以外の作業を行う場合であって、労働者に危険を及ぼすおそれのないとき。

3　事業者は、前項第一号イ及びロに該当する荷のつり上げ作業を行う場合には、労働者とつり上げた荷との接触、つり上げた荷の落下又は車両系建設機械の転倒若しくは転落による労働者の危険を防止するため、次の措置を講じなければならない。

　一　荷のつり上げの作業について一定の合図を定めるとともに、合図を行う者を指名して、その者に合図を行わせること。

　二　平たんな場所で作業を行うこと。

　三　つり上げた荷との接触又はつり上げた荷の落下により労働者に危険が生ずるおそれのある箇所に労働者を立ち入らせないこと。

　四　当該車両系建設機械の構造及び材料に応じて定められた負荷させることができる最大の荷重を超える荷重を掛けて作業を行わないこと。

　五　ワイヤロープを玉掛用具として使用する場合にあっては、次のいずれにも該当するワイヤロープを使用すること。

　　イ　安全係数（クレーン則第213条第2項に規定する安全係数をいう。）の値が6以上のものであること。

　　ロ　ワイヤロープ1よりの間において素線（フィラ線を除く。）のうち切断しているものが10パーセント未満のものであること。

　　ハ　直径の減少が公称径の7パーセント以下のものであること。

　　ニ　キンクしていないものであること。

　　ホ　著しい形崩れ及び腐食がないものであること。

　六　つりチェーンを玉掛用具として使用する場合にあっては、次のいずれにも該当するつりチェーンを使用すること。

　　イ　安全係数（クレーン則第213条の2第2項に規定する安全係数をいう。）の値が、次の（1）又は（2）に掲げるつりチェーンの区分に応じ、当該（1）又は（2）に掲げる値以上のものであること

　　（1）次のいずれにも該当するチェーン　安全係数4以上

　　　（i）切断荷重の2分の1の荷重で引っ張った場合において、その伸びが0.5パーセント以下のものであること

　　　（ii）その引張強さの値が400ニュートン毎平方ミリメートル以上であり、かつ、その伸びが、次の表の上欄に掲げる引張強さの値に応じ、それぞれ同表の下欄に掲げる値以上となるものであること

引張強さ （単位　ニュートン毎平方ミリメートル）	伸び （単位　パーセント）
400 以上 630 未満	20
630 以上 1,000 未満	17
1,000 以上	15

（２）（１）に該当しないつりチェーン　5

　　　ロ　伸びが、当該つりチェーンが製造されたときの長さの5パーセント以下の
　　　　ものであること。

　　　ハ　リンクの断面の直径の減少が、当該つりチェーンが製造されたときの当該
　　　　リンクの断面の直径の 10 パーセント以下のものであること。

　　　ニ　き裂がないものであること。

　七　ワイヤロープ及びつりチェーン以外のものを玉掛用具として使用する場合に
　　あっては、著しい損傷及び腐食がないものを使用すること。

修理等

第 165 条　事業者は、車両系建設機械の修理又はアタッチメントの装着若しくは取
　り外しの作業を行うときは、当該作業を指揮する者を定め、その者に次の措置を
　講じさせなければならない。

　一　作業手順を決定し、作業を指揮すること。

　二　次条第 1 項に規定する安全支柱、安全ブロック等及び第 166 条の 2 第 1 項に
　　規定する架台の使用状況を監視すること。

　　本条は、複数以上の労働者が修理やアタッチメントの交換（装着又は取り外
し）等の作業を行う場合において、相互の意思の疎通、連絡等が十分に行われ
なかったことによる不意の起動、バケット、ジッパー等の作業装置の落下等に
よる災害を防止するために当該作業を指揮する者を定め、その者の指揮のもと
に安全で必要な措置を講じさせることを規定したものである。

　　第一号は、作業指揮者に、安全で、かつ適正な作業手順を決定させ、作業を
直接指揮させることを定めたものである。

　　第二号は、次条第 1 項（アーム等の降下による危険の防止）に規定されてい
る安全支柱、安全ブロック等及び第 166 条の 2 第 1 項に規定されている架台
の使用状況を監視させることを規定したものである。

　　なお、本条の作業指揮者は、作業主任者と異なり、その資格要件を定めていな
いものであるが、当該作業に熟知している者を充てるよう配慮する必要がある。

**ブーム等の降
下による危険
の防止**

第 166 条　事業者は、車両系建設機械のブーム、アーム等を上げ、その下で修理、
　点検等の作業を行うときは、ブーム、アーム等が不意に降下することによる労働
　者の危険を防止するため、当該作業に従事する労働者に安全支柱、安全ブロック
　等を使用させなければならない。

2　前項の作業に従事する労働者は、同項の安全支柱、安全ブロック等を使用しなけ
　ればならない。

本条の「安全支柱、安全ブロック等」は、アーム、ジブ等を確実に支えること
のできる構造及び強度を有するものであること。なお、「安全ブロック等」の「等」
には、架台等があること。

（昭 47.9.18　基発第 601 号の 1）

ブーム等の降下による危険の防止

安全支柱

10cm 角以上の堅木材
又はこれと同等以上の
強度を有するもの

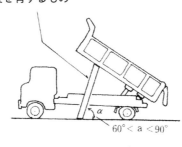

$60° < a < 90°$

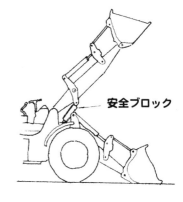

安全ブロック

安全ブロック

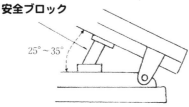

$25° \sim 35°$

アタッチメントの倒壊等による危険の防止

第166条の2　事業者は、車両系建設機械のアタッチメントの装着又は取り外しの作業を行うときは、アタッチメントが倒壊すること等による労働者の危険を防止するため、当該作業に従事する労働者に架台を使用させなければならない。

2　前項の作業に従事する労働者は、同項の架台を使用しなければならない。

　　最近の車両系建設機械による作業は、例えばドラグ・ショベルのバケットを解体用のつかみ具に交換して解体作業を行うなど、作業の種類に応じて様々なアタッチメントに交換して行われている。

　　しかしながら、アタッチメントを交換する作業中にアタッチメントが倒壊して労働者が下敷きになったり、アタッチメントがずれ動いたために手を挟まれる等の災害が発生していることから、車両系建設機械のアタッチメントの装着又は取り外し作業を行うときは、アタッチメントが倒壊すること等による労働者の危険を防止するため、当該作業に従事する労働者にアタッチメントを安定的に設置できる交換用の架台の使用を義務付けたものである。この架台は、鉄骨切断具やつかみ具など解体用のものだけでなく、倒壊等のおそれのある全てのアタッチメントについて、使用すべきものである。

　　なお、架台は専用のものに限らず敷角等アタッチメントの倒壊等を防止できるものであればよく、また、架台を使用しなくとも安定的に地面に置くことができる形状のアタッチメントで倒壊等による労働者の危険がない場合は、架台を使用する必要はないものである。

　　第2項は、当該作業に従事する労働者に、架台の使用を義務付けたものである。

アタッチメントの装着の制限	**第166条の3**　事業者は、車両系建設機械にその構造上定められた重量を超えるアタッチメントを装着してはならない。
	アタッチメントを交換できる車両系建設機械については、その構造上定められた装着できる最大のアタッチメントの重量を超えたものを取り付けた場合、作業中に当該車両系建設機械がバランスを崩し、転倒して労働者に危険を及ぼすおそれがある。また、ブーム、アーム等に過剰な負荷がかかり、損傷するおそれもある。 　このようなことから、事業者は、車両系建設機械のアタッチメントを取り付ける場合は、当該車両系建設機械の構造上取り付けることができる最大の重量を超えるアタッチメントを装着してはならないこととしたものである。
アタッチメントの重量の表示等	**第166条の4**　事業者は、車両系建設機械のアタッチメントを取り替えたときは、運転者の見やすい位置にアタッチメントの重量（バケット、ジッパー等を装着したときは、当該バケット、ジッパー等の容量又は最大積載重量を含む。以下この条において同じ。）を表示し、又は当該車両系建設機械に運転者がアタッチメントの重量を容易に確認できる書面を備え付けなければならない。
	車両系建設機械構造規格第15条第3項においては、改正により、取り替えることのできるアタッチメントを有する機械については、製品出荷時に、同規格第15条第1項各号に掲げる事項、第2項に規定する事項のほか、運転者の見やすい位置に当該アタッチメントの重量及び装着することができるアタッチメントの重量が表示等されているものでなければならないこととされたが、ユーザーがアタッチメントを交換する場合には、交換したアタッチメントの重量が本体とのバランスを崩さないような重量かどうか把握すること、装着した場合には当該アタッチメントの重量を表示等することが必要である。 　このことから、ユーザーにもメーカーの措置義務に対応した表示等を行わなければならないこととしたものである。

車両系建設機械による荷のつり上げ作業基準

玉掛け用ワイヤロープは一定の要件に該当するものを使用すること（安全係数6以上、素線の切断が10％未満、直径の減少が7％以下、キンク、形くずれ、腐食がないこと）

玉掛け用つりチェーンは一定の要件に該当するものを使用すること（安全係数原則5以上、伸びが製造時の長さの5％以下、リンクの断面の直径の減少が10％以下、き裂がないこと）

つり上げできる最大荷重を超えないこと

立入禁止区域の設定

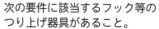

つり上げ作業をして良い場合
① 作業の性質上やむを得ない場合
② 安全な作業の遂行上必要な場合

次の要件に該当するフック等のつり上げ器具があること。
・十分な強度であること
・外れ止め装置があること
・作業装置から外れないこと

平坦な場所であること

合図者を決め一定の合図で行う

専用装置の取り付け基準

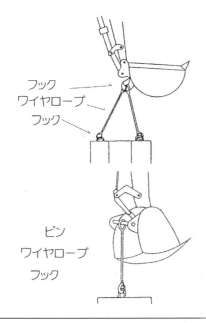

フック
ワイヤロープ
フック

ピン
ワイヤロープ
フック

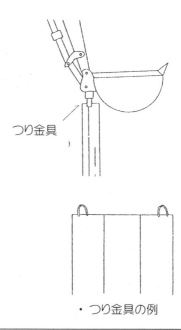

つり金具

・つり金具の例

① バケットとアームの取付部付近等の掘削作業時に、著しい損傷を受けるおそれがない位置に取付けられていること

② 作業中に専用装置の一部又はつり上げ部材が、当該専用装置から容易に外れない構造であること

③ 専用装置及び専用装置と掘削部の取付部（以下専用装置という）が当該掘削用機械について、その構造上有しているつり上げ能力、引き抜き能力等に応じて、十分な強度を有すること

「クレーン機能付きドラグ・ショベル」の必要要件について

〈各部の名称及び安全装置〉

　クレーン機能付きドラグ・ショベルは、下記に示すとおり、外観上、一般のドラグ・ショベルとは、「格納型のフック」、「クレーンモード時に点灯する回転灯」、「移動式クレーン仕様である旨の表示」などの点が異なることが特徴である（平 22. 3. 2　基安安発 0302 第 3 号）

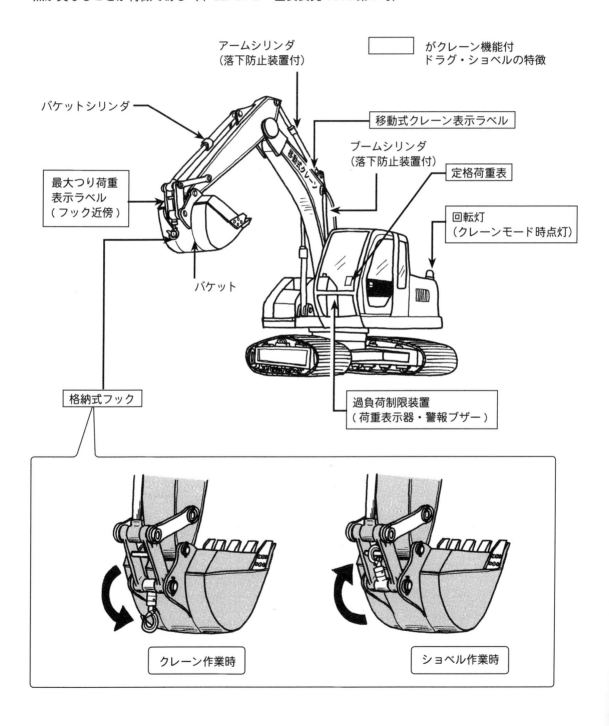

アームシリンダ
（落下防止装置付）

　　　　　がクレーン機能付
ドラグ・ショベルの特徴

バケットシリンダ

移動式クレーン表示ラベル

ブームシリンダ
（落下防止装置付）

最大つり荷重
表示ラベル
（フック近傍）

定格荷重表

回転灯
（クレーンモード時点灯）

バケット

格納式フック

過負荷制限装置
（荷重表示器・警報ブザー）

クレーン作業時

ショベル作業時

③ 定期自主検査等

定期自主検査	**第167条** 事業者は、車両系建設機械については、1年以内ごとに1回、定期に、次の事項について自主検査を行わなければならない。ただし、1年を超える期間使用しない車両系建設機械の当該使用しない期間においては、この限りでない。 一　圧縮圧力、弁すき間その他原動機の異常の有無 二　クラッチ、トランスミッション、プロペラシャフト、デファレンシャルその他動力伝達装置の異常の有無 三　起動輪、遊動輪、上下転輪、履帯、タイヤ、ホイールベアリングその他走行装置の異常の有無 四　かじ取り車輪の左右の回転角度、ナックル、ロッド、アームその他操縦装置の異常の有無 五　制動能力、ブレーキドラム、ブレーキシューその他ブレーキの異常の有無 六　ブレード、ブーム、リンク機構、バケット、ワイヤロープその他作業装置の異常の有無 七　油圧ポンプ、油圧モーター、シリンダー、安全弁その他油圧装置の異常の有無 八　電圧、電流その他電気系統の異常の有無 九　車体、操作装置、ヘッドガード、バックストッパー、昇降装置、ロック装置、警報装置、方向指示器、燈火装置及び計器の異常の有無 第167条、168条、170条関係 〔定期自主検査の省略〕 道路運送車両法の適用のある機械で、同法に定めるところにより車検、自主検査等を実施した部分については、定期自主検査を省略して差しつかえないこと。 （昭47.9.18　基発第601号の1） 2　事業者は、前項ただし書の車両系建設機械については、その使用を再び開始する際に、同項各号に掲げる事項について自主検査を行わなければならない。 車両系建設機械の定期自主検査指針（平27.11.6　自主検査指針公示第20号）
月例自主検査	**第168条** 事業者は、車両系建設機械については、1月以内ごとに1回、定期に、次の事項について自主検査を行わなければならない。ただし、1月を超える期間使用しない車両系建設機械の当該使用しない期間においては、この限りでない。 一　ブレーキ、クラッチ、操作装置及び作業装置の異常の有無 二　ワイヤロープ及びチェーンの損傷の有無 三　バケット、ジッパー等の損傷の有無 四　第171条の4の特定解体用機械にあっては、逆止め弁、警報装置等の異常の有無 2　事業者は、前項ただし書の車両系建設機械については、その使用を再び開始する際に、同項各号に掲げる事項について自主検査を行わなければならない。
定期自主検査の記録	**第169条** 事業者は、前2条の自主検査を行ったときは、次の事項を記録し、これを3年間保存しなければならない。 一　検査年月日 二　検査方法 三　検査箇所 四　検査の結果

	五　検査を実施した者の氏名
	六　検査の結果に基づいて補修等の措置を講じたときは、その内容
特定自主検査	**第169条の2**　車両系建設機械に係る特定自主検査は、第167条に規定する自主検査とする。
	2　第151条の24第2項の規定は、車両系建設機械のうち令別表第7第一号、第二号又は第六号に掲げるものに係る法第45条第2項の厚生労働省令で定める資格を有する労働者について準用する。この場合において、第151条の24第2項第一号イからハまでの規定中「フォークリフト」とあるのは「車両系建設機械のうち令別表第7第一号、第二号若しくは第六号に掲げるもの」と、同号二中「フォークリフト」とあるのは「車両系建設機械のうち令別表第7第一号、第二号又は第六号に掲げるもの」と読み替えるものとする。
	3　第151条の24第2項の規定は、車両系建設機械のうち令別表第7第三号に掲げるものに係る法第45条第2項の厚生労働省令で定める資格を有する労働者について準用する。この場合において、第151条の24第2項第一号中「フォークリフト」とあるのは、「車両系建設機械のうち令別表第7第三号に掲げるもの」と読み替えるものとする。
	4　第151条の24第2項の規定は、車両系建設機械のうち令別表第7第四号に掲げるものに係る法第45条第2項の厚生労働省令で定める資格を有する労働者について準用する。この場合において、第151条の24第2項第一号中「フォークリフト」とあるのは、「車両系建設機械のうち令別表第7第四号に掲げるもの」と読み替えるものとする。
	5　第151条の24第2項の規定は、車両系建設機械のうち令別表第7第五号に掲げるものに係る法第45条第2項の厚生労働省令で定める資格を有する労働者について準用する。この場合において、第151条の24第2項第一号中「フォークリフト」とあるのは、「車両系建設機械のうち令別表第7第五号に掲げるもの」と読み替えるものとする。
	6　事業者は、運行の用に供する車両系建設機械（道路運送車両法第48条第1項の適用を受けるものに限る。）について、同項の規定に基づいて点検を行った場合には、当該点検を行った部分については第167条の自主検査を行うことを要しない。
	7　車両系建設機械に係る特定自主検査を検査業者に実施させた場合における前条の規定の適用については、同条第五号中「検査を実施した者の氏名」とあるのは、「検査業者の名称」とする。
	8　事業者は、車両系建設機械に係る自主検査を行ったときは、当該車両系建設機械の見やすい箇所に、特定自主検査を行った年月日を明らかにすることができる検査標章をはり付けなければならない。

令別表第7

一　整地・運搬・積込み用機械

 1　ブル・ドーザー

 2　モーター・グレーダー

 3　トラクター・ショベル

 4　ずり積機

 5　スクレーパー

 6　スクレープ・ドーザー

 7　1から6までに掲げる機械に類するものとして厚生労働省令で定める機械

二　掘削用機械

	1　パワー・ショベル 2　ドラグ・ショベル 3　ドラグライン 4　クラムシェル 5　バケット掘削機 6　トレンチャー 7　1から6までに掲げる機械に類するものとして厚生労働省令で定める機械 三　基礎工事用機械 1　くい打機 2　くい抜機 3　アース・ドリル 4　リバース・サーキュレーション・ドリル 5　せん孔機（チュービングマシンを有するものに限る。） 6　アース・オーガー 7　ペーパー・ドレーン・マシン 8　1から7までに掲げる機械に類するものとして厚生労働省令で定める機械 四　締固め用機械 1　ローラー 2　1に掲げる機械に類するものとして厚生労働省令で定める機械 五　コンクリート打設用機械 1　コンクリートポンプ車 2　1に掲げる機械に類するものとして厚生労働省令で定める機械 六　解体用機械 1　ブレーカ 2　1に掲げる機械に類するものとして厚生労働省令で定める機械
作業開始前点検	**第170条**　事業者は、車両系建設機械を用いて作業を行なうときは、その日の作業を開始する前に、ブレーキ及びクラッチの機能について点検を行なわなければならない。
補修等	**第171条**　事業者は、第167条若しくは第168条の自主検査又は前条の点検を行なった場合において、異常を認めたときは、直ちに補修その他必要な措置を講じなければならない。 本条の「補修その他必要な措置」には、交換、改造等があること。 （昭47.9.18　基発第601号の1）

④ コンクリートポンプ車

輸送管等の脱落及び振れの防止等	**第171条の2** 事業者は、コンクリートポンプ車を用いて作業を行うときは、次の措置を講じなければならない。 一 輸送管を継手金具を用いて輸送管又はホースに確実に接続すること、輸送管を堅固な建設物に固定させること等当該輸送管及びホースの脱落及び振れを防止する措置を講ずること。 二 作業装置の操作を行う者とホースの端部を保持する者との間の連絡を確実にするため、電話、電鈴等の装置を設け、又は一定の合図を定め、それぞれ当該装置を使用する者を指名してその者に使用させ、又は当該合図を行う者を指名してその者に行わせること。 三 コンクリート等の吹出しにより労働者に危険が生ずるおそれのある箇所に労働者を立ち入らせないこと。 四 輸送管又はホースが閉そくした場合で、輸送管及びホース（以下この条及び次条において「輸送管等」という。）の接続部を切り離そうとするときは、あらかじめ、当該輸送管等の内部の圧力を減少させるため空気圧縮機のバルブ又はコックを開放すること等コンクリート等の吹出しを防止する措置を講ずること。 五 洗浄ボールを用いて輸送管等の内部を洗浄する作業を行うときは、洗浄ボールの飛出しによる労働者の危険を防止するための器具を当該輸送管等の先端部に取り付けること。 1 第一号の「輸送管を堅固な建設物に固定させること等」の「等」には、輸送管支持アングルを設けてＵボルト等の緊結金具を用いて固定すること、配管用足場を設置して番線、当て物等の固定器材を用いて固定すること、配管支持台を用いて水平管を振動しないように受けること等が含まれるものであること。 2 第三号の「コンクリート等の吹出し」とは、ホース先端からのコンクリート、骨材、水及び空気の吹出しをいうものであり、「労働者に危険が生ずるおそれのある箇所」とは、輸送管等の先端部の吹出口の前方をいうものであること。 3 第四号の「空気圧縮機のバルブ又はコックを開放すること等」の「等」には、ポンプを逆回転させ管内の圧力を下げること、ピンを管内に打ち込みコンクリート等の吹出しを防止すること等が含まれるものであること。 4 第五号の「洗浄ボールの飛出しによる労働者の危険を防止するための器具」には、ボール受け管が含まれるものであること。 （平2.9.26 基発第583号） コンクリートポンプ車の作業装置の操作台は、第162条の「乗車席」に含まれるものであること。 （平2.9.26 基発第583号）
作業指揮	**第171条の3** 事業者は、輸送管等の組立て又は解体を行うときは、作業の方法、手順等を定め、これらを労働者に周知させ、かつ、作業を指揮する者を指名して、その直接の指揮の下に作業を行わせなければならない。 「輸送管等の組立て又は解体」には、コンクリート打設作業開始前の組立て及びコンクリート打設作業終了後の解体のほか、打設場所の変更に伴う輸送管等の設置場所変更のための当該輸送管等の全部又は一部を組立て又は解体する作業が含まれるものであること。 （平2.9.26 基発第583号）

⑤ 解体用機械

使用の禁止	**第171条の4** 事業者は、路肩、傾斜地等であって、ブーム及びアームの長さの合計が12メートル以上である解体用機械（以下この条において「特定解体用機械」という。）の転倒又は転落により労働者に危険が生ずるおそれのある場所においては、特定解体用機械を用いて作業を行ってはならない。ただし、当該場所において、地形、地質の状態等に応じた当該危険を防止するための措置を講じたときは、この限りでない。 　解体用機械のうち、高い工作物を解体することを目的としたブーム及びアームの長さの合計が12メートル以上となる解体用機械は、一般的に安定性が低く、転倒し、又は転落した場合は作業現場の外にまで危険を及ぼすおそれがあるなど危険性が高いことから、転倒又は転落により労働者に危険が生ずるおそれがある場所での使用を禁止したものである。 **第171条の5** 事業者は、物体の飛来等により運転者に危険が生ずるおそれのあるときは、運転室を有しない解体用機械を用いて作業を行ってはならない。ただし、物体の飛来等の状況に応じた当該危険を防止するための措置を講じたときは、この限りでない。 　鉄骨切断機、コンクリート圧砕機及び解体用つかみ機は対象物の破壊・切断等の際に、解体物やその破片が運転室に飛来するおそれがあることから、改正された車両系建設機械構造規格では、運転室の前面に使用するガラスは安全ガラスでなければならないこととし、そのうち鉄骨切断機やコンクリート圧砕機については、安全ガラスに加えて物体の飛来による危険を防止するための鉄格子等を設けるよう規定したところである。 　一方、近年普及してきている、運転室を有しておらず、運転席の前に前面ガラスを有していない小型の解体機械についても、運転席に解体物が飛来し、労働災害が発生しているため、物体の飛来等により運転者に危険が生ずるおそれのあるときは、物体の飛来等の状況に応じた当該危険を防止するための措置を講じたときを除き、当該場所で運転室を有しない解体用機械を用いて作業を行うことを禁止したものである。 　改正により新設された労働安全衛生規則第171条の5のただし書の「物体の飛来等の状況に応じた当該危険を防止するための措置」の例として、平成25.4.12基発0412第13号の第2の2の（4）のイの③において次の（ア）から（ウ）までの事項が示されているが、できるだけ（ア）又は（イ）の措置を採ること。 　（ア）アタッチメント自体に物体の飛来を防止する覆いを取り付けること。 　（イ）予想される物体の飛来又は激突の強さに応じた強度を有する防護設備を設けること。 　（ウ）物体の飛来の強さが十分弱い場合に、顔面の保護面を有する保護帽及び身体を保護できる衣服を使用させること。 　なお、物体の飛来等の状況に応じ、運転者を保護する「（イ）の保護設備」には、日本工業規格A 8922の32に定める規格に適合するものが含まれる。
立入禁止等	**第171条の6** 事業者は、解体用機械を用いて作業を行うときは、次の措置（令第6条第十五号の2、十五号の3及び第十五号の5の作業にあっては、第二号の措置を除く。）を講じなければならない。

一　物体の飛来等により労働者に危険が生ずるおそれのある箇所に運転者以外の労働者を立ち入らせないこと。
二　強風、大雨、大雪等の悪天候のため、作業の実施について危険が予想されるときは、当該作業を中止すること。

　　本条の改正前の規定は、ブレーカを対象に、工作物の解体等の作業を行うときには、作業区域内への関係労働者以外の労働者の立入禁止や強風等の悪天候時の作業中止を第171条の４として規定していたが、鉄骨切断機により切断した物が落下したり、解体用つかみ機によりつかんだ物が破砕して飛来したり、ブレーカにより破砕した物が飛来したこと等により、これらの物に当たって被災する災害が発生していることから、鉄骨切断機やコンクリート圧砕機により切断・圧砕した物、ブレーカにより破砕した物、解体用つかみ機によりつかんだ物が破砕して飛来し、労働者に危険が生ずるおそれのある箇所には、たとえ関係労働者であってもその立入りを禁止したものである。
　　なお、安衛則第517条の３に規定される令第６条第十五号の２の作業（建築物等の鉄骨の組立て等の作業）を行うときの措置、安衛則第517条の７に規定される令第６条第十五号の３の作業（鋼橋架設等の作業）を行うときの措置、安衛則第517条の15に規定される令第６条第十五号の５の作業（コンクリート造の工作物の解体等の作業）を行うときの措置には、強風等の悪天候時の作業中止が規定されていることから、重複を避けるため、かっこ書きでそれらの作業の場合については本条第二号の措置の適用を除外している。

5. くい打機、くい抜機等

くい打機、くい抜機等の使用に係る危険の防止

強度等	第172条　事業者は、動力を用いるくい打機及びくい抜機（不特定の場所に自走できるものを除く。）並びにボーリングマシンの機体、附属装置及び附属品については、次の要件に該当するものでなければ、使用してはならない。 一　使用の目的に適応した必要な強度を有すること 二　著しい損傷、摩耗、変形又は腐食のないものであること 　1　移動起重機、ジンポール、二又、三又等通常は、物揚げ装置として使用されるものであっても、くい打ち又はくい抜きの作業にこれらを用いる場合には、「くい打機」又は「くい抜機」は含まれるものであること。 　2　同一の構造の装置で附属品を変えることにより、くい打機としても、くい抜機としても使用できるものについては、実際の使用状況によって適用を決定すること。 　3　機体とは、やぐら、二本構、二又、鳥居、くい打ちアタッチメント等をいうものであること。 　4　附属装置とは、ハンマ、ウインチ、ボイラ、空気圧縮等をいうものであること。 　5　附属品とは、落錘、巻上用鋼索、みぞ車、滑車装置、控、取付金具、台付索等をいうものであること。 （昭34.2.18　基発第101号） 本条の適用を自走式のものについて除外したのは、自走式については、車両系建設機械として、別に構造規格で示されるためであること。 （昭47.9.18　基発第601号の1）
倒壊防止	第173条　事業者は、動力を用いるくい打機（以下「くい打機」という。）、動力を用いるくい抜機（以下「くい抜機」という。）又はボーリングマシンについては、倒壊を防止するため、次の措置を講じなければならない。 一　軟弱な地盤に据え付けるときは、脚部又は架台の沈下を防止するため、敷板、敷角等を使用すること 二　施設、仮設物等に据え付けるときは、その耐力を確認し、耐力が不足しているときは、これを補強すること 三　脚部又は架台が滑動するおそれのあるときは、くい、くさび等を用いてこれを固定させること 四　軌道又はころで移動するくい打機、くい抜機又はボーリングマシンにあっては、不意に移動することを防止するため、レールクランプ、歯止め等でこれを固定させること 五　控え（控線を含む。以下この節において同じ。）のみで頂部を安定させるときは、控えは、3以上とし、その末端は、堅固な控えぐい、鉄骨等に固定させること 六　控線のみで頂部を安定させるときは、控線を等間隔に配置し、控線の数を増す等の方法により、いずれの方向に対しても安定させること。 七　バランスウェイトを用いて安定させるときは、バランスウェイトの移動を防止するため、これを架台に確実に取り付けること 　1　第二号の「施設、仮設物等」とは、さん橋、ステージング等をいうものであること。 　2　第五号の「控」とは、圧縮力で支持する剛体の控材及び引張力で支持する控線をいうものであること。

3　第六号の「等間隔」は、厳密に等間隔でなくても差し支えない趣旨である
　　こと。なお、控線の数を増した場合においても、なるべく等間隔に配置するよ
　　う指導すること。
　4　第七号の「移動」とは、機体上での位置の移動及び機体からの転落をいう
　　ものであること。
（昭 34.2.18　基発第 101 号）

くい打機、くい抜き機等の倒壊防止

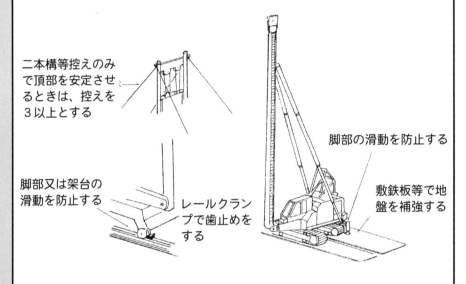

二本構等控えのみ
で頂部を安定させ
るときは、控えを
3 以上とする

脚部又は架台の
滑動を防止する

レールクラン
プで歯止めを
する

脚部の滑動を防止する

敷鉄板等で地
盤を補強する

不適格なワイヤロープの使用禁止

第 174 条　事業者は、くい打機、くい抜機又はボーリングマシンの巻上げ用ワイヤ
　　ロープについては、次の各号のいずれかに該当するものを使用してはならない。
　一　継目のあるもの
　二　ワイヤロープ 1 よりの間において素線（フィラ線を除く。以下本号において
　　　同じ。）の数の 10 パーセント以上の素線が切断しているもの
　三　直径の減少が公称径の 7 パーセントをこえるもの
　四　キンクしたもの
　五　著しい形くずれ又は腐食があるもの

巻上げ用ワイヤロープの安全係数

第 175 条　事業者は、くい打機又はくい抜機の巻上げ用ワイヤロープの安全係数に
　　ついては、6 以上としなければならない。
2　前項の安全係数は、ワイヤロープの切断荷重の値を当該ワイヤロープにかかる荷
　　重の最大の値で除した値とする。

> 　1　安全係数の計算は、静荷重のみによるものとし、動荷重及びみぞ車等にお
> 　　ける曲げの影響を考慮しないものとすること。
> 　2　くい抜機のうちウインチのけん引力で矢板等を抜く型式のものの安全係数
> 　　は、原動機の公称出力（電動機の場合には定格出力）、ウインチの構造及び
> 　　動力伝導装置から算出されるけん引力を基礎として計算すること。
> （昭 34.2.18　基発第 101 号）

巻上げ用ワイヤロープ

第 176 条　事業者は、くい打機、くい抜機又はボーリングマシンの巻上げ用ワイヤ
　　ロープについては、次の措置を講じなければならない。

一　巻上げ用ワイヤロープは、落錘又はハンマーが最低の位置にある場合、矢板等の抜き始めの場合、ロッド等のつり具が最低の位置にある場合等において、巻上げ装置の巻胴に少なくとも２巻を残すことができる長さのものであること。

二　巻上げ用ワイヤロープは、巻上げ装置の巻胴にクランプ、クリップ等を用いて、確実に取り付けること。

三　くい打機の巻上げ用ワイヤロープと落錘、ハンマー等との取付け又はボーリングマシンの巻上げ用ワイヤロープと滑車装置、ホイスティングスイベル等との取付けは、クリップ、クランプ等を用いて確実にすること。

1　巻上げ用ワイヤロープには、くいのつり込み用等のものを含む趣旨であること。

2　ハンマとは、蒸気ハンマ、空気ハンマ又はディーゼルハンマをいうものであること。

（昭 34.2.18　基発第 101 号）

第二号の巻上げ装置は、ウインチその他の巻上げ機を含む趣旨であること（以下本節において同じ。）

（昭 47.9.18　基発第 601 号の 1）

1　第一号の「ロッド等」の「等」には、ウォータースイベル、ビット等が含まれるものであること。

2　第三号の「ホイスティングスイベル等」の「等」には、ホイスティングウォータースイベルが含まれるものであること。

（平 2.9.26　基発第 583 号）

矢板、ロッド等との連結

第177条　事業者は、くい打機又はボーリングマシンの巻上げ用ワイヤロープ、滑車装置等については十分な強度を有するシャックル、つかみ金具、ホイスティングスイベル等を用いて、くい、矢板、ロッド等と確実に連結しておかなければならない。

ブレーキ等の備付け

第178条　事業者は、くい打機、くい抜機又はボーリングマシンに使用するウインチについては、歯止め装置又は止め金付きブレーキを備え付けなければならない。ただし、バンドブレーキ等のブレーキを備えるボーリングマシンに使用するウインチについては、この限りでない。

ウインチの据付け

第179条　事業者は、くい打機、くい抜機又はボーリングマシンのウインチについては、浮き上がり、ずれ、振れ等が起らないように据え付けなければならない。

みぞ車の位置

第180条　事業者は、くい打機、くい抜機又はボーリングマシンの巻上げ装置の巻胴の軸と巻上げ装置から第 1 番目のみぞ車の軸との間の距離については、巻上げ装置の巻胴の幅の 15 倍以上としなければならない。

2　前項のみぞ車は、巻上げ装置の巻胴の中心を通り、かつ、軸に垂直な面上になければならない。

3　前 2 項の規定は、次の各号のいずれかに該当するときは、適用しない。

一　くい打機、くい抜機又はボーリングマシンの構造上、巻上げ用ワイヤロープが乱巻となるおそれのないとき。

二　ずい道等の著しく狭あいな場所でボーリングマシンを使用して作業を行う場合で、巻上げ用ワイヤロープの切断による危険が生ずるおそれのある区域への労働者の立入りを禁止したとき。

〔本条の趣旨〕

第 110 条の 12〔現行＝第 180 条〕は運転中乱巻となることを防止する規定であるが、無負荷で巻くときは乱巻となることがあるので、本条は、このような場合にそのまま荷重をかけることを禁止したものであること。

（昭 34.2.18　基発第 101 号）

1　巻胴の幅とは、巻胴のフランジの内側間の距離をいうものであること。

2　第 3 項の「構造上、巻上用鋼索が乱巻となるおそれのない場合」とは、次に掲げる場合をいうものであること。

　（1）ウインチの巻胴から第 1 番目のみぞ車が巻胴の軸に平行な軸上を自由に移勘できるもので、ウインチの巻胴の中心から第 2 番目のみぞ車の中心までの巻上用鋼索に沿って測った距離が、巻胴の幅の 15 倍以上で、かつ、ウインチの巻胴から第 2 番目のみぞ車が第 2 項の条件を満足する場合

　（2）ウインチの巻胴の軸に垂直な面と巻上用鋼索とのなす角の最大のときにおいて、その角の正接（タンゼント）が 30 分の 1 をこえない場合

3　巻上げ装置の巻胴から第 1 番目のみぞ車がその台付点を支点として弧動する場合において、巻上げ装置の巻胴の中心から第 2 番目のみぞ車の中心までの巻上げ用ワイヤロープに沿って測った距離が巻上げ胴幅の 15 倍以上であり、巻上げ装置の巻胴から第 2 番目のみぞ車が第 2 項の条件を満足するときで、かつ、巻上げ装置の巻胴から第 1 番目のみぞ車の弧動が巻上げ用ワイヤロープの運動を妨げないときは、「構造上、巻上げ用ワイヤロープが乱巻となるおそれのない場合」として取り扱うこと。

（昭 34.2.18　基発第 101 号）

第 3 項第二号の「危険が生ずるおそれのある区域」の「区域」とは、ロッド等が落下した場合の飛来による危険のある区域をいうものであること。

（平 2.9.26　基発第 583 号）

みぞ車等の取付け	**第 181 条**　事業者は、くい打機、くい抜機又はボーリングマシンのみぞ車又は滑車装置については、取付部が受ける荷重によって破壊するおそれのない取付金具、シャックル、ワイヤロープ等で、確実に取り付けておかなければならない。
	第 182 条　事業者は、やぐら、2 本構等とウインチが一体となっていないくい打機、くい抜機又はボーリングマシンのみぞ車については、巻上げ用ワイヤロープの水平分力がやぐら、2 本構等に作用しないように配置しなければならない。ただし、やぐら、2 本構等について、脚部にやらずを設け、脚部をワイヤロープで支持する等の措置を講ずるときは、当該脚部にみぞ車を取り付けることができる。
蒸気ホース等	**第 183 条**　事業者は、蒸気又は圧縮空気を動力源とするくい打機又はくい抜機を使用するときは、次の措置を講じなければならない。 一　ハンマーの運動により、蒸気ホース又は空気ホースとハンマーとの接続部が破損し、又ははずれるのを防止するため、当該接続部以外の箇所で蒸気ホース又は空気ホースをハンマーに固着すること。 二　蒸気又は空気をしゃ断するための装置をハンマーの運転者が容易に操作することができる位置に設けること。
乱巻時の措置	**第 184 条**　事業者は、くい打機、くい抜機又はボーリングマシンの巻上げ装置の巻胴に巻上げ用ワイヤロープが乱巻となっているときは、巻上げ用ワイヤロープに荷重をかけさせてはならない。

巻上げ装置停止時の措置	**第185条**　事業者は、くい打機、くい抜機又はボーリングマシンの巻上げ装置に荷重をかけたままで巻上げ装置を停止しておくときは、歯止め装置により歯止めを行い、止め金付きブレーキを用いて制動しておく等確実に停止しておかなければならない。
運転位置からの離脱の禁止	**第186条**　事業者は、くい打機、くい抜機又はボーリングマシンの運転者を巻上げ装置に荷重をかけたまま運転位置から離れさせてはならない。 2　前項の運転者は、巻上げ装置に荷重をかけたままで運転位置を離れてはならない。
立入禁止	**第187条**　事業者は、くい打機、くい抜機若しくはボーリングマシンのみぞ車若しくは滑車装置又はこれらの取付部の破損によって、ワイヤロープがはね、又はみぞ車、滑車装置等が飛来する危険を防止するため、運転中のくい打機、くい抜機又はボーリングマシンの巻上げ用ワイヤロープの屈曲部の内側に労働者を立ち入らせてはならない。

> 1　運転中とは、くい打ちのための打撃中及びくい抜きのための矢板けん引中等の意であり、くいの調整のためウインチを一時停止した場合、ハンマーへの動力をしゃ断した場合、矢板のけん引を一時停止した場合等は含まない趣旨であること。
> 2　屈曲部の内側は、鋼索の飛来が予想される範囲に限り、必要以上にその範囲を拡大しないこと。
> （昭34.2.18　基発第101号）

矢板、ロッド等のつり上げ時の措置	**第188条**　事業者は、くい打機又はボーリングマシンで、くい、矢板、ロッド等をつり上げるときは、その玉掛部が巻上げ用みぞ車又は滑車装置の直下になるようにつり上げさせなければならない。くい打機にジンポール等の物上げ装置を取り付けて、くい、矢板等をつり上げる場合においても、同様とする。

> 本条は、ボーリング孔からロッドを引き抜く場合については適用されないものであること。
> （平2.9.26　基発第583号）

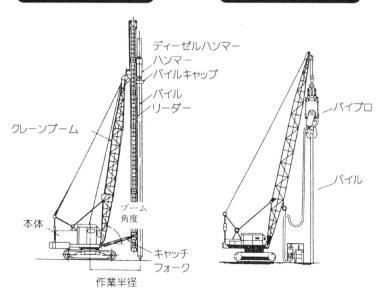

けんすい式くい打機　　バイブロ・ハンマー

ディーゼルハンマー
ハンマー
パイルキャップ
パイル
リーダー
クレーンブーム
バイブロ
パイル
本体
ブーム角度
キャッチフォーク
作業半径

合　図	**第189条**　事業者は、くい打機、くい抜機又はボーリングマシンの運転について、一定の合図及び合図を行う者を定め、運転に当たっては、当該合図を使用させなければならない。 2　くい打機、くい抜機又はボーリングマシンの運転者は、前項の合図に従わなければならない。 ┌──────────────────────────────┐ 運転には、移動を含む趣旨であること。 （昭34.2.18　基発第101号） └──────────────────────────────┘
作業指揮	**第190条**　事業者は、くい打機、くい抜機又はボーリングマシンの組立て、解体、変更又は移動を行うときは、作業の方法、手順等を定め、これらを労働者に周知させ、かつ、作業を指揮する者を指名して、その直接の指揮の下に作業を行わせなければならない。
くい打機等の移動	**第191条**　事業者は、控えで支持するくい打機又はくい抜機の2本構、支柱等を建てたままで、動力によるウインチその他の機械を用いて、これらの脚部を移動させるときは、脚部の引過ぎによる倒壊を防止するため、反対側からテンションブロック、ウインチ等で、確実に制動しながら行なわせなければならない。

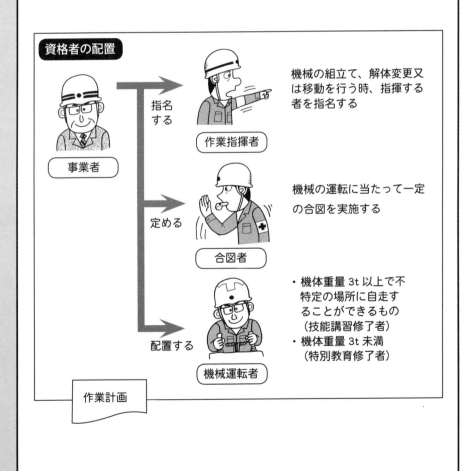

点　検	第192条　事業者は、くい打機、くい抜機又はボーリングマシンを組み立てたときは、次の事項について点検し、異常がないことを確認してからでなければ、これを使用させてはならない。 一　機体の緊結部のゆるみ及び損傷の有無 二　巻上げ用ワイヤロープ、みぞ車及び滑車装置の取付状態 三　巻上げ装置のブレーキ及び歯止め装置の機能 四　ウインチの据付状態 五　控えで頂部を安定させるくい打機又はくい抜機にあっては、控えのとり方及び固定の状態

機械組立時の点検

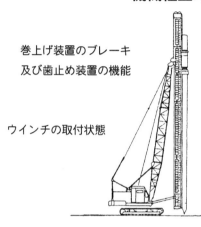

巻上げ装置のブレーキ
及び歯止め装置の機能

巻上げ用ワイヤロープ、みぞ車及び
滑車装置の取付状態

ウインチの取付状態

くいの控えのとり方、固定の状況

機体の緊結部のゆるみ、損傷の状況

控線をゆるめる場合の措置	第193条　事業者は、くい打機又はくい抜機の控線（仮控線を含む。以下この条において同じ。）をゆるめるときは、テンションブロック又はウインチを用いる等適当な方法により、控線をゆるめる労働者に、その者が容易に支持することができる限度をこえる荷重がかからないようにさせなければならない。

> 本条は、鉄筋に控線を巻き、これを支持するような危険な作業行動を禁止したものであるが、控線に相応する適当な太さのくいに控線を5回程度巻き、控線が円滑に移動し、かつ、労働者に過大な荷重がかからないようにしたものまで禁止する趣旨ではないこと。
> （昭34.2.18　基発第101号）

ガス導管等の損壊の防止	第194条　事業者は、くい打機又はボーリングマシンを使用して作業を行なう場合において、ガス導管、地中電線路その他地下に存する工作物（以下この条において「ガス導管等」という。）の損壊により労働者に危険を及ぼすおそれのあるときは、あらかじめ、作業箇所について、ガス導管等の有無及び状態を当該ガス導管等を管理する者に確かめる等の方法により調査し、これらの事項について知り得たところに適応する措置を講じなければならない。

> 1　「その他地下に存する工作物」とは、ガス導管以外のガス管、危険物を内部に有する管又は槽、水道管等であって地下に存するものをいうこと。
> 2　「当該ガス導管等を管理する者に確かめる等」の「等」には、当該ガス導管等の配置図により調べること、試し掘りを行うこと等があること。
> （昭46.4.15　基発第309号）

安衛則　安全基準

165

ロッドの取り付け時等の措置	**第194条の2**　事業者は、ボーリングマシンのロッド、ビッド等を取り付け又は取り外すときは、クラッチレバーをストッパーで固定する等によりロッド等を回転させる動力を確実に遮断しなければならない。 2　事業者は、ボーリングマシンのロッドを取り外すとき及びビッド等を取り付け又は取り外すときは、ロッドをロッドホルダー等により確実に保持しなければならない。 第1項の規定は、人手を介してロッドの着脱作業を行う場合について規定したものであり、スピンドルの回転力を使い、自動的にロッドのネジを締め、又は解く場合には、適用されないものであること。 また、第2項の「ロッドホルダー等」の「等」には、チャックが含まれるものであること。 （平2.9.26　基発第583号）
ウォータースイベル用ホースの固定等	**第194条の3**　事業者は、ボーリングマシンのウォータースイベルに接続するホースについては、当該ホースがロッド等の回転部分に巻き込まれることによる労働者の危険を防止するため、当該ホースをやぐらに固定する等の措置を講じなければならない。 「当該ホースをやぐらに固定する」とは、ロッド等の給進又は後退に支障のない程度に、ホースの長さに余裕をもたせて固定することをいうものであること。 また、「当該ホースをやぐらに固定する等」の「等」には、回り止めバーの取り付けが含まれるものであること。 （平2.9.26　基発第583号）

6. 高所作業車

① 高所作業車の使用に係る危険の防止

前照燈及び尾燈	第194条の8　事業者は、高所作業車（運行の用に供するものを除く。以下この条において同じ。）については、前照燈及び尾燈を備えなければならない。ただし、走行の作業を安全に行うため必要な照度が保持されている場所において使用する高所作業車については、この限りではない。
作業計画	第194条の9　事業者は、高所作業車を用いて作業（道路上の走行の作業を除く。以下第194条の11までにおいて同じ。）を行うときは、あらかじめ、当該作業に係る場所の状況、当該高所作業車の種類及び能力等に適応する作業計画を定め、かつ、当該作業計画により作業を行わなければならない。 2　前項の作業計画は、当該高所作業車による作業の方法が示されているものでなければならない。 3　事業者は、第1項の作業計画を定めたときは、前項の規定により示される事項について関係労働者に周知させなければならない。 停電復旧工事等の緊急時における作業については、あらかじめ定めた標準作業手順に基づき事前に訓練を行っている場合には、この標準作業手順を当該作業計画とすることで差し支えないこと。 （平2.9.26　基発第583号）
作業指揮者	第194条の10　事業者は、高所作業車を用いて作業を行うときは、当該作業の指揮者を定め、その者に前条第1項の作業計画に基づき作業の指揮を行わせなければならない。
転落等の防止	第194条の11　事業者は、高所作業車を用いて作業を行うときは、高所作業車の転倒又は転落による労働者の危険を防止するため、アウトリガーを張り出すこと、地盤の不同沈下を防止すること、路肩の崩壊を防止すること等必要な措置を講じなければならない。
合　図	第194条の12　事業者は、高所作業車を用いて作業を行う場合で、作業床以外の箇所で作業床を操作するときは、作業床上の労働者と作業床以外の箇所で作業床を操作する者との間の連絡を確実にするため、一定の合図を定め、当該合図を行う者を指名してその者に行わせる等必要な措置を講じなければならない。

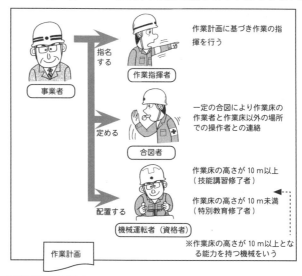

運転位置から離れる場合の措置	第194条の13　事業者は、高所作業車の運転者が走行のための運転位置から離れるとき（作業床に労働者が乗って作業を行い、又は作業を行おうとしている場合を除く。）は、当該運転者に次の措置を講じさせなければならない。 　一　作業床を最低降下位置に置くこと。 　二　原動機を止め、かつ、停止の状態を保持するためのブレーキを確実にかける等の高所作業車の逸走を防止する措置を講ずること。 2　前項の運転者は、高所作業車の走行のための運転位置から離れるときは、同項各号に掲げる措置を講じなければならない。 3　事業者は、高所作業車の作業床に労働者が乗って作業を行い、又は行おうとしている場合であって、運転者が走行のための運転位置から離れるときは、当該高所作業車の停止の状態を保持するためのブレーキを確実にかける等の措置を講じさせなければならない。 4　前項の運転者は、高所作業車の走行のための運転位置から離れるときは、同項の措置を講じなければならない。 　1　第1号の「作業床を最低降下位置に置く」とは、ブーム式にあっては通常の走行姿勢時のブームを格納した状態にすることをいうものであること。 　2　「ブレーキを確実にかける等」の「等」には、タイヤに輪止めを行うことが含まれること。 （平2.9.26　基発第583号） **傾斜地の車両配置**  作業床を最低下降位置に置く 駐車ブレーキを確実にかける 各タイヤに輪止めをする
高所作業車の移送	第194条の14　事業者は、高所作業車を移送するため自走又はけん引により貨物自動車に積卸しを行う場合において、道板、盛土等を使用するときは、当該高所作業車の転倒、転落等による危険を防止するため、次に定めるところによらなければならない。 　一　積卸しは、平坦で堅固な場所において行うこと。 　二　道板を使用するときは、十分な長さ、幅及び強度を有する道板を用い、適当なこう配で確実に取り付けること。 　三　盛土、仮設台等を使用するときは、十分な幅及び強度並びに適当なこう配を確保すること。
搭乗の制限	第194条の15　事業者は、高所作業車を用いて作業を行うときは、乗車席及び作業床以外の箇所に労働者を乗せてはならない。
使用の制限	第194条の16　事業者は、高所作業車については、積載荷重（高所作業車の構造及び材料に応じて、作業床に人又は荷を乗せて上昇させることができる最大の荷重をいう。）その他の能力を超えて使用してはならない。

主たる用途以外の使用の制限	**第194条の17**　事業者は、高所作業車を荷のつり上げ等当該高所作業車の主たる用途以外の用途に使用してはならない。ただし、労働者に危険を及ばすおそれのないときは、この限りでない。
修 理 等	**第194条の18**　事業者は、高所作業車の修理又は作業床の装着若しくは取り外しの作業を行うときは、当該作業を指揮する者を定め、その者に次の事項を行わせなければならない。 一　作業手順を決定し、作業を直接指揮すること。 二　次条第1項に規定する安全支柱、安全ブロック等の使用状況を監視すること。

高所作業車での作業の危険防止

バケットで物をつり上げたり、持ち上げたりの作業はしない

高所へバケットからの乗り移りはしない

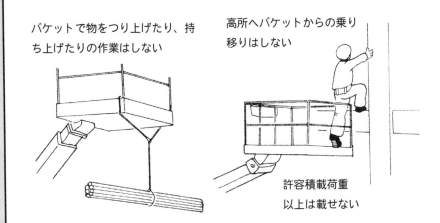

許容積載荷重以上は載せない

ブーム等の降下による危険の防止	**第194条の19**　事業者は、高所作業車のブーム等を上げ、その下で修理、点検等の作業を行うときは、ブーム等が不意に降下することによる労働者の危険を防止するため、当該作業に従事する労働者に安全支柱、安全ブロック等を使用させなければならない。 2　前項の作業に従事する労働者は、同項の安全支柱、安全ブロック等を使用しなければならない。
作業床への搭乗制限等	**第194条の20**　事業者は、高所作業車（作業床において走行の操作をする構造のものを除く。以下この条において同じ）を走行させるときは、当該高所作業車の作業床に労働者を乗せてはならない。ただし、平坦で堅固な場所において高所作業車を走行させる場合で、次の措置を講じたときは、この限りでない。 一　誘導者を配置し、その者に高所作業車を誘導させること。 二　一定の合図を定め、前号の誘導者に当該合図を行わせること。 三　あらかじめ、作業時における当該高所作業車の作業床の高さ及びブームの長さ等に応じた高所作業車の適正な制限速度を定め、それにより運転者に運転させること。 2　労働者は、前項ただし書の場合を除き、走行中の高所作業車の作業床に乗ってはならない。 3　第1項ただし書の高所作業車の運転者は、同項第一号の誘導者が行う誘導及び同項第二号の合図に従わなければならず、かつ、同項第三号の制限速度を超えて高所作業車を運転してはならない。

走　行	「適正な制限速度」は、高所作業車の転倒、作業床の振れ等による危険が防止できるよう定められなければならないこと。 （平 2.9.26　基発第 583 号） **第 194 条の 21**　事業者は、作業床において走行の操作をする構造の高所作業車を平坦で堅固な場所以外の場所で走行させるときは、次の措置を請じなければならない。 　一　前条第 1 項第一号及び第二号に掲げる措置を講ずること。 　二　あらかじめ、作業時における当該高所作業車の作業床の高さ及びブームの長さ、作業に係る場所の地形及び地盤の状態等に応じた高所作業車の適正な制限速度を定め、それにより運転者に運転させること。 2　前条第 3 項の規定は、前項の高所作業車の運転者について準用する。この場合において、同条第 3 項中「同項第三号」とあるのは、「次条第 1 項第二号」と読み替えるものとする。 「適正な制限速度」は、高所作業車の転倒、作業床の振れ等による危険が防止できるよう定められなければならないこと。 （平 2.9.26　基発第 583 号）
要求性能墜落制止用器具等の使用	**第 194 条の 22**　事業者は、高所作業車（作業床が接地面に対し垂直にのみ上昇し、又は下降する構造のものを除く。）を用いて作業を行うときは、当該高所作業車の作業床上の労働者に要求性能墜落制止用器具等を使用させなければならない 2　前項の労働者は、要求性能墜落制止用器具等を使用しなければならない。

② 定期自主検査・特定自主検査等

定期自主検査 （年1回）	**第 194 条の 23**　事業者は、高所作業車については、1 年以内ごとに 1 回、定期に、次の事項について自主検査を行わなければならない。ただし、1 年を超える期間使用しない高所作業車の当該使用しない期間においては、この限りでない。 　一　圧縮圧力、弁すき間その他原動機の異常の有無 　二　クラッチ、トランスミッション、プロペラシャフト、デファレンシャルその他動力伝達装置の異常の有無 　三　起動輪、遊動輪、上下転輪、覆帯、タイヤ、ホイールベアリングその他走行装置の異常の有無 　四　かじ取り車輪の左右の回転角度、ナックル、ロッド、アームその他操縦装置の異常の有無 　五　制動能力、ブレーキドラム、ブレーキシューその他制動装置の異常の有無 　六　ブーム、昇降装置、屈折装置、平衡装置、作業床その他作業装置の異常の有無 　七　油圧ポンプ、油圧モーター、シリンダー、安全弁その他油圧装置の異常の有無 　八　電圧、電流その他電気系統の異常の有無 　九　車体、操作装置、安全装置、ロック装置、警報装置、方向指示器、燈火装置及び計器の異常の有無 2　事業者は、前項ただし書の高所作業車については、その使用を再び開始する際に、同項各号に掲げる事項について自主検査を行わなければならない。 　┌──────────────────────────────┐ 　│ 高所作業車の定期自主検査指針（平 3.7.26　自主検査指針公示第 13 号）│ 　└──────────────────────────────┘
定期自主検査 （月1回）	**第 194 条の 24**　事業者は、高所作業車については、1 月以内ごとに 1 回、定期に、次の事項について自主検査を行わなければならない。ただし、1 月を超える期間使用しない高所作業車の当該使用しない期間においては、この限りでない。 　一　制動装置、クラッチ及び操作装置の異常の有無 　二　作業装置及び油圧装置の異常の有無 　三　安全装置の異常の有無 2　事業者は、前項ただし書の高所作業車については、その使用を再び開始する際に、同項各号に掲げる事項について自主検査を行わなければならない。
定期自主検査の記録	**第 194 条の 25**　事業者は、前 2 条の自主検査を行ったときは、次の事項を記録し、これを 3 年間保存しなければならない。 　一　検査年月日 　二　検査方法 　三　検査箇所 　四　検査の結果 　五　検査を実施した者の氏名 　六　検査の結果に基づいて補修等の措置を講じたときは、その内容
特定自主検査	**第 194 条の 26**　高所作業車に係る特定自主検査は、第 194 条の 23 に規定する自主検査とする。 2　第 151 条の 24 第 2 項の規定は、高所作業車に係る法第 45 条第 2 項の厚生労働省令で定める資格を有する労働者について準用する。この場合において、第 151 条の 24 第 2 項第一号中「フォークリフト」とあるのは、「高所作業車」と読み替えるものとする。 3　事業者は、運行の用に供する高所作業車（道路運送車両法第 48 条第 1 項の適用を受けるものに限る。）について、同項の規定に基づいて点検を行った場合には、当該点検を行った部分については第 194 条の 23 の自主検査を行うことを要しない。

4　高所作業車に係る特定自主検査を検査業者に実施させた場合における前条の規定の適用については、同条第五号中「検査を実施した者の氏名」とあるのは、「検査業者の名称」とする。

5　事業者は、高所作業車に係る自主検査を行ったときは、当該高所作業車の見やすい箇所に、特定自主検査を行った年月を明らかにすることができる検査標章をはり付けなければならない。

作業開始前点検

第194条の27　事業者は、高所作業車を用いて作業を行うときは、その日の作業を開始する前に、制動装置、操作装置及び作業装置の機能について点検を行わなければならない。

補 修 等

第194条の28　事業者は、第194条の23若しくは第194条の24の自主検査又は前条の点検を行った場合において、異常を認めたときは、直ちに補修その他必要な措置を講じなければならない。

機械の作業開始前点検

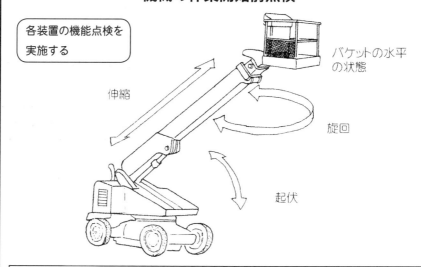

各装置の機能点検を実施する

伸縮

バケットの水平の状態

旋回

起伏

点検、整備を行う場合の留意事項

① 現場で点検、整備を行うときは安全で平坦な場所に高所作業車を停止させて行う。

② 高所作業車のチェンジレバーをニュートラルにし、ブレーキ、旋回ロック及び各種の安全ロックをかける。

③ 作業床等の作業装置は、最低地上高に下ろしておく。やむを得ず作業床等を上げ、その下で点検、修理を行う場合は、安全支柱または安全ブロック等を用い、作業装置が不意に降下しないようにする。

④ 高所作業車の修理は作業手順を定め、作業指揮者の直接指揮のもとで作業を行う。

⑤ 点検及び自主検査は、点検表または検査用チェックシートに基づいて行い、結果を記録保存しておく。

⑥ 点検、整備を行う作業場所は、関係者以外立入禁止とする。

③ 高所作業車の分類等

高所作業車走行装置別分類

（1）トラック式

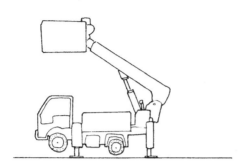

　トラック式は走行装置が自動車となっていて一般道路を走行することができる為、機動性に富み作業現場の移動が容易である。

　工期の短い現場や、電気通信工事や看板工事、街路灯、信号機等の保守工事現場で使用されている。

（2）ホイール式

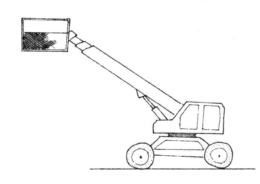

　ホイール式は一般道路を走行することはできないが、走行部分にゴムタイヤを使用している為、舗装路面を傷つけることなく現場内での連続作業が可能である。

　主に、建設工事、造船工事現場で使われているが、小型でバッテリー駆動のものはビル内装工事等屋内での使用に最適である。

（3）クローラ式

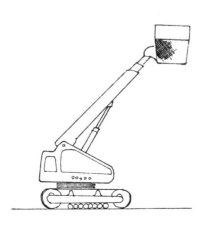

　クローラ式は走行部分にクローラ（履帯）を装備し、不整地や軟弱な場所での作業が可能である。

　ホイール式と同様に走行速度は遅いが、機体が重いのでトラック式に比べ作業半径を広くとれる。主に建築、設備工事現場での使用が多いが、小型のものではゴムクローラを採用し、屋内工事用としても使用されている。

高所作業車ブーム作業別分類

（1）伸縮ブーム型

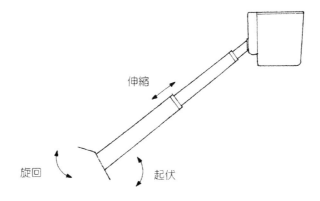

（2）屈伸ブーム型

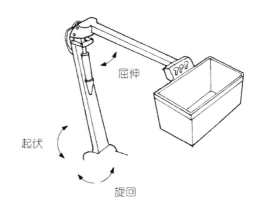

（3）混合ブーム型

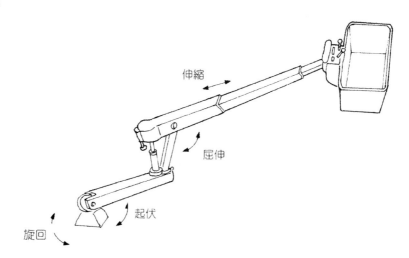

7．軌道装置

① 総　則

| 定　義 | 第195条　この省令で軌道装置とは、事業場附帯の軌道及び車両、動力車、巻上げ機等を含む一切の装置で、動力を用いて軌条により労働者又は荷物を運搬する用に供されたもの（鉄道営業法（明治33年法律第65号）、鉄道事業法（昭和61年法律第92号）又は軌道法（大正10年法律第76号）の適用を受けるものを除く。）をいう。 |

軌道装置の定義

種　類	定　　義
軌道装置	事業場附帯の軌道及び車両・動力車・巻上げ機械等を含む一切の装置で、動力を用いて軌条により労働者又は荷物を運搬する用に供されたもの。（労働安全衛生規則195条）

② 軌 道 等

| 軌条の重量 | 第196条　事業者は、軌条の重量については、次の表の上欄〔本書において左欄〕に掲げる車両重量に応じて、同表の下欄〔本書において右欄〕に掲げる軌条重量以上としなければならない。 |

車両重量	軌条重量
5トン未満	9キログラム
5トン以上 10トン未満	12キログラム
10トン以上 15トン未満	15キログラム
15トン以上	22キログラム

〔車両重量、軌条重量〕
(1) 車両重量とは、機関車又は車両中最大重量と解すること。
(2) 本条に規定する「9キログラム」、「12キログラム」及び「15キログラム」とは、それぞれ日本工業規格 E 1103 号「軽レール」に規定する「9キログラムレール」、「12キログラムレール」及び「15キログラムレール」をいい、日本工業規格によらないものについては、これと同等以上の強度を有するものをいう意であること。
(昭 23.5.11　基発第 737 号、昭 33.2.13　基発第 90 号)

軌条の継目　第197条　事業者は、軌条の継目については、継目板を用い、溶接を行なう等により堅固に固定しなければならない。

使用機関車、トロ別標準軌道構造

使用機関車	使用トロ	軌間	軌条	まくら木寸法	まくら木間隔
4 t	2.0 m²	762mm	15kg	15c × 10c × 1.3 m	12 本／10 m
6 t	3.7 ~ 4.5 m²	762mm	22kg	15c × 10c × 1.3 m	12 本／10 m
8 t	4.5 ~ 6.0 m²	914mm	30kg	15c × 10c × 1.5 m	12 本／10 m
10 t	6.0 m²以上	914mm	30kg	15c × 10c × 1.5 m	12 本／10 m

レールの大きさ　$K = 6 \times W / n$　　K：レール重量（kg/m）
n：車輪数
W：車両重量（t）

軌条の継目と取付け

かけ継法

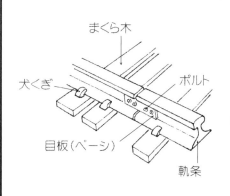

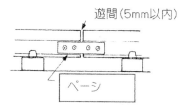

遊間（5mm以内）

ペーシ

ささえ継法

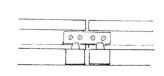

安衛則　安全基準

軌条の敷設

第198条　事業者は、軌条の敷設については、犬くぎ、止め金具等を用いて軌条をまくら木、コンクリート道床等に堅固に締結しなければならない。

まくら木

第199条　事業者は、まくら木の大きさ及び配置の間隔については、軌条を安定させるため、車両重量、道床の状態等に応じたものとしなければならない。

2　事業者は、腐食しやすい箇所又は取替えの困難な箇所で用いるまくら木については、耐久性を有するものとしなければならない。

道床

第200条　事業者は、車両重量5トン以上の動力車を運転する軌道のうち道床が砕石、砂利等で形成されているものについては、まくら木及び軌条を安全に保持するため、道床を十分つき固め、かつ、排水を良好にするための措置を講じなければならない。

軌道の構造

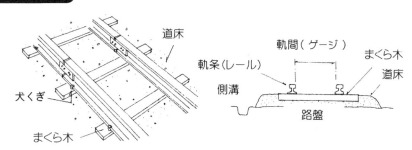

曲線部

第201条　事業者は、軌道の曲線部については、次に定めるところによらなければならない。

一　曲線半径は、10メートル以上とすること。
二　適当なカント及びスラックを保つこと。
三　曲線半径に応じ、護輪軌条を設けること。

軌道装置の曲線部

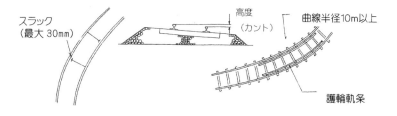

軌道のこう配	第202条 事業者は、動力車を使用する区間の軌道のこう配については、1000分の50以下としなければならない。
軌道の分岐点等	第203条 事業者は、軌道の分岐する部分には、確実な機能を有する転てつ器及びてつさを設け、軌道の終端には、確実な車止め装置を設けなければならない。
逸走防止装置	第204条 事業者は、車両が逸走するおそれのあるときは、逸走防止装置を設けなければならない。

軌道装置

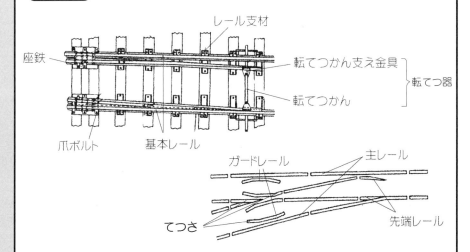

逸走防止装置

車両が逸走するおそれのあるときは、逸走防止装置を設けなければならない

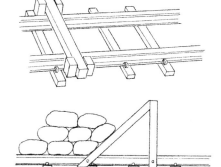

車両と側壁等との間隔	第205条 事業者は、建設中のずい道等の内部に軌道装置を設けるときは、通行中の労働者に運行する車両が接触する危険を防止するため、その片側において、当該車両と側壁又は障害物との間隔を0.6メートル以上としなければならない。ただし、ずい道等の断面が狭小であること等により当該間隔を0.6メートル以上とすることが困難な場合で、次のいずれかの措置を講じたときは、この限りでない。 一　明確に識別できる回避所を適当な間隔で設けること。 二　信号装置の設置、監視人の配置等により運行中の車両の進行方向上に労働者を立ち入らせないこと。

車両とう乗者の接触予防措置	第206条　事業者は、建設中のずい道等の内部に軌道装置を設けるときは車両のとう乗者がずい道等の内部の側壁、天盤、障害物等に接触する危険を防止するため、当該車両と当該側壁、天盤、障害物等との間に必要な距離を保持しなければならない。ただし、地山の荷重により変形した支保工等障害物があるときに、当該車両のとう乗者が当該障害物に接触する危険を防止するため、車両のとう乗者が容易に識別できる措置を講じたときには、この限りでない。
	本条ただし書の趣旨は、ずい道支保工等が、その設置後において、地山の荷重により変形し、本条の距離が保てなくなった場合の措置について規定したものであり、車両自体が安全に通行できる場合に限り適用されるものであること。（昭47.9.18　基発601号の1）
信号装置	第207条　事業者は、軌道装置の状況に応じて信号装置を設けなければならない。

③ 車 両 等

動力車のブレーキ	第208条　事業者は、動力車には、手用ブレーキを備え、かつ、10トン以上の動力車には、動力ブレーキをあわせ備えなければならない。 2　事業者は、ブレーキの制輪子に作用する圧力と制動車輪の軌条に対する圧力との割合を、動力ブレーキにあっては100分の50以上100分の75以下、手用ブレーキにあっては100分の20以上としなければならない。
動力車の設備	第209条　事業者は、動力車については、次に定めるところに適合するものでなければ、使用してはならない。 一　汽笛、警鈴等の合図の装置を備えること。 二　夜間又は地下において使用するときは、前照燈及び運転室の照明設備を設けること。 三　内燃機関車には、潤滑油の圧力を表示する計器を備えること。 四　電気機関車には、自動しゃ断器を備え、かつ、架空線式の場合には避雷器を備えること。
動力車の運転者席	第210条　事業者は、動力車の運転者席については、次のように定めるところに適合するものでなければ、使用してはならない。 一　運転者が安全な運転を行なうことができる視界を有する構造とすること。 二　運転者の転落による危険を防止するため、囲い等を設けること。

動力車（バッテリー機関車）の構造

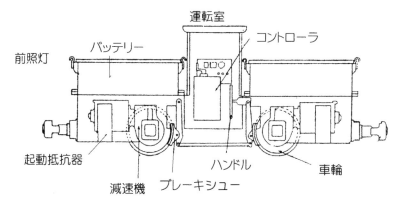

人　車	第211条　事業者は、労働者の輸送に用いる専用の車両（以下「人車」という。）については、次に定めるところに適合するものでなければ、使用してはならない。 一　労働者が安全に乗車できる座席、握り棒等の設備を設けること。 二　囲い及び乗降口を設けること。 三　斜道において用いる巻上げ装置によりけん引される人車については、巻き上げ機の運転者と人車のとう乗者とが緊急時に連絡できる設備を設けること。 四　前号の人車については、ワイヤロープの切断、速度超過等による危険を防止するため、非常停止装置を設けること。 五　傾斜角30度以上の斜道に用いる人車については、脱線予防装置を設けること。

> 1　第三号の「斜道において用いる巻上げ装置」とは、いわゆるインクラインをさすものであること。
> 2　第四号の「非常停止装置」には、レールキャッチ型、つめ打込み型等の装置があること。
> 3　第五号の「脱線予防装置」には、護輪軌条等があること。
> （昭47.9.18　基発第601号の1）

車　輪	第212条　事業者は、車輪については、次に定めるところに適合するものでなければ、使用してはならない。 　一　タイヤの幅は、フランジが最も摩耗した状態で、最大軌間を通過するときに、なおその踏面が軌条に安全に乗る広さとすること。 　二　フランジの厚さは、最も摩耗したときに、十分な強さを有し、かつ、分岐及びてっさの通過に差しつかえない厚さ以下とすること。 　三　フランジの高さは、タイヤが軌条からはずれない高さ以上で、継目板及びてっさ等に乗り上げない高さとすること。
連結装置	第213条　事業者は、車両を連結するときは、確実な連結装置を用いなければならない。
斜道における人車の連結	第214条　事業者は、斜道において人車を用いる場合において、人車と人車又はワイヤロープソケットをチェーン又はリンクで連結するときは、当該チェーン又はリンクの切断等による人車の逸走を防止するため、予備のチェーン又はワイヤロープで連結しておかなければならない。

本条は、チェーンまたはリンクによって車両を連結する場合には、切断または離脱による災害を防止するため、予備装置で二重に連結すべきことを規定したものであること。
（昭47.9.18　基発第601号の1）

連結装置の例

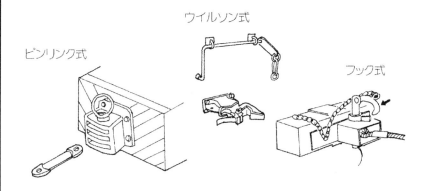

ウイルソン式

ピンリンク式

フック式

巻上げ装置のブレーキ	第215条　事業者は、巻上げ装置には、車両に最大の荷重をかけた場合において、車両をすみやかに停止させ、かつ、その停止状態を保持することができるブレーキを備えなければならない。
ワイヤロープ	第216条　事業者は、巻上げ装置に用いるワイヤロープについては、次に定めるところに適合するものでなければ、使用してはならない。 　一　安全係数は6以上（人車に用いるワイヤロープにあっては、10以上）とすること。この場合の安全係数は、ワイヤロープの切断荷重の値を当該ワイヤロープにかかる荷重の最大の値で除した値とする。 　二　リンクを使用する等確実な方法により、車両に取り付けること。
不適格なワイヤロープの使用禁止	第217条　事業者は、次のいずれかに該当するワイヤロープを巻上げ装置の巻上げ用ワイヤロープとして使用してはならない。 　一　ワイヤロープ1よりの間において素線の数の10パーセント以上の素線が切断しているもの

	二　直径の減少が公称径の 7 パーセントを超えるもの
	三　キンクしたもの
	四　著しい形くずれ又は腐食があるもの
深度指示器	第218条　事業者は、斜坑において人車を用いる場合において、巻上げ機の運転者が人車の位置を確認することが困難なときは、当該運転者が容易に確認できる深度指示器を備えなければならない。

④ 軌道装置の使用に係る危険の防止

信号装置の表示方法	**第219条** 事業者は、信号装置を設けたときは、あらかじめ、当該信号装置の表示方法を定め、かつ、関係労働者に周知させなければならない。
合　図	**第220条** 事業者は、軌道装置の運転については、あらかじめ、当該運転に関する合図方法を定め、かつ、これを関係労働者に周知させなければならない。 2　前項の軌道装置の運転者は、同項の合図方法により運転しなければならない。
人車の使用	**第221条** 事業者は、軌道装置により労働者を輸送するときは、人車を使用しなければならない。ただし、少数の労働者を輸送する場合又は臨時に労働者を輸送する場合において、次の措置を講じたときは、この限りでない。 一　車両に転落防止のための囲い等を設けること。 二　転位、崩壊等のおそれのある荷と労働者とを同乗させないこと。 ┌─────────────────────────────┐ │　1　「転落防止のための囲い等」の「等」には、さく、手すり等があること。 │　2　「転位、崩壊等」の「等」には、倒壊等があること。 │（昭47.9.18　基発第601号の1） └─────────────────────────────┘
制限速度	**第222条** 事業者は、車両の運転については、あらかじめ、軌条重量、軌間、こう配、曲線半径等に応じ、当該車両の制限速度を定め、これにより運転者に、運転させなければならない。 2　前項の車両の運転者は、同項の制限速度を超えて車両を運転してはならない。
とう乗定員	**第223条** 事業者は、人車については、その構造に応じたとう乗定員数を定め、かつ、これを関係労働者に周知させなければならない。
車両の後押し運転時における措置	**第224条** 事業者は、建設中のずい道等の内部において動力車による後押し運転をするときは、次の措置を講じなければならない。ただし、後押し運転をする区間を定め、当該区間への労働者の立入りを禁止したときは、この限りでない。 一　誘導者を配置し、その者に当該動力車を誘導させること。 二　先頭車両に前照燈を備えること。 三　誘導者と動力車の運転者が連絡でき、かつ、誘導者が緊急時に警報できる装置を備えること。 ┌─────────────────────────────┐ │　本条ただし書の「立入り禁止」については、信号装置による方法、監視人の配置による方法等確実な方法を採用しなければならないものであること。 │（昭47.9.18　基発第601号の1） └─────────────────────────────┘
誘導者を車両にとう乗させる場合の措置	**第225条** 事業者は、前条の誘導者を車両にとう乗させるときは、誘導者が車両から転落する危険を防止するため、誘導者を囲いを設けた車両又は乗車台にとう乗させる等の措置を講じなければならない。

安衛則　安全基準

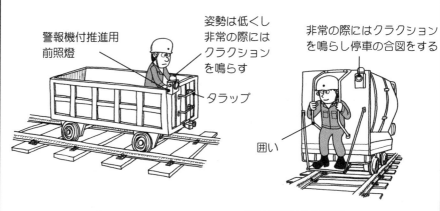

後押し運転時の誘導者ととう乗例

警報機付推進用
前照燈

姿勢は低くし
非常の際には
クラクション
を鳴らす

タラップ

非常の際にはクラクション
を鳴らし停車の合図をする

囲い

囲いを設けた車両   囲いを設けた乗車台

運転席から離れる場合の措置	第226条　事業者は、動力車の運転者が運転席から離れるときは、ブレーキをかける等車両の逸走を防止する措置を講じさせなければならない。 2　前項の運転者は、運転席から離れるときは、同項の措置を講じなければならない。
運転位置からの離脱の禁止	第227条　事業者は、巻上げ機が運転されている間は、当該巻上げ機の運転者を運転位置から離れさせてはならない。 2　前項の運転者は、巻上げ機が運転されている間は、運転位置から離れてはならない。

⑤ 定期自主検査等

定期自主検査 （3年に1回）	**第228条** 事業者は、電気機関車、蓄電池機関車、電車、蓄電池電車、内燃機関車、内燃動車、蒸気機関車及び巻上げ装置（以下この款において「電気機関車等」という。）については、3年以内ごとに1回、定期に、当該電気機関車等の各部分の異常の有無について自主検査を行なわなければならない。ただし3年をこえる期間使用しない電気機関車等の当該使用しない期間においては、この限りでない。 2　事業者は、前項ただし書の電気機関車等については、その使用を再び開始する際に、当該電気機関車等の各部分の異常の有無について自主検査を行なわなければならない。
定期自主検査 （1年に1回）	**第229条** 事業者は、電気機関車等については、1年以内ごとに1回、定期に、次の事項について自主検査を行なわなければならない。ただし、1年をこえる期間使用しない電気機関車等の当該使用しない期間については、この限りでない。 　一　電気機関車、蓄電池機関車、電車及び蓄電池電車にあっては、電動機、制御装置、ブレーキ、自動しゃ断器、台車、連結装置、蓄電池、避雷器、配線、接続器具及び各種計器の異常の有無 　二　内燃機関車及び内燃動車にあっては、機関、動力伝達装置、制御装置、ブレーキ、台車、連結装置及び各種計器の異常の有無 　三　蒸気機関車にあっては、シリンダー、弁室、蒸気管、加減弁、安全弁及び各種計器の異常の有無 　四　巻上げ装置にあっては、電動機、動力伝達装置、巻胴、ブレーキ、ワイヤロープ、ワイヤロープ取付金具、安全装置及び各種計器の異常の有無 2　事業者は、前項ただし書の電気機関車等については、その使用を再び開始する際に、同項各号に掲げる事項について自主検査を行なわなければならない。
定期自主検査 （月に1回）	**第230条** 事業者は、電気機関車等については、1月以内ごとに1回、定期に、次の事項について自主検査を行なわなければならない。ただし、1月をこえる期間使用しない電気機関車等の当該使用しない期間においては、この限りでない。 　一　電気機関車、蓄電池機関車、電車及び蓄電池電車にあっては、電路、ブレーキ及び連結装置の異常の有無 　二　内燃機関車及び内燃動車にあっては、ブレーキ及び連結装置の異常の有無 　三　蒸気機関車にあっては、火室内部、可溶栓、火粉止め、水面測定装置、給水装置、ブレーキ及び連結装置の異常の有無 　四　巻上げ装置にあっては、ブレーキ、ワイヤロープ、ワイヤロープ取付金具の異常の有無 2　事業者は、前項ただし書の電気機関車等については、その使用を再び開始する際に、同項各号に掲げる事項について自主検査を行なわなければならない。
定期自主検査 の記録	**第231条** 事業者は、前3条の自主検査を行ったときは、次の事項を記録し、これを3年間保存しなければならない。 　一　検査年月日 　二　検査方法 　三　検査箇所 　四　検査の結果 　五　検査を実施した者の氏名 　六　検査の結果に基づいて補修等の措置を講じたときは、その内容

点検	**第232条** 事業者は、軌道装置を用いて作業を行なうときは、その日の作業を開始する前に、次の事項について点検を行なわなければならない。 　一　ブレーキ、連結装置、警報装置、集電装置、前照燈、制御装置及び安全装置の機能 　二　空気等の配管からの漏れの有無 2　事業者は、軌道については、随時、軌条及び路面の状態の異常の有無について点検を行なわなければならない。
補　修	**第233条** 事業者は、第228条から第230条までの自主検査及び前条の点検を行なった場合において異常を認めたときは、直ちに、補修しなければならない。
手押し車両の軌道	**第234条** 事業者は、手押し車両を用いる軌道については、次に定めるところによらなければならない。 　一　軌道の曲線半径は5メートル以上とすること。 　二　こう配は、15分の1以下とすること。 　三　軌条の重量は、6キログラム以上とすること。 　四　径9センチメートル以上のまくら木を適当な間隔に配置すること。 2　第197条及び第232条第2項の規定は、手押し車両の軌道に準用する。
ブレーキの具備	**第235条** 事業者は、こう配が1000分の10以上の軌道区間で使用する手押し車両については、有効な手用ブレーキを備えなければならない。 〔手用制動機〕 第5号〔現行＝安衛則第235条〕の手用制動機には、木製の簡単な制動装置を含む趣旨であること。 （昭23.5.11　基発第737号、昭33.2.13　基発第90号）
車両間隔等	**第236条** 事業者は、労働者が手押し車両で運転するときは、次の事項を行なわせなければならない。 　一　車両の間隔は、上りこう配軌道又は水平軌道の区間では6メートル以上、下りこう配軌道の区間では20メートル以上とすること。 　二　車両の速度は、下りこう配で毎時15キロメートルをこえないこと。 2　前項の労働者は、手押し車両を運転するときは、同項各号の事項を行なわなければならない。

安全基準項目	災害事例	条文		頁
8．型わく支保工 材料等	コンクリート打設中に支保工が崩壊する 鉄筋材を載せたとき大引材が折れスラブが崩壊する	第237条 第238条 第239条	・材　料 ・主要な部分の鋼材 ・型わく支保工の構造	189 189 189
組立て等の場合の措置	コンクリート打設中、構台が傾き支保工が崩壊する 大引上へ型わく材を載せたときに支保工が崩壊する ビームスラブ上へ材料を載せたとき、スラブが崩壊する 型わく組立て中、動作の反動により足場から墜落する	第240条 第241条 第242条 第243条 第244条 第245条 第246条 第247条	・組立図 ・許容応力の値 ・型枠支保工についての措置等 ・段状の型わく支保工 ・コンクリートの打設の作業 ・型わく支保工の組立て等の作業 ・型枠支保工の組立て等作業主任者の選任 ・型枠支保工の組立て等作業主任者の職務	189 191 192 194 197 197 197 197

安衛則　安全基準

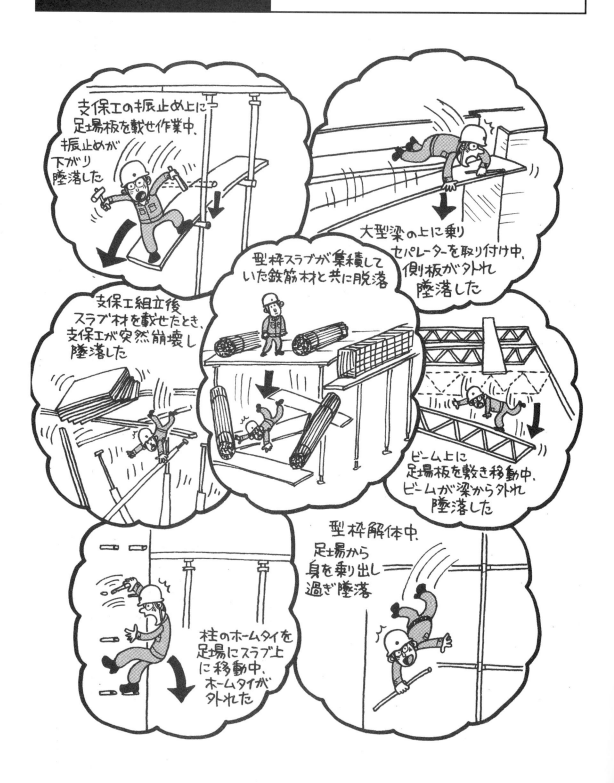

8. 型わく支保工

材料等・組立等の場合の措置

材　　料	第237条　事業者は、型わく支保工の材料については、著しい損傷、変形又は腐食があるものを使用してはならない。

使用してはならない材料

内管・外管の変形　　　　受板の損傷　　　　　腐　食

主要な部分の鋼材	第238条　事業者は、型わく支保工に使用する支柱、はり又ははりの支持物の主要な部分の鋼材については、日本産業規格 G3101（一般構造用圧延鋼材）、日本産業規格 G3106（溶接構造用圧延鋼材）、日本産業規格 G3444（一般構造用炭素鋼鋼管）若しくは日本工業規格 G3350（建築構造用冷間成形軽量形鋼）に定める規格に適合するもの又は日本産業規格 Z2241（金属材料引張試験方法）に定める方法による試験において、引張強さの値が 330 ニュートン毎平方ミリメートル以上で、かつ、伸びが次の表の上欄〔本書において左欄〕に掲げる鋼材の種類及び同表の中欄に掲げる引張強さの値に応じ、それぞれ同表の下欄〔本書において右欄〕に掲げる値となるものでなければ、使用してはならない。

鋼材の種類	引張強さ （単位　ニュートン毎平方ミリメートル）	伸び （単位　パーセント）
鋼　　管	330 以上 400 未満 400 以上 490 未満 490 以上	25 以上 20 以上 10 以上
鋼板、形鋼、平鋼又は軽量形鋼	330 以上 400 未満 400 以上 490 未満 490 以上 590 未満 590 以上	21 以上 16 以上 12 以上 8 以上
棒　　鋼	330 以上 400 未満 400 以上 490 未満 490 以上	25 以上 20 以上 18 以上

型わく支保工の構造	第239条　事業者は、型わく支保工については、型わくの形状、コンクリートの打設の方法等に応じた堅固な構造のものでなければ、使用してはならない。
組　立　図	第240条　事業者は、型わく支保工を組み立てるときは、組立図を作成し、かつ、当該組立図により組み立てなければならない。 2　前項の組立図は、支柱、はり、つなぎ、筋かい等の部材の配置、接合の方法及び寸法が示されているものでなければならない。 3　第1項の組立図に係る型枠支保工の設計は、次に定めるところによらなければならない。 　一　支柱、はり又ははりの支持物（以下この条において「支柱等」という。）が組み合わされた構造のものでないときは、設計荷重（型枠支保工が支える物の重量に相当する荷重に、型枠1平方メートルにつき 150 キログラム以上の荷重を加えた荷重をいう。以下この条においても同じ。）により当該支柱等に生ずる応力の値が当該支柱等の材料の許容応力の値を超えないこと。

二　支柱等が組み合わされた構造のものであるときは、設計荷重が当該支柱等を製造した者の指定する最大使用荷重を超えないこと。

三　鋼管枠を支柱として用いるものであるときは、当該型枠支保工の上端に、設計荷重の100分の2.5に相当する水平方向の荷重が作用しても安全な構造のものとすること。

四　鋼管枠以外のものを支柱として用いるものであるときは、当該型枠支保工の上端に、設計荷重の100分の5に相当する水平方向の荷重が作用しても安全な構造のものとすること。

第1項の「組立図」は、たとえばビル建築工事において、1の階全部について、型わく支保工の構造及び使用材料を同一又は近似のものとする場合には、当該階の一部についての組立図をもって当該階全部についての組立図とみなして差しつかえないこと。

同様に、B階の型わく支保工の構造及び使用材料をA階のものと同一又は近似のものとする場合にも、A階についての組立図をもってB階についての組立図とみなして差しつかえないこと。

第3項第一号の「組み合わされた構造のものでないとき」とは、たとえば、鋼管、形鋼、丸太等の柱につなぎ、筋かい等を設け、その交さ部を鋼管、緊結金具等で緊結した構造のものである場合をいうこと。従って、たとえばパイプサートのような構造のものにより、又は鋼管わく、ラチスばリ等のように鋼材を溶接若しくは鋲接により門形状、梯子状、トラス状等の形状に鋼作したものにより構成されている場合は、同項二号の「組み合わされた構造のものであるとき」に該当すること。

第3項第一号の「型わく支保工がささえる物」とは、コンクリート、鉄筋、型わく、大引き、支保工の自重等をいう趣旨であること。

第3項第一号における「150キログラム」は、コンクリートの打設の作業を行なう場合のカート足場、猫車、作業者等の重量を考慮したものであるが、この数値はあくまで最低基準としての数値であるから、それぞれの現場においては、コンクリートの打設の方法、型わく支保工の形状等に適応する数値を用いるように指導すること。

第3項第一号の「支柱等に生ずる応力」のうち、はりに生ずる曲げ応力の値は、当該はりが単純ばりでない場合においても、単純ばりとして算出して差しつかえないこと。

第3項第二号の「製造した者の指定する最大使用荷重」が不明である場合には、原則として支柱、はり等として使用しないように指導すること。ただし、実際の使用状態に近い条件のもとで支持力試験を行ない、その結果に基づいて安全率を2以上として使用する場合には、差しつかえないものとする。

（昭38.6.3　基発第635号）

第2項の「接合の方法」には、ボルト締め、溶接、緊結金具等があり、ボルト締めにあってはその本数、溶接にあってはのど厚及び溶接長さ、緊結金具にあってはその種類及び個数が示されたものであること。

第3項第三号及び第四号の趣旨は、型枠支保工の上端に設計荷重の2.5/100又は5/100に相当する水平方向の荷重が作用することを想定した場合において、つなぎ、筋かいに生ずる応力の値が材料の許容応力の値を超えないよう設計を行なうことであること。なお、鋼管枠を支柱として用いる型枠支保工にあっては、第242条第八号の措置が講ぜられるよう組立図に示されているものについては、第3項第三号に基づき設計が行われているものとして取り扱って差し支えないこと。

（平4.8.24　基発第480号）

許容応力の値	**第241条** 前条第3項第一号の材料の許容応力の値は、次に定めるところによる。

一 鋼材の許容曲げ応力及び許容圧縮応力の値は、当該鋼材の降伏強さの値又は引張強さの値の4分の3の値のうちいずれか小さい値の3分の2の値以下とすること。

二 鋼材の許容せん断応力の値は、当該鋼材の降伏強さの値又は引張強さの値の4分の3の値のうちいずれか小さい値の100分の38の値以下とすること。

三 鋼材の許容座屈応力の値は、次の式により計算を行って得た値以下とすること。

$$\frac{\ell}{i} \leqq \Lambda \text{の場合} \quad \delta_C = \frac{1 - 0.4\left(\frac{\ell}{i}\Big/\Lambda\right)^2}{v}F \qquad \frac{\ell}{i} > \Lambda \text{の場合} \quad \delta_C = \frac{0.29}{\left(\frac{\ell}{i}\Big/\Lambda\right)^2}F$$

これらの式において、ℓ、i、Λ、δ_C、v及びFは、それぞれ次の値を表すものとする。

ℓ　支柱の長さ（支柱が水平方向の変位を拘束されているときは、拘束点間長さのうちの最大の長さ）（単位　センチメートル）

i　支柱の最小断面2次半径（単位　センチメートル）

Λ　限界細長比＝$\sqrt{\pi^2 E \Big/ 0.6F}$

　　ただし、　π　円周率

　　　　　　　E　当該鋼材のヤング係数

　　　　　　　　（単位　ニュートン毎平方センチメートル）

δ_C　許容座屈応力の値（単位　ニュートン毎平方センチメートル）

v　安全率＝$1.5 + 0.57\left(\frac{\ell}{i}\Big/\Lambda\right)^2$

F　当該鋼材の降伏強さの値又は引張強さの値の4分の3のうちのいずれか小さい値（単位　ニュートン毎平方センチメートル）

四 木材の繊維方向の許容曲げ応力、許容圧縮応力及び許容せん断応力の値は、次の表の上欄〔本書においては左欄〕に掲げる木材の種類に応じ、それぞれ同表の下欄〔本書においては2列目から4列目〕に掲げる値以下とすること。

木材の種類	許容応力の値 (単位　ニュートン毎平方センチメートル)		
	曲　げ	圧　縮	せ ん 断
あかまつ、くろまつ、からまつ、ひば、ひのき、つが、べいまつ、又はべいひ	1,320	1,180	103
すぎ、もみ、えぞまつ、とどまつ、べいすぎ又はべいつが	1,030	880	74
かし	1,910	1,320	210
くり、なら、ぶな又はけやき	1,470	1,030	150

五 木材の繊維方向の許容座屈応力の値は、次の式により計算を行って得た値以下とすること。

$$\frac{l_\mathrm{k}}{\mathrm{i}} \leqq 100 の場合 \quad f_\mathrm{k} = f_\mathrm{c}\left(1-0.007\frac{l_\mathrm{k}}{\mathrm{i}}\right)$$

$$\frac{l_\mathrm{k}}{\mathrm{i}} > 100 の場合 \quad f_\mathrm{k} = \frac{0.3\,f_\mathrm{c}}{\left(\dfrac{l_\mathrm{k}}{100\,\mathrm{i}}\right)^2}$$

これらの式において、l_k、i、f_c及びf_kは、それぞれ次の値を表わすものとする。

l_k　支柱の長さ（支柱が水平方向の変位を拘束されているときは、拘束点間の長さのうち最大の長さ）（単位　センチメートル）

i　支柱の最小断面2次半径（単位　センチメートル）

f_c　許容圧縮応力の値（単位　ニュートン毎平方センチメートル）

f_k　許容座屈応力の値（単位　ニュートン毎平方センチメートル）

第3号及び第5号の「支柱が水平方向の変位を拘束されているとき」とは、通常、つなぎを設けてその両端を壁、脚立等に固定している場合、つなぎを設けてさらに筋かいを入れている場合等をいうこと。なお、これらの場合当該つなぎは、支柱、筋かい等に緊結されていなければならないことはいうまでもないこと。

第3号及び第5号の「拘束点」とは、支柱が水平両の変位を拘束されている場合における支柱とつなぎとの交さ部をいうこと。なお、大引きが水平変位を生じない構造のものである場合には、当該大引きと支柱との取付部も本号の拘束点とみなして差しつかえないこと。

（昭38.6.3　基発第635号）

型枠支保工についての措置等

第242条　事業者は、型枠支保工については、次に定めるところによらなければならない。

一　敷角の使用、コンクリートの打設、くいの打込み等支柱の沈下を防止するための措置を講ずること。

二　支柱の脚部の固定、根がらみの取付け等支柱の脚部の滑動を防止するための措置を講ずること。

建設現場で使用される型枠支保工用のパイプサポートには、必ずしも鉛直方向だけの荷重がかかるものではなく、その負荷も一定でないことから、「サポートメイト」の使用によって同条に定める脚部の滑動防止措置を講じたものとはみなされない。

（事務連絡　平20.6.23　抜粋）

三　支柱の継手は、突合せ継手又は差込み継手とすること。

四　鋼材と鋼材との接続部及び交差部は、ボルト、クランプ等の金具を使用して緊結すること。

五　型枠が曲面のものであるときは、控えの取付け等当該型枠の浮き上がりを防止するための措置を講ずること。

五の2　H型鋼又はI型鋼（以下この号において「H型鋼等」という。）を大引き、敷角等の水平材として用いる場合であって、当該H型鋼等と支柱、ジャッキ等とが接続する箇所に集中荷重が作用することにより、当該H型鋼等の断面が変形するおそれがあるときは、当該接続する箇所に補強材を取付けること。

支保工の組立

ボルト　　　差込み

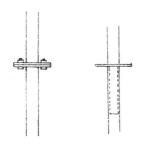

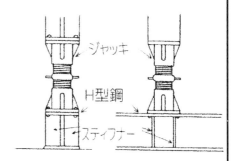

支柱の継手　　　　　**スティフナーによる補強**

六　鋼管（パイプサポートを除く。以下この条において同じ。）を支柱として用いる
　ものにあっては、当該鋼管の部分について次に定めるところによること。
　　イ　高さ２メートル以内ごとに水平つなぎを２方向に設け、かつ、水平つなぎの
　　　変位を防止すること。
　　ロ　はり又は大引きを上端に載せるときは、当該上端に鋼製の端板を取り付け、
　　　これをはり又は大引きに固定すること。
七　パイプサポートを支柱として用いるものにあっては、当該パイプサポートの部
　分について次に定めるところによること。
　　イ　パイプサポートを３以上継いで用いないこと。
　　ロ　パイプサポートを継いで用いるときは、４以上のボルト又は専用の金具を用
　　　いて継ぐこと。
　　ハ　高さが3.5メートルを超えるときは、前号イに定める措置を講ずること。
八　鋼管枠を支柱として用いるものにあっては、当該鋼管枠の部分について次に定
　めるところによること。
　　イ　鋼管枠と鋼管枠との間に交差筋かいを設けること。
　　ロ　最上層及び５層以内ごとの箇所において、型枠支保工の側面並びに枠面の方
　　　向及び交差筋かいの方向における５枠以内ごとの箇所に、水平つなぎを設け、
　　　かつ、水平つなぎの変位を防止すること。
　　ハ　最上層及び５層以内ごとの箇所において、型枠支保工の枠面の方向における
　　　両端及び５枠以内ごとの箇所に、交差筋かいの方向に布枠を設けること。
　　ニ　第六号ロに定める措置を講ずること。
九　組立て鋼柱を支柱として用いるものにあっては、当該組立て鋼柱の部分につい
　て次に定めるところによること。
　　イ　第六号ロに定める措置を講ずること。
　　ロ　高さが４メートルを超えるときは、高さ４メートル以内ごとに水平つなぎを
　　　２方向に設け、かつ、水平つなぎの変位を防止すること。
九の２　Ｈ型鋼を支柱として用いるものにあっては、当該Ｈ型鋼の部分について第
　六号ロに定める措置を講ずること。
十　木材を支柱として用いるものにあっては、当該木材の部分について次に定める
　ところによること。
　　イ　第六号イに定める措置を講ずること。

ロ　木材を継いで用いるときは、2個以上の添え物を用いて継ぐこと。

ハ　はり又は大引きを上端に載せるときは、添え物を用いて、当該上端をはり又は大引きに固定すること。

十一　はりで構成するものにあっては、次に定めるところによること。

イ　はりの両端を支持物に固定することにより、はりの滑動及び脱落を防止すること。

ロ　はりとはりとの間につなぎを設けることにより、はりの横倒れを防止すること。

第一号の「コンクリートの打設」とはコンクリートにより仮基礎を設けることをいうこと。

第一号の「くいの打込み等」の「等」には、ローラによる地盤の転圧、栗石を敷き込んでつき固めること等が含まれること。

第三号は、重ね合わせ継手を禁止する趣旨であること。

第四号は、鋼線、繊維ロープ等により緊結を禁止する趣旨であること。なお「接続部」が差込み継手による場合には、本号（接続部に限る。）は適用しないこと。

第五号の「型枠が曲面のものである場合」とは、たとえばアーチ状、ドーム状等の屋根のコンクリートの打設に用いる型枠のように、型枠が平面をなしていない場合をいうこと。

（昭 38.6.3　基発第 635 号）

段状の型わく支保工

第 243 条　事業者は、敷板、敷角等をはさんで段状に組み立てる型わく支保工については、前条各号に定めるところによるほか、次に定めるところによらなければならない。

一　型わくの形状によりやむを得ない場合を除き、敷板、敷角等を2段以上はさまないこと。

二　敷板、敷角等を継いで用いるときは、当該敷板、敷角等を緊結すること。

三　支柱は、敷板、敷角等に固定すること。

第一号の「型わくの形状によりやむを得ない場合」とは、たとえば型わくがアーチ状、ドーム状等をなしており、敷板、敷角等が1段では型わくの支持が困難であるような場合をいうこと。

第二号の「敷板、敷角等を緊結すること」とは、敷板、敷角等をその長手方向に確実に連結することをいうこと。

第三号については、敷板、敷角等をはさんだ上下の支柱の軸線をなるべく一致させて固定するように指導すること。

（昭 38.6.3　基発第 635 号）

パイプサポートを支柱として用いるもの

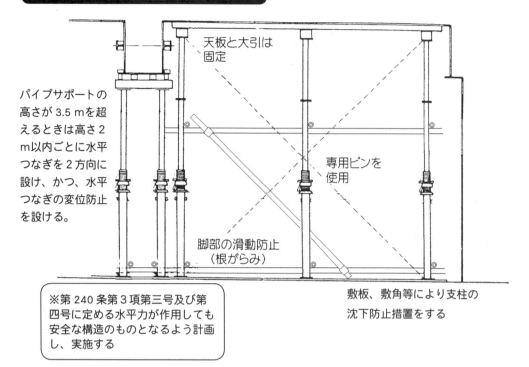

パイプサポートの高さが3.5 mを超えるときは高さ2 m以内ごとに水平つなぎを2方向に設け、かつ、水平つなぎの変位防止を設ける。

天板と大引は固定

専用ピンを使用

脚部の滑動防止（根がらみ）

敷板、敷角等により支柱の沈下防止措置をする

※第240条第3項第三号及び第四号に定める水平力が作用しても安全な構造のものとなるよう計画し、実施する

鋼管わくを支柱として用いるもの

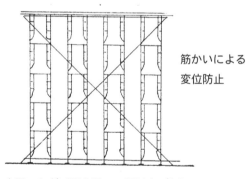

筋かいによる変位防止

水平つなぎ（最上層、5層以内ごと）

組立て鋼柱を支柱として用いるもの

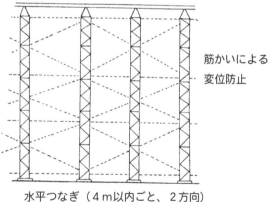

筋かいによる変位防止

水平つなぎ（4 m以内ごと、2方向）

鋼管（パイプサポートを除く）を支柱として用いるもの

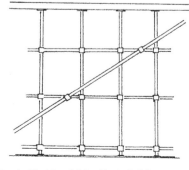

水平つなぎ、筋かいは、クランプ等で緊結

敷板、敷角、根がらみ

水平つなぎ（2 m以内ごと2方向）

ビームスラブ

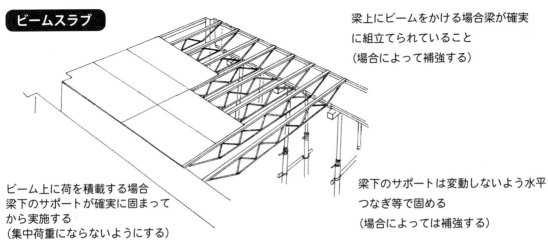

梁上にビームをかける場合梁が確実
に組立てられていること
（場合によって補強する）

ビーム上に荷を積載する場合
梁下のサポートが確実に固まって
から実施する
（集中荷重にならないようにする）

梁下のサポートは変動しないよう水平
つなぎ等で固める
（場合によっては補強する）

フラットデッキスラブ

デッキのかかり代
は所定寸法とする

デッキ上に荷を積載する場合集
中荷重にならないようにする
（場合によっては補強する）

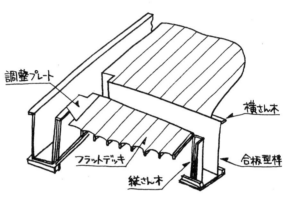

調整プレート

横さん木

フラットデッキ

合板型枠

縦さん木

各種ノンサポート工法

ビームスラブ	W式床板	フラットタイプデッキ
	波型鉄板	
	W式トラス	フラットデッキ
デッキレート	合成スラブ	ファブデッキ
	溶接金アミ	ファブトラス筋
ピコス床板	トラス筋入PC板	ミッコースラブ
後打ちコンクリート		
ピコス床板	トラス筋入りPC板	ミッコートラス

コンクリートの打設の作業	**第244条**　事業者はコンクリートの打設の作業を行なうときは、次に定めるところによらなければならない。 　一　その日の作業を開始する前に、当該作業に係る型わく支保工について点検し、異状を認めたときは、補修すること。 　二　作業中に型わく支保工に異状が認められた際における作業中止のための措置をあらかじめ講じておくこと。 　第一号の「当該作業に係る型わく支保工」とは、当該作業を行なうことにより荷重が加わる型わく支保工をいうこと。 　第二号の「異状が認められた際における作業中止のための措置」とは、異状を発見した者がコンクリートの打設の作業を行なっている者に対して、直に作業中止のための連絡をすることができるような措置をいうこと。 　（昭38.6.3　基発第635号）
型わく支保工の組立て等の作業	**第245条**　事業者は、型わく支保工の組立て又は解体の作業を行なうときは、次の措置を講じなければならない。 　一　当該作業を行なう区域には、関係労働者以外の労働者の立ち入りを禁止すること。 　二　強風、大雨、大雪等の悪天候のため、作業の実施について危険が予想されるときは、当該作業に労働者を従事させないこと。 　三　材料、器具又は工具を上げ、又はおろすときは、つり鋼、つり袋等を労働者に使用させること。
型枠支保工の組立て等作業主任者の選任	**第246条**　事業者は、令第6条第十四号の作業については、型枠支保工の組立て等作業主任者技能講習を修了した者のうちから、型枠支保工の組立て等作業主任者を選任しなければならない。 **【安衛施行令】** **作業主任者を選任すべき作業** **第6条十四号**　型枠支保工（支柱、はり、つなぎ、筋かい等の部材により構成され、建設物におけるスラブ、桁等のコンクリートの打設に用いる型枠を支持する架設の設備をいう。）の組立て又は解体の作業
型枠支保工の組立て等作業主任者の職務	**第247条**　事業者は、型枠支保工の組立て等作業主任者に、次の事項を行わせなければならない。 　一　作業の方法を決定し、作業を直接指揮すること。 　二　材料の欠点の有無並びに器具及び工具を点検し、不良品を取り除くこと。 　三　作業中、要求性能墜落制止用器具等及び保護帽の使用状況を監視すること。

安全基準項目	災害事例	条　　文		頁
9. 爆発火災等の防止 ① 危険物等の取扱い等	ガソリンに何らかの火が燃え移り火災となる	第256条	・危険物を製造する場合等の措置	200
		第257条	・作業指揮者	200
		第258条	・ホースを用いる引火性の物等の注入	201
	通風の悪い場所で掘削作業中爆発火災が起きる	第261条	・通風等による爆発又は火災の防止	201
		第262条	・通風等が不十分な場所におけるガス溶接等の作業	201
		第263条	・ガス等の容器の取扱い	203
② 火気等の管理	発泡ウレタン系断熱材にガス切断の炎が引火し、焼死した	第279条	・危険物等がある場所における火気等の使用禁止	205
		第280条	・爆発の危険のある場所で使用する電気機械器具	206
		第281条	・可燃性の粉じんのある箇所	206
		第282条	・爆発性の粉じんのある場所	206
		第283条	・修理作業等の適用除外	206
		第284条	・点　　検	206
	地下室のピットでガス溶断中、爆発火災となる	第285条	・油類等の存在する配管又は容器の溶接等	207
		第286条	・通風等の不十分な場所での溶接等	207
		第288条	・立入禁止等	207
		第289条	・消火設備	207
		第291条	・火気使用場所の火災防止	207
③ 発破の作業	トンネルの切羽にダイナマイトを装填中、爆発する	第318条	・発破の作業の基準	209
		第319条	・導火線発破作業の指揮者	209
		第320条	・電気発破作業の指揮者	210
		第321条	・避　　難	210
④ コンクリート破砕器作業		第321条の2	・コンクリート破砕器作業の基準	211
		第321条の3	・コンクリート破砕器作業主任者の選任	211
		第321条の4	・コンクリート破砕器作業主任者の職務	211
⑤ 雑　　則		第322条	・地下作業場等	212

9．爆発火災等の防止

① 危険物等の取扱い等

危険物とは、爆発、火災の危険の大きい物質であって爆発、火災を防止する観点から特定されている下記の物質をいう。

施行令別表 1

① 爆発性の物

1　ニトログリコール、ニトログリセリン、ニトロセルローズその他の爆発性の硝酸エステル類
2　トリニトロベンゼン、トリニトロトルエン、ピクリン酸その他の爆発性のニトロ化合物
3　過酢酸、メチルエチルケトン過酸化物、過酸化ベンゾイルその他の有機過酸化物
4　アジ化ナトリウムその他の金属のアジ化物

② 発火性の物

1　金属「リチウム」
2　金属「カリウム」
3　金属「ナトリウム」
4　黄りん
5　硫化りん
6　赤りん
7　セルロイド類
8　炭化カルシウム（別名カーバイド）
9　りん化石灰
10　マグネシウム粉
11　アルミニウム粉
12　マグネシウム粉及びアルミニウム粉以外の金属粉
13　亜二チオン酸ナトリウム（別名ハイドロサルファイト）

③ 酸化性の物

1　塩素酸カリウム、塩素酸ナトリウム、塩素酸アンモニウムその他塩素酸塩類
2　過塩素酸カリウム、過塩素酸ナトリウム、過塩素酸アンモニウムその他の過塩素酸塩類
3　過酸化カリウム、過酸化ナトリウム、過酸化バリウムその他無機過酸化物
4　硝酸カリウム、硝酸ナトリウム、硝酸アンモニウムその他の硝酸塩類
5　亜塩素酸ナトリウムその他の亜塩素酸塩類
6　次亜塩素酸カルシウムその他の次亜塩素酸塩類

④ 引火性の物

1　エチルエーテル、ガソリン、アセトアルデヒド、酸化プロピレン、二硫化炭素その他の引火点が零下 30 度未満の物
2　ノルマルヘキサン、エチレノオキシド、アセトン、ベンゼン、メチルエチルケトンその他の引火点が零下 30 度以上零度未満の物
3　メタノール、エタノール、キシレン、酢酸ノルマル－ペンチル（別名酢酸ノルマルーアミル）その他の引火点が零度以上 30 度未満の物
4　燈油、軽油、テレビン油、イソペンチルアルコール（別名イソアミルアルコール）、酢酸その他の引火点が 30 度以上 65 度未満の物

⑤ 可燃性のガス　（水素、アセチレン、エチレン、メタン、エタン、プロパン、ブタンその他の温度 15 度、1 気圧において気体である可燃性の物をいう）

※上記の「可燃性のガス」は、労働安全衛生規則では「可燃性ガス」と称されている（労働安全衛生規則 258 条）。

危険物を製造する場合等の措置	第256条　事業者は、危険物を製造し、又は取り扱うときは、爆発又は火災を防止するため、次に定めるところによらなければならない。 　一　爆発性の物（令別表第1第一号に掲げる爆発性の物をいう。）についてはみだりに、火気その他点火源となるおそれのあるものに接近させ、加熱し、摩擦し、又は衝撃を与えないこと。 　二　発火性の物（令別表第1第二号に掲げる発火性の物をいう。）についてはそれぞれの種類に応じ、みだりに、火気その他点火源となるおそれのあるものに接近させ、酸化をうながす物若しくは水に接触させ、加熱又は衝撃を与えないこと。 　三　酸化性の物（令別表第1第三号に掲げる酸化性の物をいう。以下同じ。）については、みだりに、その分解がうながされるおそれのある物に接触させ、加熱し、摩擦し、又は衝撃を与えないこと。 　四　引火性の物（令別表第1第四号に掲げる引火性の物をいう。以下同じ。）については、みだりに、火気その他点火源となるおそれのあるものに接近させ、若しくは注ぎ、蒸発させ、又は加熱しないこと。 　五　危険物を製造し、又は取り扱う設備のある場所を常に整理整とんし、及びその場所に、みだりに、可燃性の物又は酸化性の物を置かないこと。 2　労働者は、前項の場合には、同項各号に定めるところによらなければならない。

第一号の「点火源となるおそれがあるもの」とは、火花若しくはアークを発し、又は高温となって点火源となるおそれがある機械、器具その他のものをいい、昭和35年11月22日付け基発第990号の記の24と同意であること。
第二号は、マグネシウム粉を火気その他点火源となるおそれがあるものに接近させること、赤りんを酸化剤に接融させること、金属ナトリウムを水に接触させること、セルロイド類を加熱すること、琉化りんに衝撃を与えること等を禁止したものであること。
第二号の「酸化をうながす物」には、酸化剤のほか、空気が含まれること。
第三号の「その分解がうながされるおそれがある物」とは、接触することにより酸化性の物を分解させる物をいい、たとえば塩素酸カリウムに対するアンモニア、過塩素酸カリウムに対するいおう、過酸化ナトリウムに対するマグネシウム粉等をいうこと。
（昭42.2.6　基発第122号）

作業指揮者	第257条　事業者は、危険物を製造し、又は取り扱う作業（令第6条第二号又は第八号に掲げる作業を除く。）を行なうときは、当該作業の指揮者を定め、その者に当該作業を指揮させるとともに、次の事項を行なわせなければならない。 　一　危険物を製造し、又は取り扱う設備及び当該設備の附属設備について、随時点検し、異常を認めたときは、直ちに、必要な措置をとること。 　二　危険物を製造し、又は取り扱う設備及び当該設備の附属設備がある場所における温度、湿度、遮光及び換気の状態等について、随時点検し、異常を認めたときは、直ちに、必要な措置をとること。 　三　前各号に掲げるもののほか、危険物の取扱いの状況について、随時点検し、異常を認めたときは、直ちに、必要な措置をとること。 　四　前各号の規定によりとった措置について、記録しておくこと。

ホースを用いる引火性の物等の注入	第258条　事業者は、引火性の物又は可燃性ガス（令別表第1第五号に掲げる可燃性のガスをいう。以下同じ。）で液状のものを、ホースを用いて化学設備（配管を除く。）、タンク自動車、タンク車、ドラムかん等に注入する作業を行うときは、ホースの結合部を確実に締め付け、又ははめ合わせたことを確認した後でなければ、当該作業を行ってはならない。 2　労働者は、前項の作業に従事するときは、同項に定めるところによらなければ、当該作業を行なってはならない。 **ホースを用いる引火性の物等の注入** ホースを用いての油類注入作業時は、ホース結合部の締め付けを確認する
通風等による爆発又は火災の防止	第261条　事業者は、引火性の物の蒸気、可燃性ガス又は可燃性の粉じんが存在して爆発又は火災が生ずるおそれのある場所については、当該蒸気、ガス又は粉じんによる爆発又は火災を防止するため、通風、換気、除じん等の措置を講じなければならない。 <div style="border:1px solid">「可燃性のガス」のおもなものとしては、アセチレン、水素、プロパン、アンモニア、メタン、都市ガス、水性ガス等があること。 「爆発を防止するため、通風、換気、除じん等の措置」とは、当該ガス、蒸気又は粉じんがその爆発下限界値までに達しないように、これらの濃度を低下させるためにする措置をいい、「等」には、自然通風、自然換気等を十分にするための開口部の増加等が含まれること。なお引火性の液体の蒸気が有機溶剤である場合には、有機溶剤中毒予防規則（昭和35労働省令第24号）（現行＝昭47.9.30労働省令第36号）に定める基準をもみたすことができる局部排出、全体換気等の措置を講ずる必要があること。 （昭35.11.22　基発第990号） 「可撚性の粉じん」とは、粉状の危険物及び危険物以外の可燃性の粉じんをいうこと。 本条の「存在して」とは、その場所で発散して存在することのほか、他の場所から流入し又は飛散してきて存在することが含まれること。 （昭42.2.6　基発第122号）</div>
通風等が不十分な場所におけるガス溶接等の作業	第262条　事業者は、通風又は換気が不十分な場所において、可燃性ガス及び酸素（以下この条及び次条において「ガス等」という。）を用いて、溶接、溶断又は金属の加熱の作業を行なうときは、当該場所におけるガス等の漏えい又は放出による爆発、火災又は火傷を防止するため、次の措置を講じなければならない。 一　ガス等のホース及び吹管については、損傷、摩耗等によるガス等の漏えいのおそれがないものを使用すること。

安衛則　安全基準

二　ガス等のホースと吹管及びガス等のホース相互の接続箇所については、ホースバンド、ホースクリップ等の締付具を用いて確実に締付を行なうこと。

三　ガス等のホースにガス等を供給しようとするときは、あらかじめ、当該ホースに、ガス等が放出しない状態にした吹管又は確実な止めせんを装着した後に行なうこと。

四　使用中のガス等のホースのガス等の供給口のバルブ又はコックには、当該バルブ又はコックに接続するガス等のホースを使用する者の名札を取り付ける等ガス等の供給についての誤操作を防ぐための表示をすること。

五　溶断の作業を行なうときは、吹管からの過剰酸素の放出による火傷を防止するため十分な換気を行なうこと。

六　作業の中断又は終了により作業箇所を離れるときは、ガス等の供給口のバルブまたはコックを閉止してガス等のホースを当該ガス等の供給口から取りはずし、又はガス等のホースを自然通風若しくは自然換気が十分な場所へ移動すること。

2　労働者は、前項の作業に従事するときは、同項各号に定めるところによらなければ、当該作業を行なってはならない。

第1項第三号の「ガス等が放出しない状態にした吹管」とは、吹管のバルブ又はコックを閉止し、かつ、当該バルブ又はコックが吹管の移動中に容易に開放しないように緊結等の措置が講じられている吹管をいうこと。

第1項第四号の「名札を取りつける等」の「等」には、番号札を取り付けること、色別リボンを付すること等が含まれること。

第1項第五号の「吹管からの過剰酸素」とは、溶断の際に吹管から放出された酸素のうち、鉄の酸化燃焼のために消費されないものをいうこと。

（昭 35.11.22　基発第 990 号）

本条の「通風又は換気の不十分な場所」とは、自然通風が不十分で、かつ、人工換気が十分に行われてない場所をいうこと。

（昭 42.2.6　基発第 122 号）

通風が不十分な場所での溶接、溶断作業

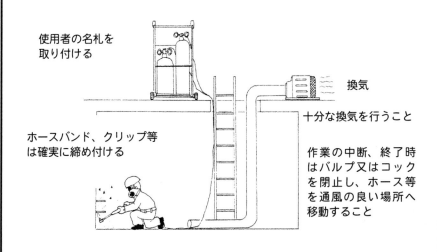

使用者の名札を取り付ける

換気

十分な換気を行うこと

ホースバンド、クリップ等は確実に締め付ける

作業の中断、終了時はバルプ又はコックを閉止し、ホース等を通風の良い場所へ移動すること

ガス等の容器 の取扱い	**第263条** 事業者は、ガス溶接等の業務（令第20条第10号に掲げる業務をいう。以下同じ。）に使用するガス等の容器については、次の定めるところによらなければならない。 一 次の場所においては、設置し、使用し、貯蔵し、又は放置しないこと。 　イ 通風又は換気の不十分な場所 　ロ 火気を使用する場所及びその附近 　ハ 火薬類、危険物その他の爆発性若しくは発火性の物又は多量の易燃性の物を製造し、又は取り扱う場所及びその附近 二 容器の温度を40度以下に保つこと。 三 転倒のおそれがないように保持すること。 四 衝撃を与えないこと。 五 運搬するときは、キャップを施すこと。 六 使用するときは、容器の口金に付着している油類及びじんあいを除去すること。 七 バルブの開閉は、静かに行なうこと。 八 溶解アセチレンの容器は、立てて置くこと。 九 使用前又は使用中の容器とこれら以外の容器との区別を明らかにしておくこと。 「ガス溶接等の作業〔現行＝業務〕に使用するガス及び酸素〔現行＝ガス等〕の容器」とは、現にガス溶接等の作業に使用している容器のほか、ガス溶接等を行うため当該事業場に設置し、貯蔵し、または放置している容器も含むものであること。 第一号ロの「附近」とは、容器を貯蔵する場合は火気を使用する場所から2m以内、その他の場合は火気を使用する場所から5m以内をいうものであること。なお、本号の「火気」には、ガス溶接等に使用されている吹管の火炎は、含まれないこと。 第一号ハの「危険物」には、ガス溶接等に使用するガスの容器は、含まれないこと。 第一号ハの「附近」とは、容器を貯蔵する場合は火薬類、危険物その他爆発性もしくは発火性の物または多量の易燃性の物を製造し、または取り扱う場所から2m以内、その他の場合は当該場所から5m以内をいうものであること。 第二号の「容器の温度」とは、容器の表面の温度をいうこと。 第二号の「40度以下に保つこと」とは、容器が直射日光、火炉等の放射熱を受ける場所にある場合には、当該放射熱により温度が上昇することを防ぐため、屋根、障壁、散水装置を設ける等の措置を講ずることを含むものであること。 第五号の「運搬する場合」には、容器に導管、吹管等を接続したままで、近距離を移動させる場合は含まれないこと。 第九号の規定は、ガス溶接等に使用する前の容器または使用中の容器およびゲージ圧力が零に近く、ガス溶接等に使用しなくなった容器について、標示等により区分を明らかにしておく趣旨であること。 （昭46.4.15 基発第309号）

ガス等の容器の取扱い

・通風又は換気の不十分な場所
・火気を使用する場所及びその付近
・危険物、発火性の物のある場所及びその付近

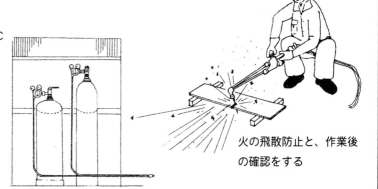

温度を 40℃
以下に保つ

転倒しない
様にする

空、充の容
器の区別を
する

火の飛散防止と、作業後
の確認をする

ホースの置き方

溶解アセチレンの容器は、立てて置く

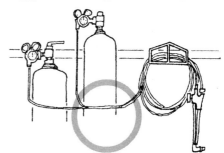

② 火気等の管理

危険物等がある場所における火気等の使用禁止	第279条　事業者は、危険物以外の可燃性の粉じん、火薬類、多量の易燃性の物又は危険物が存在して爆発又は火災が生ずるおそれのある場所においては、火花若しくはアークを発し、若しくは高温となって点火源となるおそれのある機械等又は火気を使用してはならない。 2　労働者は、前項の場所においては、同項の点火源となるおそれのある機械等又は火気を使用してはならない。 第1項の「火花若しくはアークを発し、若しくは高温となって点火源となるおそれがある機械等」とは、開閉器、巻線型電動機、直流電動機、交流整流子電動機等火花を発する部分を有する電気機械器具であって防爆構造でないもの、グラインダ、アーク溶接機、電気アイロン、抵抗器、内燃機関、はんだごて、その他これらに類するものをいうこと。 （昭35.11.22　基発第990号） 「危険物以外の可燃性の粉じん」の主なものとしては、石炭粉、木炭粉、いおう粉、小麦粉、澱粉、合成樹脂粉等があること。 （昭42.2.6　基発第122号） 第1項の「易燃性の物」とは、綿、木綿のぼろ、わら、木毛、紙等の着火後の燃焼速度が早いものをいうこと。 （昭46.4.15　基発第309号）

危険物による爆発、火災の防止

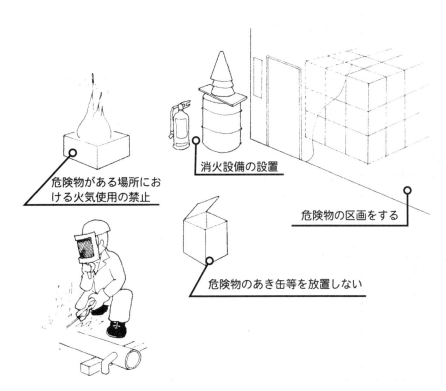

危険物がある場所における火気使用の禁止

消火設備の設置

危険物の区画をする

危険物のあき缶等を放置しない

爆発の危険のある場所で使用する電気機械器具による爆発、火災の防止

十分な換気をする

防爆性能を有する防爆構造電気機械器具を使用する

爆発の危険の ある場所で使 用する電気機 械器具	第280条　事業者は、第261条の場所のうち、同条の措置を講じても、なお、引火性の物の蒸気又は可燃性ガスが爆発の危険のある濃度に達するおそれのある箇所において電気機械器具（電動機、変圧器、コード接続器、開閉器、分電盤、配電盤等電気を通ずる機械、器具その他の設備のうち配線及び移動電線以外のものをいう。以下同じ。）を使用するときは、当該蒸気又はガスに対しその種類及び爆発の危険のある濃度に達するおそれに応じた防爆性能を有する防爆構造電気機械器具でなければ、使用してはならない。 2　労働者は、前項の箇所においては、同項の防爆構造電気機械器具以外の電気機械器具を使用してはならない。
可燃性の粉じ んのある箇所	第281条　事業者は、第261条の場所のうち、同条の措置を講じても、なお、可燃性の粉じん（マグネシウム粉、アルミニウム粉等爆燃性の粉じんを除く。）が爆発の危険のある濃度に達するおそれのある箇所において電気機械器具を使用するときは、当該粉じんに対し防爆性能を有する防爆構造電気機械器具でなければ、使用してはならない。 2　労働者は、前項の箇所においては、同項の防爆構造電気機械器具以外の電気機械器具を使用してはならない。
爆発性の粉じ んのある場所	第282条　事業者は、爆燃性の粉じんが存在して爆発の危険のある場所において電気機械器具を使用するときは、当該粉じんに対して防爆性能を有する防爆構造電気機械器具でなければ、使用してはならない。 2　労働者は、前項の場所においては、同項の防爆構造電気機械器具以外の電気機械器具を使用してはならない。
修理作業等の 適用除外	第283条　前4条の規定は、修理、変更等臨時の作業を行なう場合において、爆発又は火災の危険が生ずるおそれのない措置を講ずるときは適用しない。
点　　検	第284条　事業者は、第280条から第282条までの規定により、当該各条の防爆構造電気機械器具（移動式又は可搬式のものに限る。）を使用するときは、その日の使用を開始する前に、当該防爆構造電気機械器具及びこれに接続する移動電線の外装並びに当該防爆構造電気機械器具と当該移動電線との接続部の状態を点検し、異常を認めたときは、直ちに補修しなければならない。

油類等の存在する配管又は容器の溶接等	**第285条** 事業者は、危険物以外の引火性の油類若しくは可燃性の粉じん又は危険物が存在するおそれのある配管又はタンク、ドラムかん等の容器については、あらかじめ、これらの危険物以外の引火性の油類若しくは可燃性の粉じん又は危険物を除去する等爆発又は火災の防止のための措置を講じた後でなければ、溶接、溶断その他火気を使用する作業又は火花を発するおそれのある作業をさせてはならない。 2　労働者は、前項の措置が講じられた後でなければ、同項の作業をしてはならない。
通風等の不十分な場所での溶接等	**第286条** 事業者は、通風又は換気が不十分な場所において、溶接、溶断、金属の加熱その他火気を使用する作業又は研削といしによる乾式研ま、たがねによるはつりその他火花を発するおそれのある作業を行なうときは、酸素を通風又は換気のために使用してはならない。 2　労働者は、前項の場合には、酸素を通風又は換気のために使用してはならない。
立入禁止等	**第288条** 事業者は、火災又は爆発の危険がある場所には、火気の使用を禁止する旨の適当な表示をし、特に危険な場所には、必要でない者の立入りを禁止しなければならない。
消火設備	**第289条** 事業者は、建築物及び化学設備（配管を除く。）又は乾燥設備がある場所その他危険物、危険物以外の引火性の油類等爆発又は火災の原因となるおそれのある物を取り扱う場所（以下この条において「建築物等」という。）には、適当な箇所に、消火設備を設けなければならない。 2　前項の消火設備は建築物等の規模又は広さ、建築物等において取り扱われる物の種類等により予想される爆発又は火災の性状に適応するものでなければならない。 第2項にいう「適応するもの」とは、例えば油に対する泡消火器又は炭酸ガス消火器、カーバイドに対する砂又はドライケミカル消火器等をいうこと。 （昭23.5.11　基発第737号、昭33.2.13　基発第90号） 本条の「取り扱う場所」には、引火性の塗料、接着剤、易燃性の物等を取り扱う作業が行なわれている船又はタンク及び修理、清掃等の作業が行われている引火性の液体の収納タンクが含まれること。 本条の「適当な箇所」とは、消火設備について、持ち出しが便利であること、通行及び避難の妨げにならないこと、保管中にその効力が低下しないこと等の条件を備えた箇所をいうこと。 （昭42.2.6　基発第122号）
火気使用場所の火災防止	**第291条** 事業者は、喫煙所、ストーブその他火気を使用する場所には、火災予防上必要な設備を設けなければならない。 2　労働者は、みだりに、喫煙、採だん、乾燥等の行為をしてはならない。 3　火気を使用した者は、確実に残火の始末をしなければならない。

火気使用場所の火災防止

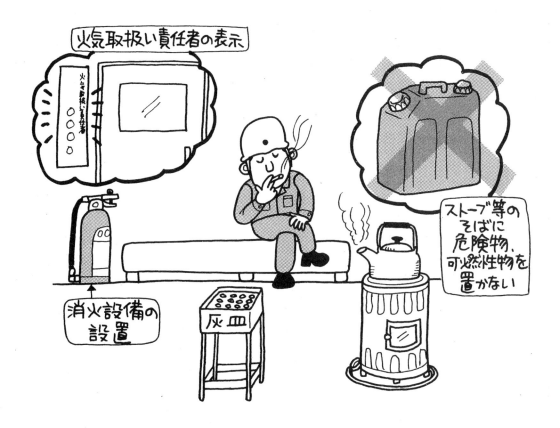

消火器取扱いのポイント

分かりやすい場所に置く
設置場所の表示をする

現状に適した消火器の本数、
配置か確認する

火花を生じる作業場所には、
消火器を置く習慣をつける

蓋の締付け封印等に損傷が
ないか常に確認しておく

プレート等の表示物（検査確認票等）
が脱落、よごれ等がないようにする

標準使用期限の切れたものを使用しない

③　発破の作業

発破の作業の基準	第318条　事業者は、令第20条第一号の業務（以下「発破の業務」という。）に従事する労働者に次の事項を行なわせなければならない。 一　凍結したダイナマイトは、火気に接近させ、蒸気管その他の高熱物に直接接触させる等危険な方法で融解しないこと。 二　火薬又は爆薬を装てんするときは、その付近で裸火の使用又は喫煙をしないこと。 三　装てん具は、摩擦、衝撃、静電気等による爆発を生ずるおそれのない安全なものを使用すること。 四　込物は、粘土、砂その他の発火又は引火の危険のないものを使用すること。 五　点火後、装てんされた火薬類が爆発しないとき、又は装てんされた火薬類が爆発したことの確認が困難であるときは、次に定めるところによること。 　イ　電気雷管によったときは、発破母線を点火器から取り外し、その端を短絡させておき、かつ、再点火できないように措置を講じ、その後5分以上経過した後でなければ、火薬類の装てん箇所に接近しないこと。 　ロ　電気雷管以外のものによったときは、点火後15分以上経過した後でなければ、火薬類の装てん箇所に接近しないこと。 2　前項の業務に従事する労働者は、同項各号に掲げる事項を行なわなければならない。 第1項第三号〔現行＝第四号〕の「その他発火又は引火の危険のないもの」には、水入りのポリエチレン袋等も含まれること。 第1項第四号〔現行＝第五号〕イの「再点火できないように措置を講じ」とは、固定式の発破器にあってはハンドルに施錠、離脱式の発破器にあっては発破作業の指揮者又は指揮者が指名した点火者がハンドルを携帯し、電燈線を利用する場合にあってはスイッチ箱に施錠する等の措置を講ずることをいうこと。 （昭34.7.31　基発第533号） 第1項第一号〔現行＝第二号〕の「爆薬」には、硝安油剤爆薬（別名、AN-FO）が含まれること。 第1項第二号〔現行＝第三号〕の「装てん具」には、こめ棒のほか、硝安油爆薬の空気装てん装置が含まれること。 第1項第二号〔現行＝第三号〕の「爆発を生ずるおそれがない安全なもの」とは、こめ棒であって木製、竹製その他これらに類するもの、硝安油剤爆薬の装てん装置であって静電気を確実に除去できる接地線付きのもの等をいうこと。 （昭42.2.6　基発第122号）
導火線発破作業の指揮者	第319条　事業者は、導火線発破の作業を行なうときは、発破の業務につくことができる者のうちから作業の指揮者を定め、その者に次の事項を行なわせなければならない。 一　点火前に、点火作業に従事する労働者以外の労働者に対して、退避を指示すること。 二　点火作業に従事する労働者に対して、退避の場所及び経路を指示すること。 三　1人の点火数が同時に5以上のときは、発破時計、捨て導火線等の退避時期を知らせる物を使用すること。 四　点火の順序及び区分について指示すること。 五　点火の合図をすること。 六　点火作業に従事した労働者に対して、退避の合図をすること。 七　不発の装薬又は残薬の有無について点検すること。 2　導火線発破の作業の指揮者は、前項各号に掲げる事項を行なわなければならない。

安衛則　安全基準

電気発破作業の指揮者	3　導火線発破の作業に従事する労働者は、前項の規定により指揮者が行なう指示及び合図に従わなければならない。 第320条　事業者は、電気発破の作業を行なうときは、発破の業務につくことができる者のうちから作業の指揮者を定め、その者に前条第1項第五号及び第七号並びに次の事項を行なわせなければならない。 　一　当該作業に従事する労働者に対し、退避の場所及び経路を指示すること。 　二　点火前に危険区域内から労働者が退避したことを確認すること。 　三　点火者を定めること。 　四　点火場所について指示すること。 2　電気発破の作業の指揮者は、前項各号に掲げる事項を行なわせなければならない。 3　電気発破の作業に従事する労働者は、前項の規定により指揮者が行なう指示及び合図に従わなければならない。
避　　難	第321条　事業者は、発破の作業を行なう場合において、労働者が安全な距離に避難し得ないときは、前面と上部を堅固に防護した避難所を設けなければならない。

④ コンクリート破砕器作業

コンクリート破砕器作業の基準	**第321条の2** 事業者は、コンクリート破砕器を用いて破砕の作業を行うときは、次に定めるところによらなければならない。 一 コンクリート破砕器を装てんするときは、その付近での裸火の使用又は喫煙を禁止すること。 二 装てん具は、摩擦、衝撃、静電気等によりコンクリート破砕器が発火するおそれのない安全なものを使用すること。 三 込物は、セメントモルタル、砂その他の発火又は引火の危険のないものを使用すること。 四 破砕された物等の飛散を防止するための措置を講じること。 五 点火後、装てんされたコンクリート破砕器が発火しないとき、又は装てんされたコンクリート破砕器が発火したことの確認が困難であるときは、コンクリート破砕器の母線を点火器から取り外し、その端を短絡させておき、かつ、再点火できないように措置を講じ、その後5分以上経過した後でなければ、当該作業に従事する労働者をコンクリート破砕器の装てん箇所に接近させないこと。
コンクリート破砕器作業主任者の選任	**第321条の3** 事業者は、令第6条第八号の2の作業については、コンクリート破砕器作業主任者技能講習を修了した者のうちから、コンクリート破砕器作業主任者を選任しなければならない。 **【安衛施行令】** **作業主任者を選任すべき作業** **第6条八号の2** コンクリート破砕機を用いて行う破砕の作業
コンクリート破砕器作業主任者の職務	**第321条の4** 事業者は、コンクリート破砕器作業主任者に次の事項を行わせなければならない。 一 作業の方法を決定し、作業を直接指揮すること。 二 作業に従事する労働者に村し、退避の場所及び経路を指示すること。 三 点火前に危険区域内から労働者が退避したことを確認すること。 四 点火者を定めること。 五 点火の合図をすること。 六 不発の装薬又は残薬の有無について点検すること。

コンクリート破砕器作業の基準

装てん時、附近での裸火の使用、喫煙の禁止

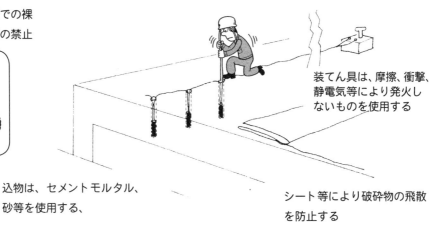

装てん具は、摩擦、衝撃、静電気等により発火しないものを使用する

込物は、セメントモルタル、砂等を使用する、

シート等により破砕物の飛散を防止する

⑤ 雑 則

地下作業場等	第 322 条　事業者は、可燃性ガスが発生するおそれのある地下作業場において作業を行うとき（第 382 条に規定するずい道等の建設の作業を行うときを除く。）、又はガス導管からガスが発散するおそれのある場所において明り掘削の作業（地山の掘削又はこれに伴う土石の運搬等の作業（地山の掘削の作業が行われる箇所及びこれに近接する箇所において行われるものに限る。）をいう。以下同じ。）を行うときは、爆発又は火災を防止するため、次に定める措置を講じなければならない。 一　これらのガスの濃度を測定する者を指名し、その者に、毎日作業を開始する前及び当該ガスに関し異常を認めたときに、当該ガスが発生し、又は停滞するおそれがある場所について、当該ガスの濃度を測定させること。 二　これらのガスの濃度が爆発下限界の値の 30 パーセント以上であることを認めたときは、直ちに、労働者を安全な場所に退避させ、及び火気その他点火源となるおそれがあるものの使用を停止し、かつ、通風、換気等を行うこと。 　1　本条の「地下作業場」のおもなものとしては、坑、ずい道、潜函、地下掘削作業場、地下ケーブル用のマンホール、下水管、し尿浄化処理槽等の内部であって、地表面以下にある作業場所があること。 　2　第一号の「当該ガスに関し異常を認めたとき」とは、酸素濃度の低下等により作業者が異常を訴えたとき、可燃性のガスの突出があったとき、発破その他により作業場所の模様が変動し可燃性のガスの発生が予想されるとき等をいうこと。 　3　第一号の「停滞するおそれがある場所」のおもなものとしては、掘削切羽の上部および下部、坑道の分散箇所、その他通気の妨げになる物がある場所等があること。 　4　第一号の「測定」とは、可燃性ガスの濃度を測定できる計測器を用いて計測することをいうこと。 　5　第二号の「安全な場所」とは、地下作業場外の場所、通気の系統が同一でなく爆発、火災等の発生時に被害が波及しない場所等をいうこと。 （昭 42.2.6　基発第 122 号） 　6　「ガス導管からガスが発散するおそれ」があるか否かの判定は、当該ガス導管の材料、構造または防護の状態等を勘案してなさるべきであるが、掘削の作業により露出したガス導管の接合部（溶接によるものを除く。）については、原則としてこれに該当するものであること。 （昭 46.4.15　基発第 309 号）

安全基準項目	災害事例	条文	頁
10. 電気による危険の防止 ① 電気機械器具	アーク溶接機の充電部に接触し感電する 機械工具を使用し作業中、機械本体部分の漏電により感電する	第329条 ・電気機械器具の囲い等 第330条 ・手持型電燈等のガード 第331条 ・溶接棒等のホルダー 第332条 ・交流アーク溶接機用自動電撃防止装置 第333条 ・漏電による感電の防止 第334条 ・適用除外 第335条 ・電気機械器具の操作部分の照度	214 214 215 215 215 217 218
② 配線及び移動電線・停電作業	移動式電線の接続部が熱を持ち電線が燃える 通路面にはった移動電線に感電する	第336条 ・配線等の絶縁被覆 第337条 ・移動電線等の被覆又は外装 第338条 ・仮設の配線等 第339条 ・停電作業を行なう場合の措置 第340条 ・断路器等の開路	219 219 219 220 220
③ 活線作業及び活線近接作業	変電所の囲い上で作業中、感電する	第341条 ・高圧活線作業 第342条 ・高圧活線近接作業 第343条 ・絶縁用防具の装着等 第344条 ・特別高圧活線作業 第345条 ・特別高圧活線近接作業 第346条 ・低圧活線作業 第347条 ・低圧活線近接作業 第348条 ・絶縁用保護具等 第349条 ・工作物の建設等の作業を行なう場合の感電の防止	221 221 222 222 223 223 224 224 225
④ 管理	変電所のフェンスを塗装中に感電する	第350条 ・電気工事の作業を行なう場合の作業指揮等 第351条 ・絶縁用保護具等の定期自主検査 第352条 ・電気機械器具等の使用前点検等	227 227 228

安衛則　安全基準

213

10. 電気による危険の防止

① 電気機械器具

電気機械器具の囲い等	第329条　事業者は、電気機械器具の充電部分（電熱器の発熱体の部分、抵抗溶接機の電極の部分等電気機械器具の使用の目的により露出することがやむを得ない充電部分を除く。）で、労働者が作業中又は通行の際に、接触（導電体を介する接触を含む。以下この章において同じ。）し、又は接近することにより感電の危険を生ずるおそれのあるものについては、感電を防止するための囲い又は絶縁覆いを設けなければならない。ただし、配電盤室、変電室等区画された場所で、事業者が第36条第四号の業務に就いている者（以下「電気取扱者」という。）以外の者の立入りを禁止したところに設置し、又は電柱上、搭上等隔離された場所で、電気取扱者以外の者が接近するおそれのないところに設置する電気機械器具については、この限りでない。

感電による危険防止

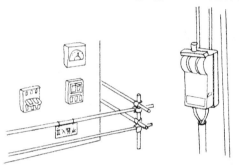

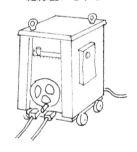

充電部分は囲い又は
絶縁覆いをする

施工中の電気室等で、感電の危険
のおそれのある場所は、囲い等を
設け立入禁止とする

手持型電燈等のガード	第330条　事業者は、移動電線に接続する手持型の電燈、仮設の配線又は移動電線に接続する架空つり下げ電燈等には、口金に接触することによる感電の危険及び電球の破損による危険を防止するため、ガードを取り付けなければならない。 2　事業者は、前項のガードについては、次に定めるところに適合するものとしなければならない。 　一　電球の口金の露出部分に容易に手が触れない構造のものとすること。 　二　材料は、容易に破損又は変形をしないものとすること。

電燈ガードの取付け

感電防止のためガードを取付ける

ガードは容易に破損又は変形しないもので、電球の
口金の露出部分に手が触れないものとする

溶接棒等のホルダー	第331条　事業者は、アーク溶接等（自動溶接を除く。）の作業に使用する溶接棒等のホルダーについては、感電の危険を防止するため必要な絶縁効力及び耐熱性を有するものでなければ、使用してはならない。
	「感電の危険を防止するため必要な絶縁効力及び耐熱性を有するもの」とは、日本工業規格 C9300-11（溶接棒ホルダ）に定めるホルダーの規格に適合するもの又はこれと同等以上の絶縁効力及び耐熱性を有するものであること。（平 20.9.29　基発第 0929002 号）
	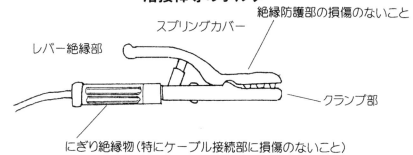
交流アーク溶接機用自動電撃防止装置	第332条　事業者は、船舶の二重底若しくはピークタンクの内部、ボイラーの胴若しくはドームの内部等導電体に囲まれた場所で著しく狭あいなところ又は墜落により労働者に危険を及ぼすおそれのある高さが2メートル以上の場所で鉄骨等導電性の高い接地物に労働者が接触するおそれがあるところにおいて、交流アーク溶接等（自動溶接を除く。）の作業を行うときは、交流アーク溶接機用自動電撃防止装置を使用しなければならない。
	2　「墜落により労働者に危険を及ぼすおそれのある高さが2m以上の場所」とは、高さが2m以上の箇所で安全に作業する床がなく、第111条〔現行＝518・519条〕の規定による足場、囲い、手すり、覆い等を設けていない場所をいうものであること。 3　「導電性の高い接地物」とは、鉄骨、鉄筋、鉄柱、金属製水道管、ガス管、鋼船の鋼材部分であって、大地に埋設される等電気的に接続された状態にあるものをいうこと。（昭 44.2.5　基発第 59 号）
漏電による感電の防止	第333条　事業者は、電動機を有する機械又は器具（以下「電動機械器具」という。）で、対地電圧が 150 ボルトを超える移動式若しくは可搬式のもの又は水等導電性の高い液体によって湿潤している場所その他鉄板上、鉄骨上、定盤上等導電性の高い場所において使用する移動式若しくは可搬式のものについては、漏電による感電の危険を防止するため、当該電動機械器具が接続される電路に、当該電路の定格に適合し、感度が良好であり、かつ、確実に作動する感電防止用漏電しゃ断装置を接続しなければならない。 2　事業者は、前項に規定する措置を講ずることが困難なときは、電動機械器具の金属製外わく、電動機の金属製外被等の金属部分を、次に定めるところにより接地して使用しなければならない。

一　接地極への接続は、次のいずれかの方法によること。
　イ　一心を専用の接地線とする移動電線及び一端子を専用の接地端子とする接続
　　器具を用いて接地極に接続する方法〔次図　イ〕
　ロ　移動電線に添えた接地線及び当該電動機械器具の電源コンセントに近接する
　　箇所に設けられた接地端子を用いて接地極に接続する方法〔次図　ロ〕
二　前号イの方法によるときは、接地線と電路に接続する電線との混用及び接地端
　子と電路に接続する端子との混用を防止するための措置を講ずること。
三　接地極は、十分に地中に埋設する等の方法により、確実に大地と接続すること。

（1）第2項第一号イの「一心を専用の接地線とする移動電線及び一端子を専
用の接地端子とする接続器具を用いて接地極に接続する方法」とは、次の図に
示すごとき方法をいうこと。
（イ）

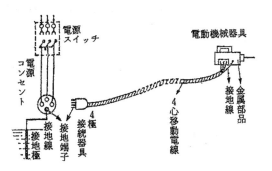

（2）第2項第一号ロの「移動電線に添えた接地線及び当該電動機械器具の電
源コンセントに近接する箇所に設けられた接地端子を用いて接地極に接続する
方法」とは、次の図に示すごとき方法をいうこと。
（ロ）

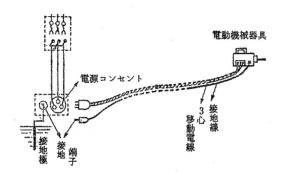

（昭 35.11.22　基発第 990 号）

第2項第二号の「混用を防止するための措置」とは、色、形状等を異にすること、標示をすること等の方法により、接地線と電路に接続する電線との区別及び接地端子と電路に接続する端子との区別を明確にすることをいうこと。
第2項第三号の「確実に」とは、十分に低い接地抵抗値を保つように（電動機械器具の金属部分の接地抵抗値がおおむね 25 オーム以下になるように）の意であること。
（昭 35.11.22　基発第 990 号）

感電防止

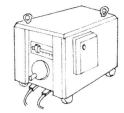

自動電撃防止装置が作動すること

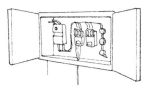

感電防止用漏電しゃ断装置が作動すること

適用除外

第 334 条　前条の規定は、次の各号のいずれかに該当する電動機械器具については、適用しない。
一　非接地方式の電路（当該電動機械器具の電源側の電路に設けた絶縁変圧器の二次電圧が 300 ボルト以下であり、かつ、当該絶縁変圧器の負荷側の電路が接地されていないものに限る。）に接続して使用する電動機械器具
二　絶縁台の上で使用する電動機械器具
三　電気用品安全法（昭和 36 年法律第 234 号）第 2 条第 2 項の特定電気用品であって、同法第 10 条第 1 項の表示が付された二重絶縁構造の電動機械器具

適用除外の電動機械器具

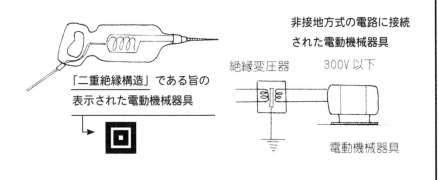

「二重絶縁構造」である旨の表示された電動機械器具

非接地方式の電路に接続された電動機械器具

絶縁変圧器　　300V 以下

電動機械器具

電気機械器具の 操作部分の照度	第335条　事業者は、電気機械器具の操作の際に、感電の危険又は誤操作による危険を防止するため、当該電気機械器具の操作部分について必要な照度を保持しなければならない。
	「必要な照度」とは、操作部分の位置、区分等を容易に判別することができる程度の明るさをいい、照明の方法は局部照明、全般照明又は自然採光による照明のいずれであっても差しつかえないこと。なお、本条は、操作の際における照度の保持について定めたものであって、操作時以外の場合における照度の保持まで規制する趣旨ではないこと。 （昭 35.11.22　基発第 990 号）

②　配線及び移動電線・停電作業

配線等の絶縁被覆	**第336条**　事業者は、労働者が作業中又は通行の際に接触し、又は接触するおそれのある配線で、絶縁被覆を有するもの（第36条第四号の業務において電気取扱者のみが接触し、又は接触するおそれがあるものを除く。）又は移動電線については、絶縁被覆が損傷し、又は老化していることにより、感電の危険が生ずることを防止する措置を講じなければならない。 「接触するおそれがある」とは、作業し、若しくは通行する者の側方おおむね60センチメートル以内又は作業床若しくは通路面からおおむね2メートル以内の範囲にあることをいうこと。 「防止する措置」とは、当該配線又は移動電線を絶縁措置の完全なものと取り換えること。絶縁被覆が損傷し、又は老化している部分を補修すること等の措置をいうこと。 （昭35.11.22　基発第990号）
移動電線等の被覆又は外装	**第337条**　事業者は、水その他導電性の高い液体によって湿潤している場所において使用する移動電線又はこれに附属する接続器具で、労働者が作業中又は通行の際に接触するおそれのあるものについては、当該移動電線又は接続器具の被覆又は外装が当該導電性の高い液体に対して絶縁効力を有するものでなければ、使用してはならない。
仮設の配線等	**第338条**　事業者は、仮設の配線又は移動電線を通路面において使用してはならない。ただし、当該配線又は移動電線の上を車両その他の物が通過すること等による絶縁被覆の損傷のおそれのない状態で使用するときは、この限りでない。 ただし書の「その他の物」とは、通路面をころがして移送するボンベ、ドラム缶等の重量物をいうこと。 ただし書の「絶縁被覆の損傷のおそれがない状態」とは、当該配線又は移動電線に防護覆を装置すること、当該配線又は移動電線を金属管内又はダクト内に収めること等の方法により、絶縁被覆について損傷防護の措置を講じてある状態及び当該配線又は移動電線を通路面の側端に、かつ、これに添って配置し、車両等がその上を通過すること等のおそれがない状態をいうこと。 （昭35.11.22　基発第990号）

通路配線保護の例

・作業中の接触による感電を防止する
・水その他導電性の高い場所で使用する移動電線等は絶縁効果を有する物を使用する

停電作業を行なう場合の措置	第339条　事業者は、電路を開路して、当該電路又はその支持物の敷設、点検、修理、塗装等の電気工事の作業を行なうときは、当該電路を開路した後に、当該電路について、次に定める措置を講じなければならない。当該電路に近接する電路若しくはその支持物の敷設、点検、修理、塗装等の電気工事の作業又は当該電路の近接する工作物（電路の支持物を除く。以下この章において同じ。）の建設、解体、点検、修理、塗装等の作業を行なう場合も同様とする。 一　開路に用いた開閉器に、作業中、施錠し、若しくは通電禁止に関する所要事項を表示し、又は監視人を置くこと。 二　開路した電路が電力ケーブル、電力コンデンサー等を有する電路で、残留電荷による危険を生ずるおそれのあるものについては、安全な方法により当該残留電荷を確実に放電させること。 三　開路した電路が高圧又は特別高圧であったものについては、検電器具により停電を確認し、かつ、誤通電、他の電路との混触又は他の電路からの誘導による感電の危険を防止するため、短絡接地器具を用いて確実に短絡接地すること。 2　事業者は、前項の作業中又は作業を終了した場合において、開路した電路に通電しようとするときは、あらかじめ、当該作業に従事する労働者について感電の危険が生ずるおそれのないこと及び短絡接地器具を取りはずしたことを確認した後でなければ、行なってはならない。
断路器等の開路	第340条　事業者は、高圧又は特別高圧の電路の断路器、線路開閉器等の開閉器で、負荷電流をしゃ断するためのものでないものを開路するときは、当該開閉器の誤操作を防止するため、当該電路が無負荷であることを示すためのパイロットランプ、当該電路の系統を判別するためのタブレット等により、当該操作を行なう労働者に当該電路が無負荷であることを確認させなければならない。ただし、当該開閉器に、当該電路が無負荷でなければ開路することができない緊錠装置を設けるときは、この限りでない。

停電作業を行う場合の措置

開路に用いた開閉器は、施錠若しくは通電禁止表示をする

監視人を置く

③ 活線作業及び活線近接作業

高圧活線作業	**第341条** 事業者は、高圧の充電電路の点検、修理等当該充電電路を取り扱う作業を行なう場合において、当該作業に従事する労働者について感電の危険が生ずるおそれのあるときは、次の各号のいずれかに該当する措置を講じなければならない。 一 労働者に絶縁用保護具を着用させ、かつ、当該充電電路のうち労働者が現に取り扱っている部分以外の部分が、接触し、又は接近することにより感電の危険が生ずるおそれのあるものに絶縁用防具を装着すること。 二 労働者に活線作業用器具を使用させること。 三 労働者に活線作業用装置を使用させること。この場合には、労働者が現に取り扱っている充電電路と電位を異にする物に、労働者の身体又は労働者が現に取り扱っている金属性の工具、材料等の導電体（以下「身体等」という。）が接触し、又は接近することによる感電の危険を生じさせてはならない。 2 労働者は、前項の作業において、絶縁保護具の着用、絶縁用防具の装着又は活線作業用器具若しくは活線作業用装置の使用を事業者から命じられたときは、これを着用し、装着し、又は使用しなければならない。 ┌───┐ 「絶縁用保護具」とは、電気用ゴム手袋、電気用帽子、電気用ゴム袖、電気用ゴム長靴等作業を行なう者の身体に着用する感電防止用の保護具をいうこと。 「絶縁用防具」とは、ゴム絶縁管、ゴムがいしカバー、ゴムシート、ビニールシート等電路に対して取り付ける感電防止用の装具をいうこと。 「活線作業用器具」とは、その使用の際に作業を行なう者の手で持つ部分が絶縁素材で作られた棒状の絶縁工具をいい、いわゆるホットステックのごときものをいうこと。 「活線作業用装置」とは、対地絶縁を施した活線作業用車又は活線作業用絶縁台をいうこと。 （昭35.11.22 基発第990号） └───┘
高圧活線近接作業	**第342条** 事業者は、電路又はその支持物の敷設、点検、修理、塗装等の電気工事の作業を行なう場合において、当該作業に従事する労働者が高圧の充電電路に接触し、又は当該充電電路に対して頭上距離が30センチメートル以内又は躯側距離若しくは足下距離が60センチメートル以内に接近することにより感電の危険が生ずるおそれのあるときは、当該充電電路に絶縁用防具を装着しなければならない。ただし、当該作業に従事する労働者に絶縁用保護具を着用させて作業を行なう場合において、当該絶縁用保護具を着用する身体の部分以外の部分が当該充電電路に接触し、又は接近することにより感電の危険が生ずるおそれのないときは、この限りでない。 2 労働者は、前項の作業において、絶縁用防具の装着又は絶縁用保護具の着用を事業者から命じられたときは、これを装着し、又は着用しなければならない。

高圧活線作業、高圧活線近接作業時の絶縁用保護具の着用等

高圧活線作業

絶縁用保護具の着用

絶縁用防具の装着

高圧活線近接作業

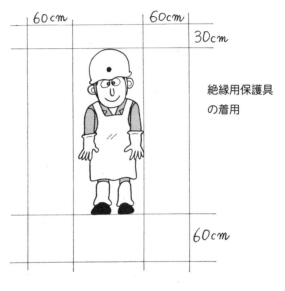

60cm　　60cm

30cm

絶縁用保護具
の着用

60cm

この範囲内に高圧充電電路がある場合には、絶縁用防具を装着し、作業者に絶縁用保護具を着用させる

絶縁用防具の装着等	第343条　事業者は、前2条の場合において、絶縁用防具の装着又は取りはずしの作業を労働者に行なわせるときは、当該作業に従事する労働者に、絶縁用保護具を着用させ、又は活線作業用器具若しくは活線作業用装置を使用させなければならない。 2　労働者は、前項の作業において、絶縁用保護具の着用又は活線作業用器具若しくは活線作業用装置の使用を事業者から命じられたときには、これを着用し、又は使用しなければならない。
特別高圧活線作業	第344条　事業者は、特別高圧の充電電路又はその支持がいしの点検、修理、清掃等の電気工事の作業を行なう場合において、当該作業に従事する労働者について感電の危険が生ずるおそれのあるときは、次の各号のいずれかに該当する措置を講じなければならない。 一　労働者に活線作業用器具を使用させること。この場合には、身体等について、次の表の上欄〔本書において左欄〕に掲げる充電電路の使用電圧に応じ、それぞれ同表の下欄〔本書において右欄〕に掲げる充電電路に対する接近限界距離を保たせなければならない。 二　労働者に活線作業用装置を使用させること。この場合には、労働者が現に取り扱っている充電電路若しくはその支持がいしと電位を異にする物に身体等が接触し、又は接近することによる感電の危険を生じさせてはならない。 2　労働者は、前項の作業において、活線作業用器具又は活線作業用装置の使用を事業者から命じられたときは、これを使用しなければならない。

充電電路の使用電圧 （単位 キロボルト）	充電電路に対する 接近限界距離 （単位 センチメートル）
22 以下	20
22 をこえ 33 以下	30
33 をこえ 66 以下	50
66 をこえ 77 以下	60
77 をこえ 110 以下	90
110 をこえ 154 以下	120
154 をこえ 187 以下	140
187 をこえ 220 以下	160
220 をこえる場合	200

> 「活線作業用器具」とは、使用の際に、手で持つ部分が絶縁材料で作られた棒状の特別高圧用絶縁工具をいい、ホットスティック、開閉器操作用フック棒等のほか不良がいし検出器が含まれるものであること。ただし、注水式の活線がいし洗浄器は、活線作業用器具に含まれないこと。
> 「活線作業用装置」とは、対地絶縁を施した活線作業用車、活線作業用絶縁台等であって、対象とする特別高圧の電圧について絶縁効力を有するものをいうこと。
> （昭 44.2.5　基発第 59 号）

特別高圧活線近接作業

第 345 条　事業者は、電路又はその支持物（特別高圧の充電電路の支持がいしを除く。）の点険、修理、塗装、清掃等の電気工事の作業を行なう場合において、当該作業に従事する労働者が特別高圧の充電電路に接近することにより感電の危険が生ずるおそれのあるときは、次の各号のいずれかに該当する措置を講じなければならない。
一　労働者に活線作業用装置を使用させること。
二　身体等について、前条第 1 項第一号に定める充電電路に対する接近限界距離を保たせなければならないこと。この場合には、当該充電電路に対する接近限界距離を保つ見やすい箇所に標識等を設け、又は監視人を置き作業を監視させること。
2　労働者は、前項の作業において、活線作業用装置の使用を事業者から命じられたときは、これを使用しなければならない。

低圧活線作業

第 346 条　事業者は、低圧の充電電路の点検、修理等当該充電電路を取り扱う作業を行なう場合において、当該作業に従事する労働者について感電の危険が生ずるおそれのあるときは、当該労働者に絶縁用保護具を着用させ、又は活線作業用器具を使用させなければならない。
2　労働者は、前項の作業において、絶縁用保護具の着用又は活線作業用器具の使用を事業者から命じられたときは、これを着用し、又は使用しなければならない。

> 「絶縁用保護具」とは、身体に着用する感電防止用保護具であって、交流で 300 ボルトをこえる低圧の充電電路について用いるものは第 127 条の 7 の 2〔現行＝ 348 条 1 項五号〕に定めるものでなければならないが、直流で 750 ボルト以下又は交流で 300 ボルト以下の充電電路について用いるものは、対象とする電路の電圧に応じた絶縁性能を有するものであればよく、ゴム引又はビニル引の作業手袋、皮手袋、ゴム底靴等であって濡れていないものが含まれるものであること。

本条の「活線作業用器具」とは、使用の際に手で持つ部分が絶縁材料で作られた棒状の絶縁工具であって、交流で300ボルトをこえる低圧の充電電路について用いるものは、第127条の7の2〔現行＝348条1項五号〕に定めるものでなければならないが、直流で750ボルト以下又は交流で300ボルト以下の充電電路について用いるものは、対象とする電路の電圧に応じた絶縁性能を有するものであればよく、絶縁棒その他絶縁性のものの先端部に工具部分を取り付けたもの等が含まれるものであること。

（昭44.2.5　基発第59号）

低圧活線近接作業

第347条　事業者は、低圧の充電電路に近接する場所で電路又はその支持物の敷設、点検、修理、塗装等の電気工事の作業を行なう場合において、当該作業に従事する労働者が当該充電電路に接触することにより感電の危険が生ずるおそれのあるときは、当該充電電路に絶縁用防具を装着しなければならない。ただし、当該作業に従事する労働者に絶縁用保護具を着用させて作業を行なう場合において、当該絶縁用保護具を着用する身体の部分以外の部分が、当該充電電路に接触するおそれのないときは、この限りでない。

2　事業者は、前項の場合において、絶縁防具の装着又は取りはずしの作業を労働者に行なわせるときは、当該作業に従事する労働者に、絶縁用保護具を着用させ、又は活線作業用器具を使用させなければならない。

3　労働者は、前2項の作業において、絶縁用防具の装着、絶縁用保護具の着用又は活線作業用器具の使用を事業者から命じられたときは、これを装着し、着用し、又は使用しなければならない。

本条の「絶縁用防具」とは、電路に取り付ける感電防止のための装具であって、交流で300ボルトをこえる低圧の充電電路について用いるものは第127条の7の2〔現行＝348条1項五号〕に定めるものでなければならないが、直流で750ボルト以下または交流で300ボルト以下の充電電路について用いるものは、対象とする電路の電圧に応じた絶縁性能を有するものであればよく、割竹、当て板等であって乾燥しているものが含まれるものであること。

（昭44.2.5　基発第59号）

絶縁用保護具等

第348条　事業者は、次の各号に掲げる絶縁用保護具等については、それぞれの使用の目的に適応する種別、材質及び寸法のものを使用しなければならない。

　一　第341条から第343条までの絶縁用保護具
　二　第341条及び第342条の絶縁用防具
　三　第341条及び第343条から第345条までの活線作業用装置
　四　第341条、第343条及び第344条の活線作業用器具
　五　第346条及び第347条の絶縁用保護具及び活線作業用器具並びに第347条の絶縁用防具

2　事業者は、前項第五号に掲げる絶縁用保護具、活線作業用器具及び絶縁用防具で、直流で750ボルト以下又は交流で300ボルト以下の充電電路に対して用いられるものにあっては、当該充電電路の電圧に応じた絶縁効力を有するものを使用しなければならない。

絶縁用防護具類				
電気用安全帽 ㊟保	電気用ゴム手袋 ㊟保	絶縁用上衣 ㊟防	絶縁用ゴム長靴 ㊟保	絶縁用ゴム管 ㊟防
縁回し絶縁管 ㊟防	ゴムシート ㊟防	絶縁工具 ㊟器	活線作業用絶縁台 ㊟装	絶縁棒 ㊟器

・絶縁用保護具　‥‥‥‥‥‥‥‥‥‥‥‥‥‥　電気用ゴム手袋、電気用安全帽子、電気用ゴム袖、絶縁用ゴム長靴
　（身体に着用する感電防止用保護具）

・絶縁用防具　‥‥‥‥‥‥‥‥‥‥‥‥‥‥‥　絶縁用ゴム管、ゴムシート、ビニールシート
　（電路に取り付ける感電防止用装具）

・活線作業用器具　‥‥‥‥‥‥‥‥‥‥‥　絶縁棒
　（作業を行う者の手で持つ部分が絶縁
　　材料で作られた棒状の絶縁工具）

・活線作業用装置　‥‥‥‥‥‥‥‥‥‥‥‥‥　対地絶縁を施した活線作業用車又は活線作業用絶縁台

工作物の建設等の作業を行なう場合の感電の防止	第349条　事業者は、架空電線又は電気機械器具の充電電路に近接する場所で、工作物の建設、解体、点検、修理、塗装等の作業若しくはこれらに附帯する作業又はくい打機、くい抜機、移動式クレーン等を使用する作業を行なう場合において、当該作業に従事する労働者が作業中又は通行の際に、当該充電電路に身体等が接触し、又は接近することにより感電の危険が生ずるおそれのあるときは、次の各号のいずれかに該当する措置を講じなければならない。 一　当該充電電路を移設すること。 二　感電の危険を防止するための囲いを設けること。 三　当該充電電路に絶縁用防護具を装着すること。 四　前3号に該当する措置を講ずることが著しく困難なときは、監視人を置き、作業を監視させること。 　「くい打機、くい抜機、移動式クレーン等」の「等」には、ウインチ、レッカー車、機械集材装置、運材索道等が含まれるものであること。 　「くい打機、くい抜機、移動式クレーン等を使用する作業を行なう場合」の「使用する作業を行なう場合」とは、運転及びこれに附帯する作業のほか、組立、移動、点検、調整又は解体を行なう場合が含まれるものであること。 （昭44.2.5　基発第59号）

工作物の建設等の作業を行う場合の感電の防止

充電電路近接場所
工作物の建設・解体・点検・修理塗装等
くい打機・くい抜機・移動式クレーン等の作業

感電のおそれのあるとき

① 充電電路を移設する

② 感電防止の囲いを設ける

③ 絶縁用防護具を装着する

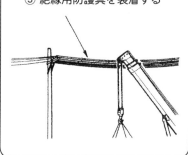

①、②、③の措置が著しく
困難なときは監視人を置く

④　管　理

電気工事の作業を行なう場合の作業指揮等	**第350条**　事業者は、第339条、第341条第1項・第342条第1項・第344条第1項又は第345条第1項の作業を行なうときは、当該作業に従事する労働者に対し、作業を行なう期間、作業の内容並びに取り扱う電路及びこれに近接する電路の系統について周知させ、かつ、作業の指揮者を定めて、その者に次の事項を行なわせなければならない。 　一　労働者にあらかじめ作業の方法及び順序を周知させ、かつ、作業を直接指揮すること。 　二　第345条第1項の作業を同項第二号の措置を講じて行なうときは、標識等の設置又は監視人の配置の状態を確認した後に作業の着手を指示すること。 　三　電路を開路して作業を行なうときは、当該電路の停電の状態及び開路に用いた開閉器の施錠、通電禁止に関する所要事項の表示又は監視人の配置の状態並びに電路を開路した後における短絡接地器具の取付けの状態を確認した後に作業の着手を指示すること。
絶縁用保護具等の定期自主検査	**第351条**　事業者は、第348条第1項各号に掲げる絶縁用保護具等（同項第五号に掲げるものにあっては、交流で300ボルトを超える低圧の充電電路に対して用いられるものに限る。以下この条において同じ。）については、6月以内ごとに1回、定期に、その絶縁性能について自主検査を行わなければならない。ただし、6月を超える期間使用しない絶縁用保護具等の当該使用しない期間においては、この限りでない。 2　事業者は、前項ただし書の絶縁用保護具等については、その使用を再び開始する際に、その絶縁性能について自主検査を行なわなければならない。 3　事業者は、第1項又は第2項の自主検査の結果、当該絶縁用保護具等に異常を認めたときは、補修その他必要な措置を講じた後でなければ、これらを使用してはならない。 4　事業者は、第1項又は第2項の自主検査を行ったときは、次の事項を記録し、これを3年間保存しなければならない。 　一　検査年月日 　二　検査方法 　三　検査箇所 　四　検査の結果 　五　検査を実施した者の氏名 　六　検査の結果に基づいて補修等の措置を講じたときは、その内容

絶縁用保護具等の定期自主検査

1. 交流300Vを超える充電電路用絶縁用保護具	3. 高圧・特別高圧用活線作業用装置
2. 高圧用絶縁用防具	4. 高圧・特別高圧用活線作業用器具

227

| 電気機械器具等 の使用前点検等 | 第352条 事業者は、次の表の上欄〔本書において左欄〕に掲げる電気機械器具等を使用するときは、その日の使用を開始する前に当該電気機械器具等の種別に応じ、それぞれ同表の下欄〔本書において右欄〕に掲げる点検事項について点検し、異常を認めたときは、直ちに、補修し、又は取り換えなければならない。 |

電気機械器具等の種別	点検事項
第331条の溶接棒等のホルダー	絶縁防護部分及びホルダー用ケーブルの接続部の損傷の有無
第332条の交流アーク溶接機用自動電撃防止装置	作動状態
第333条第1項の感電防止用漏電しや断装置	
第333条の電動機械器具で、同条第2項に定める方法により接地をしたもの	接地線の切断、接地極の浮上がり等の異常の有無
第337条の移動電線及びこれに附属する接続器具	被覆又は外装の損傷の有無
第339条第1項第三号の検電器具	検電性能
第339条第1項第三号の短絡接地器具	取付金具及び接地導線の損傷の有無
第341条及び第343条までの絶縁用保護具	ひび、割れ、破れその他の損傷の有無及び乾燥状態
第341条及び第342条の絶縁用防具	
第341条及び第343条から第345条までの活線作業用装置	
第341条、第343条及び第344条の活線作業用器具	
第346条及び第347条の絶縁用保護具及び活線作業用器具並びに第347条の絶縁用防具	
第349条第三号及び第570条第1項第六号の絶縁用防護具	

安全基準項目	災害事例	条　　文		頁
11. 明り掘削の 作業 ① 掘削の時期及 び順序等	掘削中に下 水管を損傷 させる 手掘り掘削中に、高温ガスが 噴き出す 	第355条	・作業箇所等の調査	231
		第356条	・掘削面のこう配の基準	231
		第357条	・崩壊しやすい地山の掘削	233
		第358条	・点　検	233
		第359条	・地山の掘削作業主任者の選任	234
		第360条	・地山の掘削作業主任者の職務	235
		第361条	・地山の崩壊等による危険の防止	235
		第362条	・埋設物等による危険の防止	236
		第363条	・掘削機械等の使用禁止	236
		第364条	・運搬機械等の運行の経路等	237
		第365条	・誘導者の配置	237
		第366条	・保護帽の着用	237
		第367条	・照度の保持	237
② 土止め支保工	土止め支保工が崩壊する 腹起し取付け中足をつり荷に 挟まれる 	第368条	・材　料	238
		第369条	・構　造	238
		第370条	・組立図	238
		第371条	・部材の取付け等	238
		第372条	・切りばり等の作業	239
		第373条	・点　検	240
		第374条	・土止め支保工作業主任者の選任	240
		第375条	・土止め支保工作業主任者の職務	240
12. ずい道等の建 設の作業等 ① 調査等	ずい道内で落盤が発生する 	第379条	・調査及び記録	241
		第380条	・施工計画	241
		第381条	・観察及び記録	242
		第382条	・点　検	242
		第382条の2	・可燃性ガスの濃度の測定等	243
		第382条の3	・自動警報装置の設置等	243
		第383条	・施工計画の変更	244
		第383条の2	・ずい道等の掘削等作業主任者の選任	244
		第383条の3	・ずい道等の掘削等作業主任者の職務	244
		第383条の4	・ずい道等の覆工作業主任者の選任	245
		第383条の5	・ずい道等の覆工作業主任者の職務	245

安衛則　安全基準

229

11. 明り掘削の作業

① 掘削の時期及び順序等

作業箇所等の調査	第355条　事業者は、地山の掘削の作業を行う場合において、地山の崩壊、埋設物等の損壊等により労働者に危険を及ぼすおそれのあるときは、あらかじめ、作業箇所及びその周辺の地山について次の事項をボーリングその他適当な方法により調査し、これらの事項について知り得たところに適応する掘削の時期及び順序を定めて、当該定めにより作業を行わなければならない。 一　形状、地質及び地層の状態 二　き裂、含水、湧水及び凍結の有無及び状態 三　埋設物等の有無及び状態 四　高温のガス及び蒸気の有無及び状態 1　「埋設物その他地下に存する工作物」〔現行＝埋設物等〕とは、地下に存するガス管、水道管、地下ケーブル、建築物の基礎等をいうこと。 2　「労働者が危害〔現行＝危険〕を受けるおそれがある」か否かの判定は、掘削箇所の地形及び地質、気象条件、埋設物の種類、掘削の方法等を勘案してなさるべきであるが、次に掲げるごとき場合は、原則としてこれに該当するものであること。 　イ　掘削面の高さが2メートル以上の掘削を行なうとき。 　ロ　市街地等埋設物の存在が予想される場所で掘削を行なうとき。 　ハ　火山地帯、温泉地帯等高温のガス又は蒸気の存在が予想される場所で掘削を行なうとき。 3　「ボーリングその他適当な方法により調査し」の「適当な方法」は、予想される危害の種類、程度等に応じ、次に示すごとき方法によること。 　イ　第一号及び第二号に掲げる事項については、地質図若しくは地盤図又は踏査により調べること。 　ロ　第三号に掲げる事項については、埋設物等の所有者又は管理者について当該埋設物の種類、位置を確認すること。 　ハ　第四号に掲げる事項については、ボーリングにより調べること。 　なお、発注者等が「適当な方法」によって、調査をしている場合には、使用者がその調査の結果について調べることも本条の「適当な方法」による調査に含まれること。 4　「これらの事項についてしり得たところ」には、調査以外の方法、たとえば掘削作業中の点検等により知り得たものが含まれること。 （昭40.2.10　基発139号）
掘削面のこう配の基準	第356条　事業者は、手掘り（パワー・ショベル、トラクター・ショベル等の掘削機械を用いないで行なう掘削の方法をいう。以下次条において同じ。）により地山（崩壊又は岩石の落下の原因となるき裂がない岩盤からなる地山、砂からなる地山及び発破等により崩壊しやすい状態になっている地山を除く。以下この条において同じ。）の掘削の作業を行なうときは、掘削面（掘削面に奥行きが2メートル以上の水平な段があるときは、当該段により区切られるそれぞれの掘削面をいう。以下同じ。）のこう配を、次の表の上欄〔本書において左欄〕に掲げる地山の種類及び同表の中欄に掲げる掘削面の高さに応じ、それぞれ同表の下欄〔本書において右欄〕に掲げる値以下としなければならない。

安衛則　安全基準

231

地山の種類	掘削面の高さ （単位　メートル）	掘削面のこう配 （単位　度）
岩盤又は堅い粘土からなる地山	5未満 5以上	90 75
その他の地山	2未満 2以上5未満 5以上	90 75 60

2　前項の場合において、掘削面に傾斜の異なる部分があるため、そのこう配が算定できないときは、当該掘削面について、同項の基準に従い、それよりも崩壊の危険が大きくないように当該各部分の傾斜を保持しなければならない。

1　「パワー・ショベル、トラクター・ショベル等」の「等」には、ドラグライン、クラムシェル等は含まれるが、さく岩機は含まれないこと。
2　「発破等により崩壊しやすい状態になっている地山」とは、大発破によりゆるめられた地山、大規模の崩壊のため落下し、堆積している岩石からなる地山等をいうこと。
3　表中「堅い粘土」とは、標準貫入試験方法（日本工業規格 JIS　A1219「土の標準貫入試験方法」に定めるもの）におけるN値が8以上の粘土をいうこと。

（昭 40.2.10　基発第 139 号）

掘削面のこう配の基準

手掘りにより地山の掘削作業を行うときの掘削面のこう配の基準

● **岩盤又は堅い粘土からなる地山**

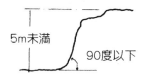

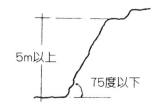

● **その他の地山**

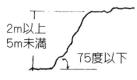

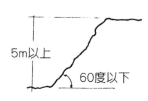

崩壊しやすい 地山の掘削	**第357条** 事業者は、手掘りにより砂からなる地山又は発破等により崩壊しやすい状態になっている地山の掘削の作業を行なうときは、次に定めるところによらなければならない。 　一　砂からなる地山にあっては、掘削面のこう配を35度以下として、又は掘削面の高さを5メートル未満とすること。 　二　発破等により崩壊しやすい状態になっている地山にあっては、掘削面のこう配を45度以下とし、又は掘削面の高さを2メートル未満とすること。 2　前条第2項の規定は、前項の地山の掘削面に傾斜の異なる部分があるため、そのこう配が算定できない場合について、準用する。 ┌─────────────────────────────────┐ │「掘削面」には、砂からなる地山等を掘削する場合に掘削につれて上部が崩壊│ │するときの当該崩壊を起した部分も含まれること。│ │（昭40.2.10　基発第139号）│ └─────────────────────────────────┘ **掘削面のこう配の基準** 手掘りによる砂及び発破等により崩れやすい状態の地山の掘削 　● **砂からなる地山**  　● **発破等により崩壊しやすい地山** 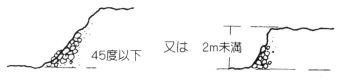
点　　検	**第358条** 事業者は、明り掘削の作業を行なうときは、地山の崩壊又は土石の落下による労働者の危険を防止するため、次の措置を講じなければならない。 　一　点検者を指名して、作業箇所及びその周辺の地山について、その日の作業を開始する前、大雨の後及び中震以上の地震の後、浮石及びき裂の有無及び状態並びに含水、湧水及び凍結の状態の変化を点検させること。 　二　点検者を指名して、発破を行なった後、当該発破を行なった箇所及びその周辺の浮石及びき裂の有無及び状態を点検させること。 ┌─────────────────────────────────┐ │　1　「強風」とは、10分間の平均風速が毎秒10m以上の風を、「大雨」とは1│ │　　回の降雨量が50mm以上の降雨を、「大雪」とは1回の降雪量が25cm以上│ │　　の降雪をいうこと。│ │　2　「強風、大雨、大雪等の悪天候のため」には、当該作業地域が実際にこれ│ │　　らの悪天候となった場合のほか、当該地域に強風、大雨、大雪等の気象注意│ │　　報または気象警報が発せられ悪天候となることが予想される場合を含む趣旨│ │　　であること。│ │　（昭46.4.15　基発第309号）│ └─────────────────────────────────┘

地山の点検

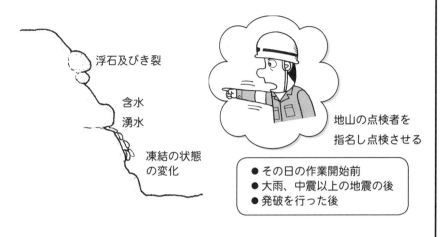

浮石及びき裂

含水

湧水

凍結の状態
の変化

地山の点検者を
指名し点検させる

● その日の作業開始前
● 大雨、中震以上の地震の後
● 発破を行った後

地山の掘削作業主任者の選任

第 359 条　事業者は、令第 6 条第九号の作業については、地山の掘削及び土止め支保工作業主任者技能講習を修了した者のうちから、地山の掘削作業主任者を選任しなければならない。

【安衛施行令】
（作業主任者を選任すべき作業）（抄）
第 6 条　法第 14 条の政令で定める作業は、次のとおりとする。
九　掘削面の高さが 2 メートル以上となる地山の掘削（ずい道及びたて坑以外の坑の掘削を除く。）の作業（第十一号に掲げる作業を除く。）

資格者の配置

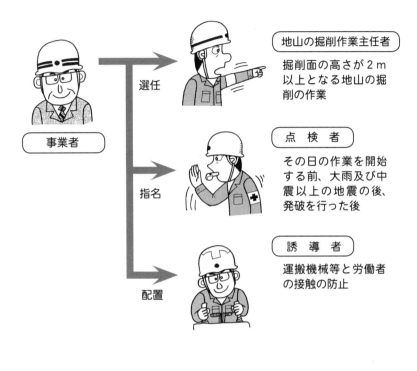

		地山の掘削作業主任者
事業者	選任 →	掘削面の高さが2m以上となる地山の掘削の作業
	指名 → 点 検 者	その日の作業を開始する前、大雨及び中震以上の地震の後、発破を行った後
	配置 → 誘 導 者	運搬機械等と労働者の接触の防止

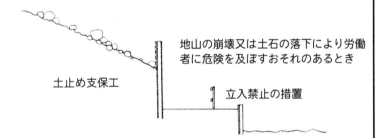

土止め支保工

地山の崩壊又は土石の落下により労働者に危険を及ぼすおそれのあるとき

立入禁止の措置

地山の掘削作業主任者の職務	第360条　事業者は、地山の掘削作業主任者に、次の事項を行わせなければならない。 一　作業の方法を決定し、作業を直接指揮すること。 二　器具及び工具を点検し、不良品を取り除くこと。 三　要求性能墜落制止用器具等及び保護帽の使用状況を監視すること。
地山の崩壊等による危険の防止	第361条　事業者は、明り掘削の作業を行なう場合において、地山の崩壊又は土石の落下により労働者に危険を及ぼすおそれのあるときは、あらかじめ、土止め支保工を設け、防護網を張り、労働者の立入りを禁止する等当該危険を防止するための措置を講じなければならない。

埋設物等による危険の防止	第362条　事業者は、埋設物等又はれんが壁、コンクリートブロック塀、擁壁等の建設物に近接する箇所で明り掘削の作業を行なう場合において、これらの損壊等により労働者に危険を及ぼすおそれのあるときは、これらを補強し、移設する等当該危険を防止するための措置が講じられた後でなければ、作業を行なってはならない。 2　明り掘削の作業により露出したガス導管の損壊により労働者に危険を及ぼすおそれのある場合の前項の措置は、つり防護、受け防護等による当該ガス導管についての防護を行ない、又は当該ガス導管を移設する等の措置でなければならない。 3　事業者は、前項のガス導管の防護の作業については、当該作業を指揮する者を指名して、その者の直接の指揮のもとに当該作業を行なわせなければならない。

> 1　「擁壁等」の「等」には、コンクリート壁、コンクリート塀等が含まれること。
> 2　「移設する等」の「等」には、埋設物が高圧地下ケーブルである場合に当該ケーブルの電源をしゃ断すること等の措置が含まれること。
> （昭40.2.10　基発第139号）

> 第1項〔現行＝第2項〕の「つり防護、受け防護等による当該ガス導管についての防護」は、当該ガス導管の損壊を防止できるものでなければならないことは当然であり、当該防護は、昭和45年通商産業省令第98号「ガス工作物の技術上の基準を定める省令」第77条に定める防護の基準をみたす必要があること。
> （昭46.4.15　基発第309号〕

掘削機械等の使用禁止	第363条　事業者は、明り掘削の作業を行なう場合において、掘削機械、積込機械及び運搬機械の使用によるガス導管、地中電線路その他地下に存する工作物の損壊により労働者に危険を及ぼすおそれのあるときは、これらの機械を使用してはならない。

埋設物等による危険の防止

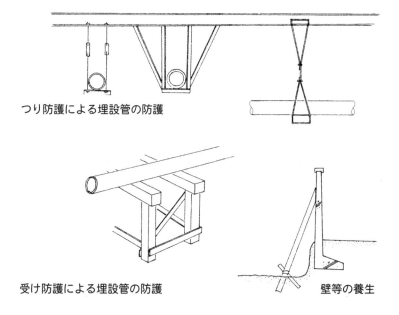

つり防護による埋設管の防護

受け防護による埋設管の防護　　　　壁等の養生

236

運搬機械等の運行の経路等	第364条　事業者は、明り掘削の作業を行なうときは、あらかじめ、運搬機械、掘削機械及び積込機械（車両系建設機械及び車両系荷役運搬機械等を除く。以下この章において「運搬機械等」という。）の運行の経路並びにこれらの機械の土石の積卸し場所への出入の方法を定めて、これを関係労働者に周知させなければならない。
誘導者の配置	第365条　事業者は、明り掘削の作業を行なう場合において、運搬機械等が、労働者の作業箇所に後進して接近するとき、又は転落するおそれのあるときは、誘導者を配置し、その者にこれらの機械を誘導させなければならない。 2　前項の運搬機械等の運転者は、同項の誘導者が行なう誘導に従わなければならない。

運搬機械等の運行の経路等

土石の積卸し場所への出入りの方法、運行の
経路等を定め、関係労働者に周知させる

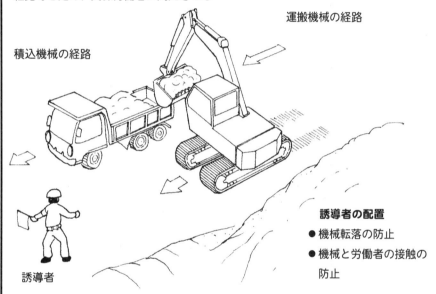

運搬機械の経路

積込機械の経路

誘導者の配置
● 機械転落の防止
● 機械と労働者の接触の
　防止

誘導者

保護帽の着用	第366条　事業者は、明り掘削の作業を行なうときは、物体の飛来又は落下による労働者の危険を防止するため、当該作業に従事する労働者に保護帽を着用させなければならない。 2　前項の作業に従事する労働者は、同項の保護帽を着用しなければならない。
照度の保持	第367条　事業者は、明り掘削の作業を行なう場所については、当該作業を安全に行なうため必要な照度を保持しなければならない。

② 土止め支保工

材　料	**第 368 条**　事業者は、土止め支保工の材料については、著しい損傷、変形又は腐食があるものを使用してはならない。
構　造	**第 369 条**　事業者は、土止め支保工の構造については、当該土止め支保工を設ける箇所の地山に係る形状、地質、地層、き裂、含水、湧水、凍結及び埋設物等の状態に応じた堅固なものとしなければならない。
組 立 図	**第 370 条**　事業者は、土止め支保工を組み立てるときは、あらかじめ、組立図を作成し、かつ、当該組立図により組み立てなければならない。 2　前項の組立図は、矢板、くい、背板、腹おこし、切りばり等の部材の配置、寸法及び材質並びに取付けの時期及び順序が示されているものでなければならない。

> 1　「切りばり等」の「等」には、火打ち、方杖等が含まれること。
> 2　「取付けの時期」とは、掘削の進捗と関連づけられた部材の取付けの時期をいうこと。
> （昭 40.2.10　基発第 139 号）

土止め支保工の構造

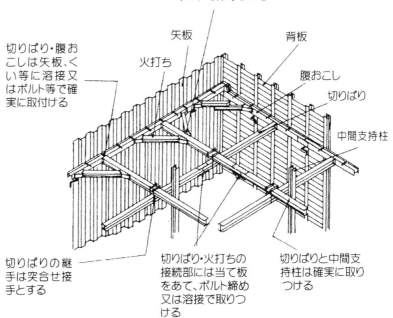

切りばりの交差部は
U ボルトで締めつける

矢板

背板

火打ち

腹おこし

切りばり

切りばり・腹おこしは矢板、くい等に溶接又はボルト等で確実に取付ける

中間支持柱

切りばりの継手は突合せ接手とする

切りばり・火打ちの接続部には当て板をあて、ボルト締め又は溶接で取りつける

切りばりと中間支持柱は確実に取りつける

部材の取付け等	**第 371 条**　事業者は、土止め支保工の部材の取付け等については、次に定めるところによらなければならない。 一　切りばり及び腹おこしは、脱落を防止するため、矢板、くい等に確実に取り付けること。 二　圧縮材（火打ちを除く。）の継手は、突合せ継手とすること。 三　切りばり又は火打ちの接続部及び切りばりと切りばりとの交差部は、当て板をあててボルトにより緊結し、溶接により接合する等の方法により堅固なものとすること。 四　中間支持柱を備えた土止め支保工にあっては、切りばりを当該中間支持柱に確実に取り付けること。

五　切りばりを建築物の柱等部材以外の物により支持する場合にあっては、当該支持物は、これにかかる荷重に耐えうるものとすること。

> 1　第三号の「溶接により接合する等」の「等」には、切りばりと切りばりの交さ部についてUボルトによりしめつけること等が含まれること。
> 2　第四号の「中間支持柱」とは、たとえばビル建築工事の床掘り等の土止め支保工における切りばりのごとくスパンの長い切りばりを中間で支持するために設けられた柱をいうこと。
> （昭40.2.10　基発第139号）
> 〔改正の趣旨〕
> 　火打ちについては、突合せ継手とすると、構造上不安定となるため、第二号の規定から除外し、第三号の規定によりその接続部をボルトによる緊結、溶接による接合等の方法により堅固なものとすることによって、その安全を確保させることとしたものであること。
> （昭55.11.25　基発第648号）

切りばり等の作業

第372条　事業者は、令第6条第十号の作業を行なうときは、次の措置を講じなければならない。
一　当該作業を行なう箇所には、関係労働者以外の労働者が立ち入ることを禁止すること。
二　材料、器具又は工具を上げ、又はおろすときは、つり綱、つり袋等を労働者に使用させること。

> 【安衛施行令】
> （作業主任者を選任すべき作業）（抄）
> 第6条　法第14条の政令で定める作業は、次のとおりとする。
> 十　土止め支保工の切りばり又は腹おこしの取付け又は取りはずしの作業

土止め支保工部材の取付け

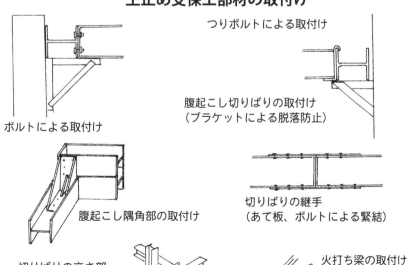

ボルトによる取付け

つりボルトによる取付け

腹起こし切りばりの取付け
（ブラケットによる脱落防止）

腹起こし隅角部の取付け

切りばりの継手
（あて板、ボルトによる緊結）

切りばりの交さ部
（中間支柱への取付け）

火打ち梁の取付け

点　　検	**第 373 条**　事業者は、土止め支保工を設けたときは、その後 7 日をこえない期間ごと、中震以上の地震の後及び大雨等により地山が急激に軟弱化するおそれのある事態が生じた後に、次の事項について点検し、異常を認めたときは、直ちに、補強し、又は補修しなければならない。 　一　部材の損傷、変形、腐食、変位及び脱落の有無及び状態 　二　切りばりの緊圧の度合 　三　部材の接続部、取付け部及び交さ部の状態 　　　「大雨等」の「等」には、水道管の破損による水の流入等が含まれること。 　　　（昭 40.2.10　基発第 139 号） 　　　〔大雨〕 　　　第 358 条の解釈例規（昭 46.4.15　基発第 309 号）参照
土止め支保工作業主任者の選任	**第 374 条**　事業者は、令第 6 条第 10 号の作業については、地山の掘削及び土止め支保工作業主任者技能講習を修了した者のうちから、土止め支保工作業主任者を選任しなければならない。 　　　**【安衛施行令】** 　　　**（作業主任者を選任すべき作業）（抄）** 　　　**第 6 条**　法第 14 条の政令で定める作業は、次のとおりとする。 　　　十　土止め支保工の切りばり又は腹おこしの取付け又は取りはずしの作業
土止め支保工作業主任者の職務	**第 375 条**　事業者は、土止め支保工作業主任者に、次の事項を行わせなければならない。 　一　作業の方法を決定し、作業を直接指揮すること。 　二　材料の欠点の有無並びに器具及び工具を点検し、不良品を取り除くこと。 　三　要求性能墜落制止用器具等及び保護帽の使用状況を監視すること。

12. ずい道等の建設の作業等

① 調　査　等

調査及び記録	**第379条**　事業者は、ずい道等の掘削の作業を行うときは、落盤、出水、ガス爆発等による労働者の危険を防止するため、あらかじめ、当該掘削に係る地山の形状、地質及び地層の状態をボーリングその他適当な方法により調査し、その結果を記録しておかなければならない。 　　1　「当該掘削に係る地山」とは、ずい道等の掘削予定線附近及びその上方の地山をいうこと。 　　2　「ボーリングその他適当な方法により調査し」の「適当な方法」には、地質図若しくは地盤図によること、踏査によること、物理探査によること等が含まれること。 　　なお、発注者等が、「適当な方法」によって調査をしている場合には、使用者がその調査の結果について調べることも本条の「適当な方法」による調査に含まれること。 　　（昭41.3.15　基発第231号）
施工計画	**第380条**　事業者は、ずい道等の掘削の作業を行なうときは、あらかじめ、前条の調査により知り得たところに適応する施工計画を定め、かつ、当該施工計画により作業を行なわなければならない。 2　前項の施工計画は、次の事項が示されているものでなければならない。 　一　掘削の方法 　二　ずい道支保工の施工、覆工の施工、湧水若しくは可燃性ガスの処理、換気又は照明を行う場合にあっては、これらの方法 　　1　「掘削の方法」とは、ずい道等の各部の掘削の順序、発破の方法、掘削機械の種類等をいうこと。 　　2　「覆工の施工の方法」とは、利用するずい道型わく支保工の種類、コンクリートの打設の方法等をいうこと。 　　（昭41.3.15　基発第231号）

安衛則　安全基準

作業前の調査と記録

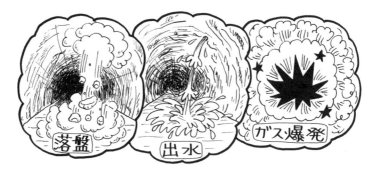

ずい道掘削の作業を行うときは労働者の危険防止のため、
あらかじめ地形の形状、地質、地層等を調査する

観察及び記録	**第 381 条**　事業者は、ずい道等の掘削の作業を行うときは、落盤、出水、ガス爆発等による労働者の危険を防止するため、毎日、掘削箇所及びその周辺の地山について、次の事項を観察し、その結果を記録しておかなければならない。 一　地質及び地層の状態 二　含水及び湧水の有無及び状態 三　可燃性ガスの有無及び状態 四　高温のガス及び蒸気の有無及び状態 2　前項第三号の事項に係る観察は、掘削箇所及びその周辺の地山を機械で覆う方法による掘削の作業を行う場合においては、測定機器を使用して行わなければならない。

> 1　「掘削箇所及びその周辺の地山を機械で覆う方法」とは、掘削箇所及びその周辺の地山を直接観察することのできない工法をいい、泥水式シールド、泥土圧式シールド等の密閉型シールド工法、地山の掘削機であるトンネルボーリングマシーンを使用した全断面掘削工法等があること。
> 2　「測定機器を使用して」行う観察とは、掘削箇所及びその周辺の地山から発生した可燃性ガスがずい道内に漏れ出てくるおそれのある箇所について、可搬式又は定置式の可燃性ガス検知器等を使用して行う観察をいうこと。
> （平 6.3.3　基発第 114 号）

ずい道等掘削作業前の地山の観察及び記録

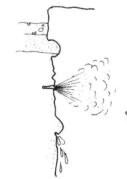

観察・記録
1. 地質及び地層の状態
2. 含水及び湧水の有無及び状態
3. 可燃性ガスの有無及び状態
4. 高温のガス及び蒸気の有無及び状態

点　　検	**第 382 条**　事業者は、ずい道等の建設の作業（ずい道等の掘削の作業又はこれに伴うずり、資材等の運搬、覆工のコンクリートの打設等の作業（当該ずい道等の内部又は当該ずい道等に近接する場合において行なわれるものに限る。）をいう。以下同じ。）を行なうときは、落盤又は肌落ちによる労働者の危険を防止するため、次の措置を講じなければならない。 一　点検者を指名して、ずい道等の内部の地山について、毎日及び中震以上の地震の後、浮石及びき裂の有無及び状態並びに含水及び湧水の状態の変化を点検させること。 二　点検者を指名して、発破を行なった後、当該発破を行なった箇所及びその周辺の浮石及びき裂の有無及び状態を点検させること。

> 「覆工のコンクリート打設等の作業」の「等」には、ずい道等支保工の組立て若しくは変更又は木はずし、軌道の点検、補修等が含まれること。
> （昭 41.3.15　基発第 231 号）

可燃性ガスの濃度の測定等	**第382条の2**　事業者は、ずい道等の建設の作業を行う場合において、可燃性ガスが発生するおそれのあるときは、爆発又は火災を防止するため、可燃性ガスの濃度を測定する者を指名し、その者に、毎日作業を開始する前、中震以上の地震の後及び当該可燃性ガスに関し異常を認めたときに、当該可燃性ガスが発生し、又は停滞するおそれがある場所について、当該可燃性ガスの濃度を測定させ、その結果を記録させておかなければならない。 （1）「可燃性ガスが発生するおそれのあるとき」とは、調査等によって可燃性ガスが地山の中に存在することが認められ、かつ掘削に伴って当該可燃性ガスがずい道等の内部に発生することが予想される場合をいい、現に当該可燃性ガスが発生しているときを含むものであること。 （2）「当該可燃性ガスに関し異常を認めたとき」とは、可燃性ガスの突出があったとき、当該可燃性ガスの発生のため酸素濃度が低下すること等により作業者が異常を訴えたとき、発破その他により作業場所の模様が変動して可燃性ガスの発生が予想されるとき、爆発下限界の30％未満の濃度に設定した自動警報装置が作動したとき等をいうものであること。 （3）「停滞するおそれがある場所」の主なものとしては、掘削切羽の上部及び下部、坑道の分岐箇所、その他通気の妨げになる物がある場所等があること。 （昭55.10.20　基発第582号）
自動警報装置の設置等	**第382条の3**　事業者は、前条の測定の結果、可燃性ガスが存在して爆発又は火災が生ずるおそれのあるときは、必要な場所に、当該可燃性ガスの濃度の異常な上昇を早期には握するために必要な自動警報装置を設けなければならない。この場合において、当該自動警報装置は、その検知部の周辺において作業を行っている労働者に当該可燃性ガスの濃度の異常な上昇を速やかに知らせることのできる構造としなければならない。 2　事業者は、前項の自動警報装置については、その日の作業を開始する前に、次の事項について点検し、異常を認めたときは、直ちに補修しなければならない。 　一　計器の異常の有無 　二　検知部の異常の有無 　三　警報装置の作動の状態 （1）第1項の「可燃性ガスが存在して爆発又は火災が発生するおそれのあるとき」とは、第382条の2の測定の結果、当該可燃性ガスの発生が現に認められ、かつ、地層、地質の状態等により掘削するにつれて当該可燃性ガスが爆発又は火災の危険のある濃度に達することが予想される場合をいうものであること。 （2）第1項の「必要な場所」とは切羽付近、当該可燃性ガスが停滞するおそれのある場所、測定の結果による当該可燃性ガスの濃度分布の状態等から判断してその濃度が高くなるおそれのある場所等をいうものであること。 （3）第1項の「自動警報装置」とは、可燃性ガスの濃度が、その設定した濃度に達したときこれを検知し、ブザー（ベル）、点滅燈等により自動的に警報を発する装置をいい、一般的には定置式のものが使用されるが、可搬式のものであっても、必要な場所に定置して使用する場合には差し支えないものであること。 （4）第2項第一号の「計器の異常の有無」の点検は、電源スイッチ及び自動警報装置の警報作動確認装置を操作して、電源ランプの点灯の有無、計器の作動状態等を目視等により点検することをいうものであること。

	(5) 第2項第二号の「検知部の異常の有無」の点検は、検知部の損傷の有無等を目視等により点検することをいうものであること。 (6) 第2項第三号の「警報装置の作動の状態」の点検は、自動警報装置の電源スイッチ及び警報作動確認装置を操作して、警報ランプ、警報音の異常の有無等を目視等により点検することをいうものであること。 （昭55.10.20　基発第582号） 　「速やかに知らせることのできる構造」の自動警報装置とは、可燃性ガスの濃度が異常に上昇した場合に、ブザー、回転灯等により、関係労働者に自動的に知らせることのできる機能を有しているものをいうこと。 （平6.3.3　基発第114号）
施工計画の変更	**第383条**　事業者は、ずい道等の掘削の作業を行う場合において、第380条第1項の施工計画が第381条第1項の規定による観察、第382条の規定による点検、第382条の2の規定による測定等により知り得た地山の状態に適応しなくなったときは、遅滞なく、当該施工計画を当該地山の状態に適応するよう変更し、かつ、変更した施工計画によって作業を行わなければならない。 　「前条〔現行＝第382条〕の規定による点検等により知り得た地山の状態」には、第163条の28〔現行＝第381条〕の規定による観察及び第163条の29〔現行＝382条〕の規定による点検以外の方法、たとえば掘削作業中に知り得たもの等が含まれること。 （昭41.3.15　基発第231号）
ずい道等の掘削等作業主任者の選任	**第383条の2**　事業者は、令第6条第十号の2の作業については、ずい道等の掘削等作業主任者技能講習を修了した者のうちから、ずい道等の掘削等作業主任者を選任しなければならない。 **【安衛施行令】** **（作業主任者を選任すべき作業）（抄）** **第6条**　法第14条の政令で定める作業は、次のとおりとする。 十の2　ずい道等（ずい道及びたて坑以外の坑（採石法（昭和25年法律第291号）第2条に規定する岩石の採取のためのものを除く。）をいう。以下同じ。）の掘削の作業（掘削用機械を用いて行う掘削の作業のうち労働者が切羽に近接することなく行うものを除く。）又はこれに伴うずり積み、ずい道支保工（ずい道等における落盤、肌落ち等を防上するための支保工をいう。）の組立て、ロックボルトの取付け若しくはコンクリート等の吹付けの作業
ずい道等の掘削等作業主任者の職務	**第383条の3**　事業者は、ずい道等の掘削等作業主任者に、次の事項を行わせなければならない。 一　作業の方法及び労働者の配置を決定し、作業を直接指揮すること。 二　器具、工具、要求性能墜落制止用器具等及び保護帽の機能を点検し、不良品を取り除くこと。 三　要求性能墜落制止用器具等及び保護帽の使用状況を監視すること。

ずい道等の覆工 作業主任者の選任	第383条の4　事業者は、令第6条第十号の3の作業については、ずい道等の覆工作業主任者技能講習を修了した者のうちから、ずい道等の覆工作業主任者を選任しなければならない。 【安衛施行令】 （作業主任者を選任すべき作業）（抄） 第6条　法第14条の政令で定める作業は、次のとおりとする。 十の3　ずい道等の覆工（ずい道型枠支保工（ずい道等におけるアーチコンクリート）及び側壁コンクリートの打設に用いる型枠並びにこれを支持するための支柱、はり、つなぎ、筋かい等の部材により構成される仮設の設備をいう。）の組立て、移動若しくは解体又は当該組立て若しくは移動に伴うコンクリートの打設をいう。）の作業
ずい道等の覆工 作業主任者の職務	第383条の5　事業者は、ずい道等の覆工作業主任者に、次の事項を行わせなければならない。 一　作業の方法及び労働者の配置を決定し、作業を直接指揮すること。 二　器具、工具、要求性能墜落制止用器具等及び保護帽の機能を点検し、不良品を取り除くこと。 三　要求性能墜落制止用器具等及び保護帽の使用状況を監視すること。

安衛則　安全基準

事業者

・掘削作業前の地山の調査・記録

・施工計画を定める

・掘削作業時における毎日の地山の観察及びその結果の記録

調査記録

地山点検者の指名

地山の点検者

・毎日の点検

・中震以上の地震の後

・発破を行った後

（発破を行った箇所及びその周辺）

点 検

可燃性ガス濃度を
測定する者を指名

可燃性ガスの濃度測定

自動警報装置
の設定等

・自動警報装置の作業開始前点検

1. 計器の異常の有無

2. 検知器の異常の有無

3. 警報装置の作動の状態

点 検

ずい道等の掘削作業
主任者の選任

ずい道等の掘削作業主任者

・ずい道等の掘削作業又はこれに伴
うずり積込み、ずい道支保工の組
立て、ロックボルトの取付け若し
くは、コンクリート等の吹付けの
作業

ずい道等の覆工作業
主任者の選任

ずい道等の覆工作業主任者

・ずい道等の覆工の作業

② 落盤、地山の崩壊等による危険の防止

落盤等による危険の防止	**第384条** 事業者は、ずい道等の建設の作業を行なう場合において、落盤又は肌落ちにより労働者に危険を及ぼすおそれのあるときは、ずい道支保工を設け、ロックボルトを施し、浮石を落す等当該危険を防止するための措置を講じなければならない。 1 「ロックボルト」とは、ずい道等のアーチ部分の岩石をしめつけて一体化してアーチ作用を行なわせること、浮石を固定すること等のために地山にせん孔して打ち込む特殊なボルトをいうこと（図参照）。 2 本条及び次条の「浮石を落す等」の「等」には、地山にセメント、モルタルを吹き付ける等が含まれること。（昭41.3.15 基発第231号） 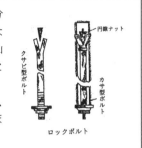
出入口附近の地山の崩壊等による危険の防止	**第385条** 事業者は、ずい道等の建設の作業を行なう場合において、ずい道等の出入口附近の地山の崩壊又は土石の落下により労働者に危険を及ぼすおそれのあるときは、土止め支保工を設け、防護網を張り、浮石を落す等当該危険を防止するための措置を講じなければならない。
立入禁止	**第386条** 事業者は、次の箇所に関係労働者以外の労働者を立ち入らせてはならない。 一 浮石落しが行なわれている箇所又は当該箇所の下方で、浮石が落下することにより労働者に危険を及ぼすおそれのあるところ 二 ずい道支保工の補強作業又は補修作業が行なわれている箇所で、落盤又は肌落ちにより労働者に危険を及ぼすおそれのあるところ

落盤等による危険の防止

坑口及びその付近の防護

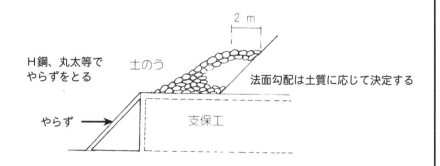

ロックボルトによる落盤防止

ロックボルトの例

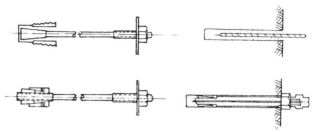

視界の保持

第387条　事業者は、ずい道等の建設の作業を行なう場合において、ずい道等の内部における視界が排気ガス、粉じん等により著しく制限される状態にあるときは、換気を行ない、水をまく等当該作業を安全に行なうため必要な視界を保持するための措置を講じなければならない。

準　用

第388条　第364条から第367条までの規定は、ずい道等の建設の作業について準用する。

③　爆発、火災等の防止

発火具の携帯禁止等	**第389条**　事業者は、第382条の2の規定による測定の結果、可燃性ガスが存在するときは、作業の性質上やむを得ない場合を除き、火気又はマッチ、ライターその他発火のおそれのある物をずい道等の内部に持ち込むことを禁止し、かつ、その旨をずい道等の出入口付近の見やすい場所に掲示しなければならない。 本条は、可燃性ガスによる爆発又は火災を防止するため、第382条の2の規定による測定の結果、可燃性ガスが存在するときは、原則としてマッチ、ライター等の発火具をずい道等の内部に持ち込むことを禁止する趣旨であるが、第279条に規定する爆発又は火災が生ずるおそれのある場所以外の場所で作業の必要上行うガス溶接等の作業までも禁止するものではないこと。 （昭55.10.20　基発第582号）
自動警報装置が作動した場合の措置	**第389条の2**　事業者は、第382条の3の自動警報装置が作動した場合に関係労働者が可燃性ガスによる爆発又は火災を防止するために講ずべき措置をあらかじめ定め、これを当該労働者に周知させなければならない。 「関係労働者が可燃性ガスによる爆発又は火災を防止するために講ずべき措置」には、作業を一時中断すること、一時的に避難して指示を待つこと等があること。 （平6.3.3　基発第114号）
ガス抜き等の措置	**第389条の2の2**　事業者は、ずい道等の掘削の作業を行う場合において、可燃性ガスが突出するおそれのあるときは、当該可燃性ガスによる爆発又は火災を防止するため、ボーリングによるガス抜きその他可燃性ガスの突出を防止するため必要な措置を講じなければならない。 (1)「可燃性ガスが突出するおそれのあるとき」には、切羽前方地山の先進ボーリングを行うことにより測定した可燃性ガスの圧力、可燃性ガスの発生量等に著しい増加が認められたときが含まれるものであること。 (2)「その他可燃性ガスの突出を防止するため必要な措置」には、薬液注入により可燃性ガスを封入することが含まれるものであること。 （昭55.10.20　基発第582号）
ガス溶接等の作業を行う場合の火災防止措置	**第389条の3**　事業者は、ずい道等の建設の作業を行う場合において、当該ずい道等の内部で、可燃性ガス及び酸素を用いて金属の溶接、溶断又は加熱の作業を行うときは、火災を防止するため、次の措置を講じなければならない。 一　付近にあるぼろ、木くず、紙くずその他の可燃性の物を除去し、又は当該可燃性の物に不燃性の物による覆いをし、若しくは当該作業に伴う火花等の飛散を防止するための隔壁を設けること。 二　第257条の指揮者に、同条各号の事項のほか、次の事項を行わせること。 　イ　作業に従事する労働者に対し、消火設備の設置場所及びその使用方法を周知させること。

ロ　作業の状況を監視し、異常を認めたときは、直ちに必要な措置をとること。

ハ　作業終了後火花等による火災が生ずるおそれのないことを確認すること。

（1）第一号は、ガス溶接等による火花が飛散し、又は落下することによって付近の可燃物に着火することを防止する趣旨であり、火花等が飛散する範囲外にある矢板等を対象とするものではないこと。

（2）第一号の「不燃性の物」とは、溶接等の火花等によっても容易に燃えないものをいうものであり、難燃性の防火シート等を含むものであること。

（3）第一号の「火花等」の「等」には、ガス溶断による溶融物が含まれるものであること。

（4）本条第二号の規定は、第 257 条に規定する指揮者を要するガス溶接等の作業について、当該作業指揮者の職務に一定の事項を追加したものであること。

（昭 55.10.20　基発第 582 号）

防火担当者

第 389 条の 4　事業者は、ずい道等の建設の作業を行うときは、当該ずい道等の内部の火気又はアークを使用する場所（前条の作業を行う場所を除く。）について、防火担当者を指名し、その者に、火災を防止するため、次の事項を行わせなければならない。

一　火気又はアークの使用の状況を監視し、異常を認めたときは、直ちに必要な措置をとること。

二　残火の始末の状況について確認すること。

「火気又はアークを使用する場所」には、ストーブの使用場所、喫煙場所、火気による衣服等の乾燥を行う場所が含まれるものであること。

（昭 55.10.20　基発第 582 号）

消火設備

第 389 条の 5　事業者は、ずい道等の建設の作業を行うときは、当該ずい道等の内部の火気若しくはアークを使用する場所又は配電盤、変圧器若しくはしゃ断器を設置する場所には、適当な箇所に、予想される火災の性状に適応する消火設備を設け、関係労働者に対し、その設置場所及び使用方法を周知させなければならない。

本条の「消火設備」については、有効に保持することは当然であるが、定期的な点検を行うことによってその実効を期するものとするよう指導すること。

（昭 55.10.20　基発第 582 号）

たて坑の建設の作業

第 389 条の 6　前 3 条の規定は、たて坑の建設の作業について準用する。

本条の「たて坑」には、建築工事における根切り等掘削部の断面積が、深さに比して相当程度大きいものは含まれないものであること。

（昭 55.10.20　基発第 582 号）

④ 退 避

<table>
<tr>
<td>退　避</td>
<td>

第389条の7　事業者は、ずい道等の建設の作業を行う場合において、落盤、出水等による労働災害発生の急迫した危険があるときは、直ちに作業を中止し、労働者を安全な場所に退避させなければならない。

第389条の8　事業者は、ずい道等の建設の作業を行う場合であって、当該ずい道等の内部における可燃性ガスの濃度が爆発下限界の値の30パーセント以上であると認めたときは、直ちに労働者を安全な場所に避難させ、及び火気その他点火源となるおそれのあるものの使用を停止し、かつ、通風、換気等の措置を講じなければならない。
2　事業者は、前項の場合において、当該ずい道等の内部における可燃性ガスの濃度が爆発下限界の値の30パーセント未満であることを確認するまでの間、当該ずい道等の内部に関係者以外の者が立ち入ることを禁止し、かつ、その旨を見やすい箇所に表示しなければならない。

第1項の「安全な場所」とは、坑外の場所、通気の系統が同一でなく爆発、火災等の発生時に被害が波及しない場所等をいうものであること。
（昭55.10.20　基発第582号）

</td>
</tr>
<tr>
<td>警報設備等</td>
<td>

第389条の9　事業者は、ずい道等の建設の作業を行うときは、落盤、出水、ガス爆発、火災その他非常の場合に関係労働者にこれを速やかに知らせるため、次の各号の区分に応じ、当該各号に掲げる設備等を設け、関係労働者に対し、その設置場所を周知させなければならない。
　一　出入口から切羽までの距離（以下この款において「切羽までの距離」という。）が100メートルに達したとき（次号に掲げる場合を除く。）サイレン、非常ベル等の警報用の設備（以下この条において「警報設備」という。）
　二　切羽までの距離が500メートルに達したとき警報設備及び電話機等の通話装置（坑外と坑内の間において通話することができるものに限る。以下この条において「通話装置」という。）
2　事業者は、前項の警報設備及び通話装置については、常時、有効に作動するように保持しておかなければならない。
3　事業者は、第1項の警報設備及び通話装置に使用する電源については、当該電源に異常が生じた場合に直ちに使用することができる予備電源を備えなければならない。

（1）第1項第一号の「出入口から切羽までの距離」とは、労働者が坑内において作業を行うために出入りする坑口から最も離れた切羽までの距離をいうものであること。
（2）第1項第一号の「サイレン」には、手動式のサイレンが含まれるものであること。
（3）第1項第一号の「非常ベル等」の「等」には、携帯用拡声器が含まれるものであること。
（4）第1項第二号の「電話機等」の「等」には、トランシーバー、インターホン及び誘導無線機が含まれるものであること。
（5）第3項の「当該電源に異常が生じた場合」とは、停電時、電池切れ等をいうものであること。
（6）第3項の「予備電源」とは、停電時等において、警報設備及び通話装置の機能の保持を図るための発電機、バッテリー等をいうものであること。

</td>
</tr>
</table>

(7)「警報設備」及び「通話装置」は、作業の指示等に使用されるものであっても差し支えないものであること。なお、この場合であっても「予備電源」を備える必要があることは当然であること。

(8) 坑内に設置する「警報設備」及び「通話装置」については、蓄光塗料を塗布した表示ラベル等を設けることによりその設置場所を明示するよう指導すること。

(9) 第1項の「警報設備」及び「通話装置」は、可燃性ガスが存在して爆発又は火災が生ずるおそれのある場合にあっては、防爆構造のものとすること。

(10) 第1項各号に掲げる設備等については、当該距離に達するまでの間にできるかぎり速やかに設けることが望ましいものであること。

（次条の避難用器具についても同様）

（昭 55.10.20　基発第 582 号）

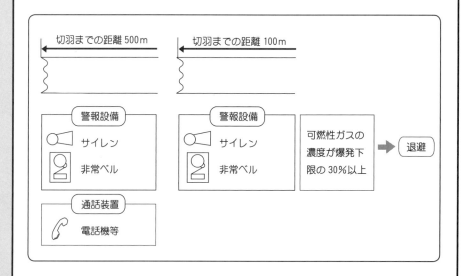

避難用器具

第 389 条の 10　事業者は、ずい道等の建設の作業を行うときは、落盤、出水、ガス爆発、火災その他非常の場合に労働者を避難させるため、次の各号の区分に応じ、当該各号に掲げる避難用器具を適当な箇所に備え、関係労働者に対し、その備付け場所及び使用方法を周知させなければならない。

一　可燃性ガスが存在して爆発又は火災が生ずるおそれのあるずい道等以外のずい道等にあっては、切羽までの距離が 100 メートルに達したとき（第三号に掲げる場合を除く。）　懐中電燈等の携帯用照明器具（以下この条において「携帯用照明器具」という。）その他避難に必要な器具

二　可燃性ガスが存在して爆発又は火災が生ずるおそれのあるずい道等にあっては、切羽までの距離が 100 メートルに達したとき（次号に掲げる場合を除く。）　一酸化炭素用自己救命器等の呼吸用保護具（以下この条において「呼吸用保護具」という。）、携帯用照明器具その他避難に必要な器具

三　切羽までの距離が 500 メートルに達したとき　呼吸用保護具、携帯用照明器具その他避難に必要な器具

2　事業者は、前項の呼吸用保護具については、同時に就業する労働者（出入口付近において作業に従事する者を除く。次項において同じ。）の人数と同数以上を備え、常時有効かつ清潔に保持しなければならない。

3　事業者は、第1項の携帯用照明器具については、同時に就業する労働者の人数と同数以上を備え、常時有効に保持しなければならない。ただし、同項第一号の場合において、同時に就業する労働者が集団で避難するために必要な照明を確保する措置を講じているときは、この限りでない。

（1）第1項の「適当な箇所に備え」とは、坑内において作業が行われている場所に近接し、非常の場合に、労働者が直ちに避難用器具を使用することができる箇所に備えることをいい、労働者個人に常時携帯させることを含むものであること。

（2）第1項第一号の「懐中電燈等」の「等」には、キャップランプ及びケミカルライトが含まれるものであること。

（3）第1項各号の「その他避難に必要な器具」とは、避難用はしご、ロープ等をいうものであること。

（4）第1項第二号の「一酸化炭素用自己救命器等」の「等」には、酸素発生式自己救命器、簡易救命器、空気呼吸器及び一酸化炭素用の避難用小型ガスマスクが含まれるものであること。

（5）第3項の「同時に就業する労働者が集団で避難するために必要な照明を確保する措置」には、単一乾電池4本以上使用の強力な「電池付携帯電燈」を坑内の各作業場・作業単位ごとに1個以上備え付ける等の措置が含まれるものであること。

（6）第1項各号の「携帯用照明器具」については、非常の場合に点灯する非常用照明装置（電源がしゃ断されても、その保有するバッテリー等により、一定時間点灯を続けるもの）等を坑内に有効な照度を確保しうる程度の間隔で設けたときは、備えることを要しないものであること。

（7）第1項各号の「携帯用照明器具」は、可燃性ガスが存在して爆発又は火災が生ずるおそれのある場合にあっては、防爆構造のものとすること。

（8）長大トンネル（1工区の長さが1,000メートル以上のものをいう。）の建設工事においては、非常電源を有する誘導燈を坑内の適当な場所に設けることが望ましいのでその旨の指導を行うものとすること。

（昭 55.10.20　基発第 582 号）

避難等の訓練

第 389 条の 11　事業者は、切羽までの距離が 100 メートル（可燃性ガスが存在して爆発又は火災が生じるおそれのあるずい道等以外のずい道等にあっては、500 メートル）以上となるずい道等に係るずい道等の建設の作業を行うときは、落盤、出水、ガス爆発、火災等が生じたときに備えるため、関係労働者に対し、当該ずい道等の切羽までの距離が 100 メートルに達するまでの期間内に1回、及びその後6月以内ごとに1回、避難及び消火の訓練（以下「避難等の訓練」という。）を行わなければならない。

2　事業者は、避難等の訓練を行ったときは、次の事項を記録し、これを3年間保存しなければならない。

一　実施年月日
二　訓練を受けた者の氏名
三　訓練の内容

（1）避難等の訓練については、坑内における掘削作業、覆工作業等の主要な作業が並行して開始される時期に行われることが効果的であることから、最初の訓練の実施時期を定めたものであること。

（2）避難等の訓練の実施に当たっては、隣接工区の事業者、発注機関、消防機関等の関係機関と連絡をとり、避難等の訓練が安全かつ有効に行われるよう指導すること。

なお、警報設備、避難用器具、通話装置等を備え、これらを使用して避難等の訓練を行うことが望ましいものであること。

（昭 55.10.20　基発第 582 号）

　避難等の訓練の実施に当たっては、昭和 55 年 10 月 20 日付け基発第 582 号「労働安全衛生規則の一部を改正する省令の施行について」の記の第2の 16 の（2）のとおり、隣接工区の事業者、発注機関、消防機関等の関係機関と連絡をとり、避難等の訓練が安全かつ有効に行われるよう指導すること。

（平 6.3.3　基発第 114 号）

火災発生時の措置

◎必ず措置すべき事項

異常事態の早期発見通報・警報のための措置		消火のための措置		避難・救助のための措置		
火災の場合	◎火気使用箇所での看視人の配置 ◎通報設備の設置およびその明示 ◎通報・連絡系統の確保 ◎警報設備の設置およびその明示 ○火災感知器の設置	人力消火（従業員により）	◎消火器等の設置および保守・点検 ◎防火水槽・消火砂の設置 ◎坑内消火栓の設置 ◎初期消火訓練の実施	避難	指示伝達	◎通報・警報設備の設置およびその明示 ◎連絡体制の確保
					安全域への移動	◎避難通路の確認 ◎避難用具の設備および管理 ◎避難用設備の設置および管理 ◎避難訓練の実施 ○緊急避難所の設置
可燃性ガスの存在する場合	※可燃性ガスの測定 ※自動検知器の設置 ※（通報・警報設備については上におなじ）	自動消火（機械設備）	○本格的消火設備の設置（スプリンクラー等）	救護・救出		◎救護組織の編成 ◎救護、救出用具の確保 ◎救急医療品等の整備 ◎有害ガス測定機器の設置および管理 ◎入坑人員の確認 ◎連絡体制の確認 ◎救護訓練の実施

⑤　ずい道支保工

材　料	**第 390 条**　事業者は、ずい道支保工の材料については、著しい損傷、変形又は腐食があるものを使用してはならない。 2　事業者は、ずい道支保工に使用する木材については、あかまつ、くろまつその他じん性に富み、かつ、強度上の著しい欠点となる割れ、虫食い、節、繊維の傾斜等がないものでなければ、使用してはならない。
ずい道支保工の構造	**第 391 条**　事業者は、ずい道支保工の構造については、当該ずい道支保工を設ける箇所の地山に係る地質、地層、含水、湧水、き裂及び浮石の状態並びに掘削の方法に応じた堅固なものとしなければならない。
標　準　図	**第 392 条**　事業者は、ずい道支保工を組み立てるときは、あらかじめ、標準図を作成し、かつ、当該標準図により組み立てなければならない。 2　前項の標準図は、ずい道支保工の部材の配置、寸法及び材質が示されているものでなければならない。 ┌─────────────────────────────────┐ 「標準図」には、一般的には次に掲げるような事項が記載されている必要があること。 イ　主材を構成する一組の部材の配置、寸法及び材質 ロ　建込み間隔 ハ　皿板、底板等の寸法及び材質並びにそれらを利用する箇所 ニ　矢板、矢木等の標準的な配置、寸法及び材質 ホ　やらずを設ける箇所 ヘ　主材を構成する部材相互の接続部の構造 ト　鋼アーチ支保工にあっては、主材に作用させるくさびの位置並びに主材相互を連結するつなぎボルト及びつなぎばり、筋かい等の配置、寸法及び材質 チ　木製支柱式支保工にあっては、けたの標準的な配置、寸法及び材質 （昭 41.3.15　基発第 231 号） └─────────────────────────────────┘
組立て又は変更	**第 393 条**　事業者は、ずい道支保工を組み立て、又は変更するときは、次に定めるところによらなければならない。 一　主材を構成する 1 組の部材は、同一平面内に配置すること。 二　木製のずい道支保工にあっては、当該ずい道支保工の各部材の緊圧の度合が均等になるようにすること。
ずい道支保工の危険の防止	**第 394 条**　事業者は、ずい道支保工については、次に定めるところによらなければならない。 一　脚部には、その沈下を防止するため、皿板を用いる等の措置を講ずること。 二　鋼アーチ支保工にあっては、次に定めるところによること。 　イ　建込み間隔は、1.5 メートル以下とすること。 　ロ　主材がアーチ作用を十分に行なうようにするため、くさびを打ち込む等の措置を講ずること。 　ハ　つなぎボルト及びつなぎばり、筋かい等を用いて主材相互を強固に連結すること。 　ニ　ずい道等の出入口の部分には、やらずを設けること。 　ホ　鋼アーチ支保工のずい道等の縦方向の長さが短い場合その他当該鋼アーチ支保工にずい道等の縦方向の荷重がかかることによりその転倒又はねじれを生ずるおそれのあるときは、ずい道等の出入口の部分以外の部分にもやらずを設ける等その転倒又はねじれを防止するための措置を講ずること。

へ　肌落ちにより労働者に危険を及ぼすおそれのあるときは、矢板、矢木、ライナープレート等を設けること。
三　木製支柱式支保工にあっては、次に定めるところによること。
　イ　大引きは、変位を防止するため、鼻ばり等により地山に固定すること。
　ロ　両端にはやらずを設けること。
　ハ　木製支柱式支保工にずい道等の縦方向の荷重がかかることによりその転倒又はねじれを生ずるおそれのあるときは、両端以外の部分にもやらずを設ける等その転倒又はねじれを防止するための措置を講ずること。
　ニ　部材の接続部はなじみよいものとし、かつ、かすがい等により固定すること。
　ホ　ころがしは、にない内ばり又はけたつなぎばりを含む鉛直面内に配置しないこと。
　ヘ　にない内ばり及びけたつなぎばりが、アーチ作用を十分に行なう状態にすること。
四　鋼アーチ支保工及び木製支柱式支保工以外のずい道支保工にあっては、ずい道等の出入口の部分には、やらずを設けること。

1　第一号の「皿板を使用する〔現行＝用いる〕等」の「等」には、鋼アーチ支保工にあっては底板をとりつけた主材を使用すること、ウォールプレートを使用すること等が含まれること。
2　「鋼アーチ支保工」とは、H型、V型、I型等の鋼材をアーチ材に使用した支保工をいうこと（第3図〔編注＝第393条解釈例規に掲載。本書において省略〕参照）。
3　第二号の「建込み間隔」とは、1の支保工における隣りあった主材の間隔をいうこと。
4　第二号の「くさびを打ち込む等」の「等」には、矢板又は矢木を打ち込む等が含まれること。
5　第二号の「つなぎボルト及びつなぎばり」とは、引張材としてボルトを、圧縮材として丸太を使用した構造のつなぎ材をいうこと。（第5図参照）

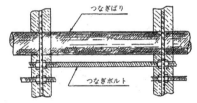

第5図　つなぎボルト及びつなぎばり

6　第二号の「筋かい等」の「等」には、チャンネル、アングル等を水平つなぎ材としたものが含まれること。
7　第二号の「やらずを設ける等」の「等」には、ロックボルトを用いて支保工を地山に固定する等が含まれること。
8　第二号の「ライナープレート」とは矢板に類似した使用法を鋼製板状の部材をいうこと。
（昭41.3.15　基発第231号）

| 部材の取りはずし | 第395条　事業者は荷重がかかっているずい道支保工の部材を取りはずすときは、当該部材にかかっている荷重をずい道型わく支保工等に移す措置を講じた後でなければ、当該部材を取りはずしてはならない。 |

「ずい道型わく支保工等に移す措置」には、丸太をかいして地山に荷重を移す等の措置が含まれること。
（昭41.3.15　基発第231号）

点　検	**第 396 条**　事業者は、ずい道支保工を設けたときは、毎日及び中震以上の地震の後、次の事項について点検し、異常を認めたときは、直ちに補強し、又は補修しなければならない。 一　部材の損傷、変形、腐食、変位及び脱落の有無及び状態 二　部材の緊圧の度合 三　部材の接続部及び交さ部の状態 四　脚部の沈下の有無及び状態
ずい道型わく支保工（材料）	**第 397 条**　事業者は、ずい道型わく支保工の材料については、著しい損傷、変形又は腐食があるものを使用してはならない。
ずい道型わく支保工（構造）	**第 398 条**　事業者は、ずい道型わく支保工の構造については、当該ずい道型わく支保工にかかる荷重、型わくの形状等に応じた堅固なものとしなければならない。 ┌─────────────────────────┐ 「型わくの形状等」には、コンクリートの打設の方法等を含む。 （昭 41.3.15　基発第 231 号） └─────────────────────────┘

安衛則　安全基準

安全基準項目	災害事例	条　文	頁
13. 建築物等の鉄骨の組立て等の作業における危険の防止 鉄骨の組立て等の作業	組立て中の鉄骨が倒壊する 鉄骨柱のタラップを昇降中に墜落する	第517条の2　・作業計画 第517条の3　・建築物等の鉄骨の組立て等の作業 第517条の4　・建築物等の鉄骨の組立て等作業主任者の選任 第517条の5　・建築物等の鉄骨の組立て等作業主任者の職務	260 261 261 261
14. 鋼橋架設等の作業における危険の防止 鋼橋架設等の作業	木造軸組みを組立中、足を滑らせ墜落する	第517条の6　・作業計画 第517条の7　・鋼橋架設等の作業 第517条の8　・鋼橋架設等作業主任者の選任 第517条の9　・鋼橋架設等作業主任者の職務 第517条の10　・保護帽の着用	264 264 265 265 265
15. 木造建築物の組立て等の作業における危険の防止 木造建築物の組立て等の作業	軒どいを取付け中、屋根から墜落する	第517条の11　・木造建築物の組立て等の作業 第517条の12　・木造建築物の組立て等作業主任者の選任 第517条の13　・木造建築物の組立て等作業主任者の職務	266 267 267
16. コンクリート造の工作物の解体等の作業における危険防止 コンクリート造の工作物の解体等の作業	建家解体中、床の端部から墜落する	第517条の14　・調査及び作業計画 第517条の15　・コンクリート造の工作物の解体等の作業 第517条の16　・引倒し等の作業の合図 第517条の17　・コンクリート造の工作物の解体等作業主任者の選任 第517条の18　・コンクリート造の工作物の解体等作業主任者の職務 第517条の19　・保護帽の着用	270 271 271 272 272 272
17. コンクリート橋架設等の作業における危険の防止 コンクリート橋架設等の作業	解体中のコンクリートの鉄筋を切断したとき、コンクリートが倒壊する	第517条の20　・作業計画 第517条の21　・コンクリート橋架設等の作業 第517条の22　・コンクリート橋架設等作業主任者の選任 第517条の23　・コンクリート橋架設等作業主任者の職務 第517条の24　・保護帽の着用	274 274 274 275 275

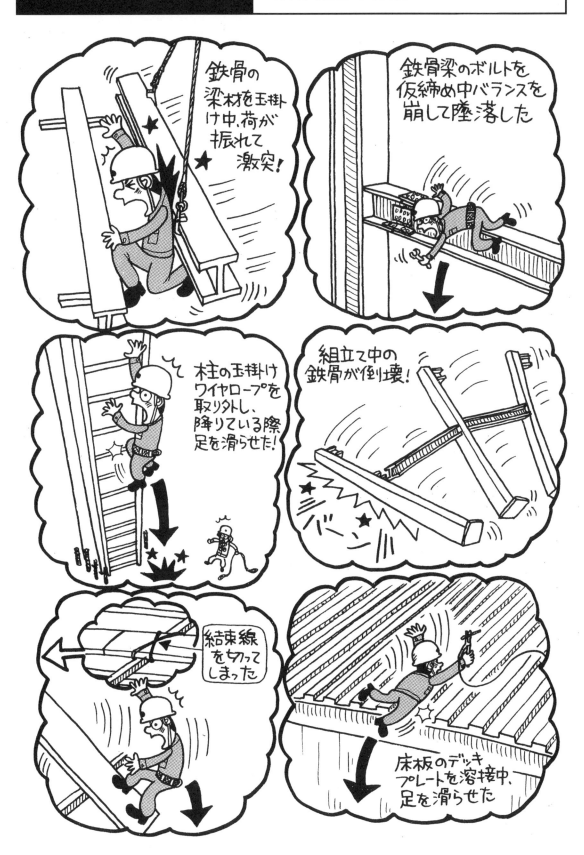

13. 建築物等の鉄骨の組立て等の作業における危険の防止

鉄骨の組立て等の作業

作業計画	第517条の2　事業者は、令第6条第十五号の2の作業を行うときは、あらかじめ、作業計画を定め、かつ、当該作業計画により作業を行わなければならない。
	【安衛施行令】 作業主任者を選任すべき作業 第6条十五号の2　建築物の骨組み又は塔であって、金属製の部分により構成されるもの（その高さが5メートル以上であるものに限る。）の組立て、解体又は変更の作業
	2　前項の作業計画は、次の事項が示されているものでなければならない。 一　作業の方法及び順序 二　部材の落下又は部材により構成されているものの倒壊を防止するための方法 三　作業に従事する労働者の墜落による危険を防止するための設備の設置の方法 3　事業者は、第1項の作業計画を定めたときは、前項各号の事項について関係労働者に周知させなければならない。

鉄骨組立ての作業計画

作業計画図の作成

1．鉄骨の建方の順序
2．クレーンの動線、作業半径、能力
3．つり荷重の明記
4．立入禁止（バリケード）の明記
5．鉄骨倒壊防止ワイヤの記入
6．つり足場、安全ネットの記入

作業計画作成時の留意事項

1．現地の状況
2．鉄骨建方の順序
3．主要部材の大きさ形状
4．建方機械の能力
5．建方仮ボルトと建方時の養生方法
6．建入れ修正と検査方法
7．使用電力
8．架設設備、安全設備
9．安全管理具体策

建築物等の鉄骨の組立て等の作業	第517条の3　事業者は、令第6条第十五号の2の作業を行うときは、次の措置を講じなければならない。 一　作業を行う区域内には、関係労働者以外の労働者の立入りを禁止すること。 二　強風、大雨、大雪等の悪天候のため、作業の実施について危険が予想されるときは、当該作業を中止すること。 三　材料、器具、工具等を上げ、又は下すときは、つり綱、つり袋等を労働者に使用させること。 1　第二号の「強風、大雨、大雪等の悪天候のため」には、当該作業地域が実際にこれらの悪天候となった場合のほか、当該地域に強風、大雨、大雪等の気象注意報又は気象警報が発せられ、かつ、悪天候となることが明白に予想される場合を含む趣旨である。 2　第三号の「つり綱」及び「つり袋」は、特につり上げ及びつり下しのために作られた特定のものに限る趣旨ではないこと。 （昭53.2.10　基発第78号）
建築物等の鉄骨の組立て等作業主任者の選任	第517条の4　事業者は、令第6条第十五号の2の作業については、建築物等の鉄骨の組立て等作業主任者技能講習を修了した者のうちから、建築物等の鉄骨の組立て等作業主任者を選任しなければならない。
建築物等の鉄骨の組立て等作業主任者の職務	第517条の5　事業者は、建築物等の鉄骨の組立て等作業主任者に、次の事項を行わせなければならない。 一　作業の方法及び労働者の配置を決定し、作業を直接指揮すること。 二　器具、工具、要求性能墜落制止用器具等及び保護帽の機能を点検し、不良品を取り除くこと。 三　要求性能墜落制止用器具等及び保護帽の使用状況を監視すること。

事業者の講ずべき措置

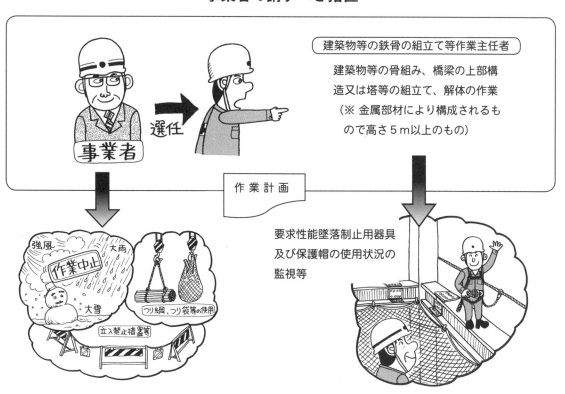

つり足場と本締作業

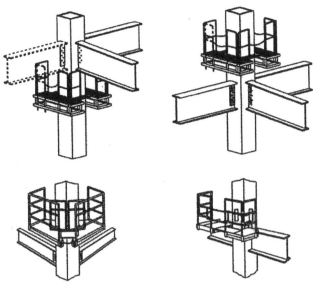

ステージ取付状況図

鉄骨工事における仮設部材・部品の先取付け例

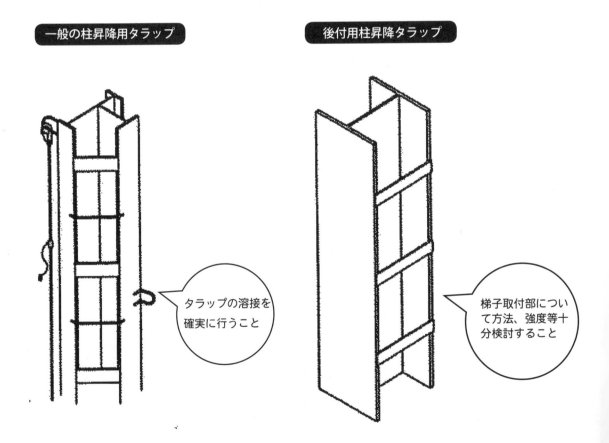

一般の柱昇降用タラップ

後付用柱昇降タラップ

タラップの溶接を
確実に行うこと

梯子取付部につい
て方法、強度等十
分検討すること

親綱取付方法の例（安衛則 521 条）

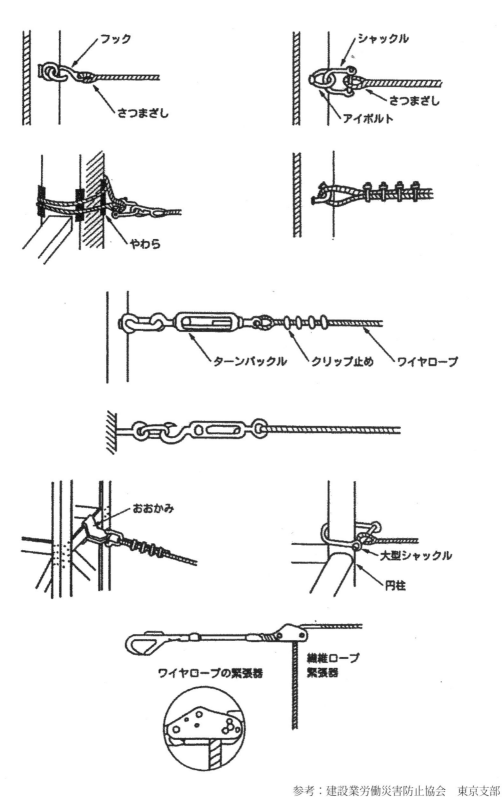

フック
さつまざし
シャックル
さつまざし
アイボルト
やわら
ターンバックル　クリップ止め　ワイヤロープ
おおかみ
大型シャックル
円柱
ワイヤロープの緊張器
繊維ロープ緊張器

参考：建設業労働災害防止協会　東京支部
「墜落防止の決め手」より抜粋

14. 鋼橋架設等の作業における危険の防止

鋼橋架設等の作業

作業計画	**第517条の6** 事業者は、令第6条第十五号の3の作業を行うときは、あらかじめ、作業計画を定め、かつ、当該作業計画により作業を行わなければならない。 2 前項の作業計画は、次の事項が示されているものでなければならない。 　一　作業の方法及び順序 　二　部材（部材により構成されているものを含む。）の落下又は倒壊を防止するための方法 　三　作業に従事する労働者の墜落による危険を防止するための設備の設置の方法 　四　使用する機械等の種類及び能力 3 事業者は、第1項の作業計画を定めときは、前項各号の事項について関係労働者に周知させなければならない。 ┌──────────────────────────┐ │ 【安衛施行令】 │ **作業主任者を選任すべき作業** │ **第6条十五号の3**　橋梁の上部構造であって、金属製の部分により構成されるもの（その高さが5メートル以上であるもの又は当該上部構造のうち橋梁の支間が30メートル以上である部分に限る。）の架設、解体又は変更の作業 └──────────────────────────┘
鋼橋架設等の作業	**第517条の7** 事業者は、令第6条第十五号の3の作業を行うときは、次の措置を講じなければならない。 　一　作業を行う区域内には、関係労働者以外の労働者の立入りを禁止すること。 　二　強風、大雨、大雪等の悪天候のため、作業の実施について危険が予想されるときは、当該作業を中止すること。 ┌──────────────────────────┐ │ 「強風、大雨、大雪とは」 │ 強風　10分間の平均風速が毎秒10m以上の風をいう │ 大雨　1回の降雨量が50㎜以上の降雨をいう │ 大雪　1回の降雪量が25cm以上の降雪をいう │ 暴風　瞬間風速が毎秒30m以上の風をいう └──────────────────────────┘ 　三　材料、器具、工具等を上げ、又は下ろすときは、つり綱、つり袋等を労働者に使用させること。 　四　部材又は架設用設備の落下又は倒壊により労働者に危険を及ぼすおそれのあるときは、控えの設置、部材又は架設用設備の座屈又は変形の防止のための補強材の取付け等の措置を講ずること。 ┌──────────────────────────┐ │ 11　鋼橋架設等の作業（第517条の7関係） │ 　1　第二号の「強風、大雨、大雪等の悪天候のため」並びに第三号の「つり綱」及び「つり袋」の意義は、第517条の3第二号の「強風、大雨、大雪等の悪天候のため」並びに同条第三号の「つり綱」及び「つり袋」の意義と同様であること。 │ 　2　第四号の「架設用設備」には、ジャッキ、ジャッキ受台等の扛上（こうじょう）・降下作業に用いる設備、橋げたを支える仮支柱等が含まれること。 │ 　3　第四号の「補強材の取付け」には、仮受台及びジャッキ受台として用いられるH型鋼についてスティフナーにより補強することがあること。 └──────────────────────────┘

	4 　第四号の「部材又は架設用設備の座屈又は変形の防止のための補強材の取付け等」の「等」には、扛上・降下作業を行う場合に平行に設置された橋げたどうしをあらかじめ連結しておくこと等があること。 （平 4.8.24　基発第 480 号）
鋼橋架設等作業主任者の選任	**第 517 条の 8**　事業者は、令第 6 条第十五号の 3 の作業については、鋼橋架設等作業主任者技能講習を修了した者のうちから、鋼橋架設等作業主任者を選任しなければならない。
鋼橋架設等作業主任者の職務	**第 517 条の 9**　事業者は、鋼橋架設等作業主任者に、次の事項を行わせなければならない。 一　作業の方法及び労働者の配置を決定し、作業を直接指揮すること。 二　器具、工具、要求性能墜落制止用器具等及び保護帽の機能を点検し、不良品を取り除くこと。 三　要求性能墜落制止用器具等及び保護帽の使用状況を監視すること。
保護帽の着用	**第 517 条の 10**　事業者は、令第 6 条第十五号の 3 の作業を行うときは、物体の飛来又は落下による労働者の危険を防止するため、当該作業に従事する労働者に保護帽を着用させなければならない。 2 　前項の作業に従事する労働者は、同項の保護帽を着用しなければならない。

安衛則　安全基準

木造建築物の組立て等の作業

木造建築物の組立て等の作業	**第517条の11**　事業者は、令第6条第十五号の4の作業を行うときは、次の措置を講じなければならない。 一　作業を行う区域内には、関係労働者以外の労働者の立入りを禁止すること。 二　強風、大雨、大雪等の悪天候のため、作業の実施について危険が予想されるときは、当該作業を中止すること。 三　材料、器具、工具等を上げ、又は下ろすときは、つり綱、つり袋等を労働者に使用させること。

> 1　本条は、第517条の3と同様の趣旨であること。
> 2　第三号の規定は、手渡し等による上げ下ろし又は労働者に危険を及ぼすおそれのないことが明らかな場合の投げ上げ、投げ下ろしの行為を禁止する趣旨のものではないこと。
> （昭55.11.25　基発648号）

木造建築物の組立て作業

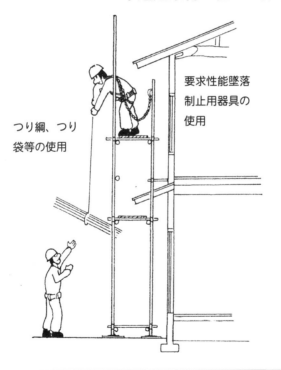

要求性能墜落
制止用器具の
使用

つり綱、つり
袋等の使用

強風、大雨、大雪等の
悪天候のため作業に危
険が予想されるときは
作業を中止する

関係労働者以外の
立入りを禁止する

> 【安衛施行令】
> **作業主任者を選任すべき作業**
> **第6条十五号の4**　建築基準法施行令第2条第1項第七号に規定する軒の高さが5メートル以上の木造建築物の構造部材の組立て又はこれに伴う屋根下地若しくは外壁下地の取付けの作業

木造建築物の組立て等作業主任者の選任	**第517条の12** 事業者は、令第6条第十五号の4の作業については、木造建築物の組立て等作業主任者技能講習を修了した者のうちから、木造建築物の組立て等作業主任者を選任しなければならない。 令第6条の十五号の3〔現行＝第十五号の4〕の作業が、同時に1カ所で行われる複数戸の住宅等に係る場合、本条に定める職務を1人の作業主任者で遂行できるときは、1人の作業主任者の選任で足りること。 （昭55.11.25　基発第648号）
木造建築物の組立て等作業主任者の職務	**第517条の13** 事業者は、木造建築物の組立て等作業主任者に次の事項を行わせなければならない。 一　作業の方法及び順序を決定し、作業を直接指揮すること。 二　器具、工具、要求性能墜落制止用器具等及び保護帽の機能を点検し、不良品を取り除くこと。 三　要求性能墜落制止用器具等及び保護帽の使用状況を監視すること。 木造建築物の組立て等作業主任者は、令第6条第十五号の3〔現行＝第十五号の4〕の作業に関し、本条に規定する職務を遂行すれば足りるものであり、本条は、当該作業主任者がその他の作業を行ってはならないとする趣旨ではないこと。 （昭55.11.25　基発第648号）

令第6条第15号の4に規定された高さ5mのとり方

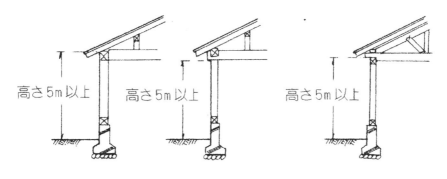

和小屋木造建築物　　　洋小屋木造建築物　　　　和洋折衷木造建築物

木造建築物の足場の例

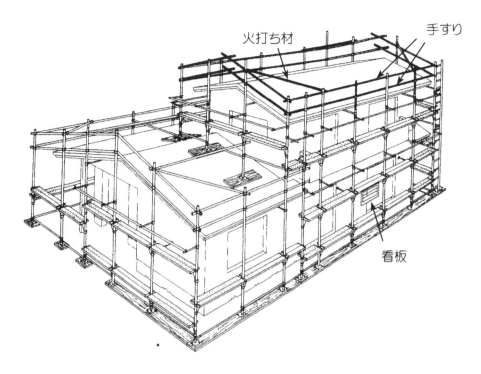

火打ち材　　手すり

看板

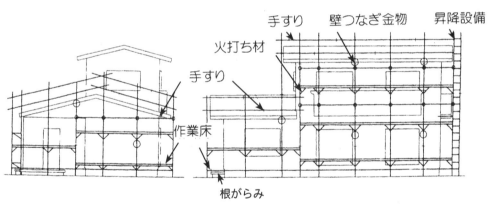

手すり　　壁つなぎ金物　　昇降設備

火打ち材

手すり

作業床

根がらみ

壁つなぎ金物の取付け例

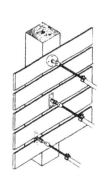

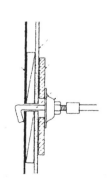

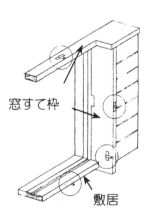

窓すて枠

敷居

ブラケット一側足場チェックリスト

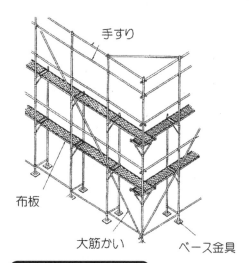

手すり

布板

大筋かい　　　ベース金具

単管ブラケット足場

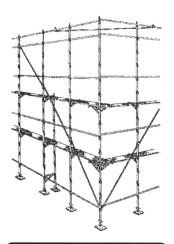

緊結部付ブラケット足場

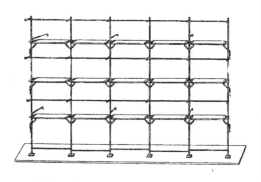

布板一側足場

チェック項目
隣家・通行人・植木等に配慮したか 看板は取り付けたか
整地は充分行ったか 固定ベースは敷板に釘付けしたか マス・マンホール等に建地が乗っていないか
建地は垂直に建っているか 建地は千鳥にしたか 同一層間にジョイントが集っていないか
ブラケットは上下ともボルトを締めたか 足場ネットのつかみ金具はロックされているか 作業床（布）の高さは基準どおりか 作業床は水平になっているか 足場ネットを重ねた場合は布を取り付けたか 足場ネットを重ねた場合は番線等で緊結したか
２m以上の作業床には、手すりを設けたか 手すりの高さは基準どおりか コーナー及び端部に手すりは付けているか 中桟を設けたか 幅木を設けたか 上記以外の落下防止措置を設けたか （安衛則第522条、563条参照）
壁つなぎ（控柱）の取付け位置は基準どおりか 壁つなぎ建物と直角に取付けてあるか
大筋違いは全ての建地に緊結してあるか
最低１カ所以上梯子はついているか 屋根より60cm以上出ているか
パイプの位置は基準どおりか
火打ち梁は取り付けたか
回転ベース等は敷板に釘止めしたか 下屋の軒に転落防止を取付けたか 地上からの足場と連結されているか 棟に建地や根がらみは当たっていないか 壁つなぎ、控えは充分にとっているか
足場に乗って揺れないか 作業床に乗って手の届かない所はないか 軒・雨どい・ベランダ・出窓等に当たらないか 現場に余分な部材が放置されてないか 組立て完了の報告はしたか 現場写真の提出をしたか

安衛則　安全基準

269

16. コンクリート造の工作物の解体等の作業における危険の防止

コンクリート造の工作物の解体等の作業

調査及び作業計画	第517条の14　事業者は、令第6条第十五号の5の作業を行うときは、工作物の倒壊、物体の飛来又は落下等による労働者の危険を防止するため、あらかじめ、当該工作物の形状、き裂の有無、周囲の状況等を調査し、当該調査により知り得たところに適応する作業計画を定め、かつ、当該作業計画により作業を行わなければならない。

> 【安衛施行令】
> 作業主任者を選任すべき作業
> 第6条十五号の5　コンクリート造の工作物（その高さが5メートル以上であるものに限る。）の解体又は破壊の作業

2　前項の作業計画は、次の事項が示されているものでなければならない。
　一　作業の方法及び順序
　二　使用する機械等の種類及び能力
　三　控えの設置、立入禁止区域の設定その他の外壁、柱、はり等の倒壊又は落下による労働者の危険を防止するための方法
3　事業者は、第1項の作業計画を定めたときは、前項第一号及び第三号の事項について関係労働者に周知させなければならない。

> 1　第1項の「周囲の状況等」には、ガス管、上下水道管、電気及び電話用の配管等の地下埋設物、電気、電話等の地上架設線並びに樹木等が含まれるものであること。
> 2　第2項第三号の「その他の外壁、柱、はり等の倒壊又は落下による労働者の危険を防止するための方法」には、避難場所の確保及び防網、シート、囲いの設置等の措置が含まれるものであり、「はり等」の「等」には、床及びけたが含まれるものであること。
> （昭55.11.25　基発第648号）

調査及び作業計画

作業計画に示す事項

1. 作業の方法及び順序
2. 使用する機械等の種類及び能力
3. 控えの設置、立入禁止区域の設定
4. その他外壁、柱、はり等の倒壊又は落下による労働者の危険を防止するための方法

コンクリート造の工作物の解体等の作業	**第517条の15**　事業者は、令第6条第十五号の5の作業を行うときは、次の措置を講じなければならない。 一　作業を行う区域内には、関係労働者以外の労働者の立入りを禁止すること。 二　強風、大雨、大雪等の悪天候のため、作業の実施について危険が予想されるときは、当該作業を中止すること。 三　器具、工具等を上げ、又は下ろすときは、つり綱、つり袋等を労働者に使用させること。
引倒し等の作業の合図	**第517条の16**　事業者は、令第6条第十五号の5の作業を行う場合において、外壁、柱等の引倒し等の作業を行うときは、引倒し等について一定の合図を定め、関係労働者に周知させなければならない。 2　事業者は、前項の引倒し等の作業を行う場合において、当該引倒し等の作業に従事する労働者以外の労働者（以下この条において「他の労働者」という。）に引倒し等により危険を生ずるおそれのあるときは、当該引倒し等の作業に従事する労働者に、あらかじめ、同項の合図を行なわせ、他の労働者が避難したことを確認させた後でなければ、当該引倒し等の作業を行わせてはならない。 3　第1項の引倒し等の作業に従事する労働者は、前項の危険を生ずるおそれのあるときは、あらかじめ、合図を行い、他の労働者が避難したことを確認した後でなければ、当該引倒し等の作業を行ってはならない。 ┌─────────────────────────────┐ │　1　第1項の「外壁、柱等」の「等」には、鉄筋コンクリート造の煙突、塔及び擁壁が含まれるものであること。 │　2　第1項の「引倒し等」の「等」には、押倒しが含まれるものであること。 │（昭55.11.25　基発第648号） └─────────────────────────────┘

解体工事のフローチャート

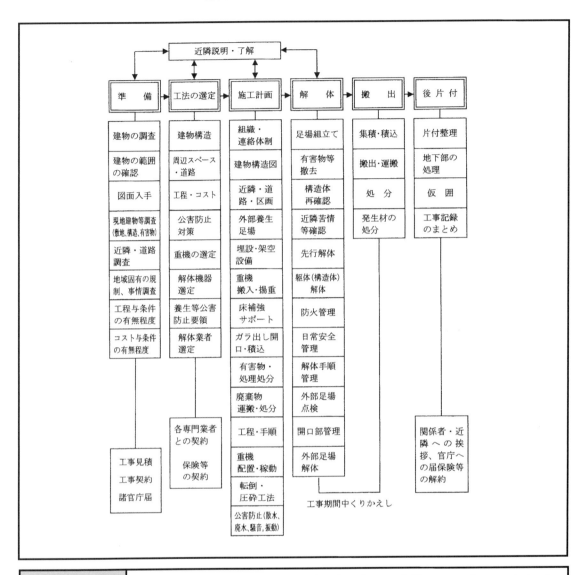

コンクリート造の工作物の解体等作業主任者の選任	**第517条の17**　事業者は、令第6条第十五号の5の作業については、コンクリート造の工作物の解体等作業主任者技能講習を修了した者のうちから、コンクリート造の工作物の解体等作業主任者を選任しなければならない。
コンクリート造の工作物の解体等作業主任者の職務	**第517条の18**　事業者は、コンクリート造の工作物の解体等作業主任者に、次の事項を行わせなければならない。 一　作業の方法及び労働者の配置を決定し、作業を直接指揮すること。 二　器具、工具、要求性能墜落制止用器具等及び保護帽の機能を点検し、不良品を取り除くこと。 三　要求性能墜落制止用器具等及び保護帽の使用状況を監視すること。
保護帽の着用	**第517条の19**　事業者は、令第6条第十五号の5の作業を行うときは、物体の飛来又は落下による労働者の危険を防止するため、当該作業に従事する労働者に保護帽を着用させなければならない。 2　前項の作業に従事する労働者は、同項の保護帽を着用しなければならない。

解体方法の危険事例

柱脚部鉄筋切断時の危険事例

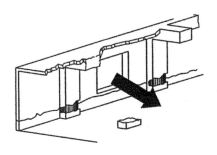

引ワイヤ等の取付前に柱脚部の鉄筋を切断したため転倒の危険がある

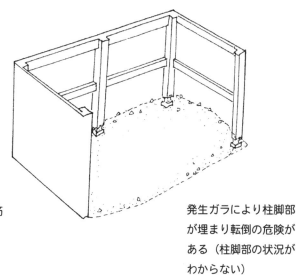

発生ガラにより柱脚部が埋まり転倒の危険がある（柱脚部の状況がわからない）

スラブ解体時の危険事例

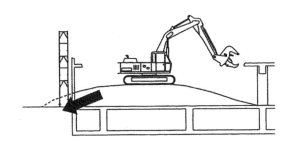

解体材の搬出が遅れたためガラが仮囲いの外部へ押出される危険もある

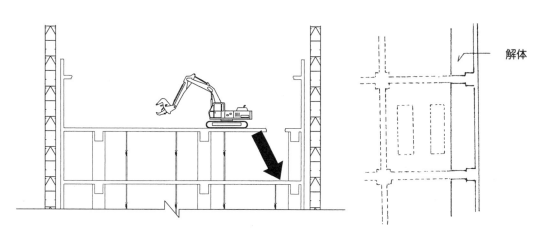

スラブの端部を毀したため、はね出しスラブとなりスラブが落ちる危険がある

17. コンクリート橋架設等の作業における危険の防止

コンクリート橋架設等の作業

作業計画	**第 517 条の 20**　事業者は、令第 6 条第十六号の作業を行うときは、あらかじめ、作業計画を定め、かつ、当該作業計画により作業を行わなければならない。 2　前項の作業計画は、次の事項が示されているものでなければならない。 　一　作業の方法及び順序 　二　部材（部材により構成されているものを含む。）の落下又は倒壊を防止するための方法 　三　作業に従事する労働者の墜落による危険を防止するための設備の設置の方法 　四　使用する機械等の種類及び能力 3　事業者は、第一項の作業計画を定めたときは、前項各号の事項について関係労働者に周知させなければならない。 --- 【安衛施行令】 **第 6 条十六号**　橋梁の上部構造であって、コンクリート造のもの（その高さが 5 メートル以上であるもの又は当該上部構造のうち橋梁の支間が 30 メートル以上である部分に限る。）の架設又は変更の作業 ---
コンクリート橋架設等の作業	**第 517 条の 21**　事業者は、令第 6 条第十六号の作業を行うときは、次の措置を講じなければならない。 　一　作業を行う区域内には、関係労働者以外の労働者の立入りを禁止すること。 　二　強風、大雨、大雪等の悪天候のため、作業の実施について危険が予想されるときは、当該作業を中止すること。 　三　材料、器具、工具類等を上げ、又は下ろすときは、つり綱、つり袋等を労働者に使用させること。 　四　部材又は架設用設備の落下又は倒壊により労働者に危険を及ぼすおそれのあるときは、控えの設置、部材又は架設用設備の座屈又は変形の防止のための補強材の取付け等の措置を講ずること。 --- 1　第二号の「強風、大雨、大雪等の悪天候のため」並びに第三号の「つり綱」及び「つり袋」の意義は、第 517 条の 3 第二号の「強風、大雨、大雪等の悪天候のため」並びに同条第三号の「つり綱」及び「つり袋」の意義と同様であること。 2　第四号「架設用設備」には、ジャッキ、ジャッキ受台等の扛上、降下作業に用いる設備、橋げたを支える仮支柱等が含まれること。 3　第四号の「補強材の取付け」には、仮受台及びジャッキ受台として用いられるH型鋼についてスティフナーにより補強することがあること。 （平 4.8.24　基発第 480 号） ---
コンクリート橋架設等作業主任者の選任	**第 517 条の 22**　事業者は、令第 6 条第十六号の作業については、コンクリート橋架設等作業主任者技能講習を修了した者のうちから、コンクリート橋架設等作業主任者を選任しなければならない。

コンクリート橋架設等作業主任者の職務	第517条の23　事業者は、コンクリート橋架設等作業主任者に、次の事項を行わせなければならない。 一　作業の方法及び労働者の配置を決定し、作業を直接指揮すること。 二　器具、工具、要求性能墜落制止用器具等及び保護帽の機能を点検し、不良品を取り除くこと。 三　要求性能墜落制止用器具等及び保護帽の使用状況を監視すること。
保護帽の着用	第517条の24　事業者は、令第6条第十六号の作業を行うときは、物体の飛来又は落下による労働者の危険を防止するため、当該作業に従事する労働者に保護帽を着用させなければならない。 2　前項の作業に従事する労働者は、同項の保護帽を着用しなければならない。

安衛則　安全基準

安全基準項目別災害事例と条文（対策）

安全基準項目	災 害 事 例		条　　文	頁
18. 墜落、飛来崩壊等による危険の防止 ① 墜落等による危険の防止	・足場上で作業中、動作の反動で墜落する	第518条	・作業床の設置等	278
		第519条	・開口部の囲い等	279
	・不完全な作業床を使用して作業中に墜落する	第520条	・要求性能墜落制止用器具の使用義務	280
	・開口部で荷を取込み中、つり荷に振られ墜落する	第521条	・要求性能墜落制止用器具等の取付設備等	280
	・開口部周りの残材を片付け中、足を踏み外して墜落する	第522条	・悪天候時の作業禁止	280
	・足場を組立て中、動作の反動で墜落する			
	・安全帯取付け設備が壊れて、安全帯が外れ墜落する			
	・屋根上で作業中、スレートを踏み抜き墜落する	第524条	・スレート等の屋根上の危険の防止	281
	・不用なたて坑、くい穴等に墜落	第525条	・不用のたて坑等における危険の防止	281
	・足場の妻側を昇降中に足を滑らせ墜落する	第526条	・昇降するための設備の設置等	282
	・梯子を昇降中、梯子が倒れ墜落	第527条	・移動はしご	282
	・脚立を昇降中に足を滑らせ転落 ・うま足場の足場板はね出し部に乗り転落する	第528条	・脚　立	283

安全基準項目	災 害 事 例	条　　文		頁
② 飛来崩壊等による危険の防止	・足場を組立て中、動作の反動により墜落する	第 529 条	・建築物等の組立て、解体又は変更の作業	284
	・足場組立て材を荷揚げ中、荷に振られ墜落する	第 530 条	・立入禁止	284
	・トンネル内部で落盤が発生し、岩石が激突する	第 534 条	・地山の崩壊等による危険の防止	285
		第 535 条	・落盤等による危険の防止	285
	・土砂崩壊が発生し、作業者が土砂に埋まる	第 536 条	・高所からの物体投下による危険の防止	285
	・高所から材料が落下し激突する	第 537 条	・物体の落下による危険の防止	285
	・高さ４ｍの高所から投下した残材がはね下の作業者に当たる	第 538 条	・物体の飛来による危険の防止	285
③ロープ高所作業における危険の防止		第 539 条	・保護帽の着用	285
		第 539 条の 2	・ライフラインの設置	286
		第 539 条の 3	・メインロープ等の強度等	287
		第 539 条の 4	・調査及び記録	289
		第 539 条の 5	・作業計画	289
		第 539 条の 6	・作業指揮者	290
		第 539 条の 7	・要求性能墜落制止用器具の使用	290
		第 539 条の 8	・保護帽の着用	290
		第 539 条の 9	・作業開始前点検	290

18. 墜落、飛来崩壊等による危険の防止

① 墜落等による危険の防止

作業床の設置等	第518条　事業者は、高さが2メートル以上の箇所（作業床の端、開口部等を除く。）で作業を行なう場合において墜落により労働者に危険を及ぼすおそれのあるときは、足場を組み立てる等の方法により作業床を設けなければならない。 2　事業者は、前項の規定により作業床を設けることが困難なときは、防網を張り、労働者に要求性能墜落制止用器具を使用させる等墜落による労働者の危険を防止するための措置を講じなければならない。 墜落制止用器具の規格（平31.1.25　厚生労働省令第11号） 墜落による危険を防止するためのネットの構造等の安全基準に関する技術上の指針（昭51.8.6　技術上の指針公示第8号）

作業床

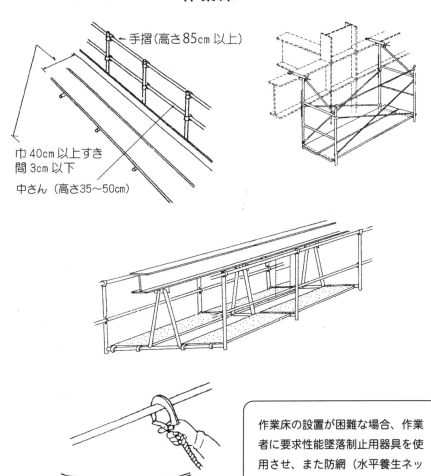

手摺（高さ85cm 以上）

巾40cm 以上すき間 3cm 以下

中さん（高さ35〜50cm）

作業床の設置が困難な場合、作業者に要求性能墜落制止用器具を使用させ、また防網（水平養生ネット）を張る

開口部の囲い等	第519条　事業者は、高さが2メートル以上の作業床の端、開口部等で墜落により労働者に危険を及ぼすおそれのある箇所には、囲い、手すり、覆い等（以下この条において「囲い等」という。）を設けなければならない。 2　事業者は、前項の規定により、囲い等を設けることが著しく困難なとき又は作業の必要上臨時に囲い等を取りはずすときは、防網を張り、労働者に要求性能墜落制止用器具を使用させる等墜落による労働者の危険を防止するための措置を講じなければならない。

開口部の囲い等及び周辺作業

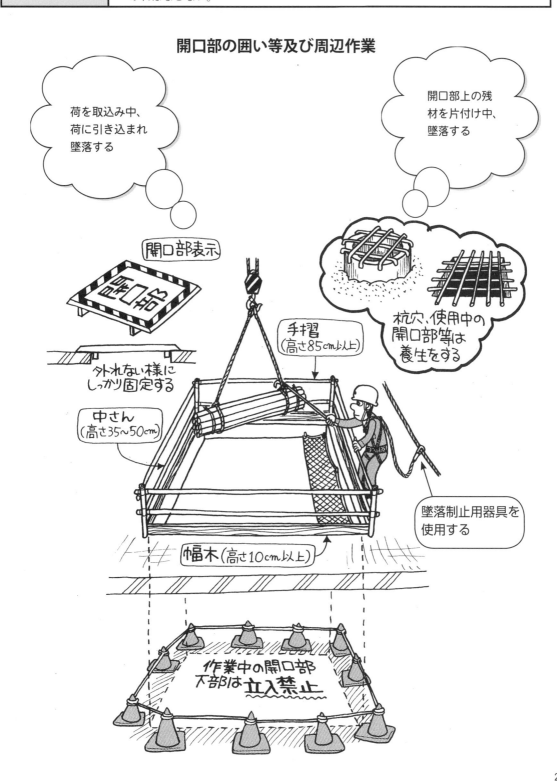

荷を取込み中、荷に引き込まれ墜落する

開口部上の残材を片付け中、墜落する

開口部表示

外れない様にしっかり固定する

手摺（高さ85cm以上）

杭穴、使用中の開口部等は養生をする

中さん（高さ35〜50cm）

墜落制止用器具を使用する

幅木（高さ10cm以上）

作業中の開口部下部は立入禁止

要求性能墜落制止用器具の使用義務	第520条　労働者は、第518条第2項及び前条第2項の場合において、要求性能墜落制止用器具等の使用を命じられたときは、これを使用しなければならない。
要求性能墜落制止用器具等の取付設備等	第521条　事業者は、高さが2メートル以上の箇所で作業を行う場合において、労働者に要求性能墜落制止用器具等を使用させるときは、要求性能墜落制止用器具等を安全に取り付けるための設備等を設けなければならない。 2　事業者は、労働者に要求性能墜落制止用器具等を使用させるときは、要求性能墜落制止用器具等及びその取付け設備等の異常の有無について、随時点検しなければならない。
悪天候時の作業禁止	第522条　事業者は、高さが2メートル以上の箇所で作業を行なう場合において、強風、大雨、大雪等の悪天候のため、当該作業の実施について危険が予想されるときは、当該作業に労働者を従事させてはならない。

〔悪天候〕
1　「強風」とは、10分間の平均風速が毎秒10m以上の風を、「大雨」とは1回の降雨量が50mm以上の降雨を、「大雪」とは1回の降雪量が25cm以上の降雪をいうこと。
2　「強風、大雨、大雪等の悪天候のため」には、当該作業地域が実際にこれらの悪天候となった場合のほか、当該地域に強風、大雨、大雪等の気象注意報または気象警報が発せられ悪天候となることが予想される場合を含む趣旨であること。
(昭46.4.15　基発第309号)

要求性能墜落制止用器具の使用義務

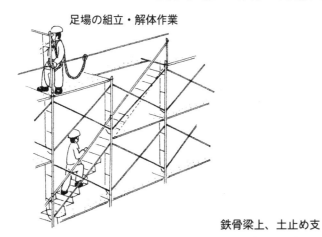

足場の組立・解体作業

安全ブロック　　タテ親綱ロリップの使用

鉄骨梁上、土止め支保工切梁上の移動

足場から身を乗り出す等危険な作業

足場、構台上開口部等での荷の取込み作業

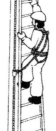

くい打ち機、柱等の昇降

スレート等の屋根上の危険の防止	第524条　事業者は、スレート、木毛板等の材料でふかれた屋根の上で作業を行なう場合において、踏み抜きにより労働者に危険を及ぼすおそれのあるときは幅が30センチメートル以上の歩み板を設け防網を張る等踏み抜きによる労働者の危険を防止するための措置を講じなければならない。
不用のたて坑等における危険の防止	第525条　事業者は、不用のたて坑、坑井又は40度以上の斜坑には坑口の閉そくその他墜落による労働者の危険を防止するための設備を設けなければならない。 2　事業者は、不用の坑道又は坑内採掘跡には、さく、囲いその他通行しゃ断の設備を設けなければならない。

スレート等の屋根上の危険防止

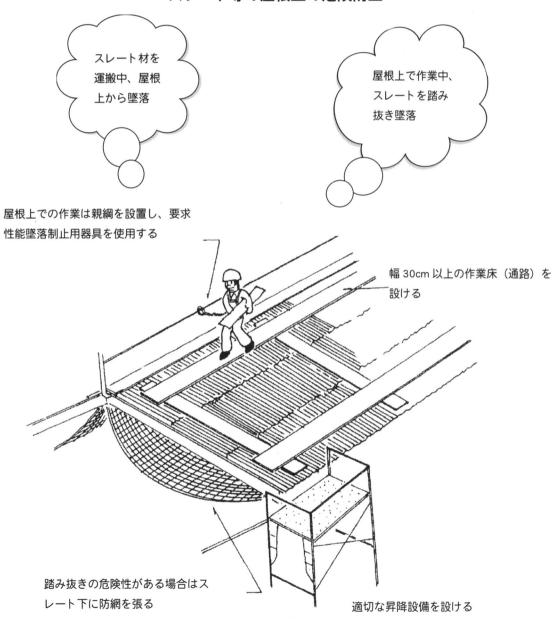

スレート材を運搬中、屋根上から墜落

屋根上で作業中、スレートを踏み抜き墜落

屋根上での作業は親綱を設置し、要求性能墜落制止用器具を使用する

幅30cm以上の作業床（通路）を設ける

踏み抜きの危険性がある場合はスレート下に防網を張る

適切な昇降設備を設ける

昇降するための 設備の設置等	**第526条** 事業者は、高さ又は深さが1.5メートルをこえる箇所で作業を行なうとき は、当該作業に従事する労働者が安全に昇降するための設備等を設けなければなら ない。ただし、安全に昇降するための設備等を設けることが作業の性質上著しく困 難なときは、この限りではない。 2　前項の作業に従事する労働者は、同項本文の規定により安全に昇降するための設 備等が設けられたときは、当該設備等を使用しなければならない。
移動はしご	**第527条** 事業者は、移動はしごについては、次に定めるところに適合したものでな ければ使用してはならない。 一　丈夫な構造とすること。 二　材料は、著しく損傷、腐食等がないものとすること。 三　幅は、30センチメートル以上とすること。 四　すべり止め装置の取付けその他転位を防止するために必要な措置を講ずるこ と。 > 1　「転位を防止するために必要な措置」には、はしごの上方を建築物等に取 > り付けること、他の労働者がはしごの下方を支えること等の措置が含まれ > ること。 > 2　移動はしごは、原則として継いで用いることを禁止し、やむを得ず継い > で用いる場合には、次によるよう指導すること。 > イ　全体の長さは9メートル以下とすること。 > ロ　継手が重合せ継手のきは、接続部において1.5メートル以上を重ね合 > せて2箇所以上において堅固に固定すること。 > ハ　継手が突合せ継手のときは1.5メール以上の添木を用いて4箇所以上 > において堅固に固定すること。 > 3　移動はしごの踏み桟は、25センチメール以上35センチメートル以下の > 間隔で、かつ、等間隔に設けられていることが望ましいこと。 > （昭43.6.14　安発第100号）

脚　立	第 528 条　事業者は、脚立については、次に定めるところに適合したものでなければ使用してはならない。 一　丈夫な構造とすること。 二　材料は、著しく損傷、腐食等がないものとすること。 三　脚と水平面との角度を 75 度以下とし、かつ、折りたたみ式のものにあっては、脚と水平面との角度を確実に保つための金具等を備えること。 四　踏み面は、作業を安全に行なうため必要な面積を有すること。

脚立作業での危険防止

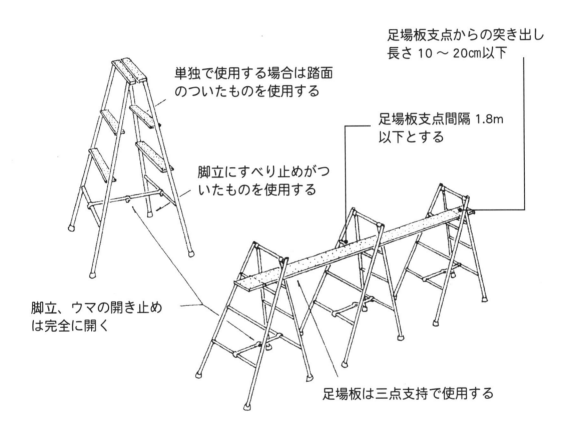

単独で使用する場合は踏面のついたものを使用する

足場板支点からの突き出し長さ 10 ～ 20cm以下

足場板支点間隔 1.8m以下とする

脚立にすべり止めがついたものを使用する

脚立、ウマの開き止めは完全に開く

足場板は三点支持で使用する

・脚立、ウマ足場上では反動のかかる様な無理な作業はしない

安衛則　安全基準

建築物等の組立て、解体又は変更の作業	第529条　事業者は、建築物、橋梁、足場等の組立て、解体又は変更の作業（作業主任者を選任しなければならない作業を除く。）を行なう場合において、墜落により労働者に危険を及ぼすおそれのあるときは、次の措置を講じなければならない。 一　作業を指揮する者を指名して、その者に直接作業を指揮させること。 二　あらかじめ、作業の方法及び順序を当該作業に従事する労働者に周知させること。
立入禁止	第530条　事業者は、墜落により労働者に危険を及ぼすおそれのある箇所に関係労働者以外の労働者を立ち入らせてはならない。

足場の組立て解体作業の危険防止

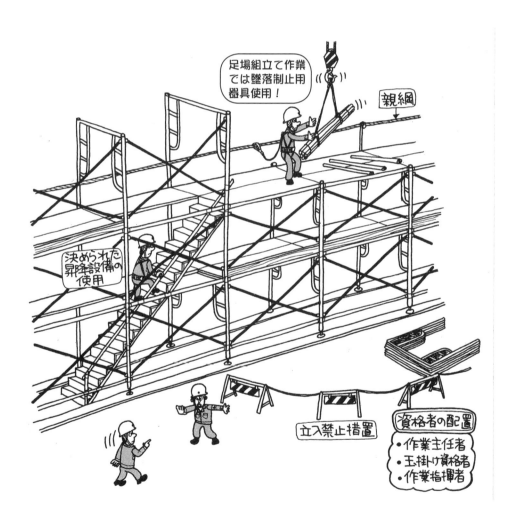

② 飛来崩壊等による危険の防止

地山の崩壊等に よる危険の防止	**第 534 条** 事業者は、地山の崩壊又は土石の落下により労働者に危険を及ぼすおそれのあるときは、当該危険を防止するため、次の措置を講じなければならない。 一 地山を安全なこう配とし、落下のおそれのある土石を取り除き、又は擁壁、土止め支保工等を設けること。 二 地山の崩壊又は土石の落下の原因となる雨水、地下水等を排除すること。
落盤等による危 険の防止	**第 535 条** 事業者は、坑内における落盤、肌落ち又は側壁の崩壊により労働者に危険を及ぼすおそれのあるときは、支保工を設け、浮石を取り除く等当該危険を防止するための措置を講じなければならない。
高所からの物体 投下による危険 の防止	**第 536 条** 事業者は、3メートル以上の高所から物体を投下するときは、適当な投下設備を設け、監視人を置く等労働者の危険を防止するための措置を講じなければならない。 2 労働者は、前項の規定による措置が講じられていないときは、3メートル以上の高所から物体を投下してはならない。
物体の落下によ る危険の防止	**第 537 条** 事業者は、作業のため物体が落下することにより、労働者に危険を及ぼすおそれのあるときは、防網の設備を設け、立入区域を設定する等当該危険を防止するための措置を講じなければならない。
物体の飛来によ る危険の防止	**第 538 条** 事業者は、作業のため物体が飛来することにより労働者に危険を及ぼすおそれのあるときは、飛来防止の設備を設け、労働者に保護具を使用させる等当該危険を防止するための措置を講じなければならない。 飛来防止の設備は、物体の飛来自体を防ぐべき措置を設けることを第一とし、この予防措置を設け難い場合、もしくはこの予防措置を設けるもなお危害のおそれのある場合に、保護具を使用せしめること。 （昭 23.5.11 基発第 737 号、昭 33.2.13 基発第 90 号）
保護帽の着用	**第 539 条** 事業者は、船台の附近、高層建築場等の場所で、その上方において他の労働者が作業を行なっているところにおいて作業を行なうときは、物体の飛来又は落下による労働者の危険を防止するため、当該作業に従事する労働者に保護帽を着用させなければならない。 2 前項の作業に従事する労働者は、同項の保護帽を着用しなければならない。 保護帽の規格（昭 50.9.8 労働省告示第 66 号）

高所からの物体投下による危険の防止

3m以上の高所から物を投下するときは

1. 監視人を置く

2. 投下設備を設ける

③ ロープ高所作業における危険の防止

ライフラインの設置	第539条の2　事業者は、ロープ高所作業を行うときは、身体保持器具を取り付けたロープ（以下この節において「メインロープ」という。）以外のロープであって、要求性能墜落制止用器具を取り付けるためのもの（以下この節において「ライフライン」という。）を設けなければならない。 　1　ロープ高所作業は、「高さが2メートル以上の箇所であって作業床を設けることが困難なところ」において行うものとしているが、これは、安衛則第518条第1項において、高さが2メートル以上の箇所（作業床の端、開口部等を除く。）で作業を行う場合には作業床の設置が義務付けられていることを前提としているものであるため、高さが2メートル以上の箇所においてロープ高所作業と同様の内容の作業を行う場合であって、作業床を設けることができるときには、同条第1項が適用されるものであること。 　2　「作業床を設けることが困難なところ」とは、目的とする作業の種類、場所、時間等からみて、足場を設けることが現実的に著しく離反している場合等における作業箇所をいい、単なる費用の増加によるもの等はこれに当たらないこと。 　3　「身体保持器具」には、例えばブランコ台、傾斜面用ハーネスのバックサイドベルトがあること。 　4　こう配が40度未満の斜面においてロープ高所作業と同様の内容の作業を行う場合についても、新安衛則第539条の2、第539条の3、第539条の7、第539条の8及び第539条の9に定めるロープ高所作業における危険の防止措置を講ずることが望ましいこと。 　5　「ライフライン」は、安全帯を取り付けるためのものであって、ロープ高所作業中、常時身体を保持するためのものではないこと。 　6　ライフラインとして、リトラクタ式墜落阻止器具（ランヤードの自動ロック機能、自動緊張機能及び巻取り機能を有する墜落阻止器具）を用いても差し支えないこと。 　　　ただし、以下に掲げる場合については、それぞれ以下に掲げる条件を満たす必要があること。 　ア　ライフラインとして使用しているロープにリトラクタ式墜落阻止器具を接続して一つのライフラインとして使用する場合については、当該ロープとリトラクタ式墜落阻止器具との接続が確実になされている状態であること。 　イ　リトラクタ式墜落阻止器具を複数用いる場合については、安全帯を接続しているリトラクタ式墜落阻止器具を別のリトラクタ式墜落阻止器具へ付け替えるときにフックを2本備えた安全帯（常時接続型の安全帯）を使用する等により、労働者が昇降する間、常に安全帯がリトラクタ式墜落阻止器具に接続されている状態であること。 （平27.8.5　基発0805第1号）

メインロープ等 の強度等	第539条の3　事業者は、メインロープ、ライフライン、これらを支持物に緊結するための緊結具、身体保持器具及びこれをメインロープに取り付けるための接続器具（第539条の5第2項第四号及び第539条の9において「メインロープ等」という。）については、十分な強度を有するものであって、著しい損傷、摩耗、変形又は腐食がないものを使用しなければならない。

2　前項に定めるもののほか、メインロープ、ライフライン及び身体保持器具については、次に定める措置を講じなければならない。

　一　メインロープ及びライフラインは、作業箇所の上方にある堅固な支持物（以下この節において「支持物」という。）に緊結すること。この場合において、メインロープ及びライフラインは、それぞれ異なる支持物に、外れないように確実に緊結すること。

　二　メインロープ及びライフラインは、ロープ高所作業に従事する労働者が安全に昇降するため十分な長さのものとすること。

　三　突起物のある箇所その他の接触することによりメインロープ又はライフラインが切断するおそれのある箇所（次条第四号及び第539条の5第2項第六号において「切断のおそれのある箇所」という。）に覆いを設ける等これらの切断を防止するための措置（同号において「切断防止措置」という。）を講ずること。

　四　身体保持器具は、メインロープに接続器具（第1項の接続器具をいう。）を用いて確実に取り付けること。

1　第1項の「緊結具」には、例えばカラビナ、スリング等があること。また、「接続器具」には、例えばエイト環、ディッセンダー (Descender) 等の下降器及びアッセンダー (Ascender) 等の登高器があること。

2　以下に定める強度を有するロープ等については、第1項の「十分な強度を有するもの」として差し支えないこと。

　ア　メインロープ及びライフラインにあっては、19.0キロニュートンの引張荷重を掛けた場合において破断しないもの。

　イ　緊結具に使用するもののうち、カラビナにあっては11.5キロニュートンの、スリングにあっては15.0キロニュートンの、それぞれ引張荷重を掛けた場合において破断しないもの。

　ウ　身体保持器具に使用するもののうち、垂直面用ハーネスにあっては11.5キロニュートンの、傾斜面用ハーネスのバックサイドベルトにあっては15.0キロニュートンの、環、環取付部及びつりベルト取付部にあっては11.5キロニュートンの、つりロープにあっては製品のアイ加工部を含めて19.0キロニュートンの、それぞれ引張荷重を掛けた場合において破断しないもの。

　エ　接続器具に使用するグリップ、ディッセンダーにあっては、11.5キロニュートンの引張荷重を掛けた場合においてメインロープの損傷等により保持機能を失わないもの。

3　第1項の「著しい損傷、摩耗、変形又は腐食」とは、これらが製造されたときと比較して、目視で形状等を判定することができる程度に異なったものをいうこと。

　なお、メインロープ等については、あらかじめ保管場所及び保管方法、破棄・交換の基準等を定めておくことが望ましいこと。このうち保管場所、破棄基準については、独立行政法人産業安全研究所の技術指針である「安全帯使用指針」が参考になること。

4　第2項第一号の「堅固な支持物」とは、メインロープ又はライフラインに負荷させる荷重に応じた十分な強度及び構造を有する支持物をいうこと。なお、一の支持物を複数の労働者が同時に使用する場合には、当該支持物に同時に負荷させる荷重に応じた十分な強度及び構造を有する必要があること。

5　第2項第二号の「安全に昇降するため十分な長さ」とは、ロープ高所作業の最下部において地上又は仮設の作業床等に達するまでの長さをいうこと。

　　ただし、リトラクタ式墜落阻止器具を用いる場合は、ランヤードの長さがロープ高所作業の最下部において地上又は仮設の作業床等に達するまでの長さをいうこと。また、

　ア　6のア〔第539条の2の関係通達に掲載、286ページ参照〕の場合については、ロープとリトラクタ式墜落阻止器具のランヤードの長さの合計がロープ高所作業の最下部において地上又は仮設の作業床等に達するまでの長さをいうこと。

　イ　6のイ〔第539条の2の関係通達に掲載、286ページ参照〕の場合については、用いるリトラクタ式墜落阻止器具のランヤードの長さの合計がロープ高所作業の最下部において地上又は仮設の作業床等に達するまでの長さであること。

6　第2項第三号の「突起物のある箇所」には、例えば建築物にあっては庇、雨樋、のり面にあっては岩石があること。また、「切断のおそれのある箇所に覆いを設ける等」の「等」には、ロープに養生材を巻き付けることがあること。

7　第2項第四号の接続器具には、使用するメインロープに適合したものを使用すること。

8　第2項各号の措置については、ロープ高所作業に従事する労働者が作業を開始する直前に、当該労働者と新安衛則第539条の6に定める作業指揮者等による複数人で確認することが望ましいこと。

（平27.8.5　基発0805第1号）

調査及び記録	**第 539 条の 4**　事業者は、ロープ高所作業を行うときは、墜落又は物体の落下による労働者の危険を防止するため、あらかじめ、当該作業に係る場所について次の事項を調査し、その結果を記録しておかなければならない。 一　作業箇所及びその下方の状況 二　メインロープ及びライフラインを緊結するためのそれぞれの支持物の位置及び状態並びにそれらの周囲の状況 三　作業箇所及び前号の支持物に通ずる通路の状況 四　切断のおそれのある箇所の有無並びにその位置及び状態 　1　調査の方法には、立入による調査のほか、例えば地形図による調査、ロープ高所作業の発注者や施設の所有者・管理者等からの情報の把握等の方法があること。なお、調査が適切に行われるよう、事業者と発注者等との間であらかじめ必要な連絡調整を行うことが望ましいこと。 　2　調査結果の記録の様式は任意であること。また、記録の保存期間については、当該調査の対象となったロープ高所作業が終了するまでの間とすること。 　3　第一号の「作業箇所及び下方の状況」については、作業計画において作業の方法及び順序、使用するメインロープ等の種類及び強度、使用するメインロープ及びライフラインの長さ等を定めるために必要な事項を確認すること。 　4　第二号の「メインロープ及びライフラインを緊結するためのそれぞれの支持物の位置及び状態並びにその周囲の状況」については、ロープ高所作業に適した支持物の有無、位置、形状、メインロープ及びライフラインを支持物に緊結する作業に従事する労働者の危険の有無を確認すること。 　5　第三号の「作業箇所及び前号の支持物に通ずる通路の状況」については、支持物から作業箇所までロープを張るための通路も含まれ、通行する労働者の危険の有無を確認すること。 （平 27.8.5　基発 0805 第 1 号）
作業計画	**第 539 条の 5**　事業者は、ロープ高所作業を行うときは、あらかじめ、前条の規定による調査により知り得たところに適応する作業計画を定め、かつ、当該作業計画により作業を行わなければならない。 2　前項の作業計画は、次の事項が示されているものでなければならない。 　一　作業の方法及び順序 　二　作業に従事する労働者の人数 　三　メインロープ及びライフラインを緊結するためのそれぞれの支持物の位置 　四　使用するメインロープ等の種類及び強度 　五　使用するメインロープ及びライフラインの長さ 　六　切断のおそれのある箇所及び切断防止措置 　七　メインロープ及びライフラインを支持物に緊結する作業に従事する労働者の墜落による危険を防止するための措置 　八　物体の落下による労働者の危険を防止するための措置 　九　労働災害が発生した場合の応急の措置 3　事業者は、第 1 項の作業計画を定めたときは、前項各号の事項について関係労働者に周知させなければならない。

	1　作業計画の様式は任意であること。 2　第２項第一号の「作業の方法及び順序」には、ロープ高所作業の手順のほか、作業箇所等に通ずる通路、ロープの取り付け方法等も含まれること。 3　第２項第四号の「使用するメインロープ等の種類及び強度」には、第一号の作業の方法に適合したメインロープ、当該メインロープに適合した接続器具、身体保持器具及びその強度を示すこと。 4　第２項第七号の「支持物に緊結する作業に従事する労働者の墜落による危険を防止するための措置」には、安衛則第２編第９章第１節「墜落等による危険の防止」に定める措置等があること。 5　第２項第九号の「労働災害が発生した場合の応急の措置」には、関係者への連絡、被災者に対する救護措置等があること。 （平 27.8.5　基発 0805 第 1 号）
作業指揮者	第 539 条の 6　事業者は、ロープ高所作業を行うときは、当該作業を指揮する者を定め、その者に前条第 1 項の作業計画に基づき作業の指揮を行わせるとともに、次の事項を行わせなければならない。 一　第 539 条の 3 第 2 項の措置が同項の規定に適合して講じられているかどうかについて点検すること。 二　作業中、要求性能墜落制止用器具及び保護帽の使用状況を監視すること。
要求性能墜落制止用器具の使用	第 539 条の 7　事業者は、ロープ高所作業を行うときは、当該作業を行う労働者に要求性能墜落制止用器具を使用させなければならない。 2　前項の要求性能墜落制止用器具は、ライフラインに取り付けなければならない。 3　労働者は、第 1 項の場合において、要求性能墜落制止用器具の使用を命じられたときは、これを使用しなければならない。
保護帽の着用	第 539 条の 8　事業者は、ロープ高所作業を行うときは、物体の落下による労働者の危険を防止するため、労働者に保護帽を着用させなければならない。 2　労働者は、前項の保護帽の着用を命じられたときは、これを着用しなければならない。
作業開始前点検	第 539 条の 9　事業者は、ロープ高所作業を行うときは、その日の作業を開始する前に、メインロープ等、要求性能墜落制止用器具及び保護帽の状態について点検し、異常を認めたときは、直ちに、補修し、又は取り替えなければならない。

安全基準項目	災 害 事 例	条　　文	頁
19. 通路、足場等			
① 通路等	・残材につまづき転倒する	第540条 ・通　路	292
	・通路を移動中、置いてあった資機材に激突する	第541条 ・通路の照明	292
	・段差にかけた足場板が外れ転倒する	第542条 ・屋内に設ける通路	292
	・通路のさし筋に足を刺す	第543条 ・機械間等の通路	293
		第544条 ・作業場の床面	293
		第545条 ・作業踏台	293
		第546条 ・危険物等の作業場等	293
		第549条 ・避難用の出入口等の表示等	293
		第550条 ・通路と交わる軌道	293
		第552条 ・架設通路	293
		第553条 ・軌道を設けた坑道等の回避所	294
		第554条 ・軌道内等の作業における監視の措置	294
		第555条 ・保線作業等における照度の保持	294
		第556条 ・はしご道	296
		第557条 ・坑内に設けた通路等	296
		第558条 ・安全靴等の使用	296
② 足　場	・足場上の作業で動作の反動により墜落する	第563条 ・作業床	297
③ 足場の組立て等における危険の防止		第564条 ・足場の組立て等の作業	302
	・足場の作業床が破損し、墜落する	第565条 ・足場の組立て等作業主任者の選任	303
	・足場上で材料取込み中に墜落する	第566条 ・足場の組立て等作業主任者の職務	303
	・突風がふき足場が倒壊する	第567条 ・点　検	303
	・移動式足場の脚輪が溝に落ち足場が倒れる	第568条 ・つり足場の点検	304
④ 丸太足場		第569条 ・丸太足場	304
⑤ 鋼管足場	・許容積載荷重以上の荷を足場に載せたため足場が倒壊する	第570条 ・鋼管足場	305
		第571条 ・令別表第8第一号に掲げる部材等を用いる鋼管足場	310
⑥ つり足場	・つり足場解体中、足元の大引の結束線を誤って切り墜落する	第574条 ・つり足場	312
	・柱筋結束中、ハイステージの端部から墜落する	第575条 ・作業禁止	312

安衛則　安全基準

291

19. 通路、足場等

① 通 路 等

通 路	第540条　事業者は、作業場に通ずる場所及び作業場内には、労働者が使用するための安全な通路を設け、かつ、これを常時有効に保持しなければならない。 2　前項の通路で主要なものには、これを保持するため、通路であることを示す表示をしなければならない。
通路の照明	第541条　事業者は、通路には、正常の通行を妨げない程度に、採光又は照明の方法を講じなければならない。ただし、坑道、常時通行の用に供しない地下室等で通行する労働者には、適当な照明具を所持させるときは、この限りでない。 〔該当条文〕 　**第604条**　事業者は、労働者を常時就業させる場所の作業面の照度を、次の表の上欄〔本書において左欄〕に掲げる作業の区分に応じて、同表の下欄〔本書において右欄〕に掲げる基準に適合させなければならない。ただし、感光材料を取り扱う作業場、坑内の作業場その他特殊な作業を行なう作業場については、この限りでない。 | 作業の区分 | 基　準 | |---|---| | 精密な作業 | 300ルクス以上 | | 普通の作業 | 150ルクス以上 | | 粗な作業 | 70ルクス以上 |
屋内に設ける通路	第542条　事業者は、屋内に設ける通路については、次に定めるところによらなければならない。 一　用途に応じた幅を有すること。 二　通路面は、つまずき、すべり、踏抜等の危険のない状態に保持すること 三　通路面から高さ1.8メートル以内に障害物を置かないこと。

安全な通路の確保

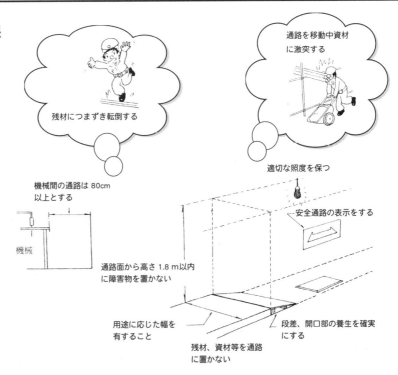

機械間の通路は80cm
以上とする

機械

通路面から高さ1.8 m以内
に障害物を置かない

用途に応じた幅を
有すること

残材、資材等を通路
に置かない

適切な照度を保つ

安全通路の表示をする

段差、開口部の養生を確実
にする

機械間等の通路	**第543条** 事業者は機械間又はこれと他の設備との間に設ける通路については、幅80センチメートル以上のものとしなければならない。 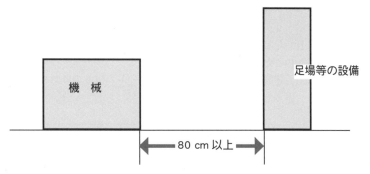 （図中：機械／足場等の設備／80 cm 以上）
作業場の床面	**第544条** 事業者は、作業場の床面については、つまずき、すべり等の危険のないものとし、かつ、これを安全な状態に保持しなければならない。
作業踏台	**第545条** 事業者は、旋盤、ロール機等の機械が、常時当該機械に係る作業に従事する労働者の身長に比べて不適当に高いときは、安全で、かつ、適当な高さの作業踏台を設けなければならない。
危険物等の作業場等	**第546条** 事業者は、危険物その他爆発性若しくは発火性の物の製造又は取扱いをする作業場及び当該作業場を有する建築物の避難階（直接地上に通ずる出入口のある階をいう。以下同じ。）には、非常の場合に容易に地上の安全な場所に避難することができる2以上の出入口を設けなければならない。 2　前項の出入口に設ける戸は、引戸又は外開戸でなければならない。 **第547条** 事業者は、前条の作業場を有する建築物の避難階以外の階についてはその階から避難階又は地上に通ずる2以上の直通階段又は傾斜路を設けなければならない。この場合において、それらのうちの1については、すべり台、避難用はしご、避難用タラップ等の避難用器具をもって代えることができる。 2　前項の直通階段又は傾斜路のうち1は、屋外に設けられたものでなければならない。ただし、すべり台、避難用はしご、避難用タラップ等の避難用器具が設けられているときは、この限りでない。 **第548条** 事業者は、第546条第1項の作業場又は常時50人以上の労働者が就業する屋内作業場には、非常の場合に関係労働者にこれをすみやかに知らせるための自動警報設備、非常ベル等の警報用の設備又は携帯用拡声器、手動式サイレン等の警報用の器具を備えなければならない。
避難用の出入口等の表示等	**第549条** 事業者は、常時使用しない避難用の出入口、通路又は避難用器具については、避難用である旨の表示をし、かつ、容易に利用することができるように保持しておかなければならない。 2　第546条第2項の規定は、前項の出入口又は通路に設ける戸について準用する。
通路と交わる軌道	**第550条** 事業者は、通路と交わる軌道で車両を使用するときは、監視人を配置し、又は警鈴を鳴らす等適当な措置を講じなければならない。
架設通路	**第552条** 事業者は、架設通路については、次に定めるところに適合したものでなければ使用してはならない。 一　丈夫な構造とすること。 二　こう配は、30度以下とすること。ただし、階段を設けたもの又は高さが2メートル未満で丈夫な手掛を設けたものはこの限りでない。 三　こう配が15度を超えるものには、踏桟その他の滑止めを設けること。 四　墜落の危険がある箇所には、次に掲げる設備（丈夫な構造の設備であって、たわみが生ずるおそれがなく、かつ、著しい損傷、変形又は腐食がないものに限る。）を設けること。

イ　高さが85センチメートル以上の手すり又はこれと同等以上の機能を有する設備（以下「手すり等」という。）

ロ　高さ35センチメートル以上50センチメートル以下のさん又はこれと同等以上の機能を有する設備（以下「中桟等」という。）

五　たて坑内の架設通路でその長さが15メートル以上であるものは、10メートル以内ごとに踊場を設けること。

六　建設工事に使用する高さ8メートル以上の登り桟橋には、7メートル以内ごとに踊場を設けること。

（1）第四号の「丈夫な構造の設備であって、たわみが生ずるおそれがなく、かつ、著しい損傷、変形又は腐食がないものに限る」とは、繊維ロープ等可撓性の材料で構成されるものについては認めない趣旨であること。

（2）削除

（3）第四号イ及びロの「高さ」とは、架設通路面から手すり又はさんの上縁までの距離をいうものであること。

（4）第四号ロの「さん」とは、労働者の墜落防止のために、架設通路面と手すりの中間部に手すりと平行に設置される棒状の丈夫な部材をいうものであること。

（5）第四号ロの「これと同等以上の機能を有する設備」には、次に掲げるものがあること。

　　ア　高さ35センチメートル以上の幅木

　　イ　高さ35センチメートル以上の防音パネル（パネル状）

　　ウ　高さ35センチメートル以上のネットフレーム（金網状）

　　エ　高さ35センチメートル以上の金網

　　オ　架設通路面と手すりの間において、労働者の墜落防止のために有効となるようにX字型に配置された2本の斜材

（平21.3.11　基発第0311001号、平27.3.31　基発0331第9号）

2　前項第四号の規定は、作業の必要上臨時に手すり等又は中桟等を取り外す場合において、次の措置を講じたときは、適用しない。

一　要求性能墜落制止用器具を安全に取り付けるための設備等を設け、かつ、労働者に要求性能墜落制止用器具を使用させる措置又はこれと同等以上の効果を有する措置を講ずること。

二　前号の措置を講ずる箇所には、関係労働者以外の労働者を立ち入らせないこと。

3　事業者は、前項の規定により作業の必要上臨時に手すり等又は中桟等を取り外したときは、その必要がなくなった後、直ちにこれらの設備を原状に復さなければならない。

4　労働者は、第2項の場合において、要求性能墜落制止用器具の使用を命じられたときは、これを使用しなければならない。

軌道を設けた坑道等の回避所	第553条　事業者は、軌道を設けた坑道、ずい道、橋梁等を労働者が通行するときは、適当な間隔ごとに回避所を設けなければならない。ただし、軌道のそばに相当の余地があって、当該軌道を運行する車両に接触する危険のないときは、この限りでない。 2　前項の規定は、建設中のずい道等については、適用しない。
軌道内等の作業における監視の措置	第554条　事業者は、軌道上又は軌道に近接した場所で作業を行なうときは、労働者と当該軌道を運行する車両とが接触する危険を防止するため、監視装置を設置し又は監視人を配置しなければならない。
保線作業等における照度の保持	第555条　事業者は、軌道の保線の作業又は軌道を運行する車両の入れ換え、連結若しくは解放の作業を行なうときは、当該作業を安全に行なうため必要な照度を保持しなければならない。

安全な架設通路の設置

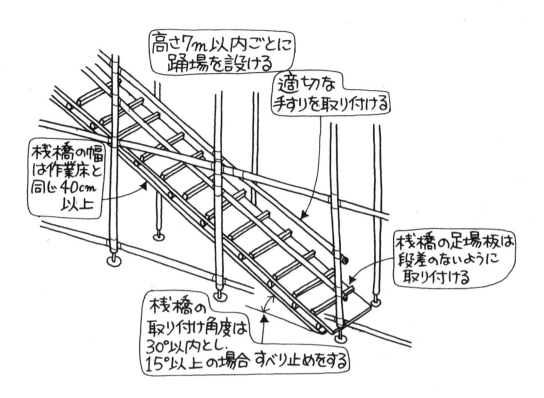

高さ7m以内ごとに踊場を設ける

適切な手すりを取り付ける

桟橋の幅は作業床と同じ40cm以上

桟橋の足場板は段差のないように取り付ける

桟橋の取り付け角度は30°以内とし、15°以上の場合すべり止めをする

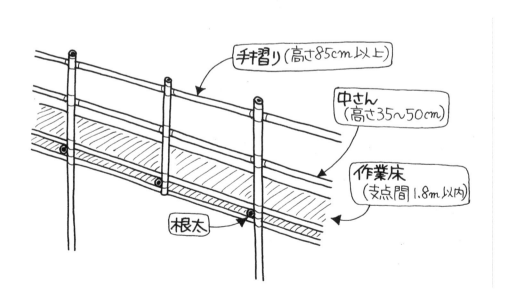

手摺り(高さ85cm以上)

中さん(高さ35～50cm)

作業床(支点間1.8m以内)

根太

「必要な照度」については、次の基準によること。
　イ　当該作業が行われている場所にあっては、軌道の軌間中央の道床面上の位置における水平面照度を 20 ルクス以上とし、照明の方法はまぶしさを生じさせないようにすること。
　ロ　当該作業を行うため作業区域内を通行する場合にあっては、その通行する場所について、通行面上で 5 ルクス以上とすること。
「必要な照度」を保持するための光源は、定置式又は移動式（保線機械用車両等に設けられたものを含む。）の照明燈とし、必要に応じ局部照明を併用することも考慮すること。なお、懐中電燈は照度を保持するための光源には含まない。
（昭 48.12.21　基発第 715 号）

はしご道	第556条　事業者は、はしご道については、次に定めるところに適合したものでなければ使用してはならない。

一　丈夫な構造とすること。
二　踏さんを等間隔に設けること。
三　踏さんと壁との間に適当な間隔を保たせること。
四　はしごの転位防止のための措置を講ずること。
五　はしごの上端を床から 60 センチメートル以上突出させること。
六　坑内はしご道でその長さが 10 メートル以上のものは、5 メートル以内ごとに踏だなを設けること。
七　坑内はしご道のこう配は、80 度以内とすること
2　前項第五号から第七号までの規定は、潜函内等のはしご道については、適用しない。

はしご道

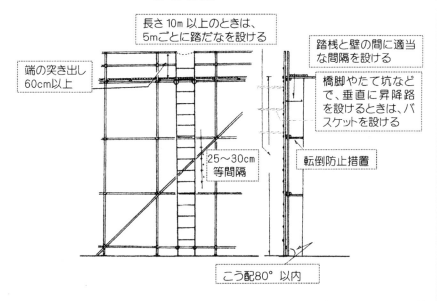

坑内に設けた通路等	第557条　事業者は、坑内に設けた通路又ははしご道で、巻上げ装置と労働者との接触による危険がある場所には、当該場所に板仕切その他の隔壁を設けなければならない。
安全靴等の使用	第558条　事業者は、作業中の労働者に、通路等の構造又は当該作業の状態に応じて、安全靴その他の適当な履物を定め、当該履物を使用させなければならない。

2　前項の労働者は、同項の規定により定められた履物の使用を命じられたときは、当該履物を使用しなければならない。

②　足　場

| 作業床 | 第563条　事業者は、足場（一側足場を除く。第三号において同じ。）における高さ2メートル以上の作業場所には、次に定めるところにより、作業床を設けなければならない。 |

一　床材は、支点間隔及び作業時の荷重に応じて計算した曲げ応力の値が、次の表の上欄〔本書において左欄〕に掲げる木材の種類に応じ、それぞれ同表の下欄〔本書において右欄〕に掲げる許容曲げ応力の値を超えないこと。

木　材　の　種　類	許容曲げ応力（ニュートン毎平方㎝）
あかまつ、くろまつ、からまつ、ひば、ひのき、つが、べいまつ又はべいひ	1,320
すぎ、もみ、えぞまつ、とどまつ、べいすぎ又はべいつが	1,030
かし	1,910
くり、なら、ぶな又はけやき	1,470
アビトン又はカポールをフェノール樹脂により接着した合板	1,620

二　つり足場の場合を除き、幅、床材間の隙間及び床材と建地との隙間は、次に定めるところによること。
　イ　幅は、40センチメートル以上とすること。
　ロ　床材間の隙間は、3センチメートル以下とすること。
　ハ　床材と建地との隙間は、12センチメートル未満とすること。
三　墜落により労働者に危険を及ぼすおそれのある箇所には、次に掲げる足場の種類に応じて、それぞれ次に掲げる設備（丈夫な構造の設備であって、たわみが生ずるおそれがなく、かつ、著しい損傷、変形又は腐食がないものに限る。以下「足場用墜落防止設備」という。）を設けること。
　イ　わく組足場（妻面に係る部分を除く。ロにおいて同じ。）　次のいずれかの設備
　（1）交さ筋かい及び高さ15センチメートル以上40センチメートル以下の桟若しくは高さ15センチメートル以上の幅木又はこれらと同等以上の機能を有する設備。
　（2）手すりわく
　ロ　わく組足場以外の足場　手すり等及び中桟等
四　腕木、布、はり、脚立その他作業床の支持物は、これにかかる荷重によって破壊するおそれのないものを使用すること。
五　つり足場の場合を除き、床材は、転位し、又は脱落しないように2以上の支持物に取り付けること。
六　作業のため物体が落下することにより、労働者に危険を及ぼすおそれのあるときは、高さ10センチメートル以上の幅木、メッシュシート若しくは防網又はこれらと同等以上の機能を有する設備（以下「幅木等」という。）を設けること。ただし、第三号の規定に基づき設けた設備が幅木等と同等以上の機能を有する場合又は作業の性質上幅木等を設けることが著しく困難な場合若しくは作業の必要上臨時に幅木等を取りはずす場合において、立入区域を設定したときは、この限りでない。
2　前項第二号ハの規定は、次の各号のいずれかに該当する場合であつて、床材と建地との隙間が12センチメートル以上の箇所に防網を張る等墜落による労働者の危険を防止するための措置を講じたときは、適用しない。

一　はり間方向における建地と床材の両端との隙間の和が 24 センチメートル未満の場合

　　二　はり間方向における建地と床材の両端との隙間の和を 24 センチメートル未満とすることが作業の性質上困難な場合

3　第 1 項第三号の規定は、作業の性質上足場用墜落防止設備を設けることが著しく困難な場合又は作業の必要上臨時に足場用墜落防止設備を取り外す場合において、次の措置を講じたときは、適用しない。

　　一　要求性能墜落制止用器具を安全に取り付けるための設備等を設け、かつ、労働者に要求性能墜落制止用器具を使用させる措置又はこれと同等以上の効果を有する措置を講ずること。

　　二　前号の措置を講ずる箇所には、関係労働者以外の労働者を立ち入らせないこと。

4　第一項第五号の規定は、次の各号のいずれかに該当するときは、適用しない。

　　一　幅が 20 センチメートル以上、厚さが 3.5 センチメートル以上、長さが 3.6 メートル以上の板を床材として用い、これを作業に応じて移動させる場合で、次の措置を講ずるとき。

　　　イ　足場板は、3 以上の支持物に掛け渡すこと。

　　　ロ　足場板の支点からの突出部の長さは、10 センチメートル以上とし、かつ、労働者が当該突出部に足を掛けるおそれのない場合を除き、足場板の長さの 18 分の 1 以下とすること。

　　　ハ　足場板を長手方向に重ねるときは、支点の上で重ね、その重ねた部分の長さは、20 センチメートル以上とすること。

　　二　幅が 30 センチメートル以上、厚さが 6 センチメートル以上、長さが 4 メートル以上の板を床材として用い、かつ、前号ロ及びハに定める措置を講ずるとき。

5　事業者は、第 3 項の規定により作業の必要上臨時に足場用墜落防止設備を取り外したときは、その必要がなくなった後、直ちに当該設備を原状に復さなければならない。

6　労働者は、第 3 項の場合において、要求性能墜落制止用器具の使用を命じられたときは、これを使用しなければならない。

　1．第 1 項第三号の「丈夫な構造の設備であって、たわみが生じるおそれがなくかつ、著しい損傷、変形又は腐食がないものに限る」とは、繊維ロープ等可撓性の材料で構成されるものについては認めない趣旨であること。

　3．第 1 項第三号の「わく組足場（妻面に係る部分を除く。以下この号において同じ。）」とは、わく組足場のうち、妻面を除いた部分を対象とする趣旨であり、わく組足場の妻面に係る部分については、「わく組足場以外の足場」として、同号ハの措置を講じなければならないこと。

　4．第 1 項第三号イの「高さ」とは、作業床からさんの上縁までの距離をいうものであること。

　5．第 1 項第三号イの「さん」とは、労働者の墜落防止のために、交さ筋かいの下部のすき間に水平に設置される棒状の丈夫な部材をいうものであること。

　6．第 1 項第三号イ及び第六号の「幅木」とは、つま先板ともいい、物体の落下及び足の踏みはずしを防止するために作業床の外縁に取り付ける木製又は金属製の板をいうものであること。

　7．第 1 項第三号イの「これらと同等以上の機能を有する設備」には、次に掲げるものがあること。

　　ア　高さ 15 センチメートル以上の防音パネル（パネル状）

　　イ　高さ 15 センナメートル以上のネットフレーム（金網状）

　　ウ　高さ 15 センチメートル以上の金網

8．第1項第三号ロの「手すりわく」とは、作業床から高さ85センチメートル以上の位置に設置された手すり及び作業床から高さ35センチメートル以上50センチメートル以下の位置等に水平、鉛直又は斜めに設置されたさんより構成されたわく状の丈夫な側面防護設備であって、十分な墜落防止の機能を有するものをいうものであること。

　　なお、手すりわくについては、別図〔省略〕に示すものがあること。

11．第1項第六号の「メッシュシート」とは、足場の外側構面に設け、物体が当該構面から落下することを防止するためにに用いる網状のシートをいい、作業床と垂直方向に設けるものであること。

12．第1項第六号の「これらと同等以上の機能を有する設備」には、次に掲げるものがあること。

　　ア　高さ10センチメートル以上の防音パネル（パネル状）

　　イ　高さ10センチメートル以上のネットフレーム（金網状）

　　ウ　高さ10センチメートル以上の金網

13．第1項第六号のただし書の場合において、作業の必要上臨時に幅木等を取りはずしたときは、当該作業の終了後直ちに元の状態に戻しておかなければならないこと。

（平21.3.11　基発第0311001号、平27.3.31　基発0331第9号）

1　第1項第二号及び第2項関係

　　ア　第1項第二号ハは、大臣規格において、床付き布わくの床材の幅は24センチメートル以上とされていることから、はり間方向における建地と床材の両端との隙間の和が24センチメートル以上であれば、さらに床材を敷き、床材と建地との隙間を塞ぐことが可能であることを踏まえ、可能な限り床材と建地との隙間を塞ぐことを目的に、それ以上追加的に床材を敷くことができなくなるまで床材を敷くようにするための要件を定めたものであること。

　　イ　第1項第二号ハの「床材と建地との隙間」とは、建地の内法から床材の側面までの長さをいい、足場の躯体側及び外側の床材と建地との隙間がそれぞれ12センチメートル未満である必要があること。

　　　　なお、床材が片側に寄ることで12センチメートル以上の隙間が生じる場合には、床材と建地との隙間の要件を満たさないこととなるため、床材の組み合わせを工夫する、小幅の板材を敷く、床材がずれないように固定する、床付き幅木を設置する等により常に当該要件を満たすようにすること。

　　ウ　第1項第二号ハの規定は、床材と建地との隙間に、垂直又は傾けて設置した幅木は、作業床としての機能を果たせないため、当該幅木の有無を考慮せずに、床材と建地との隙間を12センチメートル未満とする必要があること。なお、床付き幅木は、当該幅木の床面側の部材は床材であること。

　　エ　第2項は、はり間方向における建地と床材の両端との隙間の和が24センチメートル未満の場合（第一号）には、床材を一方の建地に寄せて設置し、建地と床材との隙間が12センチメートル以上になる場合であっても、大臣規格に適合する床付き布わくを追加して設置できないこと、曲線的な構造物に近接して足場を設置する場合等、はり間方向における建地と床材の両端との隙間の和を24センチメートル未満とすることが作業の性質上困難な場合（第二号）があることから、これらのいずれかの場合であって、建地と床材との隙間が12センチメートル以上の箇所を防網等床材以外のもので塞ぐ等の墜落防止措置を講じたときには、第1項第二号ハの規定は適用しないこととしたものであること。

　　オ　第2項の「防網を張る等」の「等」には、十分な高さがある幅木を傾けて設置する場合及び構造物に近接している場合等防網を設置しなくても、人が墜落する隙間がない場合を含むものであること

2　第1項第三号関係

　本号は、旧安衛則第 563 条第 1 項第三号の構成を変更しているが、ただし書を削除したことを除き、趣旨に変更はないこと。

3　第 3 項関係

　ア　第一号の「安全帯を安全に取り付けるための設備等」の「等」には、建わく、建地、取り外されていない手すり等を、安全帯を安全に取り付けるための設備として利用することができる場合が含まれること。

　イ　第一号の「安全帯」は、令第 13 条第 3 項第二十八号の安全帯に限る趣旨であり、安全帯の規格 (平成 14 年厚生労働省告示第 38 号) に適合しない命綱を含まないこと。

　ウ　第一号により、事業者が労働者に安全帯を使用させるときは、安衛則第 521 条第 2 項に基づき、安全帯及びその取付け設備等の異常の有無について、随時点検しなければならないこと。

　エ　第一号の「これと同等以上の効果を有する措置」には、墜落するおそれのある箇所に防網を張ることが含まれること。

　オ　第二号の「関係労働者」には、足場用墜落防止設備を設けることが著しく困難な箇所又は作業の必要上臨時に取り外す箇所において作業を行う者及び作業を指揮する者が含まれること。

4　第 6 項関係

　旧安衛則第 563 条第 3 項の「安全帯等」を「安全帯」としたものであり、令第 13 条第 3 項第二十八号の安全帯に限る趣旨であること。

（平 27.3.31　基発 0331 第 9 号）

安全な作業床の設置

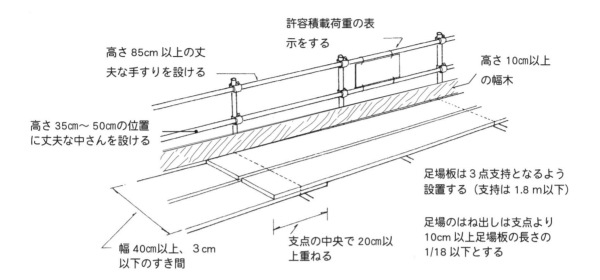

許容積載荷重の表示をする

高さ 85cm 以上の丈夫な手すりを設ける

高さ 10cm 以上の幅木

高さ 35cm〜50cmの位置に丈夫な中さんを設ける

足場板は 3 点支持となるよう設置する（支持は 1.8 m以下）

足場のはね出しは支点より 10cm 以上足場板の長さの 1/18 以下とする

幅 40cm以上、3 cm 以下のすき間

支点の中央で 20cm以上重ねる

作業床へ載せられる許容積載荷重

足 場 の 種 類			積載荷重 （1 スパン当たり kg）	
標準わく組足場	建わく幅　1,200		400kg 以下	
	〃　　　　 900		370kg 以下	
簡易わく組足場			250kg 以下	
低層工事用簡易わく組足場			250kg 以下	
単管本足場			400kg 以下	
ブラケット一側足場			150kg 以下	
布板一側足場			150kg 以下	
つり枠足場			片側 200kg 以下	
つり棚足場			ループつり　　430kg ／1本	
			1本つり　　240kg ／1本	
低層住宅工事用足場	ブラケット一側足場	1 本建地	200kg 以下	足場 1 構面につき400kg 以下とする。
		2 本組建地		
	低層住宅工事用二側足場			

③　足場の組立て等における危険の防止

足場の組立て等の作業	第564条　事業者は、つり足場、張出し足場又は高さが2メートル以上の構造の足場の組立て、解体又は変更の作業を行うときは、次の措置を講じなければならない。 一　組立て、解体又は変更の時期、範囲及び順序を当該作業に従事する労働者に周知させること。 二　組立て、解体又は変更の作業を行なう区域内には、関係労働者以外の労働者の立入りを禁止すること。 三　強風、大雨、大雪等の悪天候のため、作業の実施について危険が予想されるときは、作業を中止すること。 四　足場材の緊結、取り外し、受渡し等の作業にあつては、墜落による労働者の危険を防止するため、次の措置を講ずること。 イ　幅40センチメートル以上の作業床を設けること。ただし、当該作業床を設けることが困難なときは、この限りでない ロ　要求性能墜落制止用器具を安全に取り付けるための設備等を設け、かつ、労働者に要求性能墜落制止用器具を使用させる措置を講ずること。ただし、当該措置と同等以上の効果を有する措置を講じたときは、この限りでない。 五　材料、器具、工具等を上げ、又は下ろすときは、つり綱、つり袋等を労働者に使用させること。ただし、これらの物の落下により労働者に危険を及ぼすおそれがないときは、この限りでない 2　労働者は、前項第四号に規定する作業を行う場合において要求性能墜落制止用器具の使用を命ぜられたときは、これを使用しなければならない。

足場の組立てにおける危険の防止

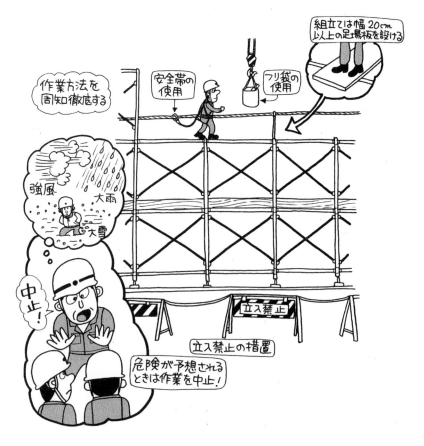

足場の組立て等作業主任者の選任	第565条　事業者は、令第6条第十五号の作業については、足場の組立て等作業主任者技能講習を修了した者のうちから、足場の組立て等作業主任者を選任しなければならない。
	【安衛施行令】 　第6条十五号　つり足場（ゴンドラのつり足場を除く。以下同じ。）張出し足場又は高さが5メートル以上の構造の足場の組立て、解体又は変更の作業
足場の組立て等作業主任者の職務	第566条　事業者は、足場の組立て等作業主任者に、次の事項を行わせなければならない。ただし、解体の作業のときは、第一号の規定は、適用しない。 一　材料の欠点の有無を点検し、不良品を取り除くこと。 二　器具、工具、要求性能墜落制止用器具及び保護帽の機能を点検し、不良品を取り除くこと。 三　作業の方法及び労働者の配置を決定し、作業の進行状況を監視すること。 四　要求性能墜落制止用器具及び保護帽の使用状況を監視すること。

足場の組立て等作業主任者の選任と職務

選任

足場の組立て等作業主任者
つり足場、張出し足場、又は高さが5m以上の構造の足場の組立て、解体又は変更の作業

事業者

作業指揮者
作業主任者を選任しなければならない作業を除いた足場組立等の作業

指名

点　　検	第567条　事業者は、足場（つり足場を除く。）における作業を行うときは、その日の作業を開始する前に、作業を行う箇所に設けた足場用墜落防止設備の取り外し及び脱落の有無について点検し、異常を認めたときは、直ちに補修しなければならない。 2　事業者は、強風、大雨、大雪等の悪天候若しくは中震以上の地震又は足場の組立て、一部解体若しくは変更の後において、足場における作業を行うときは、作業を開始する前に、次の事項について、点検し、異常を認めたときは、直ちに補修しなければならない。 一　床材の損傷、取付け及び掛渡しの状態 二　建地、布、腕木等の緊結部、接続部及び取付部の緩みの状態 三　緊結材及び緊結金具の損傷及び腐食の状態 四　足場用墜落防止設備の取り外し及び脱落の有無 五　幅木等の取付状態及び取り外しの有無 六　脚部の沈下及び滑動の状態 七　筋かい、控え、壁つなぎ等の補強材の取付状態及び取り外しの有無 八　建地、布及び腕木の損傷の有無 九　突りょうとつり索との取付部の状態及びつり装置の歯止めの機能

	3　事業者は、前項の点検を行ったときは、次の事項を記録し、足場を使用する作業を行う仕事が終了するまでの間、これを保存しなければならない。 一　当該点検の結果 二　前号の結果に基づいて補修等の措置を講じた場合にあっては、当該措置の内容 第3項の「足場を使用する作業を行う仕事が終了するまでの間」とは、それぞれの事業者が請け負った仕事を終了するまの間であって、元方事業者にあっては、当該事業場におけるすべての工事が終了するまでの間をいうものであること。 （平 21.3.11　基発第 0311001 号）
つり足場の点検	第 568 条　事業者は、つり足場における作業を行うときは、その日の作業を開始する前に、前条第 2 項第一号から第五号まで、第七号及び第九号に掲げる事項について点検し、異常を認めたときは、直ちに補修しなければならない。

④　丸太足場

丸太足場	第 569 条　事業者は、丸太足場については、次の定めるところに適合したものでなければ使用してはならない。 一　建地の間隔は、2.5 メートル以下とし、地上第 1 の布は、3 メートル以下の位置に設けること。 二　建地の脚部には、その滑動又は沈下を防止するため、建地の根本を埋め込み、根がらみを設け、皿板を使用する等の措置を講ずること。 三　建地の継手が重合せ継手の場合には、接続部において、1 メートル以上を重ねて 2 箇所以上において縛り、建地の継手が突合せ継手の場合には、2 本組の建地とし、又は 1.8 メートル以上の添木を用いて 4 箇所以上において縛ること。 四　建地、布、腕木等の接続部及び交差部は、鉄線その他の丈夫な材料で堅固に縛ること。 五　筋かいで補強すること。 六　一側足場、本足場又は張出し足場であるものにあっては、次に定めるところにより、壁つなぎ又は控えを設けること。 　イ　間隔は、垂直方向にあっては 5.5 メートル以下、水平方向にあっては 7.5 メートル以下とすること。 　ロ　鋼管、丸太等の材料を用いて堅固なものとすること。 　ハ　引張材と圧縮材とで構成されているものであるときは、引張材と圧縮材との間隔は、1 メートル以内とすること。 2　前項第一号の規定は、作業の必要上同号の規定により難い部分がある場合において、なべつり、2 本組等により当該部分を補強したときは、適用しない。 3　第 1 項第六号の規定は、窓枠の取付け、壁面の仕上げ等の作業のため壁つなぎ又は控えを取り外す場合その他作業の必要上やむを得ない場合において、当該壁つなぎ又は控えに代えて、建地又は布に斜材を設ける等当該足場の倒壊を防止するための措置を講ずるときは、適用しない。

⑤ 鋼管足場

<table>
<tr><td>鋼管足場</td><td>

第570条 事業者は、鋼管足場については、次に定めるところに適合したものでなければ使用してはならない。

一　足場（脚輪を取り付けた移動式足場を除く。）の脚部には、足場の滑動又は沈下を防止するため、ベース金具を用い、かつ、敷板、敷角等を用い、根がらみを設ける等の措置を講ずること。

二　脚輪を取り付けた移動式足場にあっては、不意に移動することを防止するため、ブレーキ、歯止め等で脚輪を確実に固定させ、足場の一部を堅固な建設物に固定させる等の措置を講ずること。

三　鋼管の接続部又は交差部は、これに適合した附属金具を用いて、確実に接続し、又は緊結すること。

四　筋かいで補強すること。

五　一側足場、本足場又は張出し足場であるものにあっては、次に定めるところにより、壁つなぎ又は控えを設けること。

イ　間隔は、次の表の上欄〔本書において左欄〕に掲げる鋼管足場の種類に応じ、それぞれ同表の下欄〔本書において右欄〕に掲げる値以下とすること。

鋼管足場の種類	間隔（単位　メートル）	
	垂直方向	水平方向
単管足場	5	5.5
わく組足場（高さが5メートル未満のものを除く。）	9	8

ロ　鋼管、丸太等の材料を用いて、堅固なものとすること。

ハ　引張材と圧縮材とで構成されているものであるときは、引張材と圧縮材との間隔は、1メートル以内とすること。

六　架空電路に近接して足場を設けるときは、架空電路を移設し、架空電路に絶縁用防護具を装着する等架空電路との接触を防止するための措置を講ずること。

第六号は、足場と電路とが接触して、足場に電流が通ずることを防止することとしたものであって、足場上の労働者が架空電路に接触することによる感電防止の措置については、第124条〔現行＝349条〕の規定によるものであること。

第六号の「架空電路」とは、送電線、配電線等空中に架設された電線のみでなく、これらに接続している変圧器、しゃ断器等の電気機器類の露出充電部をも含めたものをいうものであること。

第六号の「架空電路に近接する」とは、電路と足場との距離が上下左右いずれの方向においても、電路の電圧に対して、それぞれ次表の離隔距離以内にある場合をいうものであること。従って、同号の「電路を移設」とは、この離隔距離以上に離すことをいうものであること。

（昭34.2.18　基発第101号）

</td></tr>
</table>

電路の電圧	離隔距離
特別高圧（7,000 ボルト以上）	２メートル。ただし、60,000 ボルト以上は 10,000 ボルト又はその端数を増すごとに 20 センチメートル増し。
高圧（300 ボルト以上 7,000 ボルト未満）	1.2 メートル
低圧（300 ボルト未満）	１メートル

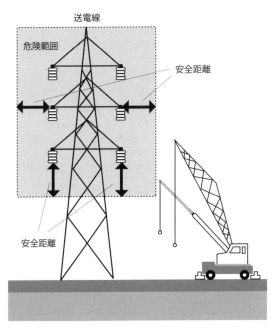

2　前条第３項の規定は、前項第五号の規定の適用について、準用する。この場合において、前条第３項中「第１項第六号」とあるのは、「第 570 条第１項第五号」と読み替えるものとする。

壁つなぎの取付け位置

壁つなぎの取付け順序

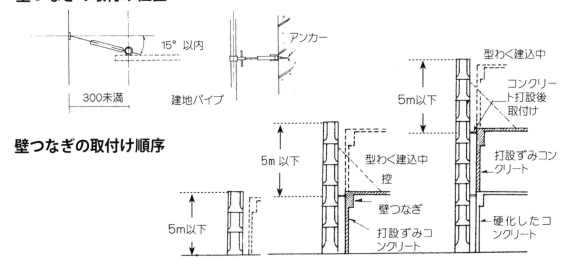

足場に関する法改正

参考：詳しくは所轄労働基準監督署に問い合わせください。

平成21年6月

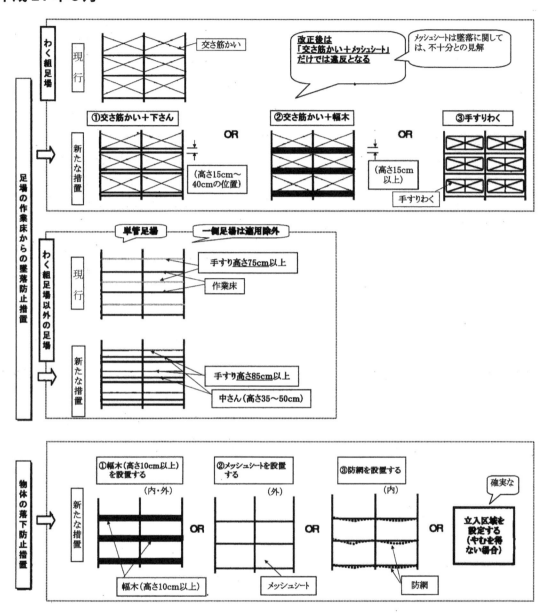

わく組足場

現行

交さ筋かい

改正後は
「交さ筋かい＋メッシュシート」
だけでは違反となる

メッシュシートは墜落に関しては、不十分との見解

新たな措置

①交さ筋かい＋下さん

OR

（高さ15cm〜40cmの位置）

②交さ筋かい＋幅木

OR

（高さ15cm以上）

③手すりわく

手すりわく

足場の作業床からの墜落防止措置

わく組足場以外の足場

単管足場

一側足場は適用除外

現行

手すり高さ75cm以上

作業床

新たな措置

手すり高さ85cm以上

中さん（高さ35〜50cm）

物体の落下防止措置

新たな措置

①幅木（高さ10cm以上）を設置する

（内・外）

幅木（高さ10cm以上）

OR

②メッシュシートを設置する

（外）

メッシュシート

OR

③防網を設置する

（内）

防網

OR

確実な

立入区域を設定する
（やむを得ない場合）

安衛則　安全基準

平成27年7月

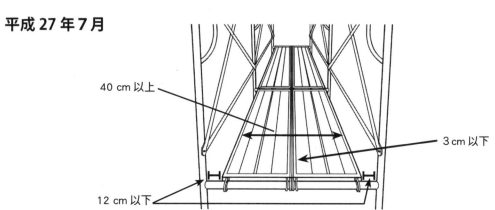

40 cm 以上

3 cm 以下

12 cm 以下

移動式足場の正しい設置と使い方

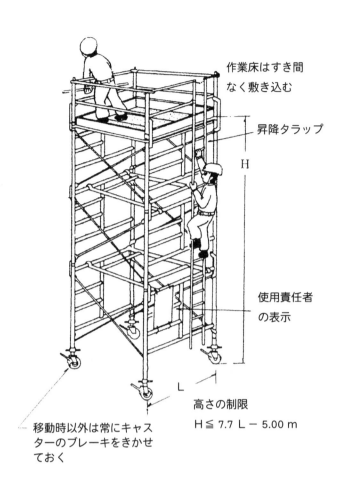

作業床はすき間
なく敷き込む

昇降タラップ

使用責任者
の表示

移動時以外は常にキャス
ターのブレーキをきかせ
ておく

高さの制限
H ≦ 7.7 L － 5.00 m

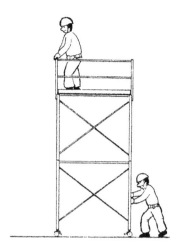

人を乗せて移動しない

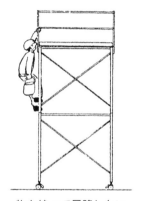

物を持って昇降しない

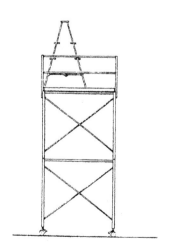

足場の上で梯子、脚立等
を使用しない

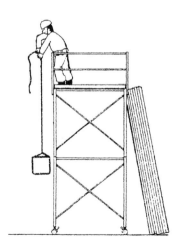

足場に物をたてかけない
重量物を乗せない

移動足場（ローリングタワー）

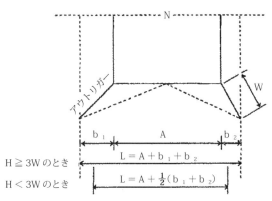

中さん

手すり（90cm以上）

チェーン

作業床（全面数）

幅木（10cm以上）

昇降はしご
（踏さん30cm
以上40cm以下
の等間隔）

表示
（使用上の注意）

筋かい

H

脚輪（125m以上）
（ストッパー付き）

L

・高さ5m以上の組立解体は作業主任者が必要
・見やすいところに最大積載荷重、使用上の注意事
　項を表示する。
・移動式足場の高さの制限
　① $H \leqq 7.7L - 5.0$
　　H：脚輪の下端から作業床までの高さ（m）
　　L：脚輪の主軸関係（m）
　②控わくがある場合
　　（イ）控わくの高さが幅の3倍以上、回転しな
　　　い場合
　　　　$L = A + b_1 + b_2$
　　（ロ）上記以外の控わくの場合
　　　　$L = A + \dfrac{1}{2}(b_1 + b_2)$

（イ）

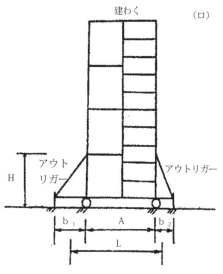

建わく

H

アウト
リガー

アウト
リガー

b_1　A　b_2

L

建わく

（ロ）

H

アウト
リガー

アウトリガー

b_1　A　b_2

L

移動式足場の安全基準に関する技術上の指針
昭50.10.18　技術上の指針公示第6号より

N

アウトリガー

W

b_1　A　b_2

$L = A + b_1 + b_2$

$L = A + \dfrac{1}{2}(b_1 + b_2)$

H ≧ 3W のとき

H < 3W のとき

・積載荷重
　床面積≧2m^{2}のとき　250kg以下
　床面積＜2m^{2}のとき　50 + 100 × （作業床面積m^2）kg以下

安全点検のしるべより掲載

令別表第8第一号に掲げる部材等を用いる鋼管足場	第571条　事業者は、令別表第8第一号に掲げる部材又は単管足場用鋼管規格に適合する鋼管を用いて構成される鋼管足場については、前条第1項に定めるところによるほか、単管足場にあっては第一号から第四号まで、わく組足場にあっては第五号から第七号までに定めるところに適合したものでなければ使用してはならない。

第571条　事業者は、令別表第8第一号に掲げる部材又は単管足場用鋼管規格に適合する鋼管を用いて構成される鋼管足場については、前条第1項に定めるところによるほか、単管足場にあっては第一号から第四号まで、わく組足場にあっては第五号から第七号までに定めるところに適合したものでなければ使用してはならない。

一　建地の間隔は、けた行方向を1.85メートル以下、はり間方向は1.5メートル以下とすること。

二　地上第1の布は、2メートル以下の位置に設けること。

三　建地の最高部から測って31メートルを超える部分の建地は、鋼管を2本組とすること。ただし、建地の下端に作用する設計荷重（足場の重量に相当する荷重に、作業床の最大積載荷重を加えた荷重をいう。）が当該建地の最大使用荷重（当該建地の破壊に至る荷重の2分の1以下の荷重をいう。）を超えないときは、この限りでない。

四　建地間の積載荷重は、400キログラムを限度とすること。

五　最上層及び5層以内ごとに水平材を設けること。

六　はりわく及び持送りわくは、水平筋かい、その他によって横振れを防止する措置を講ずること。

七　高さ20メートルを超えるとき及び重量物の積載を伴う作業を行うときは、使用する主わくは、高さ2メートル以下のものとし、かつ、主わく間の間隔は、1.85メートル以下とすること。

2　前項第一号又は第四号の規定は、作業の必要上これらの規定により難い場合において、各支点間を単純ばりとして計算した最大曲げモーメントの値に関し、事業者が次条に定める措置を講じたときは、適用しない。

3　第1項第二号の規定は、作業の必要上同号の規定により難い部分がある場合において、2本組等により当該部分を補強したときは、適用しない。

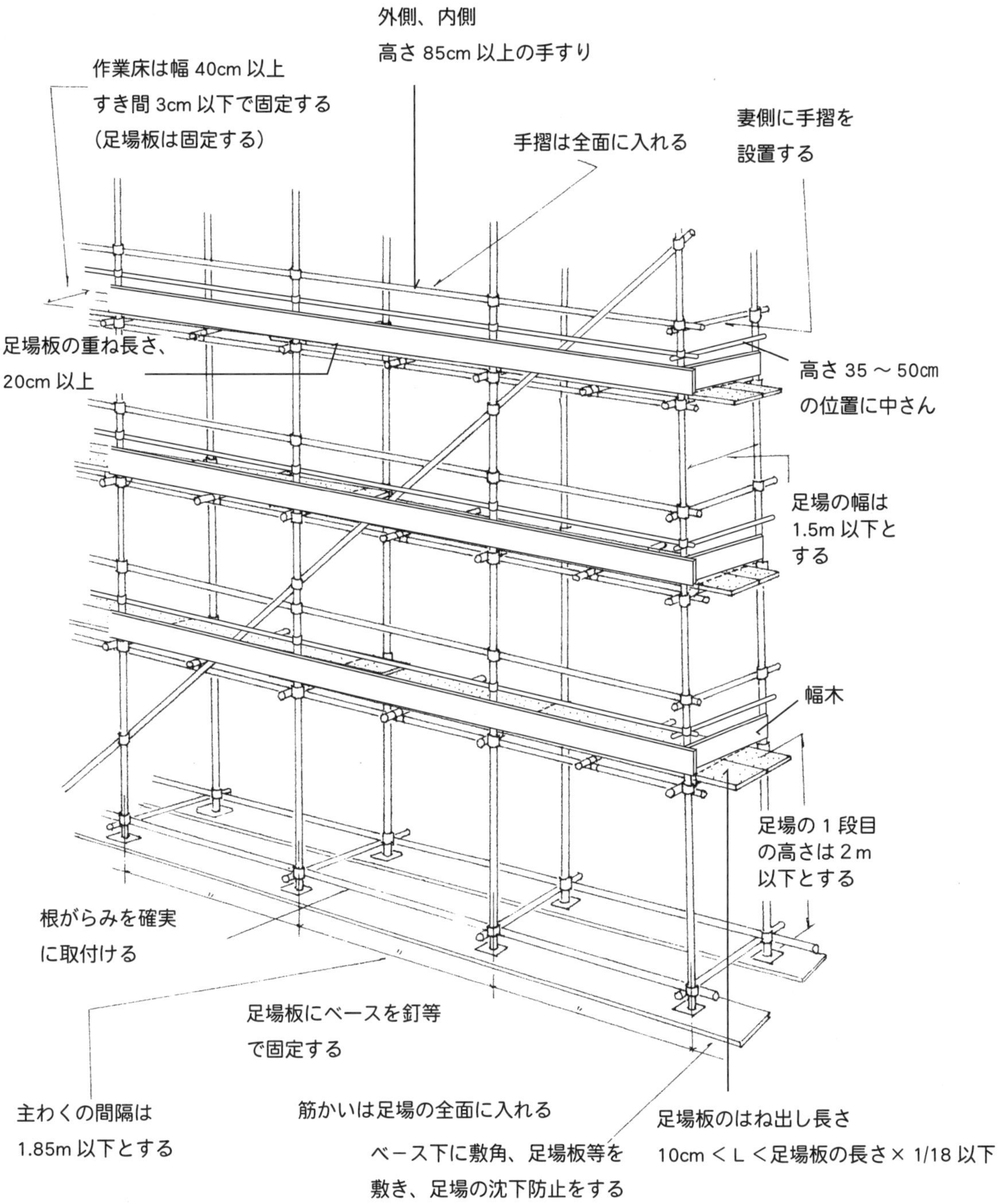

作業床は幅 40cm 以上
すき間 3cm 以下で固定する
（足場板は固定する）

外側、内側
高さ 85cm 以上の手すり

手摺は全面に入れる

妻側に手摺を
設置する

足場板の重ね長さ、
20cm 以上

高さ 35 〜 50cm
の位置に中さん

足場の幅は
1.5m 以下と
する

幅木

足場の 1 段目
の高さは 2 m
以下とする

根がらみを確実
に取付ける

足場板にベースを釘等
で固定する

主わくの間隔は
1.85m 以下とする

筋かいは足場の全面に入れる

ベース下に敷角、足場板等を
敷き、足場の沈下防止をする

足場板のはね出し長さ
10cm ＜ L ＜足場板の長さ× 1/18 以下

⑥ つり足場

つり足場	第574条　事業者は、つり足場については、次に定めるところに適合したものでなければ使用してはならない。 　一　つりワイヤロープは、次のいずれかに該当するものを使用しないこと。 　　イ　ワイヤロープ1よりの間において素線（フィラ線を除く。以下この号において同じ。）の数の10パーセント以上の素線が切断しているもの 　　ロ　直径の減少が公称径の7パーセントを超えるもの 　　ハ　キンクしたもの 　　ニ　著しい形崩れ又は腐食があるもの 　二　つり鎖は、次のいずれかに該当するものを使用しないこと。 　　イ　伸びが、当該つり鎖が製造されたときの長さの5パーセントを超えるもの 　　ロ　リンクの断面の直径の減少が、当該つり鎖が製造されたときの当該リンクの断面の直径の10パーセントを超えるもの 　　ハ　亀裂があるもの 　三　つり鋼線及びつり鋼帯は、著しい損傷、変形又は腐食のあるものを使用しないこと。 　四　つり繊維索は、次のいずれかに該当するものを使用しないこと。 　　イ　ストランドが切断しているもの 　　ロ　著しい損傷又は腐食があるもの 　五　つりワイヤロープ、つり鎖、つり鋼線、つり鋼帯又はつり繊維索は、その一端を足場桁、スターラップ等に、他端を突りょう、アンカーボルト、建築物のはり等にそれぞれ確実に取り付けること。 　六　作業床は、幅を40センチメートル以上とし、かつ、すき間がないようにすること。 　七　床材は、転位し、又は脱落しないように、足場桁、スターラップ等に取り付けること。 　八　足場桁、スターラップ、作業床等に控えを設ける等動揺又は転位を防止するための措置を講ずること。 　九　棚足場であるものにあっては、桁の接続部及び交差部は、鉄線、継手金具又は緊結金具を用いて、確実に接続し、又は緊結すること。 2　前項第六号の規定は、作業床の下方又は側方に網又はシートを設ける等墜落又は物体の落下による労働者の危険を防止するための措置を講ずるときは、適用しない。
作業禁止	第575条　事業者は、つり足場の上で、脚立、はしご等を用いて労働者に作業させてはならない。

つり足場の正しい設置

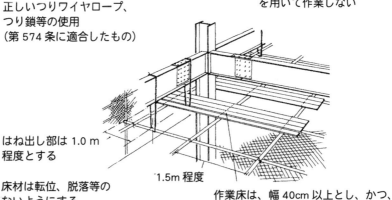

つり足場上で、脚立、はしご等を用いて作業しない

正しいつりワイヤロープ、つり鎖等の使用（第574条に適合したもの）

はね出し部は1.0m程度とする

床材は転位、脱落等のないようにする

1.5m程度

作業床は、幅40cm以上とし、かつ、すき間のないこと

安全ネットの正しい設置

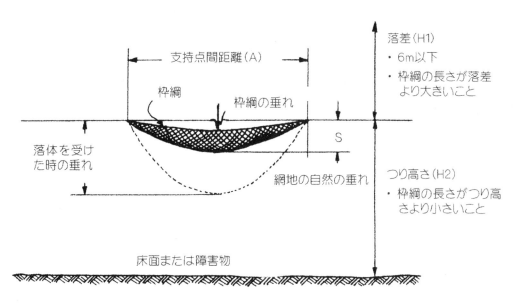

落差（H1）
・6m以下
・枠綱の長さが落差より大きいこと

支持点間距離（A）

枠綱

枠綱の垂れ

落体を受けた時の垂れ

網地の自然の垂れ

S

つり高さ（H2）
・枠綱の長さがつり高さより小さいこと

床面または障害物

安全ネット	落下高さ（m）：H1	ネットの垂れ（m）：S	下部のあき（m）：H2
単体ネットの場合	$0.25 \times (L + 2A)$ 以下とする	$0.20 \times (L + 2A)$ 以下とする	$0.85 \times (L + 3A)$ 以下とする
複合ネット（つなぎ合わせた）ネットの場合	$0.20 \times (L + 2A)$ 以下とする		

L：ネットの短辺長（m）
A：ネット長辺方向のつり綱間隔（m）
但しA≦Lの場合はA＝Lとする

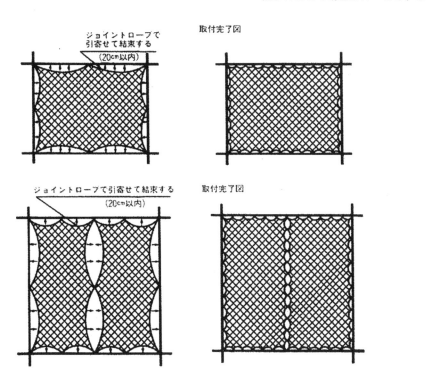

ジョイントロープで引寄せて結束する
（20cm以内）

取付完了図

ジョイントロープで引寄せて結束する
（20cm以内）

取付完了図

20. 作 業 構 台

作業構台の組立等の作業

材　料　等	**第 575 条の 2**　事業者は、仮設の支柱及び作業床等により構成され、材料若しくは仮設機材の集積又は建設機械等の設置若しくは移動を目的とする高さが 2 メートル以上の設備で、建設工事に使用するもの（以下「作業構台」という。）の材料については、著しい損傷、変形又は腐食のあるものを使用してはならない。 2　事業者は、作業構台に使用する木材については、強度上の著しい欠点となる割れ、虫食い、節、繊維の傾斜等がないものでなければ、使用してはならない。 3　事業者は、作業構台に使用する支柱、作業床、はり、大引き等の主要な部分の鋼材については、日本産業規格 G3101（一般構造用圧延鋼材）、日本産業規格 G3106（溶接構造用圧延鋼材）、日本工業規格 G3191（熱間圧延棒鋼）、日本工業規格 G3192（熱間圧延形鋼）、日本産業規格 G3444（一般構造用炭素鋼鋼管）若しくは日本産業規格 G3466（一般構造用角形鋼管）に定める規格に適合するもの又はこれと同等以上の引張強さ及びこれに応じた伸びを有するものでなければ、使用してはならない。 　本条の作業構台は、ビル建築工事等において、建築資材等を上部に一時的に集積し、建築物の内部等に取り込むことを目的として設ける荷上げ構台（ステージング）、地下工事期間中に行われる根切り工事等のため、掘削機械、残土搬出用トラック及びコンクリート工事用生コン車等の設置又は移動を目的として設ける乗入れ構台等がある。 （昭 55.11.25　基発第 648 号）
構　　造	**第 575 条の 3**　事業者は、作業構台については、著しいねじれ、たわみ等が生ずるおそれのない丈夫な構造のものでなければ、使用してはならない。
最大積載荷重	**第 575 条の 4**　事業者は、作業構台の構造及び材料に応じて、作業床の最大積載荷重を定め、かつ、これを超えて積載してはならない。 2　事業者は、前項の最大積載荷重を労働者に周知させなければならない。
組　立　図	**第 575 条の 5**　事業者は、作業構台を組み立てるときは、組立図を作成し、かつ、当該組立図により組み立てなければならない。 2　前項の組立図は、支柱、作業床、はり、大引き等の部材の配置及び寸法が示されているものでなければならない。

作業構台についての措置	**第575条の6** 事業者は、作業構台については、次に定めるところによらなければならない。 一　作業構台の支柱は、その滑動又は沈下を防止するため、当該作業構台を設置する場所の地質等の状態に応じた根入れを行い、当該支柱の脚部に根がらみを設け、敷板、敷角等を使用する等の措置を講ずること。 二　支柱、はり、筋かい等の緊結部、接続部又は取付部は、変位、脱落等が生じないよう緊結金具等で堅固に固定すること。 三　高さ2メートル以上の作業床の床材間のすき間は、3センチメートル以下とすること。 四　高さ2メートル以上の作業床の端で、墜落により労働者に危険を及ぼすおそれのある箇所には、手すり等及び中桟等（それぞれ丈夫な構造の設備であって、たわみが生ずるおそれがなく、かつ、著しい損傷、変形又は腐食がないものに限る。）を設けること。 2　前項第四号の規定は、作業の性質上手すり等及び中桟等を設けることが著しく困難な場合又は作業の必要上臨時に手すり等又は中桟等を取り外す場合において、次の措置を講じたときは、適用しない。 一　要求性能墜落制止用器具を安全に取り付けるための設備等を設け、かつ、労働者に要求性能墜落制止用器具を使用させる措置又はこれと同等以上の効果を有する措置を講ずること。 二　前号の措置を講ずる箇所には、関係労働者以外の労働者を立ち入らせないこと。 3　事業者は、前項の規定により作業の必要上臨時に手すり等又は中桟等を取り外したときは、その必要がなくなった後、直ちにこれらの設備を原状に復さなければならない。 4　労働者は、第2項の場合において、要求性能墜落制止用器具の使用を命じられたときは、これを使用しなければならない。

1　第四号の「丈夫な構造の設備であって、たわみが生じるおそれがなく、かつ、著しい損傷、変形又は腐食がないものに限る」とは、繊維ロープ等可撓性の材料で構成されるものについては認めない趣旨であること。
（平21.3.11　基発第0311001号、平27.3.31　基発0331第9号）

1　第2項第一号の「安全帯を安全に取り付けるための設備等」の「等」には、取り外されていない手すり等を、安全帯を安全に取り付けるための設備として利用することができる場合が含まれること。

2　第2項第一号及び第4項の「安全帯」は、令第13条第3項第二十八号の安全帯に限る趣旨であり、安全帯の規格（平成14年厚生労働省告示第38号）に適合しない命綱を含まないこと。

3　第2項第一号により、事業者が労働者に安全帯を使用させるときは、安衛則第521条第2項に基づき、安全帯及びその取付け設備等の異常の有無について、随時点検しなければならないこと。

4　第2項第一号の「これと同等以上の効果を有する措置」には、墜落するおそれのある箇所に防網を張ることが含まれること。

5　第2項第二号の「関係労働者」には、手すり等又は中さん等を設けることが著しく困難な箇所又は作業の必要上臨時に取り外す箇所において作業を行う者及び作業を指揮する者が含まれること。
（平27.3.31　基発0331第9号）

作業構台の正しい設置

高さ 85cm 以上の手すり

高さ 35 ～ 50cm 位置へ中さん

高さ 10cm 以上の幅木

積載許容荷重をきめ表示する

組立図により組立てる

水平つなぎ、
筋かい等を
取付ける

支柱の滑動沈下等を防止する

支柱、はり、筋かい等の接続又は
取付部は緊結金具で固定する

作業構台の組立て等の作業	**第575条の7** 事業者は、作業構台の組立て、解体又は変更の作業を行うときは、次の措置を講じなければならない。 　一　組立て、解体又は変更の時期、範囲及び順序を当該作業に従事する労働者に周知させること。 　二　組立て、解体又は変更の作業を行う区域内には、関係労働者以外の労働者の立入りを禁止すること。 　三　強風、大雨、大雪等の悪天候のため、作業の実施について危険が予想されるときは、当該作業を中止すること。 　四　材料、器具、工具等を上げ、又は下ろすときは、つり綱、つり袋等を労働者に使用させること。
点　　検	**第575条の8** 事業者は、作業構台における作業を行うときは、その日の作業を開始する前に、作業を行う箇所に設けた手すり等及び中桟等の取り外し及び脱落の有無について点検し、異常を認めたときは、直ちに補修しなければならない。 2　事業者は、強風、大雨、大雪等の悪天候若しくは中震以上の地震又は作業構台の組立て、一部解体若しくは変更の後において、作業構台における作業を行うときは、作業を開始する前に、次の事項について、点検し、異常を認めたときは、直ちに補修しなければならない。 　一　支柱の滑動及び沈下の状態 　二　支柱、はり等の損傷の有無 　三　床材の損傷、取付け及び掛渡しの状態 　四　支柱、はり、筋かい等の緊結部、接続部及び取付部の緩みの状態 　五　緊結材及び緊結金具の損傷及び腐食の状態 　六　水平つなぎ、筋かい等の補強材の取付状態及び取り外しの有無 　七　手すり等及び中桟等の取り外し及び脱落の有無 3　事業者は、前項の点検を行ったときは、次の事項を記録し、作業構台を使用する作業を行う仕事が終了するまでの間、これを保存しなければならない。 　一　当該点検の結果 　二　前号の結果に基づいて補修等の措置を講じた場合にあっては、当該措置の内容

第3項の「作業構台を使用する作業を行う仕事が終了するまでの間」とは、それぞれの事業者が請け負った仕事を終了するまでの間であって、元方事業者にあっては、当該事業場におけるすべての工事が終了するまでの間をいうものであること。

（平 21.3.11　基発第 0311001 号）

21. 土石流による危険の防止

土石流発生の把握と避難

調査及び記録	**第575条の9** 事業者は、降雨、融雪又は地震に伴い土石流が発生するおそれのある河川（以下「土石流危険河川」という。）において建設工事の作業（臨時の作業を除く。以下同じ。）を行うときは、土石流による労働者の危険を防止するため、あらかじめ、作業場所から上流の河川及びその周辺の状況を調査し、その結果を記録しておかなければならない。
土石流による労働災害の防止に関する規程	**第575条の10** 事業者は、土石流危険河川において建設工事の作業を行うときは、あらかじめ、土石流による労働災害の防止に関する規程を定めなければならない。 2　前項の規程は、次の事項が示されているものでなければならない。 　一　降雨量の把握の方法 　二　降雨又は融雪があった場合及び地震が発生した場合に講ずる措置 　三　土石流の発生の前兆となる現象を把握した場合に講ずる措置 　四　土石流が発生した場合の警報及び避難の方法 　五　避難の訓練の内容及び時期 3　事業者は、第1項の規程については、前条の規定による調査により知り得たところに適応するものとしなければならない。

（1）「降雨量の把握の方法」としては、事業者自ら又は他の事業者と共同で設置した雨量計による測定のほか、地方気象台による設置された地域気象観測システム（アメダス）、気象データ供給会社、河川管理者等（以下「アメダス等」という。）からの降雨量に関する情報の把握等、各事業場における具体的な降雨量の把握の方法が定められていなければならないこと。

（2）「降雨があった場合に講ずる措置」としては、降雨があったことにより土石流が発生するおそれがあるときに、監視人の配置等土石流の発生を早期に把握するための措置又は作業を中止して労働者を速やかに安全な場所に退避させることが定められていなければならないこと。

（3）「融雪があった場合に講ずる措置」としては、降雨に融雪が加わることを考慮して積雪の比重を積雪深の減少量に乗じて降水量に換算し降雨量に加算するなど、融雪を実際に把握した際に講ずる措置が定められていなければならないこと。

　また、「融雪があった場合」とは、アメダス等からの積雪深の減少に関する情報、各地方気象台による雪崩注意報の発表、気温摂氏0度以上の時間が継続していること等をいうものであること。

（4）「地震が発生した場合に講ずる措置」としては、作業をいったん中止して労働者を安全な場所に退避させ、土石流の前兆となる現象の有無を観察するなど、地震を把握した際に講ずる措置が定められていなければならないこと。

　また、「地震が発生した場合」とは、中震以上の地震が作業現場において体感された場合及びアメダス等からの情報により、作業場所から上流及びその周辺の河川における中震以上の地震を把握した場合等をいうものであること。

（5）「土石流の発生の前兆となる現象を把握した場合に講ずる措置」としては、いったん作業を中止して前兆となる現象が継続するか否かを観察すること、土石流を早期に把握するための措置を講ずること等、土石流の発生の前兆となる現象を実際に把握した際に講ずる措置が定められていなければならないこと。

　なお、「土石流の前兆となる現象」とは、土石流が発生した際に、機能的に土石流との因果関係が推定されている現象であり、具体的には、河川の付近での山崩れ、流水の異常な増水又は急激な減少、山鳴り、地鳴り等の異常な音、湧水の停止、流木の出現、著しい流水の濁りの発生等をいうものであること。

	（6）「土石流が発生した場合の警報の方法」としては、警報の種類、警報用の設備の種類及び設置場所、これらを労働者に周知する方法及び警報用の設備の有効性保持のための措置が定められていなければならないこと。 （7）「土石流が発生した場合の避難の方法」としては、避難用の設備の種類及び設置場所、これらを労働者に周知する方法及び避難用の設備の有効性保持のための措置が定められていなければならないこと。 （平 10.2.16　基発第 49 号）
把握及び記録	**第 575 条の 11**　事業者は、土石流危険河川において建設工事の作業を行う時は、作業開始時にあっては当該作業開始前 24 時間における降雨量を、作業開始後にあっては 1 時間ごとの降雨量を、それぞれ雨量計による測定その他の方法により把握し、かつ、記録しておかなければならない。 （1）「雨量計による測定」には、事業者自らが工事事務所に設置する雨量計による測定のほか、他の事業者と共同で設置する雨量計によるものを含むものであること。 （2）「その他の方法により把握」には、アメダス等からの降雨量に関する情報を把握することを含むものであること。これらの方法による場合は、情報把握の即時性が確保されている必要があること。 （平 10.2.16　基発第 49 号） （1）本条では、各 1 時間ごとに 24 時間雨量を把握することとしているが、24 時間雨量を算出することが困難な場合等にあっては、各測定時点の 24 時間以上前から測定時点までの降雨量の合計を各測定時点における 24 時間雨量とみなしても差し支えないこと。 なお、降雨量には、融雪量を含まないものであること。 （2）作業開始後に降雨がないことが明らかな場合は、必ずしも雨量計、アメダス等からの情報により降雨量を把握することを要しないものであること。 （平 10.2.16　事務連絡）
降雨時の措置	**第 575 条の 12**　事業者は、土石流危険河川において建設工事の作業を行う場合において、降雨があったことにより土石流が発生するおそれのあるときは、監視人の配置等土石流の発生を早期に把握するための措置を講じなければならない。ただし、速やかに作業を中止し、労働者を安全な場所に退避させたときは、この限りでない。 （1）「降雨があったことにより土石流が発生するおそれがあるとき」とは、一定時間に一定以上の降雨があったことにより、土石流が発生する危険性が高まったときをいい、具体的には、各地方気象台の定める大雨注意報発令のための 24 時間雨量の基準（以下「大雨注意報基準」という。）に達する降雨があった場合をいうものであること。 （2）大雨注意報基準は、最大限守らなければならない基準であることから、事業者は、独自に大雨注意報基準を下回る 24 時間雨量に係る降雨量の基準を使用することにより、降雨があったことによる土石流の発生のおそれを判断することができるものであること。また、事業者は、24 時間雨量に係る基準に加え、その他の降雨量（6 時間雨量、連続雨量等）を用いた降雨量の基準を併用することもできるものであること。

	（3）「土石流の発生を早期に把握するための措置」には、監視人の配置の他に、ワイヤーセンサー等の土石流を検知するための機器（以下「土石流検知機器」という。）の設置が含まれるものであり、具体的には、ワイヤーセンサー、振動センサー、光センサー、音響センサー等があること。 （4）監視人又は土石流検知機器は、河川の状況及び土石流の想定される流下速度を考慮し、すべての労働者を退避させることができる位置に配置又は設置すること。 （平 10.2.16　基発第 49 号）
退　　避	第 575 条の 13　事業者は、土石流危険河川において建設工事の作業を行う場合において、土石流による労働災害発生の急迫した危険があるときは、直ちに作業を中止し、労働者を安全な場所に退避させなければならない。 「土石流による労働災害発生の急迫した危険があるとき」とは、土石流の発生が把握されたとき、土砂崩壊により天然ダムが形成されていることが把握されたとき等をいうものであること。 （平 10.2.16　基発第 49 号）
警報用の設備	第 575 条の 14　事業者は、土石流危険河川において建設工事の作業を行うときは、土石流が発生した場合に関係労働者にこれを速やかに知らせるためのサイレン、非常ベル等の警報用の設備を設け、関係労働者に対し、その設置場所を周知させなければならない。 2　事業者は、前項の警報用の設備については、常時、有効に作動するように保持しておかなければならない。 （1）「警報用の設備」とは、サイレン、非常ベルのほか、携帯用拡声器、回転灯等又はこれらの併用など、事業場の規模と工事形態に応じ、すべての関係労働者に対して土石流の発生を速やかにかつ確実に伝えることのできる設備をいうものであること。 （2）関係労働者に対する「周知」は、新規入場者教育時に行うほか、警報用の設備を新たに設置又は変更したとき等に、口頭のみならず掲示等により行うものであること。 （3）「常時有効に作動するよう保持する」とは、メーカーの指定する点検仕様等に基づいた点検を適切に行うこと等により、当所予定された性能を維持し、常に使用に耐える状態に保持することをいうものであること。 （平 10.2.16　基発第 49 号）
避難用の設備	第 575 条の 15　事業者は、土石流危険河川において建設工事の作業を行うときは、土石流が発生した場合に労働者を安全に避難させるための登り桟橋、はしご等の避難用の設備を適当な箇所に設け、関係労働者に対し、その設置場所及び使用方法を周知させなければならない。 2　事業者は、前項の避難用の設備については、常時有効に保持しなければならない。

（1）「避難用の設備」とは、事業場の規模と工事形態に応じ、登り桟橋、はし
　　ごのほか、仮設階段、河川堤防等の緩やかな斜面など、土石流の発生を把握
　　してから土石流が到達するまでの間にすべての労働者を安全な場所に避難さ
　　せることができるものをいうものであること。
（2）関係労働者に対する「周知」は、新規入場者教育時に行うほか、避難用
　　の設備を新たに設置又は変更したとき等に、口頭のみならず掲示等により行
　　うものであること。
（3）「常時有効に作動するよう保持する」とは、工事の進捗に伴って適宜移設
　　する等により、当初予定された性能を維持し、常に使用に耐える状態に保持
　　することをいうものであること。
（平 10.2.16　基発第 49 号）

避難の訓練

第 575 条の 16　　事業者は、土石流危険河川において建設工事の作業を行うときは、
　　土石流が発生したときに備えるため、関係労働者に対し、工事開始後遅滞なく 1 回、
　　及びその後 6 月以内ごとに 1 回、避難の訓練を行わなければならない。
2　　事業者は、避難の訓練を行ったときは、次の事項を記録し、これを 3 年間保存し
なければならない。
　一　実施年月日
　二　訓練を受けた者の氏名
　三　訓練の内容

（1）「作業開始後遅滞なく」とは、作業開始後、正当な、又は合理的な遅延が
　　許される期間内に避難訓練を実施しなければならない旨を定めた趣旨である
　　こと。
（2）「訓練の内容」には、工事の進捗状況、避難訓練実施等の労働者の作業状況、
　　作業場所ごとの避難に要した時間、避難訓練実施後の改善措置の内容のほか、
　　次回の避難訓練を行う際に参考となる事項を含むものであること。
（平 10.2.16　基発第 49 号）

土石流災害防止対策フロー図（概要）

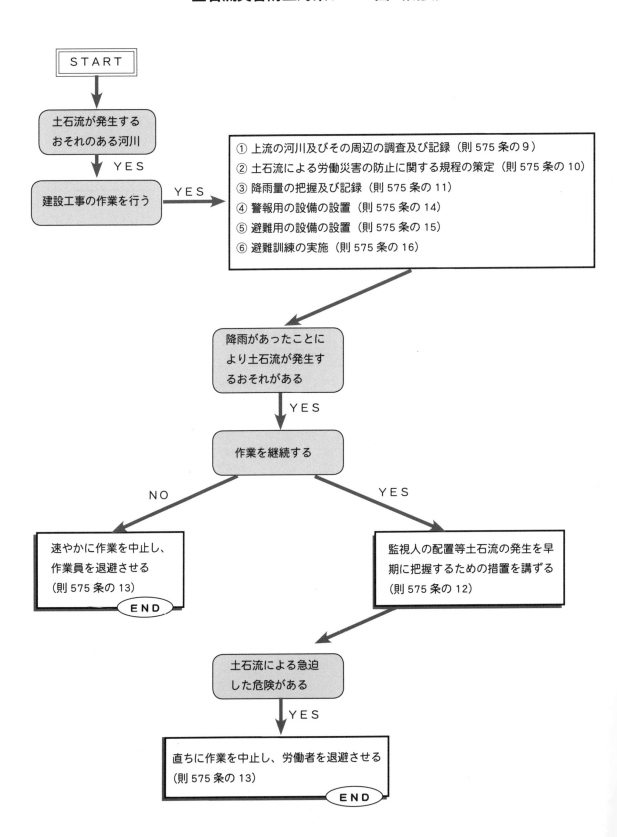

START

土石流が発生する
おそれのある河川

YES

建設工事の作業を行う

YES

① 上流の河川及びその周辺の調査及び記録（則575条の9）
② 土石流による労働災害の防止に関する規程の策定（則575条の10）
③ 降雨量の把握及び記録（則575条の11）
④ 警報用の設備の設置（則575条の14）
⑤ 避難用の設備の設置（則575条の15）
⑥ 避難訓練の実施（則575条の16）

降雨があったことに
より土石流が発生す
るおそれがある

YES

作業を継続する

NO

速やかに作業を中止し、
作業員を退避させる
（則575条の13）

END

YES

監視人の配置等土石流の発生を早
期に把握するための措置を講ずる
（則575条の12）

土石流による急迫
した危険がある

YES

直ちに作業を中止し、労働者を退避させる
（則575条の13）

END

1．規則の要点

1　事業者は、降雨、融雪又は地震に伴い土石流が発生するおそれのある河川（以下「土石流危険河川」という。）において建設工事の作業（臨時の作業を除く。以下同じ。）を行うときは、次に掲げる措置を講じなければならない。

（1）あらかじめ、作業場所から上流の河川及びその周辺の状況を調査し、その結果を記録しておくこと。（第575条の9関係）

（2）あらかじめ、土石流による労働災害の防止に関する規程を定めること。その規程は、次の事項が示されており、かつ、（1）の調査で知り得たところに適応するものであること。（第575条の10関係）

イ　降雨量の把握の方法

ロ　降雨又は融雪があった場合及び地震が発生した場合に講ずる措置

ハ　土石流の発生の前兆となる現象を把握した場合に講ずる措置

ニ　土石流が発生した場合の警報及び避難の方法

ホ　避難の訓練の内容及び時期

（3）作業開始前にあっては24時間の降雨量、作業時開始前にあっては1時間ごとの降雨量を把握し、その結果を記録すること。（第575条の11関係）

（4）降雨があったことにより土石流が発生するおそれがあるときは、監視人の配置等土石流の発生を早期に把握するための措置を講じること。
　　ただし、速やかに作業を中止し、労働者を安全な場所に退避させたときはこの限りでないこと。（第575条の12関係）

（5）土石流による労働災害発生の急迫した危険があるときは、直ちに作業を中止し、労働者を安全な場所に退避させること。（第575条の13関係）

（6）土石流が発生した場合に関係労働者にこれを速やかに知らせるためのサイレン、非常ベル等の警報用の設備を設け、常時、有効に作動するように保持し、関係労働者に対し、その設置場所を周知させること。（第575条の14関係）

（7）土石流が発生した場合に労働者を安全に避難させるための登り桟橋、はしご等の避難用の設備を適当な箇所に設け、常時有効に保持し、関係労働者に対しその設置場所及び使用方法を周知させること。（第575条の15関係）

（8）関係労働者に対し、工事開始後遅滞なく1回、及びその後6カ月ごとに1回、避難の訓練を行うこと。また、避難の訓練を行ったときは、実施年月日等を記録し、これを3年間保存すること。（第575条の16関係）

2　建設業の元方事業者が、作業場所の安全の確保のために必要な措置を講じなければならない場所として、土石流が発生するおそれのある場所を加える。（第634条の2関係）

3　特定元方事業者は、土石流危険河川において建設工事の作業を行う場合は、その労働者及び関係請負人の労働者の作業が同一の場所で行われるときは、特定元方事業者及び関係請負人が行う避難の訓練について、その実施時期及び実施方法を統一的に定め、これを関係請負人に周知させなければならないこととしたこと。また、特定元方事業者及び関係請負人は、避難の訓練を行うときは、統一的に定められた実施時期及び実施方法により行わなければならない。（第642条の2の2関係）

2．解釈例規

1　「土石流」とは、土砂又は巨れきが水を含み、一体となって流下する現象をいうものであること。

2　「河川」とは、河道及び河岸をいうものであること。河道とは、河川の流水が継続して存する土地をいい、河岸とは、地形、草木の生茂の状況その他が河岸に類する状況を呈している土地（洪水その他異常な自然現象により一時的に当該状況を呈している土地を除く。）をいい、天然の河岸のみならず、堤防等による人工の河岸が含まれること。なお、河川については、流域全体（源流から河口まで）でなく、当該作業場所から上流側の部分（支川を含む。）について3に該当するか否かを検討する必要があること。

「流水が継続して存する土地」とは、常時流水が存する土地のみならず、降雨時のみに流水が継続して存する土地を含むものであること。

3　「土石流危険河川」とは、次のいずれかに該当する河川をいうものであること。
　　イ　作業場所の上流側（支川を含む。）の流域面積が 0.2 k ㎡以上あって、上流
　　　側（支川を含む。）の 0.2 k mにおける平均河床勾配が 3°以上の河川
　　ロ　市町村が「土石流危険渓流」として公表している河川
　　ハ　都道府県又は市町村が「崩壊土砂流出危険区域」として公表している地区
　　　内の河川
　3－1　イのうち、平均河床勾配は 2 万 5 千分の 1 の地形図又は現地での測量等によ
　　　り、流域面積は 2 万 5 千分の 1 の地形図により判断すれば足りるものであること。
　3－2　ロでいう「土石流危険渓流」とは、昭和 53 年 8 月 4 日付け建設省河砂
　　　発第 46 号による土石流危険渓流及び危険区域調査等により、土石流の発生の
　　　危険性があり、5 戸以上の人家（5 戸以上でも官公署、学校、病院、駅、発電
　　　所のある場所を含む。）に被害を生ずるおそれのあることとされ、その旨が公表
　　　された河川をいうものであること。
　　　　なお、土石流危険渓流は、災害対策基本法（昭和 36 年法第 223 号）に基づ
　　　く市町村地域防災計画への記載、当該河川における表示のほか、災害対策基本
　　　法に基づく都道府県地域防災計画への記載等により明らかにされているもので
　　　あり、市町村都道府県土木主管事務所等への問い合わせにより把握できるもの
　　　であること。
　3－3　ハでいう「崩壊土砂流出危険地区」とは、昭和 60 年 5 月 15 日付け 60 林
　　　野治第 1579 号「山地災害危険地区調査」に基づく調査により、「崩壊土砂流出
　　　危険地区」として決定され、その旨が公表されたものをいうものであること。
　　　　なお、崩壊土砂流出危険地区は、災害対策基本法に基づく都道府県地域防災計
　　　画、市町村地域防災計画への記載等により明らかにされているものであり、都道
　　　府県農林主管事務所、市町村等への問い合わせにより把握できるものであること。
4　「臨時の作業」とは、道路の標識の取替え、橋梁の欄干の塗装等の小規模な補修
　工事等、数日程度で終了する一時的な作業で、事業者が降雨、融雪又は地震に際し
　て作業を行わないこととしているものをいうものであること。
5　土石流の発生メカニズムには今なお不明な点もあることから、今回の改正は、
　現時点で対応できる事項について行ったものであること。
6　労働安全衛生規則第 575 条の 9 から第 575 条の 16、第 634 条の 2 及び第 642
　条の 2 の 2 の規定は、土石流による労働災害の防止を目的としたものであるので、
　土石流危険河川内で建設工事の作業を行う場合であっても、その作業場所に土石流
　が到着しないことが明らかな場合無人化工法等労働者が土石流危険河川内に立ち入
　らない場合等にあっては、当該作業には適用されないものであること。
7　土石流危険河川において複数の事業者が建設工事の作業を行う場合にあっては、
　それぞれの事業者が措置義務を負うものであるが、第 575 条の 9、第 575 条の
　11、第 575 条の 12、第 575 条の 14 及び第 575 条の 15 の規定については、当
　該事業者がその義務を履行するための方法として、当該事業者が自ら行う場合のほ
　か、他の事業者と共同で行う方法も含まれるものであること。

| 3．解　説 |

1　土石流には様々なタイプのものがあるが、大きくは次の 3 つのタイプに分類さ
　れる。
　（1）降雨等による増水により、土砂等の渓床の堆積物が一挙に流動化するもの
　（2）降雨等による土砂崩壊の発生を端緒として土石等が一挙に流下するもの
　（3）土砂崩壊等により一時的に天然ダムが形成され、その天然ダムが崩壊するこ
　　　とによって土石等が一挙に流下するもの
2　「土石流危険渓流」及び「崩壊土砂流出危険地区」については、すべての河川に
　ついて調査が終了しているものではない。
　　このため、「土石流危険渓流」等に該当しないという事実は、単に調査を行って
　いないことを意味するにすぎない場合もあるため、「土石流危険渓流」等に該当し
　ない場合でも、解釈例規 3 イに該当するか否かを確認する必要がある。

Ⅳ　労働安全衛生規則　衛生基準

1．有害な作業環境

有害原因の除去	第576条　事業者は、有害物を取り扱い、ガス、蒸気又は粉じんを発散し、有害な光線又は超音波にさらされ、騒音又は振動を発し、病原体によって汚染される等有害な作業場においては、その原因を除去するため、代替物の使用、作業の方法又は機械等の改善等必要な措置を講じなければならない。
ガス等の発散の抑制等	第577条　事業者は、ガス、蒸気又は粉じんを発散する屋内作業場においては、当該屋内作業場における空気中のガス、蒸気又は粉じんの含有濃度が有害な程度にならないようにするため、発散源を密閉する設備、局所排気装置又は全体換気装置を設ける等必要な措置を講じなければならない。
内燃機関の使用禁止	第578条　事業者は、坑、井筒、潜函、タンク又は船倉の内部その他の場所で、自然換気が不十分なところにおいては、内燃機関を有する機械を使用してはならない。ただし、当該内燃機関の排気ガスによる健康障害を防止するため当該場所を換気するときは、この限りでない。
排気の処理	第579条　事業者は、有害物を含む排気を排出する局所排気装置その他の設備については、当該有害物の種類に応じて、吸収、燃焼、集じんその他の有効な方式による排気処理装置を設けなければならない。
排液の処理	第580条　事業者は、有害物を含む排液については、当該有害物の種類に応じて、中和、沈でん、ろ過その他の有効な方式によって処理した後に排出しなければならない。
粉じんの飛散の防止	第582条　事業者は、粉じんを著しく飛散する屋外又は坑内の作業場においては、注水その他の粉じんの飛散を防止するため必要な措置を講じなければならない。
坑内の炭酸ガス濃度の基準	第583条　事業者は、坑内の作業場における炭酸ガス濃度を、1.5％以下としなければならない。ただし、空気呼吸器、酸素呼吸器又はホースマスクを使用して、人命救助又は危険防止に関する作業をさせるときは、この限りでない。
騒音を発する場所の明示等	第583条の2　事業者は、強烈な騒音を発する屋内作業場における業務に労働者を従事させるときは、当該屋内作業場が強烈な騒音を発する場所であることを労働者が容易に知ることができるよう、標識によって明示する等の措置を講ずるものとする。
	「強烈な騒音を発する屋内作業場」とは、等価騒音レベルが90デシベル以上の屋内作業場をいうものであること。 「等価騒音レベル」とは、時間とともに変動する騒音がある場合、そのレベルを、ある測定時間内でこれと等しいエネルギーを持つ定常騒音レベルで表示したものであること。なお、等価騒音レベルは、変動騒音に対する人体の生理・心理的な反応とよく対応するとされているものであること。 （平4.8.24　基発第480号）
騒音の伝ぱの防止	第584条　事業者は、強烈な騒音を発する屋内作業場においては、その伝ぱを防ぐため、隔壁を設ける等必要な措置を講じなければならない。

立入禁止等	**第 585 条**　事業者は、次の場所には、関係者以外の者が立ち入ることを禁止し、かつ、その旨を見やすい箇所に表示しなければならない。 　一　多量の高熱物体を取り扱う場所又は著しく暑熱な場所 　二　多量の低温物体を取り扱う場所又は著しく寒冷な場所 　三　有害な光線又は超音波にさらされる場所 　四　炭酸ガス濃度が 1.5％を超える場所、酸素濃度が 18％に満たない場所又は硫化水素濃度が 100 万分の 10 を超える場所 　五　ガス、蒸気又は粉じんを発散する有害な場所 　六　有害物を取り扱う場所 　七　病原体による汚染のおそれの著しい場所 　2　労働者は、前項の規定により立入りを禁止された場所には、みだりに立ち入ってはならない。
表示等	**第 586 条**　事業者は、有害物若しくは病原体又はこれらによって汚染された物を、一定の場所に集積し、かつ、その旨を見やすい箇所に表示しなければならない。
作業環境測定を行うべき作業場	**第 589 条**　令第 21 条第四号の厚生労働省令で定める坑内の作業場は、次のとおりとする。 　一　炭酸ガスが停滞し、又は停滞するおそれのある坑内の作業場 　二　気温が 28 度をこえ、又はこえるおそれのある坑内の作業場 　三　通気設備が設けられている坑内の作業場 【労働安全衛生法】 第 65 条　事業者は、有害な業務を行う屋内作業場その他の作業場で、政令で定めるものについて、厚生労働省令で定めるところにより、必要な作業環境測定を行い、及びその結果を記録しておかねばならない。 　2　前項の規定による作業環境測定は、厚生労働大臣の定める作業環境測定基準に従って行わなければならない。 【安衛施行令】 第 21 条　法第 65 条第 1 項の政令で定める作業場は、次のとおりとする。 　一　土石、岩石、鉱物、金属又は炭素の粉じんを著しく発散する屋内作業場で、厚生労働省令で定めるもの 　二　暑熱、寒冷又は多湿の屋内作業場で、厚生労働省令で定めるもの 　三　著しい騒音を発する屋内作業場で、厚生労働省令で定めるもの 　四　坑内の作業場で、厚生労働省令で定めるもの 　（以下略）
騒音の測定等	**第 590 条**　事業者は、第 588 条に規定する著しい騒音を発する屋内作業場について、6 月以内ごとに 1 回、定期に、等価騒音レベルを測定しなければならない。 　2　事業者は、前項の規定による測定を行ったときは、その都度、次の事項を記録して、これを 3 年間保存しなければならない。 　一　測定日時 　二　測定方法 　三　測定箇所 　四　測定条件 　五　測定結果 　六　測定を実施した者の氏名 　七　測定結果に基づいて改善措置を講じたときは、当該措置の概要
坑内の炭酸ガス濃度の測定等	**第 592 条**　事業者は、第 589 条第一号の坑内の作業場について、1 月以内ごとに 1 回、定期に、炭酸ガス濃度を測定しなければならない。 　2　第 590 条第 2 項の規定は、前項の規定による測定を行った場合について準用する。

安衛則　衛生基準

2．廃棄物の焼却施設に係る作業

ダイオキシン類の濃度及び含有率の測定	**第 592 条の 2**　事業者は、第 36 条第三十四号及び第三十五号に掲げる業務を行う作業場について、6月以内ごとに1回、定期に、当該作業場における空気中のダイオキシン類（ダイオキシン類対策特別措置法（平成 11 年法律第 105 号）第2条第1項に規定するダイオキシン類をいう。以下同じ。）の濃度を測定しなければならない。 2　事業者は、第 36 条第三十六号に掲げる業務に係る作業を行うときは、当該作業を開始する前に、当該作業に係る設備の内部に付着した物に含まれるダイオキシン類の含有率を測定しなければならない。
付着物の除去	**第 592 条の 3**　事業者は、第 36 条第三十六号に規定する解体等の業務に係る作業を行うときは、当該作業に係る設備の内部に付着したダイオキシン類を含む物を除去した後に作業を行わなければならない。
ダイオキシン類を含む物の発散源の湿潤化	**第 592 条の 4**　事業者は、第 36 条第三十四号及び第三十六号に掲げる業務に係る作業に労働者を従事させるときは、当該作業を行う作業場におけるダイオキシン類を含む物の発散源を湿潤な状態のものとしなければならない。ただし、当該発散源を湿潤な状態のものとすることが著しく困難なときは、この限りでない。
保護具	**第 592 条の 5**　事業者は、第 36 条第三十四号から第三十六号までに掲げる業務に係る作業に労働者を従事させるときは、第 592 条の2第1項及び第2項の規定によるダイオキシン類の濃度及び含有率の測定の結果に応じて、当該作業に従事する労働者に保護衣、保護眼鏡、呼吸用保護具等適切な保護具を使用させなければならない。ただし、ダイオキシン類を含む物の発散源を密閉する設備の設置等当該作業に係るダイオキシン類を含む物の発散を防止するために有効な措置を講じたときは、この限りでない。 2　労働者は、前項の規定により保護具の使用を命じられたときは、当該保護具を使用しなければならない。
作業指揮者	**第 592 条の 6**　事業者は、第 36 条第三十四号から第三十六号までに掲げる業務に係る作業を行うときは、当該作業の指揮者を定め、その者に当該作業を指揮させるとともに、前3条の措置がこれらの規定に適合して講じられているかどうかについて点検させなければならない。
特別の教育	**第 592 条の 7**　事業者は、第 36 条第三十四号から第三十六号までに掲げる業務に労働者を就かせるときは、当該労働者に対し、次の科目について、特別の教育を行わなければならない。 　一　ダイオキシン類の有害性 　二　作業の方法及び事故の場合の措置 　三　作業開始時の設備の点検 　四　保護具の使用方法 　五　前各号に掲げるもののほか、ダイオキシン類のばく露の防止に関し必要な事項 【安衛則】 特別教育を必要とする業務 第 36 条　法第 59 条第3項の厚生労働省令で定める危険又は有害な業務は、次のとおりとする。 　一　～　三十三　略

	三十四　ダイオキシン類対策特別措置法施行令（平成 11 年政令第 433 号）別表第 1 第五号に掲げる廃棄物焼却炉を有する廃棄物の焼却設備（第 90 条第五号の 3 を除き、以下「廃棄物の焼却設備」という。）においてばいじん及び焼却灰その他の燃え殻を取り扱う業務（第三十六号に掲げる業務を除く。）
	三十五　廃棄物の焼却施設に設置された廃棄物焼却炉、集じん機等の設備の保守点検等の業務
	三十六　廃棄物の焼却施設に設置された廃棄物焼却炉、集じん機等の設備の解体等の業務及びこれに伴うばいじん及び焼却灰その他の燃え殻を取り扱う業務
	三十七～四十一　略

3．保護具等

呼吸用保護具等	**第593条**　事業者は、著しく暑熱又は寒冷な場所における業務、多量の高熱物体、低温物体又は有害物を取り扱う業務、有害な光線にさらされる業務、ガス、蒸気又は粉じんを発散する有害な場所における業務、病原体による汚染のおそれの著しい業務その他有害な業務においては、当該業務に従事する労働者に使用させるために、保護衣、保護眼鏡、呼吸用保護具等適切な保護具を備えなければならない。
皮膚障害等防止用の保護具	**第594条**　事業者は、皮膚に障害を与える物を取り扱う業務又は有害物が皮膚から吸収され、若しくは侵入して、健康障害若しくは感染をおこすおそれのある業務においては、当該業務に従事する労働者に使用させるために、塗布材、不浸透性の保護衣、保護手袋又は履物等適切な保護具を備えなければならない。
騒音障害防止用の保護具	**第595条**　事業者は、強烈な騒音を発する場所における業務においては、当該業務に従事する労働者に使用させるために、耳栓その他の保護具を備えなければならない。 2　事業者は、前項の業務に従事する労働者に耳栓その他の保護具の使用を命じたときは、遅滞なく、当該保護具を使用しなければならない旨を、作業中の労働者が容易に知ることができるよう、見やすい場所に掲示しなければならない。
保護具の数等	**第596条**　事業者は、前3条に規定する保護具については、同時に就業する労働者の人数と同数以上を備え、常時有効かつ清潔に保持しなければならない。
労働者の使用義務	**第597条**　第593条から第595条までに規定する業務に従事する労働者は、事業者から当該業務に必要な保護具の使用を命じられたときは、当該保護具を使用しなければならない。
専用の保護具等	**第598条**　事業者は、保護具又は器具の使用によって、労働者に疾病感染のおそれがあるときは、各人専用のものを備え、又は疾病感染を予防する措置を講じなければならない。 本条にいう疾病感染のおそれのある場合とは、ガラス細工の吹管、呼吸用保護具、手袋等を共有する場合をいう。 （昭23．1.16　基発第83号）

保護具の使用

耳
・耳栓

呼吸
・防じんマスク
・簡易防じんマスク
・電動ファン付粉じん用呼吸保護具
・防毒マスク
・送気マスク
・空気呼吸器
・酸素呼吸器
・避難脱出用呼吸保護具

眼・顔面
・防じん眼鏡
・遮光保護具
・乗車用眼保護具
・保護面
・レーザー光線用保護眼鏡

手
・保護手袋
・保護クリーム

体
・耐熱服
・静電服
・防火衣
・労働衛生保護服
・作業服

足
・革製安全靴
・足甲安全靴
・静電靴
・総ゴム製安全靴
・労働衛生保護長靴
・その他の足の保護具

4．気積及び換気

気　積	**第600条**　事業者は、労働者を常時就業させる屋内作業場の気積を、設備の占める容積及び床面から4メートルをこえる高さにある空間を除き、労働者1人について、10立方メートル以上としなければならない。
換　気	**第601条**　事業者は、労働者を常時就業させる屋内作業場においては、窓その他の開口部の直接外気に向って開放することができる部分の面積が、常時床面積の20分の1以上になるようにしなければならない。ただし、換気が十分行なわれる性能を有する設備を設けたときは、この限りでない。 2　事業者は、前条の屋内作業場の気温が10度以下であるときは、換気に際し、労働者を毎秒1メートル以上の気流にさらしてはならない。
坑内の通気設備	**第602条**　事業者は、坑内の作業場においては、衛生上必要な分量の空気を坑内に送給するために、通気設備を設けなければならない。ただし、自然換気により衛生上必要な分量の空気が供給される坑内の作業場については、この限りでない。
坑内の通気量の測定	**第603条**　事業者は、第589条第三号の坑内の作業場について、半月以内ごとに1回、定期に、当該作業場における通気量を測定しなければならない。 2　第590条第2項の規定は、前項の規定による測定を行った場合について準用する。

5．採光及び照明

照　度	第604条　事業者は、労働者を常時就業させる場所の作業面の照度を、次の表の上欄〔本書において左欄〕に掲げる作業の区分に応じて、同表の下欄〔本書において右欄〕に掲げる基準に適合させなければならない。ただし、感光材料を取り扱う作業場、坑内の作業場その他特殊な作業を行なう作業場については、この限りでない。

作業の区分	基　準
精密な作業	300 ルクス以上
普通の作業	150 ルクス以上
粗な作業	70 ルクス以上

採光及び照明	第605条　事業者は、採光及び照明については、明暗の対照が著しくなく、かつ、まぶしさを生じさせない方法によらなければならない。 2　事業者は、労働者を常時就業させる場所の照明設備について、6月以内ごとに1回、定期に、点検しなければならない。

6．温度及び湿度

温湿度調節	第606条　事業者は、暑熱、寒冷又は多湿の屋内作業場で、有害のおそれがあるものについては、冷房、暖房、通風等適当な温湿度調節の措置を講じなければならない。
坑内の気温	第611条　事業者は、坑内における気温を37度以下としなければならない。ただし、高温による健康障害を防止するため必要な措置を講じて人命救助又は危害防止に関する作業をさせるときは、この限りでない。
坑内の気温測定等	第612条　事業者は、第589条第二号の坑内の作業場について、半月以内ごとに1回、定期に、当該作業場における気温を測定しなければならない。 2　第590条第2項の規定は、前項の規定による測定を行った場合について準用する。

7. 休　　養

休憩設備	**第 613 条**　事業者は、労働者が有効に利用することができる休憩の設備を設けるように努めなければならない。
有害作業場の休憩設備	**第 614 条**　事業者は、著しく暑熱、寒冷又は多湿の作業場、有害なガス、蒸気又は粉じんを発散する作業場その他有害な作業場においては、作業場外に休憩の設備を設けなければならない。ただし、坑内等特殊な作業場でこれによることができないやむを得ない事由があるときは、この限りでない。
睡眠及び仮眠の設備	**第 616 条**　事業者は、夜間に労働者に睡眠を与える必要のあるとき、又は労働者が就業の途中に仮眠することのできる機会があるときは、適当な睡眠又は仮眠の場所を、男性用と女性用に区別して設けなければならない。 ２　事業者は、前項の場所には、寝具、かやその他必要な用品を備え、かつ、疾病感染を予防する措置を講じなければならない。
発汗作業に関する措置	**第 617 条**　事業者は、多量の発汗を伴う作業場においては、労働者に与えるために、塩及び飲料水を備えなければならない。
休養室等	**第 618 条**　事業者は、常時 50 人以上又は常時女性 30 人以上の労働者を使用するときは、労働者がが床することのできる休養室又は休養所を、男性用と女性用に区別して設けなければならない。

安衛則　衛生基準

8. 清　潔

清掃等の実施	**第619条**　事業者は、次の各号に掲げる措置を講じなければならない。 　一　日常行う清掃のほか、大掃除を、6月以内ごとに1回、定期に、統一的に行うこと。 　二　ねずみ、昆虫等の発生場所、生息場所及び侵入経路並びにねずみ、昆虫等による被害の状況について、6月以内ごとに1回、定期に、統一的に調査を実施し、当該調査の結果に基づき、ねずみ、昆虫等の発生を防止するため必要な措置を講ずること。 　三　ねずみ、昆虫等の防除のため殺そ剤又は殺虫剤を使用する場合は、医薬品、医療機器等の品質、有効性及び安全性の確保等に関する法律（昭和35年法律第145号）第14条又は第19条の2の規定による承認を受けた医薬品又は医薬部外品を用いること。
労働者の清潔保持義務	**第620条**　労働者は、作業場の清潔に注意し、廃棄物を定められた場所以外の場所にすてないようにしなければならない。
洗浄設備等	**第625条**　事業者は、身体又は被服を汚染するおそれのある業務に労働者を従事させるときは、洗眼、洗身若しくはうがいの設備、更衣設備又は洗たくのための設備、更衣設備を設けなければならない。 2　事業者は、前項の設備には、それぞれ必要な用具を備えなければならない。
被服の乾燥設備	**第626条**　事業者は、労働者の被服が著しく湿潤する作業場においては、被服の乾燥設備を設けなければならない。
給　水	**第627条**　事業者は、労働者の飲用に供する水その他の飲料を、十分供給するようにしなければならない。 （第2項以下略）
便　所	**第628条**　事業者は、次に定めるところにより便所を設けなければならない。ただし、坑内等特殊な作業場でこれによることができないやむを得ない事由がある場合で、適当な数の便所又は便器を備えたときは、この限りでない。 　一　男性用と女性用に区別すること。 　二　男性用大便所の便房の数は、同時に就業する男性労働者60人以内ごとに1個以上とすること。 　三　男性用小便所の箇所数は、同時に就業する男性労働者30人以内ごとに1個以上とすること。 　四　女性用便所の便房の数は、同時に就業する女性労働者20人以内ごとに1個以上とすること。 　五　便池は、汚物が土中に浸透しない構造とすること。 　六　流出する清浄な水を十分に供給する手洗い設備を設けること。 2　事業者は、前項の便所及び便器を清潔に保ち、汚物を適当に処理しなければならない。 ※〔編注〕本条は改正予定です。最新の条文にご注意ください。

9．食堂及び炊事場

食　　堂	**第 629 条**　事業者は、第 614 条本文に規定する作業場においては、作業場外に適当な食事の設備を設けなければならない。ただし、労働者が事業場内において食事をしないときはこの限りでない。
食堂及び炊事場	**第 630 条**　事業者は、事業場に附属する食堂又は炊事場については、次に定めるところによらなければならない。 　一　食堂と炊事場とは区別して設け、採光及び換気が十分であって、そうじに便利な構造とすること。 　二　食堂の床面積は、食事の際の 1 人について 1 平方メートル以上とすること。 　三　食堂には、食卓及び労働者が食事をするためのいすを設けること（いすについては、坐食の場合を除く。） 　四　便所及び廃物だめから適当な距離のある場所に設けること。 　五　食器、食品材料等の消毒の設備を設けること。 　六　食器、食品材料及び調味料の保存のために適切な設備を設けること。 　七　はえその他のこん虫、ねずみ、犬、猫等の害を防ぐための設備を設けること。 　八　飲用及び洗浄のために、清浄な水を十分に備えること。 　九　炊事場の床は、不浸透性の材料で造り、かつ、洗浄及び排水に便利な構造とすること。 　十　汚水及び廃物は炊事場外において、露出しないように処理し、沈でん槽を設けて排出する等有害とならないようにすること。 　十一　炊事従業員専用の休憩室及び便所を設けること。 　十二　炊事従業員には、炊事に不適当な伝染性の疾病にかかっている者を従事させないこと。 　十三　炊事従業員には、炊事専用の清潔な作業衣を使用させること。 　十四　炊事場には、炊事従業員以外の者をみだりに出入りさせないこと。 　十五　炊事場には、炊事場専用の履物を備え、土足のまま立ち入らせないこと。
栄養の確保及び向上	**第 631 条**　事業者は、事業場において労働者に対し給食を行なうときは、当該給食に関し、栄養の確保及び向上に必要な措置を講ずるように努めなければない。
栄養士	**第 632 条**　事業者は、事業場において、労働者に対し、1 回 100 食以上又は 1 日 250 食以上の給食を行なうときは、栄養士を置くように努めなければならない。 2　事業者は、栄養士が、食品材料の調査又は選択、献立の作成、栄養価の算定、廃棄量の調査、労働者のし好調査、栄養指導等を衛生管理者及び給食関係者と協力して行なうようにさせなければならない。

10. 救急用具

救急用具	第633条　事業者は、負傷者の手当に必要な救急用具及び材料を備え、その備付け場所及び使用方法を労働者に周知させなければならない。 2　事業者は、前項の救急用具及び材料を常時清潔に保たなければならない。

Ⅴ　労働安全衛生規則　特別規制

1．特定元方事業者に関する特別規制
2．機械等貸与者等に関する特別規制

1．特定元方事業者に関する特別規制

法第29条の2の厚生労働省令で定める場所	**第634条の2**　法第29条の2の厚生労働省令で定める場所は、次のとおりとする。 一　土砂等が崩壊するおそれのある場所（関係請負人の労働者に危険が及ぶおそれのある場所に限る。） 一の2　土石流が発生するおそれのある場所（河川内にある場所であって、関係請負人の労働者に危険が及ぶおそれのある場所に限る。） 二　機械等が転倒するおそれのある場所（関係請負人の労働者が用いる車両系建設機械のうち令別表第7第三号に掲げるもの又は移動式クレーンが転倒するおそれのある場所に限る。） 三　架空電線の充電電路に近接する場所であって、当該充電電路に労働者の身体等が接触し、又は接近することにより感電の危険が生ずるおそれのあるもの（関係請負人の労働者により工作物の建設、解体、点検、修理、塗装等の作業若しくはこれらに附帯する作業又はくい打機、くい抜機、移動式クレーン等を使用する作業が行われる場所に限る。） 四　埋設物等又はれんが壁、コンクリートブロック塀、擁壁等の建設物が損壊する等のおそれのある場所（関係請負人の労働者により当該埋設物等又は建設物に近接する場所において明かり掘削の作業が行われる場所に限る。） --- 1　第一号の「場所」は、第361条又は534条の措置を講ずべき場所であること。 2　第二号の「場所」は、基礎工事用の車両系建設機械については第157条又は第173条の措置を講ずべき場所であり、移動式クレーンについてはクレーン等安全規則第70条の3の場所であること。 3　第三号の「場所」は、第349条の措置を講ずべき場所であること。 4　第四号の「場所」は、第362条の措置を講ずべき場所であること。 （平4.8.24　基発第480号） --- （1）本条は、元方事業者及び関係請負人の労働者が混在して作業を行っている場合に、土石流による労働災害を防止するために必要な元方事業者の技術上の指導等を義務付けたものであること。 （2）「土石流が発生するおそれのある場所（河川内にある場所であって、関係請負人の労働者に危険が及ぶ場所に限る。）」とは、土石流危険河川をいうものであること。 （平10.2.16　基発第49号）
協議組織の設置及び運営	**第635条**　特定元方事業者(法第15条第1項の特定元方事業者をいう。以下同じ。)は、法第30条第1項第一号の協議組織の設置及び運営については、次に定めるところによらなければならない。 一　特定元方事業者及びすべての関係請負人が参加する協議組織を設置すること。 二　当該協議組織の会議を定期的に開催すること。 2　関係請負人は、前項の規定により特定元方事業者が設置する協議組織に参加しなければならない。
作業間の連絡及び調整	**第636条**　特定元方事業者は、法第30条第1項第二号の作業間の連絡及び調整については随時、特定元方事業者と関係請負人との間及び関係請負人相互間における連絡及び調整を行なわなければならない。

作業場所の巡視	**第637条**　特定元方事業者は、法第30条第1項第三号の規定による巡視については、毎作業日に少なくとも1回、これを行なわなければならない。 2　関係請負人は、前項の規定により特定元方事業者が行なう巡視を拒み、妨げ、又は忌避してはならない。
教育に対する指導及び援助	**第638条**　特定元方事業者は、法第30条第1項第四号の教育に対する指導及び援助については、当該教育を行なう場所の提供、当該教育に使用する資料の提供等の措置を講じなければならない。
法第30条で定める業種	**第638条の2**　法第30条第1項第五号の厚生労働省令で定める業種は、建設業とする。
計画の作成	**第638条の3**　法第30条第1項第五号に規定する特定元方事業者は、同号の計画の作成については、工程表等の当該仕事の工程に関する計画並びに当該作業場所における主要な機械、設備及び作業用の仮設の建設物の配置に関する計画を作成しなければならない。 　1　本条の規定により作成される計画については、施工計画書において示されていれば足りるものであること。 　2　「工程表等」の「等」には、機械等の搬入、搬出の予定についての計画があること。 　3　「主要な機械、設備及び作業用の仮設の建設物」には、クレーン、工事用エレベーター、主要な移動式クレーン、建設機械等の工事用の機械、足場、型枠支保工、土止め支保工、架設通路、作業構台、軌道装置、仮設電気設備等の工事用の設備及び事務所、寄宿舎等の作業用の仮設の建設物があること。 （平4.8.24　基発第480号）
関係請負人の講ずべき措置についての指導	**第638条の4**　法第30条第1項第五号に規定する特定元方事業者は、同号の関係請負人の講ずべき措置についての指導については、次に定めるところによらなければならない。 一　車両系建設機械のうち令別表第7各号に掲げるもの（同表第五号に掲げるもの以外のものにあっては、機体重量が3トン以上のものに限る。）を使用する作業に関し第155条第1項の規定に基づき関係請負人が定める作業計画が、法第30条第1項第五号の計画に適合するよう指導すること。 二　つり上げ荷重が3トン以上の移動式クレーンを使用する作業に関しクレーン則第66条の2第1項の規定に基づき関係請負人が定める同項各号に掲げる事項が、法第30条第1項第五号の計画に適合するよう指導すること。 本条は、特定元方事業者が車両系建設機械又は移動式クレーンを用いて作業を行う関係請負人の作成する作業計画等について、周囲の請負人の労働者に危害を及ぼさないよう第638条の3の計画に基づき必要な措置を行わなければならない趣旨であり、具体的な指導の内容としては、機械の種類及び能力、運行経路、作業方法、設置位置等についての指導があること。 （平4.8.24　基発第480号）
クレーン等の運転についての合図の統一	**第639条**　特定元方事業者は、その労働者及び関係請負人の労働者の作業が同一の場所において行われる場合において、当該作業がクレーン等（クレーン、移動式クレーン、デリック、簡易リフト又は建設用リフトで、クレーン則の適用を受けるものをいう。以下同じ。）を用いて行うものであるときは、当該クレーン等の運転についての合図を統一的に定め、これを関係請負人に周知させなければならない。

	2　特定元方事業者及び関係請負人は、自ら行なう作業について前項のクレーン等の運転についての合図を定めるときは、同項の規定により統一的に定められた合図と同一のものを定めなければならない。
事故現場等の標識の統一等	第640条　特定元方事業者は、その労働者及び関係請負人の労働者の作業が同一の場所において行われる場合において、当該場所に次の各号に掲げる事故現場等があるときは、当該事故現場等を表示する標識を統一的に定め、これを関係請負人に周知させなければならない。 　一　有機則第27条第2項本文（特化則第38条の8において準用する場合を含む。以下同じ。）の規定により労働者を立ち入らせてはならない事故現場 　二　高圧則第1条の2第四号の作業室又は同条第五号の気こう室 　三　電離則第3条第1項の区域、電離則第15条第1項の室、電離則第18条第1項本文の規定により労働者を立ち入らせてはならない場所又は電離則第42条第1項の区域 　四　酸素欠乏症等防止規則（昭和47年労働省令第42号。以下「酸欠則」という。）第9条第1項の酸素欠乏危険場所又は酸欠則第14条第1項の規定により労働者を退避させなければならない場所 　2　特定元方事業者及び関係請負人は、当該場所において自ら行なう作業に係る前項各号に掲げる事故現場等を、同項の規定により統一的に定められた標識と同一のものによって明示しなければならない。 　3　特定元方事業者及び関係請負人は、その労働者のうち必要がある者以外の者を第1項各号に掲げる事故現場等に立ち入らせてはならない。
有機溶剤等の容器の集積箇所の統一	第641条　特定元方事業者は、その労働者及び関係請負人の労働者の作業が同一の場所において行われる場合において、当該場所に次の容器が集積されるとき（第二号に掲げる容器については、屋外に集積されるときに限る。）当該容器を集積する箇所を統一的に定め、これを関係請負人に周知させなければならない。 　一　有機溶剤等（有機則第1条第1項第二号の有機溶剤等をいう。以下同じ。）又は特別有機溶剤等（特化則第2条第1項第三号の3の特別有機溶剤等をいう。以下同じ。）を入れてある容器 　二　有機溶剤等又は特別有機溶剤等を入れてあった空容器で有機溶剤又は特別有期溶剤（特化則第2条第1項第三号の2の特別有機溶剤をいう。以下同じ。）の蒸気が発散するおそれのあるもの 　2　特定元方事業者及び関係請負人は、当該場所に前項の容器を集積するとき（同項第二号に掲げる容器については、屋外に集積するときに限る。）は、同項の規定により統一的に定められた箇所に集積しなければならない。
警報の統一等	第642条　特定元方事業者は、その労働者及び関係請負人の労働者の作業が同一の場所において行なわれるときには、次の場合に行なう警報を統一的に定め、これを関係請負人に周知させなければならない。 　一　当該場所にあるエックス線装置（令第6条第五号のエックス線装置をいう。以下同じ。）に電力が供給されている場合 　二　当該場所にある電離則第2条第2項に規定する放射性物質を装備している機器により照射が行なわれている場合 　三　当該場所において発破が行なわれる場合 　四　当該場所において火災が発生した場合 　五　当該場所において、土砂の崩壊、出水若しくはなだれが発生した場合又はこれらが発生するおそれのある場合 　2　特定元方事業者及び関係請負人は、当該場所において、エックス線装置に電力を供給する場合、前項第二号の機器により照射を行なう場合又は発破を行なう場合は、同項の規定により統一的に定められた警報を行なわなければならない。当該場所において、火災が発生したこと又は土砂の崩壊、出水若しくはなだれが発生したこと若しくはこれらが発生するおそれのあることを知ったときも、同様とする。

	3　特定元方事業者及び関係請負人は、第1項第三号から第五号までに掲げる場合において、前項の規定により警報が行なわれたときは、危険がある区域にいるその労働者のうち必要がある者以外の者を退避させなければならない。
避難等の訓練の実施方法等の統一等	**第642条の2**　特定元方事業者は、ずい道等の建設の作業を行う場合において、その労働者及び関係請負人の労働者の作業が同一の場所において行われるときは、第389条の11第1項の規定に基づき特定元方事業者及び関係請負人が行う避難等の訓練について、その実施時期及び実施方法を統一的に定め、これを関係請負人に周知させなければならない。 2　特定元方事業者及び関係請負人は、避難等の訓練を行うときは、前項の規定により統一的に定められた実施時期及び実施方法により行わなければならない。 3　特定元方事業者は、関係請負人が行う避難等の訓練に対して、必要な指導及び資料の提供等の援助を行わなければならない。 第3項の「資料の提供等」の「等」には、避難等の訓練に必要な教材、消火器、避難器具等の貸与が含まれるものであること。 （昭55.10.20　基発第582号）
土石流危険河川における避難等の訓練の実施方法等の統一等	**第642条の2の2**　前条の規定は、特定元方事業者が土石流危険河川において建設工事の作業を行う場合について準用する。この場合において、同条第1項中「第389条の11第1項の規定」とあるのは「第575条の16第1項の規定」と、同項から同条第3項までの規定中「避難等の訓練」とあるのは「避難の訓練」と読み替えるものとする。 本条は、特定元方事業者及び関係請負人の労働者の作業が同一の場所において行われるときは、土石流による労働災害を防止するために第575条の16に定める避難の訓練を特定元方事業者及び関係請負人が統一して実施することが重要であることから、特定元方事業者に対して避難の訓練の実施時期及び実施方法の統一及び関係請負人の実施する避難の訓練に対する援助を、特定元方事業者及び関係請負人に対して統一的に定められたところにより避難の訓練を実施することをそれぞれ義務付けたものであること。 （平10.2.16　基発第49号）
周知のための資料の提供等	**第642条の3**　建設業に属する事業を行う特定元方事業者は、その労働者及び関係請負人の労働者の作業が同一の場所において行われるときは、当該場所の状況（労働者に危険を生ずるおそれのある箇所の状況を含む。以下この条において同じ。）、当該場所において行われる作業相互の関係等に関し関係請負人がその労働者であって当該場所で新たに作業に従事することとなったものに対して周知を図ることに資するため、当該関係請負人に対し、当該周知を図るための場所の提供、当該周知を図るために使用する資料の提供等の措置を講じなければならない。ただし、当該特定元方事業者が、自ら当該関係請負人の労働者に当該場所の状況、作業相互の関係等を周知させるときは.　この限りでない。 1　本条は、いわゆる新規入場者教育等が行われる際に、特定元方事業者が必要な場所、資料の提供等の援助を行うべきことを規定したものであること。 2　「資料の提供等」の「等」には、視聴覚機材の提供があること。 （平4.8.24　基発第480号）

安衛則　特別規制

特定元方事業者 の指名	**第 643 条**　法第 30 条第 2 項の規定による指名は、次の者について、あらかじめその者の同意を得て行わなければならない。 　一　法第 30 条第 2 項の場所において特定事業（法第 15 条第 1 項の特定事業をいう。）の仕事を自ら行う請負人で、建築工事における躯体工事等当該仕事の主要な部分を請け負ったもの（当該仕事の主要な部分が数次の請負契約によって行われることにより当該請負人が 2 以上あるときは、これらの請負人のうち、最も先次の請負契約の当事者でもある者） 　二　前号の者が 2 以上あるときは、これらの者が互選した者 2　法第 30 条第 2 項の規定により特定元方事業者を指名しなければならない発注者（同項の発注者をいう。）又は請負人は、同項の規定による指名ができないときは、遅滞なく、その旨を当該場所を管轄する労働基準監督署長に届け出なければならない。
作業間の連絡及 び調整	**第 643 条の 2**　第 636 条の規定は、法第 30 条の 2 第 1 項の元方事業者（次条から第 643 条の 6 までにおいて「元方事業者」という。）について準用する。この場合において、第 636 条中「第 30 条第 1 項第二号」とあるのは、「第 30 条の 2 第 1 項」と読み替えるものとする。
事故現場の標識 の統一等	**第 643 条の 4**　元方事業者は、その労働者及び関係請負人の労働者の作業が同一の場所において行われる場合において、当該場所に次の各号に掲げる事故現場等があるときは、当該事故現場等を表示する標識を統一的に定め、これを関係請負人に周知させなければならない。 　一　有機則第 27 条第 2 項本文の規定により労働者を立ち入らせてはならない事故現場 　二　電離則第 3 条第 1 項の区域、電離則第 15 条第 1 項の室、電離則第 18 条第 1 項本文の規定により労働者を立ち入らせてはならない場所又は電離則第 42 条第 1 項の区域 　三　酸欠則第 9 条第 1 項の酸素欠乏危険場所又は酸欠則第 14 条第 1 項の規定により労働者を退避させなければならない場所 2　元方事業者及び関係請負人は、当該場所において自ら行う作業に係る前項各号に掲げる事故現場等を、同項の規定により統一的に定められた標識と同一のものによって明示しなければならない。 3　元方事業者及び関係請負人は、その労働者のうち必要がある者以外の者を第 1 項各号に掲げる事故現場等に立ち入らせてはならない。
警報の統一等	**第 643 条の 6**　元方事業者は、その労働者及び関係請負人の労働者の作業が同一の場所において行われるときには、次の場合に行う警報を統一的に定め、これを関係請負人に周知させなければならない。 　一　当該場所にあるエックス線装置に電力が供給されている場合 　二　当該場所にある電離則第 2 条第 2 項に規定する放射性物質を装備している機器により照射が行われている場合 　三　当該場所において火災が発生した場合 2　元方事業者及び関係請負人は、当該場所において、エックス線装置に電力を供給する場合又は前項第二号の機器により照射を行う場合は、同項の規定により統一的に定められた警報を行わなければならない。当該場所において、火災が発生したこと又は火災が発生するおそれのあることを知ったときも、同様とする。 3　元方事業者及び関係請負人は、第 1 項第三号に掲げる場合において、前項の規定により警報が行われたときは、危険がある区域にいるその労働者のうち必要がある者以外の者を退避させなければならない。

元方事業者の指名	**第643条の8**　第643条の規定は、法第30条の3第2項において準用する法第30条第2項の規定による指名について準用する。この場合において、第643条第1項第一号中「第30条第2項の場所」とあるのは「第30条の3第2項において準用する法第30条第2項の場所」と、「特定事業（法第15条第1項の特定事業をいう。）の仕事」とあるのは「法第25条の2第1項に規定する仕事」と、「建築工事における躯体工事等」とあるのは「ずい道等の建設の仕事における掘削工事等」と、同条第2項中「特定元方事業者」とあるのは「元方事業者」と読み替えるものとする。
救護に関する技術的事項を管理する者	**第643条の9**　第24条の7及び第24条の9の規定は、法第30条の3第5項において準用する法第25条の2第2項の救護に関する技術的事項を管理する者について準用する。 2　法第30条の3第5項において準用する法第25条の2第2項の厚生労働省令で定める資格を有する者は、第24条の8に規定する者とする。
くい打機及びくい抜機についての措置	**第644条**　法第31条第1項の注文者（以下「注文者」という。）は、同項の場合において、請負人（同項の請負人をいう。以下この章において同じ。）の労働者にくい打機又はくい抜機を使用させるときは、当該くい打機又はくい抜機については、第2編第2章第2節（第172条、第174条から第176条まで、第178条から第181条まで及び第183条に限る。）に規定するくい打機又はくい抜機の基準に適合するものとしなければならない。
軌道装置についての措置	**第645条**　注文者は、法第31条第1項の場合において、請負人の労働者に軌道装置を使用させるときは、当該軌道装置については、第2編第2章第3節（第196条から第204条まで、第207条から第209条まで、第212条、第213条及び第215条から第217条までに限る。）に規定する軌道装置の基準に適合するものとしなければならない。
型わく支保工についての措置	**第646条**　注文者は、法第31条第1項の場合において、請負人の労働者に型わく支保工を使用させるときは、当該型わく支保工については、法第42条の規定に基づき厚生労働大臣が定める規格及び第2編第3章（第237条から第239条まで、第242条及び第243条に限る。）に規定する型わく支保工の基準に適合するものとしなければならない。
アセチレン溶接装置についての措置	**第647条**　注文者は、法第31条第1項の場合において、請負人の労働者にアセチレン溶接装置を使用させるときは、当該アセチレン溶接装置について、次の措置を講じなければならない。 一　第302条第2項及び第3項並びに第303条に規定する発生器室の基準に適合する発生器室内に設けること。 二　ゲージ圧力7キロパスカル以上のアセチレンを発生し、又は使用するアセチレン溶接装置にあっては、第305条第1項に規定する基準に適合するものとすること。 三　前号のアセチレン溶接装置以外のアセチレン溶接装置の清浄器、導管等でアセチレンが接触するおそれのある部分には、銅を使用しないこと。 四　発生器及び安全器は、法第42条の規定に基づき厚生労働大臣が定める規格に適合するものとすること。 五　安全器の設置については、第306条に規定する基準に適合するものとすること。
交流アーク溶接機についての措置	**第648条**　注文者は、法第31条第1項の場合において、請負人の労働者に交流アーク溶接機（自動溶接機を除く。）を使用させるときは、当該交流アーク溶接機に、法第42条の規定に基づき厚生労働大臣が定める規格に適合する交流アーク溶接機用自動電撃防止装置を備えなければならない。ただし、次の場所以外の場所において使用させるときは、この限りでない。

	一　船舶の二重底又はピークタンクの内部その他導電体に囲まれた著しく狭あいな場所 二　墜落により労働者に危険を及ぼすおそれのある高さが2メートル以上の場所で、鉄骨等導電性の高い接地物に労働者が接触するおそれのあるところ 〔交流アーク溶接機用自動電撃防止装置〕 第332条の解釈例規（平3.11.25　基発第664号）参照
電動機械器具についての措置	**第649条**　注文者は、法第31条第1項の場合において、請負人の労働者に電動機を有する機械又は器具（以下この条において「電動機械器具」という。）で、対地電圧が150ボルトをこえる移動式若しくは可搬式のもの又は水等導電性の高い液体によって湿潤している場所その他鉄板上、鉄骨上、定盤上等導電性の高い場所において使用する移動式若しくは可搬式のものを使用させるときは、当該電動機械器具が接続される電路に、当該電路の定格に適合し、感度が良好であり、かつ、確実に作動する感電防止用漏電しゃ断装置を接続しなければならない。 2　前項の注文者は、同項に規定する措置を講ずることが困難なときは、電動機械器具の金属性外わく、電動機の金属製外被等の金属部分を、第333条第2項各号に定めるところにより接地できるものとしなければならない。
潜函等についての措置	**第650条**　注文者は、法第31条第1項の場合において、請負人の労働者に潜函等を使用させる場合で、当該労働者が当該潜函等の内部で明り掘削の作業を行なうときは、当該潜函等について、次の措置を講じなければならない。 一　掘下げの深さが20メートルをこえるときは、送気のための設備を設けること。 二　前号に定めるもののほか、第2編第6章第1節第3款（第376条第二号並びに第377条第1項第二号及び第三号に限る。）に規定する潜函等の基準に適合するものとすること。 **潜函等についての措置** 掘り下げ深さが20mを超えるときは、送気の設備を設ける
ずい道等についての措置	**第651条**　注文者は、法第31条第1項の場合において、請負人の労働者にずい道等を使用させる場合で、当該労働者がずい道等の建設の作業を行なうとき（落盤又は肌落ちにより労働者に危険を及ぼすおそれのあるときに限る。）は、当該ずい道等についてずい道支保工を設け、ロックボルトを施す等落盤又は肌落ちを防止するための措置を講じなければならない。 2　注文者は、前項のずい道支保工については、第2編第6章第2節第2款（第390条、第391条及び第394条に限る。）に規定するずい道支保工の基準に適合するものとしなければならない。
ずい道型わく支保工についての措置	**第652条**　注文者は、法第31条第1項の場合において、請負人の労働者にずい道型わく支保工を使用させるときは、当該ずい道型わく支保工を、第2編第6章第2節第3款に規定するずい道型わく支保工の基準に適合するものとしなければならない。

物品揚卸口等についての措置	**第653条** 注文者は、法第31条第1項の場合において、請負人の労働者に、作業床、物品揚卸口、ピット、坑又は船舶のハッチを使用させるときは、これらの建設物の高さが2メートル以上の箇所で墜落により労働者に危険を及ぼすおそれのあるところに囲い、手すり、覆い等を設けなければならない。ただし、囲い、手すり、覆い等を設けることが作業の性質上困難なときは、この限りでない。 2　注文者は、前項の場合において、作業床で高さ又は深さが1.5メートルをこえる箇所にあるものについては、労働者が安全に昇降するための設備等を設けなければならない。

> 第30条〔現行＝本条〕第1項の規定の趣旨は、安衛則第111条第2項〔現行＝第519条第1項〕の規定の趣旨と同様であるが、本項においては、対象とする建設物等を建設業及び造船業におけるものとして作業床、物品揚卸口、ピット、坑又は船舶のハッチに限ったものであること。
> 2　第30条〔現行＝本条〕第1項の規定の趣旨、安衛則第114条〔現行＝第526条〕の規定の趣旨と同様であるが、本項においては、使用させる建設物等が作業床である場合に限って規定したので、安衛則第114条〔現行＝第526条〕のごときただし書きを規定しなかったものであること。
> なお、エレベーター、階段、タラップ等がすでに設けられており、労働者が容易にこれらの設備を利用し得る場合には、労働者が安全に昇降するための設備を設けたものと解して差し支えないものであること。
> （昭46.5.6　基発第368号）

架設通路についての措置	**第654条** 注文者は、法第31条第1項の場合において、請負人の労働者に架設通路を使用させるときは、当該架設通路を、第552条に規定する架設通路の基準に適合するものとしなければならない。
足場についての措置	**第655条** 注文者は、法第31条第1項の場合において、請負人の労働者に、足場を使用させるときは、当該足場について、次の措置を講じなければならない。 一　構造及び材料に応じて、作業床の最大積載荷重を定め、かつ、これを足場の見やすい場所に表示すること。 二　強風、大雨、大雪等の悪天候若しくは中震以上の地震又は足場の組立て、一部解体若しくは変更の後においては、足場における作業を開始する前に、次の事項について点検し、危険のおそれがあるときは、速やかに修理すること。 　イ　床材の損傷、取付け及び掛渡しの状態 　ロ　建地、布、腕木等の緊結部、接続部及び取付部の緩みの状態 　ハ　緊結材及び緊結金具の損傷及び腐食の状態 　ニ　足場用墜落防止設備の取り外し及び脱落の有無 　ホ　幅木等の取付状態及び取り外しの有無 　ヘ　脚部の沈下及び滑動の状態 　ト　筋かい、控え、壁つなぎ等の補強材の取付け状態 　チ　建地、布及び腕木の損傷の有無 　リ　突りょうとつり索との取付部の状態及びつり装置の歯止めの機能 三　前2号に定めるもののほか、法第42条の規定に基づき厚生労働大臣が定める規格及び第2編第10章第2節（第559条から第561条まで、第562条第2項、第563条、第569条から第572条まで及び第574条に限る。）に規定する足場の基準に適合するものとすること。 2　注文者は、前項第二号の点検を行ったときは、次の事項を記録し、足場を使用する作業を行う仕事が終了するまでの間、これを保存しなければならない。

一　当該点検の結果

二　前号の結果に基づいて修理等の措置を講じた場合にあっては、当該措置の内容

> 第2項の「足場を使用する作業を行う仕事が終了するまでの間」とは、注文者(元方事業者) が請け負ったすべての仕事が終了するまでの間をいうものであること。
> （平21.3.11　基発第0311001号）
> 第1項第二号の「一部解体若しくは変更」には、建わく、建地、交さ筋かい、布等の足場の構造部材の一時的な取り外し若しくは取付けのほか、足場の構造に大きな影響を及ぼすメッシュシート、朝顔等の一時的な取り外し若しくは取付けが含まれること。ただし、次にいずれかに該当するときは、「一部解体若しくは変更」に含まれないこと。
> ①　作業の必要上臨時に足場用墜落防止設備 (足場の構造部材である場合を含む。) を取り外す場合又は当該設備を原状に復す場合には、局所的に行われ、これにより足場の構造に大きな影響がないことが明らかであって、足場の部材の上げ下ろしが伴わないとき。
> ②　足場の構造部材ではないが、足場の構造に大きな影響を及ぼすメッシュシート等の設備を取り外す場合又は当該設備を原状に復す場合であって、足場の部材の上げ下ろしが伴わないとき。
> （平27.3.31　基発0331号第9号）

作業構台についての措置	**第655条の2**　注文者は、法第31条第1項の場合において、請負人の労働者に、作業構台を使用させるときは、当該作業構台について、次の措置を講じなければならない。

　　一　構造及び材料に応じて、作業床の最大積載荷重を定め、かつ、これを作業構台の見やすい場所に表示すること。

　　二　強風、大雨、大雪等の悪天候若しくは中震以上の地震又は作業構台の組立て、一部解体若しくは変更の後においては、作業構台における作業を開始する前に、次の事項について点検し、危険のおそれがあるときは、速やかに修理すること。

　　　イ　支柱の滑動及び沈下の状態

　　　ロ　支柱、はり等の損傷の有無

　　　ハ　床材の損傷、取付け及び掛渡しの状態

　　　ニ　支柱、はり、筋かい等の緊結部、接続部及び取付部の緩みの状態

　　　ホ　緊結材及び緊結金具の損傷及び腐食の状態

　　　ヘ　水平つなぎ、筋かい等の補強材の取付状態及び取り外しの有無

　　　ト　手すり等及び中桟等の取り外し及び脱落の有無

　　三　前2号に定めるもののほか、第2編第11章（第575条の2、第575条の3及び第575条の6に限る。）に規定する作業構台の基準に適合するものとしなければならない。

2　注文者は、前項第二号の点検を行ったときは、次の事項を記録し、作業構台を使用する作業を行う仕事が終了するまでの間、これを保存しなければならない。

　　一　当該点検の結果

　　二　前号の結果に基づいて修理等の措置を講じた場合にあっては、当該措置の内容

第二号に規定する措置は、悪天候の自然現象により作業構台が破壊される等それを使用することにより、労働災害発生の危険のおそれがある場合に速やかに復旧することを注文者に課したものであり、作業構台を使用する事業者が第575条の8の規定に基づき悪天候等の後又は当該作業構台の一部解体等の後に当該作業構台に異常を認め、直ちに部分的な改修等を行う場合とは異なるものであること。
（昭55.11.25　基発第648号）

第2項の「作業構台を使用する作業を行う仕事が終了するまでの間」とは、注文者（元方事業者）が請け負ったすべての仕事が終了するまでの間をいうものであること。
（平21.3.11　基発第0311001号）

クレーン等についての措置	**第656条**　注文者は法第31条第1項の場合において、請負人の労働者にクレーン等を使用させるときは、当該クレーン等を、法第37条第2項の規定に基づき厚生労働大臣が定める基準（特定機械等の構造に係るものに限る。）又は法第42条の規定に基づき厚生労働大臣が定める規格に適合するものとしなければならない。
ゴンドラについての措置	**第657条**　注文者は、法第31条第1項の場合において、請負人の労働者にゴンドラを使用させるときは、当該ゴンドラを、法第37条第2項の規定に基づき厚生労働大臣が定める基準（特定機械等の構造に係るものに限る。）に適合するものとしなければならない。
局所排気装置についての措置	**第658条**　注文者は、法第31条第1項の場合において、請負人の労働者に局所排気装置を使用させるとき（有機則第5条若しくは第6条第2項（特化則第38条の8においてこれらの規定を準用する場合を含む。）又は粉じん則第4条若しくは第27条第1項ただし書の規定により請負人が局所排気装置を設けなければならない場合に限る。）は、当該局所排気装置の性能については、有機則第16条（特化則第38条の8において準用する場合を含む。）又は粉じん則第11条に規定する基準に適合するものとしなければならない。
プッシュプル型換気装置についての措置	**第658条の2**　注文者は、法第31条第1項の場合において、請負人の労働者にプッシュプル型換気装置を使用させるとき（有機則第5条若しくは第6条第2項（特化則第38条の8においてこれらの規定を準用する場合を含む。）又は粉じん則第4条若しくは第27条第1項ただし書の規定により請負人がプッシュプル型換気装置を設けなければならない場合に限る。）は、当該プッシュプル型換気装置の性能については、有機則第16条の2（特化則第38条の8において準用する場合を含む。）又は粉じん則第11条に規定する基準に適合するものとしなければならない。
全体換気装置についての措置	**第659条**　注文者は、法第31条第1項の場合において、請負人の労働者に全体換気装置を使用させるとき（有機則第6条第1項、第8条第2項、第9条第1項、第10条又は第11条（特化則第38条の8においてこれらの規定を準用する場合を含む。）の規定により請負人が全体換気装置を設けなければならない場合に限る。）であるときは、当該全体換気装置の性能については、有機則第17条（特化則第38条の8において準用する場合を含む。）に規定する基準に適合するものとしなければならない。
圧気工法に用いる設備についての措置	**第660条**　注文者は、法第31条第1項の場合において、請負人の労働者に潜函工法その他の圧気工法に用いる設備で、その作業室の内部の圧力が大気圧を超えるものを使用させるときは、当該設備を、高圧則第4条から第7条の3まで及び第21条第2項に規定する基準に適合するものとしなければならない。

エックス線装置についての措置	**第 661 条**　注文者は、法第 31 条第 1 項の場合において、請負人の労働者に令第 13 条第 3 項第二十二号のエックス線装置を使用させるときは、当該エックス線装置については法第 42 条の規定に基づき厚生労働大臣が定める規格に適合するものとしなければならない。
法第 31 条の 2 の厚生労働省令で定める作業	**第 662 条の 3**　法第 31 条の 2 の厚生労働省令で定める作業は、同条に規定する設備の改造、修理、清掃等で、当該設備を分解する作業又は当該設備の内部に立ち入る作業とする。

> ア　本条の規定は、注文者から請負事業者に発注して作業が行われる改造等の仕事のうち、特に、第 275 条に規定する分解等の作業については、注文者による文書の交付等による請負事業者への情報提供により、未然に労働災害を防止する必要があることから、対象としたものであること。
> イ　「清掃等」の「等」には、塗装、解体及び内部検査が含まれること。
> （平 18.2.24　基発第 0224003 号）

文書の交付等	**第 662 条の 4**　法第 31 条の 2 の注文者（その仕事を他の者から請け負わないで注文している者に限る。）は、次の事項を記載した文書（その作成に代えて電磁的記録の作成がされている場合における当該電磁的記録を含む。次項において同じ。）を作成し、これをその請負人に交付しなければならない。

　一　法第 31 条の 2 に規定する物の危険性及び有害性
　二　当該仕事の作業において注意すべき安全又は衛生に関する事項
　三　当該仕事の作業について講じた安全又は衛生を確保するための措置
　四　当該物の流出その他の事故が発生した場合において講ずべき応急の措置
2　前項の注文者（その仕事を他の者から請け負わないで注文している者を除く。）は同項又はこの項の規定により交付を受けた文書の写しをその請負人に交付しなければならない。
3　前 2 項の規定による交付は、請負人が前条の作業を開始する時までに行わなければならない。

> ア　本条に基づく文書は、注文者が請負事業者に発注する改造等の仕事ごとに作成、交付すれば足りるものであり、当該仕事に含まれる個別の作業ごとに作成、交付する必要はないこと。
> イ　また、同種の仕事を反復して発注する場合において、既に当該仕事に係る文書が交付されているときは、再度文書の交付を行う必要はないこと。
> ウ　第一号の「危険性及び有害性」には、化学物質等安全データシート（MSDS）又は書籍、学術論文等から抜粋した当該化学物質の危険有害性情報があること。
> エ　第二号の「当該仕事の作業において注意すべき安全又は衛生に関する事項」には、各作業ごとに記載した安全及び衛生に配慮した作業方法、発注者の直接の指示を必要とする作業の実施方法、作業場所の周囲におけるの設備の稼働状況等の具体的な安全又は衛生に関する連絡事項があること。
> オ　第三号の「当該仕事の作業について講じた安全又は衛生を確保するための措置」には、発注者が講じた動力源の遮断、バルブ・コックの閉止、設備内部の化学物質等の排出措置等があること。
> カ　第四号の「当該物の流出その他の事故が発生した場合において講ずべき応急の措置」には、関係者への連絡、火災発生時における初期消火の実施、被災者に対する救護措置等があること。
> （平 18.2.24　基発第 0224003 号）

法第31条の3第1項の厚生労働省令で定める機械	**第662条の5**　法第31条の3第1項の厚生労働省令で定める機械は、次のとおりとする。 一　機体重量が3トン以上の車両系建設機械のうち令別表第7第二号1、2及び4に掲げるもの。 二　車両系建設機械のうち令別表第7第三号1から3まで及び6に掲げるもの 三　つり上げ荷重が3トン以上の移動式クレーン 【安衛施行令】 　別表第7　建設機械（第10条、第13条、第20条関係）（抄） 　二　掘削用機械 　　1　パワー・ショベル 　　2　ドラグ・ショベル 　　4　クラムシェル 　三　基礎工事用機械 　　1　くい打機 　　2　くい抜機 　　3　アース・ドリル 　　6　アース・オーガー
パワー・ショベル等についての措置	**第662条の6**　法第31条の3第1項に規定する特定作業に係る仕事を自ら行う発注者又は当該仕事の全部を請け負った者で、当該場所において当該仕事の一部を請け負わせているもの（次条及び第662条の8において「特定発注者等」という。）は、当該仕事に係る作業として前条第一号の機械を用いて行う荷のつり上げに係る作業を行うときは、当該特定発注者等とその請負人であって当該機械に係る運転、玉掛け又は誘導の作業その他当該機械に係る作業を行うものとの間及び当該請負人相互間における作業の内容、作業に係る指示の系統及び立入禁止区域について必要な連絡及び調整を行わなければならない。 　1　特定発注者等がパワー・ショベル等を用いて行う荷のつり上げに係る作業に関してその請負人の労働者の作業を含めて、作業の内容、作業に係る指示の系統及び立入禁止区域を含む作業計画を定め、関係請負人に周知している場合は、本条の措置を講じていることとなること。 　2　「その他当該機械に係る作業」には合図があること。 （平4.8.24　基発第480号）
くい打機等についての措置	**第662条の7**　特定発注者等は、当該仕事に係る作業として第662条の5第二号の機械に係る作業を行うときは、当該特定発注者等とその請負人であって当該機械に係る運転、作業装置の操作（車体上の運転者席における操作を除く。）玉掛け、くいの建て込み、くい若しくはオーガーの接続又は誘導の作業その他当該機械に係る作業を行うものとの間及び当該請負人相互間における作業の内容、作業に係る指示の系統及び立入禁止区域について必要な連絡及び調整を行わなければならない。 　1　特定発注者等がくい打機等に係る作業に関してその請負人の労働者の作業を含めて作業の内容、作業に係る指示の系統及び立入禁止区域を含む作業計画を定め、関係請負人に周知している場合は、本条の措置を講じていることとなること。 　2　「その他当該機械に係る作業」には作業指揮があること。 （平4.8.24　基発第480号）

移動式クレーンについての措置	**第 662 条の 8**　特定発注者等は、当該仕事に係る作業として第 662 条の 5 第三号の機械に係る作業を行うときは、当該特定発注者等とその請負人であって当該機械に係る運転、玉掛け又は運転についての合図の作業その他当該機械に係る作業を行うものとの間及び請負人相互間における作業の内容、作業に係る指示の系統及び立入禁止区域について必要な連絡及び調整を行わなければならない。 　1　特定発注者が稼動式クレーンに係る作業に関してその請負人の労働者の作業を含めて作業の内容、作業に係る指示の系統及び立入禁止区域を含む作業計画を定め、関係請負人に周知している場合は、本条の措置を講じていることとなること。 　2　「その他当該機械に係る作業」には荷の支持があること。 （平 4.8.24　基発第 480 号）
法第 32 条第 3 項の請負人の義務	**第 662 条の 9**　法第 32 条第 3 項の請負人は、法第 30 条の 3 第 1 項又は第 4 項の規定による措置を講ずべき元方事業者又は指名された事業者が行う労働者の救護に関し必要な事項についての訓練に協力しなければならない。
法第 32 条第 4 項の請負人の義務	**第 663 条**　法第 32 条第 4 項の請負人は、第 644 条から第 662 条までに規定する措置が講じられていないことを知ったときは、速やかにその旨を注文者に申し出なければならない。 2　法第 32 条第 4 項の請負人は、注文者が第 644 条から第 662 条までに規定する措置を講ずるために行う点検、補修その他の措置を拒み、妨げ、又は忌避してはならない。
法第 32 条第 5 項の請負人の義務	**第 663 条の 2**　法第 32 条第 5 項の請負人は、第 662 条の 4 第 1 項又は第 2 項に規定する措置が講じられていないことを知ったときは、速やかにその旨を注文者に申し出なければならない。
報　　告	**第 664 条**　特定元方事業者（法第 30 条第 2 項又は第 3 項の規定により指名された事業者を除く。）は、その労働者及び関係請負人の労働者の作業が同一の場所において行われるときは、当該作業の開始後、遅滞なく、次の事項を当該場所を管轄する労働基準監督署長に報告しなければならない。 　一　事業の種類並びに当該事業場の名称及び所在地 　二　関係請負人の事業の種類並びに当該事業場の名称及び所在地 　三　法第 15 条の規定により統括安全衛生責任者を選任しなければならないときは、その旨及び統括安全衛生責任者の氏名 　四　法第 15 条の 2 の規定により元方安全衛生管理者を選任しなければならないときは、その旨及び元方安全衛生管理者の氏名 　五　法第 15 条の 3 の規定により店社安全衛生管理者を選任しなければならないときは、その旨及び店社安全衛生管理者の氏名（第 18 条の 6 第 2 項の事業者にあっては統括安全衛生責任者の職務を行う者及び元方安全衛生管理者の職務を行う者の氏名） 2　前項の規定は、法第 30 条第 2 項の規定により指名された事業者について準用する。この場合において、前項中「当該作業の開始後」とあるのは、「指名された後」と読み替えるものとする。

〔本条の取扱について〕

問（1）事業開始時に全関係請負人を記載して報告することは不可能であるので、事業開始に判明している関係請負人のみを記載することとし、後日請負関係になることが判明した者については、その都度報告しなくともよろしいか。

　（2）元方事業主のすべてが規則第 42 条〔現行＝第 664 条〕に規定する報告を提出することは、事実上困難な場合が多いので、1 の場所に働く労働者が少ない場合は、本報告を省略して差し支えないか。

　（3）本条の報告は、本条第 1 項各号に掲げる事項のすべてを記載したものであればどのような様式のものでも差し支えないか。

答（1）貴見のとおり。

　（2）1 の場所に働く労働者の数が常時、10 人未満である場合においては、規則第 42 条〔現行＝第 664 条〕の規定による報告を省略しても差しつかえない。

　（3）貴見のとおり。

（昭 42.4.4　基収第 1231 号）

2．　機械等貸与者等に関する特別規制

機械等貸与者

第 665 条　法第 33 条第 1 項の厚生労働省令で定める者は、令第 10 条各号に掲げる機械等を、相当の対価を得て業として他の事業者に貸与する者とする。

【安衛施行令】

法第 33 条第 1 項の政令で定める機械等

第 10 条　法第 33 条第 1 項の政令で定める機械等は、次に掲げる機械等とする。

一　つり上げ荷重（クレーン（移動式クレーンを除く。以下同じ。）、移動式クレーン又はデリックの構造及び材料に応じて負荷させることができる最大の荷重をいう。以下同じ。）が 0.5 トン以上の移動式クレーン

二　別表第 7 に掲げる建設機械で、動力を用い、かつ、不特定の場所に自走することができるもの

三　不整地運搬車

四　作業床の高さ（作業床を最も高く上昇させた場合におけるその床面の高さをいう。以下同じ。）が 2 メートル以上の高所作業車

機械等貸与者の講ずべき措置	**第666条** 前条に規定する者（以下「機械等貸与者」という。）は、当該機械等を他の事業者に貸与するときは、次の措置を講じなければならない。 一　当該機械等をあらかじめ点検し、異常を認めたときは、補修その他必要な整備を行なうこと。 二　当該機械等の貸与を受ける事業者に対し、次の事項を記載した書面を交付すること。 　イ　当該機械等の能力 　ロ　当該機械等の特性その他その使用上の注意すべき事項 2　前項の規定は、機械等の貸与で、当該貸与の対象となる機械等についてその購入の際の機種の選定、貸与後の保守等当該機械等の所有者が行うべき業務を当該機械等の貸与を受ける事業者が行うもの（小規模企業者等設備導入資金助成法（昭和31年法律第115号）第2条第6項に規定する都道府県の設備貸与機関が行う設備貸与事業を含む。）については、適用しない。 　1　第1項第一号の「あらかじめ」とは、必ずしも貸与の都度全部について点検を行なう趣旨ではなく、使用の状況に応じて必要部分に限ることは差し支えのないものであること。 　2　第1項第二号のイの「当該機械等の能力」とは移動式クレーンについては明細書記載事項のうちの主要部分、車両系建設機械については、使用上特に必要な能力、たとえば、安定度、バケット容量等主要な事項でよいものであること。 　3　第1項第二号のロの「その他その使用上注意すべき事項」とは、使用燃料、調整の方法等当該機械の使用上注意すべき事項をいうものであること。 　4　第2項の趣旨は、金融上の手段としてリース形式をとっているものについては、本条の趣旨から適用をしないこととしたものであること。 （昭47.9.18　基発第601号の1）
機械等の貸与を受けた者の講ずべき措置	**第667条** 機械等貸与者から機械等の貸与を受けた者は、当該機械等を操作する者がその使用する労働者でないときは、次の措置を講じなければならない。 一　機械等を操作する者が、当該機械等の操作について法令に基づき必要とされる資格又は技能を有する者であることを確認すること。 二　機械等を操作する者に対し、次の事項を通知すること。 　イ　作業の内容 　ロ　指揮の系統 　ハ　連絡、合図等の方法 　ニ　運行の経路、制限速度その他当該機械等の運行に関する事項 　ホ　その他当該機械等の操作による労働災害を防止するため必要な事項 　1　第一号の「資格又は技能の確認」は、免許証、技能講習修了証によって行なえば足りるものであること。 　2　第二号に掲げる事項は、機械等の操作者および当該機械等と関連して作業を行なう労働者の労働災害防止に必要な範囲で足りるものであること。 （昭47.9.18　基発第601号の1）
機械等を操作する者の義務	**第668条** 前条の機械等を操作する者は、機械等の貸与を受けた者から同条第二号に掲げる事項について通知を受けたときは、当該事項を守らなければならない。

VI クレーン等安全規則

1. 移動式クレーン
2. 建設用リフト
3. 玉 掛 け

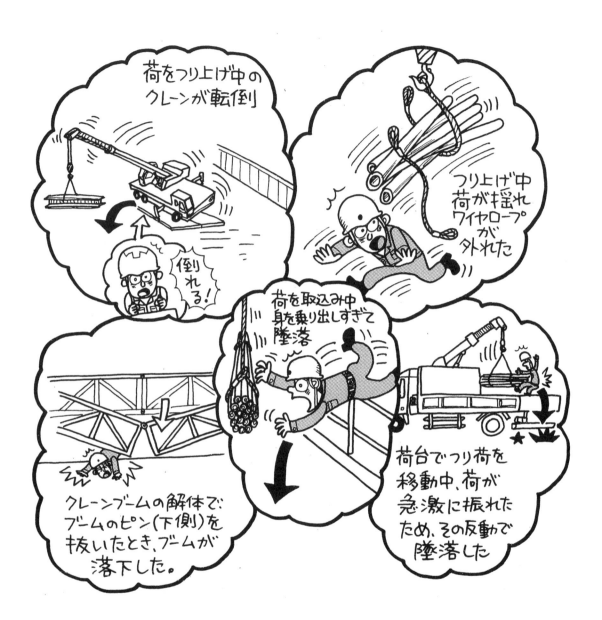

1．移動式クレーン

① 製造及び設置

製造検査	**第55条** 移動式クレーンを製造した者は、法第38条第1項の規定により、当該移動式クレーンについて、所轄都道府県労働局長の検査を受けなければならない。 2 前項の規定による検査（以下この節において「製造検査」という。）においては、移動式クレーンの各部分の構造及び機能について点検を行なうほか、荷重試験及び安定度試験を行なうものとする。 3 前項の荷重試験は、移動式クレーンに定格荷重の1.25倍に相当する荷重（定格荷重が200トンをこえる場合は、定格荷重に50トンを加えた荷重）の荷をつって、つり上げ、旋回、走行等の作動を行なうものとする。 4 第2項の安定度試験は、移動式クレーンに定格荷重の1.27倍に相当する荷重の荷をつって、当該移動式クレーンの安定に関し最も不利な条件で地切りすることにより行なうものとする。 5 製造検査を受けようとする者は、移動式クレーン製造検査申請書（様式第15号）に移動式クレーン明細書（様式第16号）、移動式クレーンの組立図及び別表の上欄に掲げる移動式クレーンの種類に応じてそれぞれ同表の下欄に掲げる構造部分の強度計算書を添えて、所轄都道府県労働局長に提出しなければならない。この場合において、当該検査を受けようとする移動式クレーンが既に製造検査に合格している移動式クレーンと寸法及びつり上げ荷重が同一であるときは、当該組立図及び強度計算書の添付を省略することができる。 6 所轄都道府県労働局長は、製造検査に合格した移動式クレーンに様式17号による刻印を押し、かつ、その移動式クレーン明細書に様式18号による製造検査済の印を押して前項の規定により申請書を提出した者に交付するものとする。
使用検査	**第57条** 次の者は、法第38条第1項により、当該移動式クレーンについて、都道府県労働局長の検査を受けなければならない。 一 移動式クレーンを輸入した者 二 製造検査又はこの項若しくは次項の検査（以下この節において「使用検査」という。）を受けた後設置しないで2年以上（設置しない期間の保管状況が良好であると都道府県労働局長が認めた移動式クレーンについては3年以上）経過した移動式クレーンを設置しようとする者 三 使用を廃止した移動式クレーンを再び設置し、又は使用しようとする者 2 外国において移動式クレーンを製造した者は、法第38条第2項の規定により、当該移動式クレーンについて都道府県労働局長の検査を受けることができる。当該検査が行われた場合においては、当該移動式クレーンを輸入した者については、前項の規定は、適用しない。 3 第55条第2項から第4項までの規定は、使用検査について準用する。 4 使用検査を受けようとする者は、移動式クレーン使用検査申請書（様式第19号）に移動式クレーン明細書、移動式クレーンの組立図及び第55条第5項の強度計算書を添えて、都道府県労働局長に提出しなければならない。 5 移動式クレーンを輸入し、又は外国において製造した者が使用検査を受けようとするときは、前項の申請書に当該申請に係る移動式クレーンの構造が法第37条第2項の厚生労働大臣の定める基準（移動式クレーンの構造に係る部分に限る。）に適合していることを厚生労働大臣が指定する者（外国に住所を有するものに限る。）が明らかにする書面を添付することができる。 6 都道府県労働局長は、使用検査に合格した移動式クレーンに様式第17号による刻印を押し、かつ、その移動式クレーン明細書に様式第20号による使用検査済の印を押して第4項の規定により申請書を提出した者に交付するものとする。

クレーン則

355

移動式クレーン検査証	**第59条** 所轄都道府県労働局長又は都道府県労働局長は、それぞれ製造検査又は使用検査に合格した移動式クレーンについて、それぞれ第55条第5項又は第57条第4項の規定により申請書を提出した者に対し、移動式クレーン検査証（様式第21号）を交付するものとする。 2 移動式クレーンを設置している者は、移動式クレーン検査証を滅失し又は損傷したときは、移動式クレーン検査証再交付申請書（様式第8号）に次の書面を添えて、所轄労働基準監督署長を経由し移動式クレーン検査証の交付を受けた都道府県労働局長に提出し、再交付を受けなければならない。 　一 移動式クレーン検査証を滅失したときは、その旨を明らかにする書面 　二 移動式クレーン検査証を損傷したときは、当該移動式クレーン検査証 3 移動式クレーンを設置している者に異動があったときは、移動式クレーンを設置している者は、当該異動後10日以内に、移動式クレーン検査証書替申請書（様式第8号）に移動式クレーン検査証を添えて、所轄労働基準監督署長を経由し移動式クレーン検査証の交付を受けた都道府県労働局長に提出し、書替えを受けなければならない。
検査証の有効期間	**第60条** 移動式クレーン検査証の有効期間は、2年とする。ただし、製造検査又は使用検査の結果により当該期間を2年未満とすることができる。 2 前項の規定にかかわらず、製造検査又は使用検査を受けた後設置されていない移動式クレーンであって、その間の保管状況が良好であると都道府県労働局長が認めたものについては、当該移動式クレーンの検査証の有効期間を製造検査又は使用検査の日から起算して3年を超えず、かつ、当該移動式クレーンを設置した日から起算して2年を超えない範囲内で延長することができる。
設置報告書	**第61条** 移動式クレーンを設置しようとする事業者は、あらかじめ、移動式クレーン設置報告書（様式第9号）に移動式クレーン明細書（製造検査済又は使用検査済の印を押したもの）及び移動式クレーン検査証を添えて、所轄労働基準監督署長に提出しなければならない。ただし、認定を受けた事業者については、この限りではない。
荷重試験等	**第62条** 事業者は、令第13条第3項第十五号の移動式クレーンを設置したときは、当該移動式クレーンについて、第55条第3項の荷重試験及び同条第4項の安定度試験を行なわなければならない。 【安衛施行令】 第13条第3項第十五号 つり上げ荷重が0.5トン以上3トン未満の移動式クレーン

② 使用及び就業

検査証の備付け	第63条　事業者は、移動式クレーンを用いて作業を行なうときは、当該移動式クレーンに、その移動式クレーン検査証を備え付けておかなければならない。
使用の制限	第64条　事業者は、移動式クレーンについては、厚生労働大臣の定める基準（移動式クレーンの構造に係る部分に限る。）に適合するものでなければ使用してはならない。 移動式クレーン構造規格（平7.12.26　労働省告示第135号）
設計の基準とされた負荷条件	第64条の2　事業者は、移動式クレーンを使用するときは、当該移動式クレーンの構造部分を構成する鋼材等の変形、折損等を防止するため、当該移動式クレーンの設計の基準とされた負荷条件に留意するものとする。
巻過防止装置の調整	第65条　事業者は、移動式クレーンの巻過防止装置については、フック、グラブバケット等のつり具の上面又は当該つり具の巻上げシーブの上面とジブの先端のシーブその他当該上面が接触するおそれのある物（傾斜したジブを除く）の下面との間隔が0.25メートル以上（直働式の巻過防止装置にあっては、0.05メートル以上）となるように調整しておかなければならない。

巻過防止装置

巻過防止装置の場合には、0.25m以上で巻上げが停止できるように調整することが必要

「直働式」とは、つり具が巻過防止装置を直接に作動させる方式のものをいうこと。
（昭46.9.7　基発第621号）

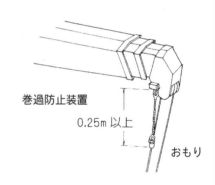

巻過防止装置

0.25m 以上

おもり

安全弁の調整	第66条　事業者は、水圧又は油圧を動力として用いる移動式クレーンの当該水圧又は油圧の過度の昇圧を防止するための安全弁については、最大の定格荷重に相当する荷重をかけたときの水圧又は油圧に相当する圧力以下で作用するように調整しておかなければならない。ただし第62条の規定により荷重試験又は安定度試験を行なう場合において、これらの場合における水圧又は油圧に相当する圧力で作用するように調整するときは、この限りでない。
作業の方法等の決定等	第66条の2　事業者は、移動式クレーンを用いて作業を行うときは、移動式クレーンの転倒等による労働者の危険を防止するため、あらかじめ、当該作業に係る場所の広さ、地形及び地質の状態、運搬しようとする荷の重量、使用する移動式クレーンの種類及び能力等を考慮して、次の事項を定めなければならない 一　移動式クレーンによる作業の方法 二　移動式クレーンの転倒を防止するための方法 三　移動式クレーンによる作業に係る労働者の配置及び指揮の系統 2　事業者は、前項各号の事項を定めたときは、当該事項について、作業の開始前に、関係労働者に周知させなければならない。

	1　第1項の「移動式クレーンの転倒等」の「等」には、移動式クレーンの上部旋回体によるはさまれ、荷の落下、架空電線の充電電路による感電等が含まれること。 2　第1項第一号の「作業の方法」には、一度につり上げる荷の重量、荷の積卸し位置、移動式クレーンの設置位置、玉掛けの方法、操作の方法等に関する事項があること。 3　第1項第二号の「転倒を防止するための方法」には、地盤の状況に応じた鉄板等の敷設の措置、アウトリガーの張り出し、アウトリガーの位置等に関する事項があること。 4　第1項第三号の「労働者の配置」を定めるとは、作業全体の指揮を行う者、玉掛けを行う者、合図を行う者等労働者の職務を定めること並びにこれらの者の作業場所及び立入禁止場所を定めることをいうこと。 5　複数の事業場の労働者が共同して作業を行う場合には、それぞれの事業者が、「移動式クレーンを用いて作業を行う」事業者に該当するが、元方事業者等が作業計画、作業指示書等の形で本条第1項各号の事項について、統一して定めている場合については、その限度においてこれを用いても差し支えないこと。 （平4.8.24　基発第480号）
外れ止め装置の使用	**第66条の3**　事業者は、移動式クレーンを用いて荷をつり上げるときは、外れ止め装置を使用しなければならない。
特別の教育	**第67条**　事業者は、つり上げ荷重が1トン未満の移動式クレーンの運転（道路交通法（昭和35年法律第105号）第2条第1項第一号の道路上を走行させる運転を除く。）の業務に労働者を就かせるときは、当該労働者に対し、当該業務に関する安全のための特別の教育を行わなければならない。 2　前項の特別の教育は、次の科目について行わなければならない。 　一　移動式クレーンに関する知識 　二　原動機及び電気に関する知識 　三　移動式クレーンの運転のために必要な力学に関する知識 　四　関係法令 　五　移動式クレーンの運転 　六　移動式クレーンの運転のための合図 3　安衛則第37条及び第38条並びに前2項に定めるもののほか、第1項の特別の教育に関し必要な事項は、厚生労働大臣が定める。
就業制限	**第68条**　事業者は、令第20条第七号に掲げる業務については、移動式クレーン運転士免許を受けた者でなければ、当該業務に就かせてはならない。ただし、つり上げ荷重が1トン以上5トン未満の移動式クレーン（以下「小型移動式クレーン」という。）の運転の業務については、小型移動式クレーン運転技能講習を修了した者を当該業務に就かせることができる。 **【安衛施行令】** **就業制限に係る業務** **第20条七号**　つり上げ荷重が1トン以上の移動式クレーンの運転（道路交通法第2条第1項第一号に規定する道路上を走行させる運転を除く。）の業務

クレーン運転に係る就業制限

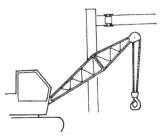

つり上荷重5t以上	運転免許者
つり上荷重1t以上5t未満	運転免許者又は技能講習修了者
つり上荷重1t未満	運転者についての特別教育修了者

過負荷の制限

第69条　事業者は、移動式クレーンにその定格荷重をこえる荷重をかけて使用してはならない。

傾斜角の制限

第70条　事業者は、移動式クレーンについては、移動式クレーン明細書に記載されているジブの傾斜角（つり上げ荷重が3トン未満の移動式クレーンにあっては、これを製造した者が指定したジブの傾斜角）の範囲をこえて使用してはならない。

定格荷重の表示等

第70条の2　事業者は、移動式クレーンを用いて作業を行うときは、移動式クレーンの運転者及び玉掛けをする者が当該移動式クレーンの定格荷重を常時知ることができるよう、表示その他の措置を講じなければならない。

クレーンの安定度

値が大きいほど安定… 安定度 $= \dfrac{\text{安定モーメント}}{\text{転倒モーメント}} = \dfrac{G \times L}{(G_B \times B_1) + (W \times L_1)}$

車体の傾斜と作業半径の増加

荷重の飛び出しによる作業半径の増加

使用の禁止

第70条の3　事業者は、地盤が軟弱であること、埋設物その他地下に存する工作物が損壊するおそれがあること等により移動式クレーンが転倒するおそれのある場合においては、移動式クレーンを用いて作業を行ってはならない。ただし、当該場所において、移動式クレーンの転倒を防止するため必要な広さ及び強度を有する鉄板等が敷設され、その上に移動式クレーンを設置しているときは、この限りでない。

アウトリガーの位置

第70条の4　事業者は、前条ただし書の場合において、アウトリガーを使用する移動式クレーンを用いて作業を行うときは、当該アウトリガーを当該鉄板等の上で当該移動式クレーンが転倒するおそれのない位置に設置しなければならない。

アウトリガー等の張り出し	**第70条の5** 事業者は、アウトリガーを有する移動式クレーン又は拡幅式のクローラを有する移動式クレーンを用いて作業を行うときは、当該アウトリガー又はクローラを最大限に張り出さなければならない。ただし、アウトリガー又はクローラを最大限に張り出すことができない場合であって、当該移動式クレーンに掛ける荷重が当該移動式クレーンのアウトリガー又はクローラの張り出し幅に応じた定格荷重を下回ることが確実に見込まれるときは、この限りではない。

> 「移動式クレーンに掛かる荷重が当該移動式クレーンのアウトリガー又はクローラの張り出し幅に応じた定格荷重を下回ることが確実に見込まれるとき」とは次のものがあること。
> 1　アウトリガーの張り出し幅に応じて自動的に定格荷重が設定される過負荷防止装置を備えた移動式クレーンを使用するとき。
> 2　アウトリガーの張り出し幅を過負荷防止装置の演算要素として入力する過負荷防止装置を備えた移動式クレーンにおいて、実際のアウトリガーの張り出し幅と同じ又は張り出し幅の少ない状態に過負防止装置をセットして作業を行うとき。
> 3　移動式クレーン明細書、取扱説明書等に、アウトリガーの最大張り出しでないときの定格荷重が示されており、実際のアウトリガーの張り出し幅と同じ又は張り出し幅の少ないときの定格荷重表又は性能曲線により、移動式クレーンにその定格荷重を超える荷重が掛かることがないことを確認したとき。
> 拡幅式のクローラを有する移動式クレーンで、最大限にクローラを張り出していない状態で定格荷重を有しないものは、ただし書の対象とはならないものであること。したがって、拡幅式のクローラを有する移動式クレーンで、最大限にクローラを張り出していない状態で定格荷重を有しないものは、クローラを縮小した状態で作業を行えないものであること。
> なお、移動式クレーンを用いる作業のために、荷をつらずに、ジブを起伏、旋回させることも当該作業に含まれること。
> （平 4.8.24　基発第 480 号、平 8.2.1　基発第 47 号）

運転の合図	**第71条** 事業者は、移動式クレーンを用いて作業を行なうときは、移動式クレーンの運転について一定の合図を定め、合図を行なう者を指名して、その者に合図を行なわせなければならない。ただし、移動式クレーンの運転者に単独で作業を行なわせるときは、この限りでない。 2　前項の指名を受けた者は、同項の作業に従事するときは、同項の合図を行なわなければならない。 3　第1項の作業に従事する労働者は、同項の合図に従わなければならない。
搭乗の制限	**第72条** 事業者は、移動式クレーンにより、労働者を運搬し、又は労働者をつり上げて作業させてはならない。
	第73条 事業者は、前条の規定にかかわらず、作業の性質上やむを得ない場合又は安全な作業の遂行上必要な場合は、移動式クレーンのつり具に専用のとう乗設備を設けて当該とう乗設備に労働者を乗せることができる。 2　事業者は、前項のとう乗設備については、墜落による労働者の危険を防止するため次の事項を行わなければならない。 　一　とう乗設備の転位及び脱落を防止する措置を講ずること。 　二　労働者に要求性能墜落制止用器具等を使用させること。 　三　とう乗設備ととう乗者との総重量の 1.3 倍に相当する重量に 500 キログラムを加えた値が、当該移動式クレーンの定格荷重をこえないこと。 　四　とう乗設備を下降させるときは、動力下降の方法によること。 3　労働者は、前項の場合において要求性能墜落制止用器具等の使用を命じられたときは、これを使用しなければならない。

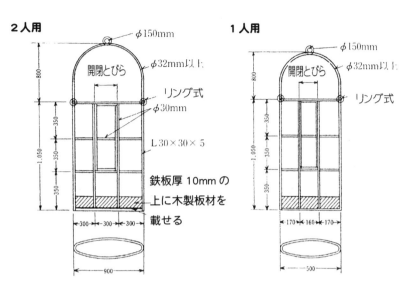

専用とう乗設備の例

2人用

φ150mm
開閉とびら
φ32mm以上
リング式
φ30mm
L 30×30×5
鉄板厚 10mm の
上に木製板材を
載せる

800
1,050
350
350
350
300 300 300
900

1人用

φ150mm
開閉とびら
φ32mm以上
リング式

800
1,050
350
350
350
170 160 170
500

立入禁止

第74条 事業者は、移動式クレーンに係る作業を行うときは、当該移動式クレーンの上部旋回体と接触することにより労働者に危険が生ずるおそれのある箇所に労働者を立ち入らせてはならない。

第74条の2 事業者は、移動式クレーンを係る作業を行う場合であって、次の各号にいずれかに該当するときは、つり上げられている荷（第六号の場合にあっては、つり具を含む。）の下に労働者を立ち入らせてはならない。

一　ハッカーを用いて玉掛けをした荷がつり上げられているとき。

二　つりクランプ1個を用いて玉掛けをした荷がつり上げられているとき。

三　ワイヤロープ等を用いて1箇所に玉掛けをした荷がつり上げられているとき（当該荷に設けられた穴又はアイボルトにワイヤロープ等を通して玉掛けをしている場合を除く。）。

四　複数の荷が一度につり上げられている場合であって、当該複数の荷が結束され、箱に入れられる等により固定されていないとき。

五　磁力又は陰圧により吸着させるつり具又は玉掛用具を用いて玉掛けをした荷がつり上げられているとき。

六　動力下降以外の方法により荷又はつり具を下降させるとき。

「つり上げられている荷の下」とは、荷の直下及び荷が振れ、又は回転するおそれがある場合のその直下をいうこと。

なお、作業の形態等によりやむを得ない場合があることから、労働者の立入りを禁止する範囲は、特に災害発生状況等から、特定の玉掛方法により玉掛けされた荷等の下に限定したものであるが、クレーン等に係る作業を行う場合には、原則として労働者を荷等の下に立ち入らせることがないよう指導すること。

2　第一号の「ハッカー」とは、先端がつめの形状になっており、荷の端部につめを掛けることにより玉掛けするフックをいうこと。

3　第二号の「つりクランプ」とは、つり荷の重量とリンク機構、カム機構等との作用により、つり荷を挟み把持する玉掛用具をいうこと。

クレーン則

4　第三号の「アイボルト」とは、丸棒の一端をリング状、他端をボルト状にし、荷に取り付けて、フック及びワイヤロープ等を掛けやすくするために用いるものをいうこと。

5　第四号の「箱に入れられる等」の「等」には、ワイヤモッコ又は袋に入れられる場合等が含まれるが、荷が小さくワイヤモッコから抜け落ち、又は積み過ぎ若しくは片荷のため箱等からこぼれ落ちるおそれのある場合は含まないこと。

6　第五号の「磁力により吸着させるつり具又は玉掛用具」には、リフチングマグネットのほか、永久磁石を使用したものがあること。
また、「陰圧により吸着させるつり具又は玉掛用具」とは、ゴム製等のカップを荷に密着させ、カップ内を陰圧にすることにより吸着させるものをいうこと。

7　第六号の「動力下降以外の方法」とは自由下降をいうこと。
（平4.8.24　基発第480号）

| 強風時の作業中止 | 第74条の3　事業者は、強風のため、移動式クレーンに係る作業の実施について危険が予想されるときは、当該作業を中止しなければならない。 |

| 強風時における転倒の防止 | 第74条の4　事業者は、前条の規定により作業を中止した場合であって移動式クレーンが転倒するおそれのあるときは、当該移動式クレーンのジブの位置を固定させる等により移動式クレーンの転倒による労働者の危険を防止するための措置を講じなければならない。 |

移動式クレーンに対する強風対策

風速 10 m／s を超えるとき

① 作業を中止する
② つり荷を地上に降下し、フックから離す
③ ジブ角度を約 70 度にする
④ カウンターウエイト側が風上になるように旋回し、風を主ジブ背面より受けるようにする
⑤ 巻上げ、旋回のブレーキとロックをかけエンジンを止める

| 運転位置からの離脱の禁止 | 第75条　事業者は、移動式クレーンの運転者を、荷をつったままで、運転位置から離れさせてはならない。
2　前項の運転者は、荷をつったままで、運転位置を離れてはならない。 |

| ジブの組立て等の作業 | 第75条の2　事業者は、移動式クレーンのジブの組立て又は解体の作業を行うときは、次の措置を講じなければならない。
一　作業を指揮する者を選任して、その者の指揮の下に作業を実施させること。
二　作業を行う区域に関係労働者以外の労働者が立ち入ることを禁止し、かつ、その旨を見やすい箇所に表示すること。
三　強風、大雨、大雪等の悪天候のため、作業の実施について危険が予想されるときは、当該作業に労働者を従事させないこと。
2　事業者は、前項第一号の作業を指揮する者に、次の事項を行わせなければならない。 |

一　作業の方法及び労働者の配置を決定し、作業を指揮すること。

二　材料の欠点の有無並びに器具及び工具の機能を点検し、不良品を取り除くこと。

三　作業中、要求性能墜落制止用器具等及び保護帽の使用状況を監視すること。

移動式クレーンの組立て、解体での危険防止

作業指揮者を選任し、作
業指揮者の直接の指揮に
より作業を行う

ジブの組立て、解体では架台、台
木等を必ず使用し、解体中ブーム
の落下による災害を起こさないよ
うにする

クレーン則

③　定期自主検査

定期自主検査 （年次）	**第76条**　事業者は、移動式クレーンを設置した後、1年以内ごとに1回、定期に、当該移動式クレーンについて自主検査を行なわなければならない。ただし、1年をこえる期間使用しない移動式クレーンの当該使用しない期間においては、この限りでない。 2　事業者は、前項ただし書の移動式クレーンについては、その使用を再び開始する際に、自主検査を行なわなければならない。 3　事業者は、前2項の自主検査においては、荷重試験を行わなければならない。ただし、当該自主検査を行う日前2月以内に第81条第1項の規定に基づく荷重試験を行った移動式クレーン又は当該自主検査を行う日後2月以内に移動式クレーン検査証の有効期間が満了する移動式クレーンについては、この限りでない。 4　前項の荷重試験は、移動式クレーンに定格荷重に相当する荷重の荷をつって、つり上げ、旋回、走行等の作動を定格速度により行なうものとする。
定期自主検査 （月次）	**第77条**　事業者は、移動式クレーンについては、1月以内ごとに1回、定期に、次の事項について自主検査を行なわなければならない。ただし、1月をこえる期間使用しない移動式クレーンの当該使用しない期間においては、この限りでない。 　一　巻過防止装置その他の安全装置、過負荷警報装置その他の警報装置、ブレーキ及びクラッチの異常の有無 　二　ワイヤロープ及びつりチェーンの損傷の有無 　三　フック、グラブバケット等のつり具の損傷の有無 　四　配線、配電盤及びコントローラーの異常の有無 2　事業者は、前項ただし書の移動式クレーンについては、その使用を再び開始する際に、同項各号に掲げる事項について自主検査を行なわなければならない。 〔移動式クレーンの定期自主検査指針（昭56.12.28　自主検査指針公示第1号）〕
作業開始前の 点検	**第78条**　事業者は、移動式クレーンを用いて作業を行なうときは、その日の作業を開始する前に、巻過防止装置、過負荷警報装置その他の警報装置、ブレーキ、クラッチ及びコントローラーの機能について点検を行なわなければならない。
自主検査の記録	**第79条**　事業者は、この節に定める自主検査の結果を記録し、これを3年間保存しなければならない。
補　　修	**第80条**　事業者は、この節に定める自主検査又は点検を行なった場合において、異常を認めたときは、直ちに補修しなければならない。

移動式クレーンの作業開始前の点検

作業開始前点検項目
① 巻過防止装置
② 過負荷警報装置
③ その他警報装置
④ ブレーキ、クラッチ
⑤ コントローラーの機能

移動式クレーンのチェックポイント
作業開始前に、下記のチェックポイントを確認しよう!!

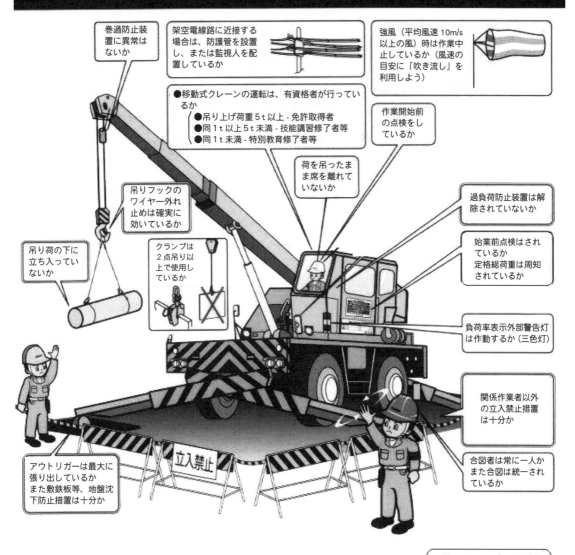

巻過防止装置に異常はないか

架空電線路に近接する場合は、防護管を設置し、または監視人を配置しているか

強風（平均風速10m/s以上の風）時は作業中止しているか（風速の目安に「吹き流し」を利用しよう）

●移動式クレーンの運転は、有資格者が行っているか
　●吊り上げ荷重5t以上 - 免許取得者
　●同1t以上5t未満 - 技能講習修了者等
　●同1t未満 - 特別教育修了者等

作業開始前の点検をしているか

荷を吊ったまま席を離れていないか

吊りフックのワイヤー外れ止めは確実に効いているか

過負荷防止装置は解除されていないか

吊り荷の下に立ち入っていないか

クランプは2点吊り以上で使用しているか

始業前点検はされているか
定格総荷重は周知されているか

負荷率表示外部警告灯は作動するか（三色灯）

関係作業者以外の立入禁止措置は十分か

立入禁止

合図者は常に一人かまた合図は統一されているか

アウトリガーは最大に張り出しているかまた敷鉄板等、地盤沈下防止措置は十分か

玉掛ワイヤロープ・吊り治具を点検して確認の色別テープを巻いているか

1．移動式クレーンの作業方法等を決定し、作業開始前に関係作業者に周知させているか
2．クレーン本体にクレーン検査証・車両検査証を備えつけているか
3．運転者は免許証のほか、再教育の受講者証を携帯しているか

クレーン則

積載型トラッククレーンのチェックポイント

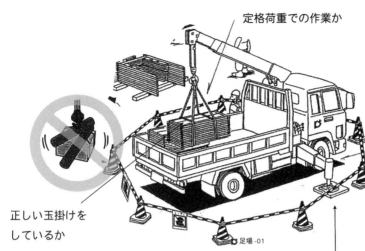

定格荷重での作業か

アウトリガーより前方での
定格総荷重の 1/4（25％）を
超える作業はしていないか

傾斜地では歯止め
は行っているか

正しい玉掛けを
しているか

足場 -01

アウトリガー設置地盤の耐力確認と確実な張出し
をしているか（クレーンの転倒防止）

・荷の横引き、斜めづり、引
き込みは禁止

・乱暴な運転はしない

・瞬間最大風速が 10 m / s を
超えるような強い風が吹く
ときは、作業の中止

走行姿勢

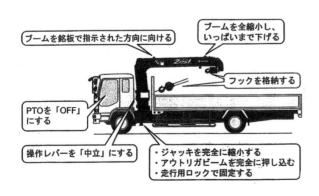

ブームを銘板で指示された方向に向ける

ブームを全縮小し、
いっぱいまで下げる

フックを格納する

PTOを「OFF」
にする

操作レバーを「中立」にする

・ジャッキを完全に縮小する
・アウトリガビームを完全に押し込む
・走行用ロックで固定する

クレーン構能を備えた車両系建設機械のクレーン作業に必要な資格

運転・作業資格	車輛系建設機械	移動式クレーン			
		つり上げ能力	0.5～1 t 未満	1～5 t 未満	5 t 以上
	3 t 未満は運転特別教育、3 t 以上は運転技能講習修了証が必要	運転	事業者による運転特別教育が必要	小型移動式クレーン技能講習修了証が必要	指定教習機関による移動式クレーン運転士免許（国家試験）
		玉掛け	事業者による玉掛け特別教育が必要	玉掛け技能講習修了証が必要	
検査・報告・自主検査等	特定自主検査が必要	クレーン検査証	3 t 未満は不要、3 t 以上は都道府県労働局長、又は代行機関の性能検査を受ける		
		荷重検査	荷重試験と安定度試験が必要、3 t 以上は 2 年毎の性能検査に含む		
		定期自主検査	仕業点検 月例点検 年次点検（荷重検査を含む） 点検・検査記録の保管：3 年間		

クレーン作業での合図の方法

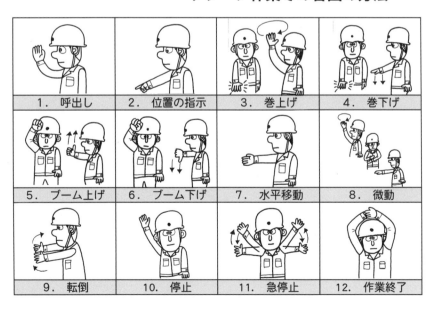

1．呼出し	2．位置の指示	3．巻上げ	4．巻下げ
5．ブーム上げ	6．ブーム下げ	7．水平移動	8．微動
9．転倒	10．停止	11．急停止	12．作業終了

・運転士から見える位置で、運転士の方向を向いて明確な合図
・安全な場所での合図
・合図者は定められた1人のみとする
・笛か声による補助合図も有効

つり荷下の立入禁止

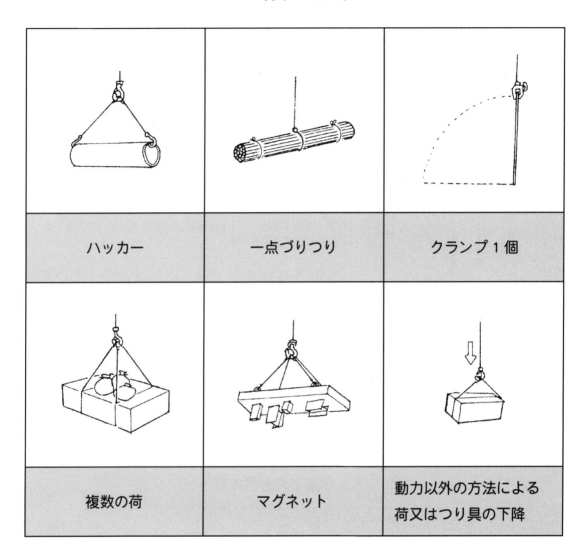

ハッカー	一点づりつり	クランプ1個
複数の荷	マグネット	動力以外の方法による 荷又はつり具の下降

上記に該当するつり荷
の下は**立入禁止**にする

２．建設用リフト

① 製造及び設置

製造許可	**第172条** 建設用リフト（令第12条第1項第七号の建設用リフトに限る。以下本条から第178条まで、第180条及び第181条並びにこの章第4節において同じ。）を製造しようとする者は、その製造しようとする建設用リフトについて、あらかじめ、所轄都道府県労働局長の許可を受けなければならない。ただし、既に当該許可を受けている建設用リフトと型式が同一である建設用リフト（次条において「許可型式建設用リフトという。）については、この限りでない。 2 前項の許可を受けようとする者は、建設用リフト製造許可申請書（様式第1号）に建設用リフトの組立図及び次の事項を記載した書面を添えて、所轄都道府県労働局長に提出しなければならない。 　一 強度計算の基準 　二 製造の過程において行なう検査のための設備の概要 　三 主任設計者及び工作責任者の氏名及び経歴の概要 ┌─────────────────────────────────┐ **【安衛施行令】** **特定機械等** **第12条七号** ガイドレール（昇降路を有するものにあっては、昇降路。）の高さが18メートル以上の建設用リフト（積載荷重が0.25トン未満のものを除く。） └─────────────────────────────────┘
検査設備等の変更報告	**第173条** 前条第1項の許可を受けた者は、当該許可に係る建設用リフト又は許可型式建設用リフトを製造する場合において、同条第2項第二号の設備又は同項第三号の主任設計者若しくは工作責任者を変更したときは、遅滞なく所轄都道府県労働局長に報告しなければならない。
設置届	**第174条** 事業者は、建設用リフトを設置しようとするときは、法第88条第1項の規定により、建設用リフト設置届（様式第30号）に建設用リフト明細書（様式第31号）、建設用リフトの組立図、別表の上欄に掲げる建設用リフトの種類に応じてそれぞれ同表の下欄に掲げる構造部分の強度計算書及び次の事項を記載した書面を添えて、所轄労働基準監督署長に提出しなければならない。 　一 据え付ける箇所の周囲の状況 　二 基礎の概要 　三 控えの固定の方法
落成検査	**第175条** 建設用リフトを設置した者は、法第38条第3項の規定により、当該建設用リフトについて所轄労働基準監督署長の検査を受けなければならない。ただし、所轄労働基準監督署長が当該検査の必要がないと認めた建設用リフトについては、この限りでない。 2 前項の規定による検査（以下この節において「落成検査」という。）においては、建設用リフトの各部分の構造及び機能について点検を行なうほか、荷重試験を行なうものとする。 3 前項の荷重試験は、建設用リフトに積載荷重の1.2倍に相当する荷重の荷をのせて、昇降の作動を行なうものとする。 4 落成検査を受けようとする者は、建設用リフト落成検査申請書（様式第4号）を所轄労働基準監督署長に提出しなければならない。この場合において、認定を受けたことにより前条の届出をしていないときは、同条の明細書、組立図、強度計算書及び書面その他落成検査に必要な書面を添付するものとする。

落成検査を受ける場合の措置	**第176条** 落成検査を受ける者は、当該検査を受ける建設用リフトについて、荷重試験のための荷を準備しなければならない。 2 所轄労働基準監督署長は、落成検査のために必要があると認めるときは、当該検査に係る建設用リフトについて、次の事項を当該検査を受ける者に命ずることができる。 一 塗装の一部をはがすこと。 二 リベットを抜き出し、又は部材の一部に穴をあけること。 三 ワイヤロープの一部を切断すること。 四 前各号に掲げる事項のほか、当該検査のため必要と認める事項 3 落成検査を受ける者は、当該検査に立ち会わなければならない。
建設用リフト検査証	**第177条** 所轄労働基準監督署長は、落成検査に合格した建設用リフト又は第175条第1項ただし書の建設用リフトについて、同条第4項の規定により申請書を提出した者に対し、建設用リフト検査証（様式第32号）を交付するものとする。 2 建設用リフトを設置している者は、建設用リフト検査証を滅失し又は損傷したときは、建設用リフト検査証再交付申請書（様式第8号）に次の書面を添えて、所轄労働基準監督署長に提出し、再交付を受けなければならない。 一 建設用リフト検査証を滅失したときは、その旨を明らかにする書面 二 建設用リフト検査証を損傷したときは、当該建設用リフト検査証 3 建設用リフトを設置している者に異動があったときは、建設用リフトを設置している者は、当該異動後10日以内に、建設用リフト検査証書替申請書（様式第8号）に建設用リフト検査証を添えて、所轄労働基準監督署長に提出し、書替えを受けなければならない。
検査証の有効期間	**第178条** 建設用リフト検査証の有効期間は、建設用リフトの設置から廃止までの期間とする。

② 使用及び就業

検査証の備付け	**第180条** 事業者は、建設用リフトを用いて作業を行なうときは、当該作業を行なう場所に、当該建設用リフトの建設用リフト検査証を備え付けておかなければならない。
使用の制限	**第181条** 事業者は、建設用リフトについては、厚生労働大臣の定める基準（建設用リフトの構造に係る部分に限る。）に適合するものでなければ使用してはならない。
巻過ぎの防止	**第182条** 事業者は、建設用リフトについて、巻上げ用ワイヤロープに標識を付すること、警報装置を設けること等巻上げ用ワイヤロープの巻過ぎによる労働者の危険を防止するための措置を講じなければならない。
特別の教育	**第183条** 事業者は、建設用リフトの運転の業務に労働者をつかせるときは、当該労働者に対し、当該業務に関する安全のための特別の教育を行なわなければならない。 2 前項の特別の教育は、次の科目について行なわなければならない。 　一 建設用リフトに関する知識 　二 建設用リフトの運転のために必要な電気に関する知識 　三 関係法令 　四 建設用リフトの運転及び点検 　五 建設用リフトの運転のための合図 3 安衛則第37条及び第38条並びに前2項に定めるもののほか、第1項の特別の教育に関し必要な事項は、厚生労働大臣が定める。
過負荷の制限	**第184条** 事業者は、建設用リフトにその積載荷重をこえる荷重をかけて使用してはならない。
運転の合図	**第185条** 事業者は、建設用リフトを用いて作業を行なうときは、建設用リフトの運転について一定の合図を定め、合図を行なう者を指名して、その者に合図を行なわせなければならない。 2 前項の指名を受けた者は、同項の作業に従事するときは、同項の合図を行なわなければならない。 3 第1項の作業に従事する労働者は、同項の合図に従わなければならない。
とう乗の制限	**第186条** 事業者は、建設用リフトの搬器に労働者を乗せてはならない。ただし、建設用リフトの修理、調整、点検等の作業を行なう場合において、当該作業に従事する労働者に危険を生ずるおそれのない措置を講ずるときは、この限りでない。 2 労働者は、前項ただし書の場合を除き、建設用リフトの搬器に乗ってはならない。
立入禁止	**第187条** 事業者は、建設用リフトを用いて作業を行なうときは、次の場所に労働者を立ち入らせてはならない。 　一 建設用リフトの搬器の昇降によって労働者に危険を生ずるおそれのある箇所 　二 建設用リフトの巻上げ用ワイヤロープの内角側で、当該ワイヤロープが通っているシーブ又はその取付け部の破損により、当該ワイヤロープがはね、又は当該シーブ若しくはその取付具が飛来することにより労働者に危険を生ずるおそれのある箇所
ピット等をそうじする場合の措置	**第188条** 事業者は、建設用リフトのピット又は基底部をそうじするときは、昇降路に角材、丸太等の物をかけ渡してその物の上に搬器を置くこと、止め金付きブレーキによりウインチを確実に制動しておくこと等搬器が落下することによる労働者の危険を防止するための措置を講じなければならない。

暴風時の措置	第189条　事業者は、瞬間風速が毎秒35メートルをこえる風が吹くおそれのあるときは、建設用リフト（地下に設置されているものを除く。）について、控えの数を増す等その倒壊を防止するための措置を講じなければならない。
運転位置からの離脱の禁止	第190条　事業者は、建設用リフトの運転者を、搬器を上げたままで、運転位置から離れさせてはならない。 2　前項の運転者は、搬器を上げたままで、運転位置を離れてはならない。
組立て等の作業	第191条　事業者は、建設用リフトの組立て又は解体の作業を行なうときは、次の措置を講じなければならない。 　一　作業を指揮する者を選任して、その者の指揮のもとに作業を実施させること。 　二　作業を行なう区域に関係労働者以外の労働者が立ち入ることを禁止し、かつ、その旨を見やすい箇所に表示すること。 　三　強風、大雨、大雪等の悪天候のため、作業の実施について危険が予想されるときは、当該作業に労働者を従事させないこと。 2　事業者は、前項第一号の作業を指揮する者に、次の事項を行わせなければならない。 　一　作業の方法及び労働者の配置を決定し、作業を指揮すること。 　二　材料の欠点の有無並びに器具及び工具の機能を点検し、不良品を取り除くこと。 　三　作業中、要求性能墜落制止用器具等及び保護帽の使用状況を監視すること。

③　定期自主検査等

定期自主検査	**第192条**　事業者は、建設用リフトについては、1月以内ごとに1回、定期に、次の事項について自主検査を行なわなければならない。ただし、1月をこえる期間使用しない建設用リフトの当該使用しない期間においては、この限りでない。 　一　ブレーキ及びクラッチの異常の有無 　二　ウインチの据え付けの状態 　三　ワイヤロープの損傷の有無 　四　ガイロープを緊結している部分の異常の有無 　五　配線、開閉器及び制御装置の異常の有無 　六　ガイドレールの状態 2　事業者は、前項ただし書の建設用リフトについては、その使用を再び開始する際に、同項各号に掲げる事項について自主検査を行なわなければならない。
作業開始前の点検	**第193条**　事業者は、建設用リフトを用いて作業を行なうときは、その日の作業を開始する前に、次の事項について点検を行なわなければならない。 　一　ブレーキ及びクラッチの機能 　二　ワイヤロープが通っている箇所の状態
暴風後等の点検	**第194条**　事業者は、建設用リフト（地下に設置されているものを除く。）を用いて瞬間風速が毎秒30メートルをこえる風が吹いた後に作業を行なうとき、又は建設用リフトを用いて中震以上の震度の地震の後に作業を行なうときは、あらかじめ、当該建設用リフトの各部分の異常の有無について点検を行なわなければならない。
自主検査等の記録	**第195条**　事業者は、この節に定める自主検査及び点検（第193条の点検を除く。）の結果を記録し、これを3年間保存しなければならない。
補修	**第196条**　事業者は、この節に定める自主検査又は点検を行なった場合において、異常を認めたときは、直ちに補修しなければならない。

クレーン則

《建設用リフト参考資料》

建設用リフト設置上の諸手続

積載荷重 0.25 t 以上でガイドレールの高さが 18m 以上の建設用リフトのとき	
設置届（第 174 条）	積載荷重 0.25 t 以上高さ 18m 以上のときは ・提出期限　設置する 30 日前まで ・届書類名　建設用リフト設置届（様式第 30 号） ・添付書類 　①　建設用リフト明細書（様式第 31 号） 　②　建設用リフト製造許可申請書 　③　建設用リフト組立図（一般図） 　④　構造部分の強度計画 　⑤　次の事項を記載した書名 　　a　据え付ける箇所の周囲の状況 　　b　基礎の概要 　　c　控の固定の方法 　　d　現場計画図（正面図、平面図）
落成検査（第 175 条）	積載荷重 0.25 t 以上で高さ 18m 以上のときは ・提出期限　受検希望日の 2 週間までに ・届書類名　建設用リフト落成検査申請書（様式第 4 号）を提出して下さい。
変更届（第 197 条） 変更検査（第 198 条）	設置届提出後建設用リフト、その他に変更を生じたとき下記の書類が必要です。 ・変更届（様式第 12 号） ・変更検査申請書（様式第 13 号）を提出して下さい。
組立て等の作業 （第 191 条）	建設リフトの組立て又は解体の作業を行うときは、次の措置を講じなければならない。 ・作業を指揮する者を選任して、その者の指揮のもとに作業を実施させること。 ・作業を行う区域に関係労働者以外の立ち入ることを禁止し、その旨を見やすい箇所に表示すること。 ・強風、大雨、大雪等の悪天候のため、危険が予想されるときは従事させないこと。
定期自主検査等	・月 1 回の定期自主検査（第 192 条） ・作業開始の点検（第 193 条） ・暴風後等の点検（第 194 条） ・自主検査等の記録（3 年間）（第 195 条）

3．玉掛け

① 玉掛け用具

玉掛け用ワイヤロープの安全係数	第213条　事業者は、クレーン、移動式クレーン又はデリックの玉掛用具であるワイヤロープの安全係数については、6以上でなければ使用してはならない。 2　前項の安全係数は、ワイヤロープの切断荷重の値を、当該ワイヤロープにかかる荷重の最大の値で除した値とする。
玉掛け用つりチェーンの安全係数	第213条の2　事業者は、クレーン、移動式クレーン又はデリックの玉掛用具であるつりチェーンの安全係数については、次の各号に掲げるつりチェーンの区分に応じ、当該各号に掲げる値以上でなければ使用してはならない。 　一　次のいずれにも該当するつりチェーン　4 　　イ　切断荷重の2分の1の荷重で引っ張った場合において、その伸びが0.5パーセント以下のものであること 　　ロ　その引張強さの値が400ニュートン毎平方ミリメートル以上であり、かつ、その伸びが、次の表の上欄〔本書において左欄〕に掲げる引張強さの値に応じ、それぞれ同表の下欄〔本書において右欄〕に掲げる値以上となるものであること

引張強さ（単位　ニュートン毎平方メートル）	伸び（単位　パーセント）
400 以上 630 未満	20
630 以上 1,000 未満	17
1,000 以上	15

	二　前号に該当しないつりチェーン　　5 2　前号の安全係数は、つりチェーンの切断荷重の値を、当該つりチェーンにかかる荷重の最大の値で除した値とする。
玉掛け用フック等の安全係数	第214条　事業者は、クレーン、移動式クレーン又はデリックの玉掛用具であるフック又はシャックルの安全係数については、5以上でなければ使用してはならない。 2　前項の安全係数は、フック又はシャックルの切断荷重の値を、それぞれ当該フック又はシャックルにかかる荷重の最大の値で除した値とする。
不適格なワイヤロープの使用禁止	第215条　事業者は、次の各号のいずれかに該当するワイヤロープをクレーン、移動式クレーン又はデリックの玉掛用具として使用してはならない。 　一　ワイヤロープ1よりの間において素線（フィラ線を除く。以下本号において同じ。）の数の10パーセント以上の素線が切断しているもの。 　二　直径の減少が公称径の7パーセントをこえるもの 　三　キンクしたもの 　四　著しい形くずれ又は腐食があるもの
不適格なつりチェーンの使用禁止	第216条　事業者は、次の各号のいずれかに該当するチェーンをクレーン、移動式クレーン又はデリックの玉掛用具として使用してはならない。 　一　伸びが、当該つりチェーンが製造されたときの長さの5パーセントをこえるもの 　二　リンクの断面の直径の減少が、当該つりチェーンが製造されたときの当該リンクの断面の直径の10パーセントをこえるもの 　三　き裂があるもの

不適格なフック、シャックル等の使用禁止	**第217条** 事業者は、フック、シャックル、リング等の金具で、変形しているもの又はき裂があるものを、クレーン、移動式クレーン又はデリックの玉掛用具として使用してはならない。

使用してはいけない玉掛用具

●1よりの間で素線数の10％以上の素線が切断したもの

●伸びが、当該クサリが製造された時の長さの5％を超えたもの

●直径の減少が公称径の7％を超えたもの

●変形や亀裂のあるもの

●キンクしたもの

●サツマ部分の素線が切断し、損傷しているもの

●著しい形くずれや、腐食したもの

不適格な繊維ロープ等の使用禁止	**第218条** 事業者は、次の各号のいずれかに該当する繊維ロープ又は繊維ベルトをクレーン、移動式クレーン又はデリックの玉掛用具として使用してはならない。 一　ストランドが切断しているもの 二　著しい損傷又は腐食があるもの

使用してはいけない繊維ロープ

● ストランドが切断しているもの

● 著しい損傷又は腐食のあるもの

リングの具備等	**第219条** 事業者は、エンドレスでないワイヤロープ又はつりチェーンについては、その両端にフック、シャックル、リング又はアイを備えているものでなければクレーン、移動式クレーン又はデリックの玉掛用具としては使用してはならない。 2　前項のアイは、アイスプライス若しくは圧縮どめ又はこれらと同等以上の強さを保持する方法によるものでなければならない。この場合において、アイスプライスは、ワイヤロープのすべてのストランドを3回以上編み込んだ後、それぞれのストランドの素線の半数の素線を切り、残された素線をさらに2回以上（すべてのストランドを4回以上編み込んだ場合には1回以上）編み込むものとする。

使用範囲の制限	**第219条の2** 事業者は、磁力若しくは陰圧により吸着させる玉掛用具、チェーンブロック又はチェーンレバーホイスト（以下この項において「玉掛用具」という。）を用いて玉掛けの作業を行うときは、当該玉掛用具について定められた使用荷重等の範囲で使用しなければならない。 2　事業者は、つりクランプを用いて玉掛けの作業を行うときは、当該つりクランプの用途に応じて玉掛けの作業を行うとともに、当該つりクランプについて定められた使用荷重等の範囲で使用しなければならない。

玉掛用具・補助具

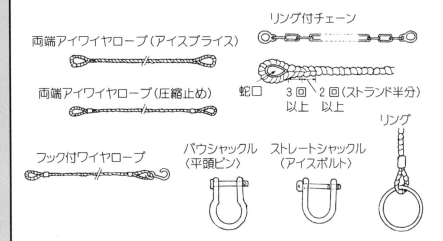

リング付チェーン

両端アイワイヤロープ（アイスプライス）

両端アイワイヤロープ（圧縮止め）

蛇口　　3回　　2回（ストランド半分）
　　　　以上　　以上

リング

フック付ワイヤロープ　　バウシャックル　　ストレートシャックル
　　　　　　　　　　　　〈平頭ピン〉　　　（アイスボルト）

作業開始前の 点検	**第220条**　事業者は、クレーン、移動式クレーン又はデリックの玉掛用具であるワイヤロープ、つりチェーン、繊維ロープ、繊維ベルト又はフック、シャックル、リング等の金具（以下この条において「ワイヤロープ等」という。）を用いて玉掛けの作業を行なうときは、その日の作業を開始する前に当該ワイヤロープ等の異常の有無について点検を行なわなければならない。 2　事業者は、前項の点検を行なった場合において、異常を認めたときは、直ちに補修しなければならない。

② 就業制限

就業制限	第221条　事業者は、令第20条第十六号に掲げる業務（制限荷重が1トン以上の揚貨装置の玉掛けの業務を除く。）については、次の各号のいずれかに該当する者でなければ、当該業務に就かせてはならない。 一　玉掛け技能講習を修了した者 二　職業能力開発促進法（昭和44法律第64号。以下「能開法」という。）第27条第1項の準則訓練である普通職業訓練のうち、職業能力開発促進法施行規則（昭和44年労働省令第24号。以下「能開法規則」という。）別表第4の訓練科の欄に掲げる玉掛け科の訓練（通信の方法によって行うものを除く。）を修了した者 三　その他厚生労働大臣が定める者 ─────────────────────────── 【安衛施行令】 **就業制限に係る業務** **第20条十六号**　制限荷重が1トン以上の揚貨装置又はつり上げ荷重が1トン以上のクレーン、移動式クレーン若しくはデリックの玉掛けの業務 ───────────────────────────
特別の教育	第222条　事業者は、つり上げ荷重が1トン未満のクレーン、移動式クレーン又はデリックの玉掛けの業務に労働者をつかせるときは、当該労働者に対し、当該業務に関する安全のための特別の教育を行なわなければならない。 2　前項の特別の教育は、次の科目について行なわなければならない。 一　クレーン、移動式クレーン及びデリック（以下この条において「クレーン等」という。）に関する知識 二　クレーン等の玉掛けに必要な力学に関する知識 三　クレーン等の玉掛けの方法 四　関係法令 五　クレーン等の玉掛け 六　クレーン等の運転のための合図 3　安衛則第37条及び第38条並びに前2項に定めるもののほか、第1項の特別の教育に関し必要な事項は、厚生労働大臣が定める。 **玉掛作業の資格** | つり上げ荷重 1t以上	つり上げ荷重 1t未満
技能講習修了者	特別教育修了者	

玉掛け作業安全作業手順

手　　　順	急　　　　所
1．重量目測	① 重量を正確に把握（疑問の場合は確認する） ② 定格荷重以上はつらない
2．つり具の選定	① ワイヤの太さ、長さはよいか ② つり具の不良品の再確認
3．クレーンを呼び、フックを誘導する	① 運転手からよく見える位置で、動作を大きく ② 手をあげて（笛を吹く） ③ 位置を明確に指示（荷の真上に）
4．荷に玉掛けワイヤをかける	① 荷の重心を考えて ② 足元に気をつけて ③ 荷くずれを警戒して ④ 角ばったものには当てものを
5．フックに玉掛けワイヤをかける	① ワイヤのはずれ止め確認 ② 吊角度は 60°以内に
6．地切り	① 周囲の状況に注意して ② 少しずつまかせる（一気にまかない） ③ 床面より 30cm くらいで止める ④ 水平度、ワイヤロープの角度、張り具合を確かめる ⑤ 不具合のときはやり直す
7．巻上げ	① 安全な場所に避難して ② つり荷の高さは床上 2 m以上 ③ つり荷の上には乗らない、下に入らない
8．水平移動（誘導）	① 行き先を明示する ② つり荷を先導する ③ 人の頭上を運搬経路に選ばない
9．巻下げ	① 降ろす場所の状態はよいか ② まくら（台もの）等の配置はよいか
10．一旦停止	① 床面より 30cm くらいで止める ② 荷の位置はよいか
11．つり荷を降ろす	① ゆっくり降ろす ② 荷くずれに注意する ③ 歯止めを確実に
12．ワイヤロープをはずす	① 荷くずれしないように
13．空巻上げ	① はずれ止めの奥までしっかりロープをかける ② ロープが他のものをひっかけないように

クレーン則

③　玉掛け作業の安全に係るガイドライン

（平12.2.24　基発第96号）

　玉掛け作業は、製造業、建設業等において、日常的に頻繁に行われる作業であり、最近10年間のクレーン及び移動式クレーンに係る死亡災害の発生状況を見ると、不適正な玉掛け方法等が原因とみられる災害による死亡者が毎年50人程度となっている。その内容をみると、玉掛け方法が適切でなかったためにつり荷が落下したものや、劣化あるいは損傷した玉掛け用具を使用したために、玉掛け用具が破損し、つり荷が落下したもの等基本的な玉掛け作業における安全上の措置が不十分であったものがみられる。また、つり上げ荷重が小さいクレーンや1t未満の比較的軽いつり荷に係る玉掛け作業においても死亡災害が相当数発生している。

　このような状況を踏まえて、今般、玉掛け作業に起因する労働災害を防止するため、玉掛け者はもちろんのこと、クレーンの運転者、合図者等の玉掛け作業に関わる労働者の基本的な作業分担、作業の実施に際しての留意事項等を取りまとめた「玉掛け作業の安全に係るガイドライン」を別添のとおり策定したので、関係事業者に対し、本ガイドラインの周知徹底を図り、玉掛けに関連する労働災害防止の一層の推進を図られたい。

　なお、本ガイドラインについては、別紙（略）のとおり労働災害防止団体等あて要請を行っているので、了知されたい。

別添
第1　目的
　本ガイドラインは、クレーン、移動式クレーン、デリック又は揚貨装置（以下「クレーン等」という。）の玉掛け作業について安全対策として講じるべき措置を示すことにより、労働安全衛生法施行令第20条第十六号及び労働安全衛生規則第36条第十九号等の労働安全関係法令と相まって、玉掛け作業における労働災害を防止することを目的とする。

第2　事業者等の責務
　玉掛け作業を行う事業者は、本ガイドラインに基づき適切な措置を講ずることにより、玉掛け作業における労働災害の防止に努めるものとする。
玉掛け作業に従事する労働者は、事業者が本ガイドラインに基づいて行う措置に協力するとともに、自らも本ガイドラインに基づく安全作業を実施することにより、玉掛け作業における労働災害の防止に努めるものとする。

第3　事業者が講ずべき措置
1　作業標準等の作成
　　事業者は、玉掛け作業を含む荷の運搬作業（以下「玉掛け等作業」という。）の種類・内容に応じて、従事する労働者の編成、クレーン等の運転者、玉掛け者、合図者、玉掛け補助者等の作業分担、使用するクレーン等の種類及び能力、使用する玉掛用具並びに玉掛けの合図について、玉掛け作業の安全の確保に十分配慮した作業標準を定め、関係労働者に周知すること。また、作業標準が定められていない玉掛け等作業を行う場合は、当該作業を行う前に、作業標準に盛り込むべき事項について明らかにした作業の計画を作成し、作業に従事する労働者に周知すること。
2　玉掛け作業に係る作業配置の決定
　　事業者は、あらかじめ定めた作業標準又は作業の計画に基づき、運搬する荷の質量、形状等を勘案して、玉掛け等作業に係るクレーン等の運転者、玉掛け者、合図者及び玉掛け補助者等の配置を決定するとともに、玉掛け等作業に従事する労働者の中から当該玉掛け等作業に係る責任者（以下「玉掛け作業責任者」という。）を指名すること。また、指名した玉掛け作業責任者に対し、荷の種類、質量、形状及び数量、運搬経路等の作業に関連する情報を通知すること。
3　作業前打合わせの実施
　　事業者は、玉掛け等作業を行うに当たっては、玉掛け作業責任者に、関係労働者を集めて作業開始前の打合わせを行わせるとともに、以下に掲げる事項について、玉掛け等作業に従事する労働者全員に指示、周知させ

ること。
（1）作業の概要
　イ　玉掛けを行うつり荷に関する事項
　　　玉掛けを行うつり荷の種類、質量、形状及び数量を周知させること。
　ロ　運搬経路を含む作業範囲に関する事項
　　　運搬経路を含む作業範囲、当該作業範囲における建物、仮設物等の状況及び当該作業範囲内で他の作業が行われている場合は、その作業の状況を周知させること。
　ハ　労働者の位置に関する事項
　　　玉掛け者、合図者及び玉掛け補助者の作業位置、運搬時の退避位置及びつり荷の振れ止めの作業がある場合は当該作業に係る担当者の位置を周知させること。
（2）作業の手順
　イ　玉掛けの方法に関する事項
　　　玉掛け者に対し、使用する玉掛用具の種類、個数及び玉掛けの方法を指示すること。また、複数の労働者で玉掛けを行う場合は、主担当者を定めること。
　ロ　使用するクレーン等に関する事項
　　　使用するクレーン等の仕様（定格荷重、作業半径）について玉掛け作業に従事する労働者全員に周知するとともに、移動式クレーンを使用する場合は、当該移動式クレーンの運転者に対し、据付位置、据付方向及び転倒防止措置について確認すること。
　ハ　合図に関する事項
　　　使用する合図について具体的に指示するとともに、関係労働者に合図の確認を行わせること。
　ニ　他の作業との調整に関する事項
　　　運搬経路において他の作業が行われている場合には、当該作業を行っている労働者に退避を指示する者を指名するとともに、当該指示者に対し退避の時期及び退避場所を指示すること。
　ホ　緊急時の対応に関する事項
　　　不安全な状況が把握された場合は、作業を中断することを全員で確認するとともに、危険を感じた場合にクレーン等の運転者に作業の中断を伝達する方法について指示すること。
4　玉掛け作業の実施
　事業者は、玉掛け等作業の作業中においては、各担当者に以下に掲げる事項を実施させなければならないこと。
（1）玉掛け作業責任者が実施する事項
　イ　つり荷の質量、形状及び数量が事業者から指示されたものであるかを確認するとともに、使用する玉掛用具の種類及び数量が適切であることを確認し、必要な場合は玉掛用具の変更、取替え等を行うこと。
　ロ　クレーン等の据付状況及び運搬経路を含む作業範囲内の状況を確認し、必要な場合は、障害物を除去する等の措置を講じること。
　ハ　玉掛けの方法が適切であることを確認し、適切でない場合は玉掛け者に改善を指示すること。
　ニ　つり荷の落下のおそれ等不安全な状況を認知した場合は、直ちにクレーン等の運転者に指示し、作業を中断し、つり荷を着地させる等の措置を講じること。
（2）玉掛け者が実施する事項
　イ　玉掛け作業に使用する玉掛用具を準備するとともに、当該玉掛用具について点検を行い、損傷等が認められた場合は、適正なものと取替えること。
　ロ　つり荷の質量及び形状が指示されたものであるかを確認するとともに、用意された玉掛用具で安全に作業が行えることを確認し、必要な場合は、玉掛け作業責任者に玉掛けの方法の変更又は玉掛用具の取替えを要請すること。
　ハ　玉掛けに当たっては、つり荷の重心を見極め、打合わせで指示された方法で行い、安全な位置に退避した上で、合図者に合図を行うこと。また、地切り時につり荷の状況を確認し、必要な場合は、再度着地させて玉掛けをやり直す等の措置を講じること。
　ニ　荷受けを行う際には、つり荷の着地場所の状況を確認し、打合わせで指示されたまくら、歯止め等を配置し荷が安定するための措置を講じること。また、玉掛用具の取り外しは、着地したつり荷の安定を確認した上で行うこと。
（3）合図者が実施する事項
　イ　クレーン等運転者及び玉掛け者を視認できる場所に位置し、玉掛け者からの合図を受けた際は、関係労働者の退避状況を確認するとともに、運搬経路に第三者の立入等がないことを確認した上で、クレーン等運転者

に合図を行うこと。

   ロ　常につり荷を監視し、運搬経路の状況を確認しながら、つり荷を誘導すること。

   ハ　つり荷が不安定になった場合は、直ちにクレーン等運転者に合図を行い、作業を中断する等の措置を講じること。

   ニ　つり荷を着地させるときは、つり荷の着地場所の状況及び玉掛け者の待機位置を確認した上で行うこと。

（4）クレーン等運転者が実施する事項

   イ　作業開始前に使用するクレーン等に係る点検を行うこと。移動式クレーンを使用する場合は、据付地盤の状況を確認し、必要な場合は、地盤の補強等の措置を要請し、必要な措置を講じた上で、打合わせ時の指示に基づいて移動式クレーンを据え付けること。

   ロ　運搬経路を含む作業範囲の状況を確認し、必要な場合は、玉掛け作業責任者に障害物の除去等の措置を要請すること。

   ハ　つり荷の下に労働者が立入った場合は、直ちにクレーン操作を中断するとともに、当該労働者に退避を指示すること。

   ニ　つり荷の運搬中に定格荷重を超えるおそれが生じた場合は、直ちにクレーン操作を中断するとともに、玉掛け作業責任者にその旨連絡し、必要な措置を講じること。

5　玉掛けの方法の選定

  事業者は、玉掛け作業の実施に際しては、玉掛けの方法に応じて以下の事項に配慮して作業を行わせること。

（1）共通事項

   イ　玉掛用具の選定に当たっては、必要な安全係数を確保するか、又は定められた使用荷重等の範囲内で使用すること。

   ロ　つり角度（図1のa）は、原則として90度以内であること。

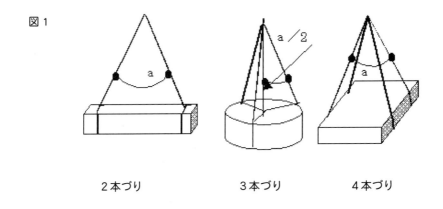

図1

2本づり　　　3本づり　　　4本づり

   ハ　アイボルト形のシャックルを目通しつりの通し部に使用する場合は、ワイヤロープのアイにシャックルのアイボルトを通すこと。

   ニ　クレーン等のフックの上面及び側面においてワイヤロープが重ならないようにすること。

   ホ　クレーン等の作動中は直接つり荷及び玉掛用具に触れないこと。

   ヘ　ワイヤロープ等の玉掛用具を取り外す際には、クレーン等のフックの巻き上げによって引き抜かないこと。

（2）玉掛用ワイヤロープによる方法　標準的な玉掛けの方法は次のとおりであり、それぞれ以下の事項に留意して玉掛け作業を行うこと。

   イ　2本2点つり、3本3点つり、4本4点つり（図2及び図3）

  （イ）2本つりの場合は、荷が回転しないようにつり金具が荷の重心位置より上部に取り付けられていることを確認すること。

  （ロ）フック部でアイの重なりがないようにし、クレーンのフックの方向に合ったアイの掛け順によって掛けること。

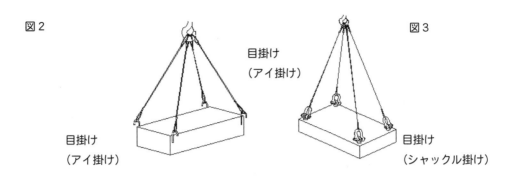

図2

目掛け
（アイ掛け）

目掛け
（アイ掛け）

図3

目掛け
（シャックル掛け）

ロ　2本4点あだ巻きつり、2本2点
　　あだ巻き目通しつり（図4及び図5）
（イ）あだ巻き部で玉掛け用ワイヤ
　　　ロープが重ならないようにするこ
　　　と。
（ロ）目通し部を深しぼりする場合は、
　　　玉掛け用ワイヤロープに通常の2
　　　倍から3倍の張力が作用するもの
　　　として、その張力に見合った玉掛
　　　用具を選定すること。
ハ　2本4点半掛け（図6）
　　つり荷の安定が悪い（運搬時の荷
　　の揺れ等により玉掛け用ワイヤ
　　ロープの掛け位置が移動すること
　　がある）ため、つり角度は原則と
　　して60度以内とするとともに、当
　　て物等により玉掛け用ワイヤロー
　　プがずれないような措置を講じる
　　こと。
ニ　2本2点目通しつり（図7）
（イ）アイボルト形のシャックルを使
　　　用する場合は、（1）共通事項のハ
　　　によること。
（ロ）アイの圧縮止め金具に偏荷重が
　　　作用しないようなつり荷に使用す
　　　ること。

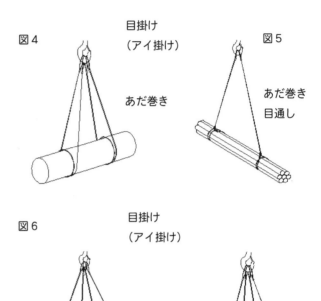

目掛け
（アイ掛け）

図4

あだ巻き

図5

あだ巻き
目通し

図6

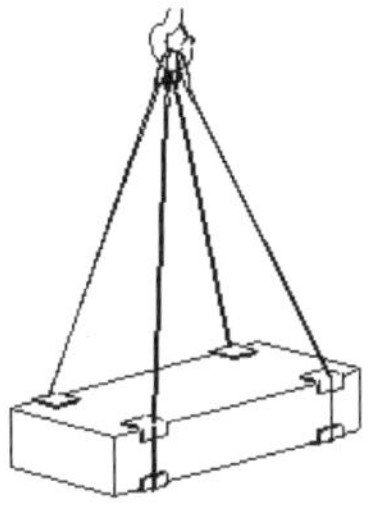

目掛け
（アイ掛け）

半掛け

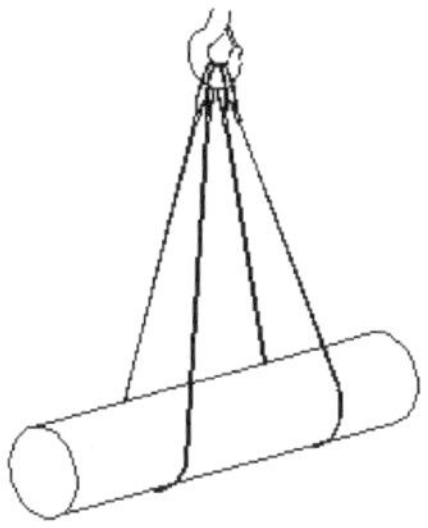

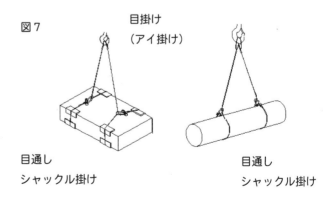

図7

目掛け
（アイ掛け）

目通し
シャックル掛け

目通し
シャックル掛け

ホ　3点調整つり（図8）

（イ）調整器（図中のチェーンブロック）は支え側に使用すること。

（ロ）調整器の上、下フックには、玉掛け用ワイヤロープのアイを掛けること。

（ハ）調整器の操作は荷重を掛けない状態で行うこと。

（ニ）支え側の荷掛けがあだ巻き、目通しの場合は、玉掛け用ワイヤロープが横滑りしない角度（つり角度（図8a）60度程度以内）で行うこと。

図8

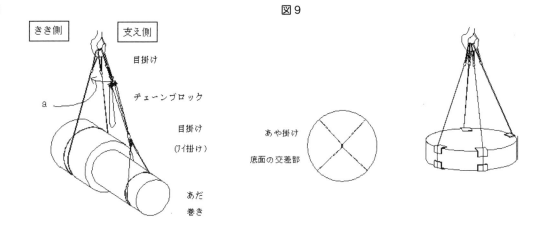

きき側　支え側

目掛け

チェーンブロック

目掛け

（アイ掛け）

あだ

巻き

図9

あや掛け

底面の交差部

へ　あや掛けつり（図9）

（イ）荷の底面の中央で玉掛け用ワイヤロープを交差させること。

（ロ）玉掛け用ワイヤロープの交差部に通常の2倍程度の張力が作用することとして玉掛用具を選定すること。

（3）クランプ、ハッカーを用いた方法

イ　製造者が定めている仕様荷重及び使用範囲を厳守すること。

ロ　汎用クランプを使用する場合は、つり荷の形状に適したものを少なくとも2個以上使用すること。

ハ　つり角度（図10のa）は60度以内とするようにすること。

ニ　掛け巾角度（図10のθ）は30度以内とするようにすること。

ホ　荷掛け時のクランプの圧縮力により、破損又は変形するおそれのあるつり荷には使用しないこと。

へ　つり荷の表面の付着物（油、塗料等）がある場合は、よく取り除いておくこと。

ト　溶接又は改造されたハッカーは使用しないこと。

6　日常の保守点検の実施　事業者は玉掛け用ワイヤロープ等の玉掛用具について以下に従って点検及び補修等を行うこと。

（1）玉掛用具に係る定期的な点検の時期及び担当者を定めること。

（2）点検については別紙の点検方法及び判定基準により実施するとともに、点検結果に応じ必要な措置を講じること。

（3）点検の結果により補修が必要な場合は、加熱、溶接又は局所高加圧による補修は行わないこと。

（4）玉掛用具の保管については、腐食、損傷等を防止する措置を講じた適切な方法で行うこと。

図10

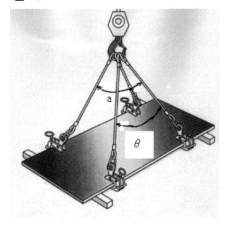

主な玉掛け用具の点検方法及び判定基準

（1）玉掛け用ワイヤロープ

点検部分	点検方法	判定基準
ワイヤロープ部	1　ワイヤロープ1より間の素線の断線の有無を目視で調べる。 2　ワイヤロープの摩耗量をノギス等で調べる。 3　ワイヤロープのキンクの有無を目視で調べる。 4　ワイヤロープの変形の有無を目視で調べる。 5　ワイヤロープのさび、腐食の有無を目視で調べる。 6　アイ部の変形の有無を目視で調べる。 7　アイの編み込み部分の緩みの有無を調べる。	1　素線の数の10％以上の断線がないこと。 2　直径の減少が公称径の7％未満であること。 3　キンクがないこと。 4　著しい変形がないこと。 5　著しいさび、腐食がないこと。 6　著しい変形がないこと。 7　緩みがないこと。
圧縮止め部	1　合金の磨耗量及び傷の有無を目視で調べる。 2　合金部の変形及び広がりの有無を目視で調べる。	1　合金の厚みが、元の厚みの2/3以上あり、著しい傷がないこと。 2　著しい変形、広がりがないこと。

（2）玉掛け用つりチェーン

点検部分	点検方法	判定基準
チェーン	1　き裂の有無を目視で調べる。 2　変形及びねじれの有無を目視で調べる。	1　き裂がないこと。 2　著しい変形、ねじれがないこと。
リンク等	1　リンク、フック等のき裂の有無を目視で調べる。 2　変形及びねじれの有無を目視で調べる。	1　き裂がないこと。 2　著しい変形、ねじれがないこと。

（3）ベルトスリング

点検部分	点検方法	判定基準
ベルト部	損傷（磨耗、傷）の有無を目視で調べる。	1　磨耗は全幅にわたって縫目がわかり、たて糸の損傷及び縁の部分のたて糸の損傷、著しい毛羽立ちが認められないこと。 2　傷は幅方向に幅の1/10、又は厚さ方向に厚さの1/5に相当する傷が認められないこと。 3　使用限界表示のあるものは、その限界表示が著しく露出又は消失が認められないこと。
アイ部	損傷（磨耗、傷）の有無を目視で調べる。	1　縫目がわかり、たて糸の損傷が認められないこと。 2　目立った切り傷、すり傷、ひっかけ傷などが認められないこと。 3　縫糸の切断が認められても、アイの形状が保たれていること。 4　縫製部の剥離が少しでも認められないこと。
金具	損傷（変形、傷、き裂、腐食など）の有無を目視で調べる。	1　変形が認められないこと。 2　著しい当り傷、切り傷がないこと。 3　き裂がないこと。 4　著しい腐食がないこと。

クレーン則

（4）フック

点検部分	点検方法	判定基準
フック	1　口の開き、ねじれの有無を目視で調べる。 2　き裂の有無を目視で調べる。	1　口の開き、ねじれがないこと。 2　き裂がないこと。

（5）クランプ

点検部分	点検方法	判定基準
外観及び作動	1　変形、ねじれの有無を目視で調べる。 2　カム、ロックの機能の異常の有無を調べる。 3　き裂、錆び、アークストライクの有無を目視にて調べる。	1　変形、ねじれがないこと。 2　機能に異常がないこと。 3　き裂、著しい錆び及び、アークストライクがないこと。
カム及びジョー	1　歯の欠け、磨耗の有無を目視で調べる。 2　き裂及び錆びの有無を目視で調べる。	1　歯の欠け量、磨耗量が製造者が指定した使用限度内であること。 2　き裂及び著しい錆びがないこと。
各部のピン	1　曲がりの有無を目視で調べる。 2　磨耗の有無を目視にて調べる。	1　曲がりがないこと。 2　磨耗がないこと。

（6）ハッカー

点検部分	点検方法	判定基準
ハッカー	1　のび、ねじれ、開き、寄りの有無を目視で調べる。 2　爪の当り傷、爪先のだれ、爪の損傷の有無を目視で調べる。 3　き裂の有無を目視で調べる。	1　のび、ねじれ、開き、寄りがないこと。 2　爪の当り傷、だれ、損傷がないこと。 3　き裂がないこと。
アークストライク	アークストライクの有無を目視で調べる。	アークストライクがないこと。

（7）シャックル

点検部分	点検方法	判定基準
本体	1　開き、縮み、ねじれ、磨耗の有無を目視で調べる。 2　き裂の有無を目視で調べる。 3　ねじ部の磨耗又はつぶれをアイボルトを用いて調べる。	1　開き、縮み、ねじれ、磨耗がないこと。 2　き裂がないこと。 3　異常がないこと。
アイボルト、ボルト及びピン	1　曲がりの有無を目視で調べる。 2　き裂の有無を目視で調べる。 3　磨耗の有無を目視で調べる。	1　曲がりがないこと。 2　き裂がないこと。 3　磨耗がないこと。

注：アークストライクとは、アーク溶接の際、母材の上に瞬間的にアークを飛ばし直ちに切ること又はそれによって起こる欠陥をいう。ここではアーク痕のことである。

VII 粉じん障害防止規則

1. 総　　則

事業者の責務	**第1条**　事業者は、粉じんにさらされる労働者の健康障害を防止するため、設備、作業工程又は作業方法の改善、作業環境の整備等必要な措置を講ずるよう努めなければならない。 2　事業者は、じん肺法（昭和35年法律第30号）及びこれに基づく命令並びに労働安全衛生法（以下「法」という。）に基づく他の命令の規定によるほか、粉じんにさらされる労働者の健康障害を防止するため、健康診断の実施、就業場所の変更、作業の転換、作業時間の短縮その他健康管理のための適切な措置を講ずるよう努めなければならない。

> 事業者は、粉じんにさらされる労働者の健康障害を防止するため、①設備、作業工程又は作業方法の改善、作業環境の設備等の必要な措置及び②健康診断の実施、就業場所の変更、作業の転換、作業時間の短縮その他健康管理のための適切な措置を講ずるよう努めなければならないことが明確にされたこと。したがって、事業者は、じん肺を起こすことが明らかな粉じん以外の粉じんによる健康障害の防止についても適切な措置を講ずるよう努めなければならないこと。
>
> （昭54.7.26　基発第382号）

定義等	**第2条**　この省令において、次の各号に掲げる用語の意義は、それぞれ当該各号に定めるところによる。 　一　粉じん作業　別表第1に掲げる作業のいずれかに該当するものをいう。ただし、当該作業場における粉じんの発散の程度及び作業の工程その他からみて、この省令に規定する措置を講ずる必要がないと当該作業場の属する事業場の所在地を管轄する都道府県労働局長（以下「所轄都道府県労働局長」という。）が認定した作業を除く。 　二　特定粉じん発生源　別表第2に掲げる箇所をいう。 　三　特定粉じん作業　粉じん作業のうち、その粉じん発生源が特定粉じん発生源であるものをいう。

> **別表第1　（第2条、第3条関係）**
> 一　鉱物等（湿潤な土石を除く。）を掘削する場所における作業（次号に掲げる作業を除く。）。ただし、次に掲げる作業を除く。
> 　イ　坑外の、鉱物等を湿式により試錐する場所における作業
> 　ロ　屋外の、鉱物等を動力又は発破によらないで掘削する場所における作業
> 一の2　ずい道等の内部の、ずい道等の建設の作業のうち、鉱物等を掘削する場所における作業
> 二　鉱物等（湿潤なものを除く。）を積載した車の荷台を覆し、又は傾けることにより鉱物等（湿潤なものを除く。）を積み卸す場所における作業（次号、第三号の2、第九号又は第十八号に掲げる作業を除く。）
> 三　坑内の、鉱物等を破砕し、粉砕し、ふるい分け、積み込み、又は積み卸す場所における作業（次号に掲げる作業を除く。）。ただし、次に掲げる作業を除く。
> 　イ　湿潤な鉱物等を積み込み、又は積み卸す場所における作業
> 　ロ　水の中で破砕し、粉砕し、又はふるい分ける場所における作業

三の２　ずい道等の内部の、ずい道等の建設の作業のうち、鉱物等を積み込み、又は積み卸す場所における作業

四　坑内において鉱物等（湿潤なものを除く。）を運搬する作業。ただし、鉱物等を積載した車を牽引する機関車を運転する作業を除く。

五　坑内の、鉱物等（湿潤なものを除く。）を充てんし、又は岩粉を散布する場所における作業（次号に掲げる作業を除く。）

五の２　ずい道等の内部の、ずい道等の建設の作業のうち、コンクリート等を吹き付ける場所における作業

五の３　坑内であって、第一号から第三号の２まで又は前２号に規定する場所に近接する場所において、粉じんが付着し、又はたい積した機械設備又は電気設備を移設し、撤去し、点検し、又は補修する作業

六　岩石又は鉱物を裁断し、彫り、又は仕上げする場所における作業（第十三号に掲げる作業を除く。）。ただし、火炎を用いて裁断し、又は仕上げする場所における作業を除く。

七～二十三　略

ア　ずい道等建設工事関係

（ア）ずい道等の内部の、ずい道等の建設の作業のうち、コンクリート等を吹き付ける場所における作業については、従来、別表第１第五号に含まれるとして運用してきたところであるが、今般、粉じん作業として明示することとしたものであること。

（イ）ずい道等建設工事の工法としては、ＮＡＴＭ工法（掘削した地山（岩盤）をロックボルトで止め、表面を吹付けコンクリートで固め、地山の崩壊を防ぎながらずい道等を掘進する工法をいう。）、シールド工法、推進工法等の各工法があるが、いずれの工法によったとしても、別表第１に記載する作業は、原則として、粉じん作業に該当すること。しかし、労働者がずい道等内に入らないずい道等建設工事、密閉式の泥水式シールド工法や密閉式の泥土圧式シールド工法等において、労働者が粉じんにばく露するおそれがない作業については、粉じん作業に該当しないこと。

（ウ）たて坑及び採石法（昭和25年法律第291号）第２条に規定する岩石の採取のための坑は、「ずい道等」には含まれないが、「坑」には含まれるためこれらの坑の内部において行われる作業は、従来どおり、別表第１の「坑内」の作業に該当することに留意すること。

イ　自動溶断・自動溶接関係

（ア）屋内において、金属を溶断し、又はアーク溶接する作業のうち、自動溶断し、又は自動溶接する作業については、従来、別表第１第二十号ただし書で粉じん作業から除外してきたところであるが、近年、粉じん発生量が多いガスシールドアーク溶接による作業が増加していることや、作業実態をみるとこれら機器を操作するオペレーターが粉じん発生源の近くにいる場合も存することから、今般、当該ただし書を削り、粉じん作業に追加することとしたものであること。

（イ）「金属を溶断し」とは、熱エネルギーにより金属を溶かしながら切断するものを言い、ガス溶断、プラズマ溶断、レーザー溶断等があること。

（ウ）第二十号には自動溶断機による溶断中に、火口に近づき、粉じんにばく露するおそれのある作業を含み、溶断機の火口から離れた操作盤の作業、溶断作業に付帯する材料の溶断定盤への搬入・搬出作業、片付け作業等は含まれないこと。

粉じん則

また、自動溶接機による溶接中に、トーチに近づき、粉じんにばく露するおそれのある作業を含み、溶接機のトーチから離れた操作盤の作業、溶接作業に付帯する材料の搬入・搬出作業、片付け作業等は含まれないこと。

（平20. 2.26　基発第0226006号）

別表第2（第2条、第4条、第10条、第11条関係）

一　別表第1第一号又は第一号の2に掲げる作業に係る粉じん発生源のうち、坑内の、鉱物等を動力により掘削する箇所

二　別表第1第三号に掲げる作業に係る粉じん発生源のうち、鉱物等を動力（手持式動力工具によるものを除く。）により破砕し、粉砕し、又はふるい分ける箇所

三　別表第1第三号又は第三号の2に掲げる作業に係る粉じん発生源のうち、鉱物等をずり積機等車両系建設機械により積み込み、又は積み卸す箇所

四　別表第1第三号又は第三号の2に掲げる作業に係る粉じん発生源のうち、鉱物等をコンベヤー（ポータブルコンベヤーを除く。以下この号において同じ。）へ積み込み、又はコンベヤーから積み卸す箇所（前号に掲げる箇所を除く。）

五～十五　略

設備による注水又は注油をする場合の特例	**第3条**　次に掲げる作業を設備による注水又は注油をしながら行う場合には、当該作業については、次章から第6章までの規定は適用しない。 一　別表第1第三号に掲げる作業のうち、坑内の、土石、岩石又は鉱物（以下「鉱物等」という。）をふるい分ける場所における作業 二　別表第1第六号に掲げる作業 三～五　略

2．設備等の基準

特定粉じん発生源に係る措置	第4条　事業者は、特定粉じん発生源における粉じんの発散を防止するため、次の表の上欄〔本書において左欄〕に掲げる特定粉じん発生源について、それぞれ同表の下欄〔本書において右欄〕に掲げるいずれかの措置又はこれと同等以上の措置を講じなければならない。

特定粉じん発生源	措　　置
一　別表第2第一号に掲げる箇所（衝撃式さく岩機を用いて掘削する箇所に限る。）	当該箇所に用いる衝撃式さく岩機を湿式型とすること。
二　別表第2第一号、第三号及び第四号に掲げる箇所（別表第2第一号に掲げる箇所にあっては、衝撃式さく岩機を用いて掘削する箇所を除く。）	湿潤な状態に保つための設備を設置すること。
三　別表第2第二号に掲げる箇所	一　密閉する設備を設置すること。 二　湿潤な状態に保つための設備を設置すること。
四〜十　略	

（1）「これと同等以上の措置」とは、粉じんの抑制能力が表の右欄に掲げる措置の抑制能力と同等以上と考えられるような措置をいい、次のようなものがあること。
　①　特定粉じん発生源を有する場所を他の作業場から隔離すること又は操作室等を設けることにより労働者を特定粉じん発生源を有する場所から隔離すること。
　②　乾式の衝撃式さく岩機に局所集じん装置をとりつけること。
（2）「衝撃式さく岩機」とは、ビットに打撃を与えてせん孔（発破等の小孔をうがつこと）するさく岩機をいい、ビットの回転と打撃をあわせて行う回転打撃式のものも含むこと。また、「湿式型」とはせん孔の際に生じる繰粉を圧力水により孔から排出するものをいうこと。
（3）「湿潤な状態に保つための設備」とは、特定粉じん作業の行われている間常に粉じんの発生源を湿潤な状態に保つことのできる機能を有する設備をいうこと。粉じんの発生源に散水する手段には、例えば、スプリンクラー、シャワー、スプレー・ノズル、散水車、散水ポンプがあること。
（4）「密閉する設備」とは、粉じんが作業場内に発散しないようにその発生源を密閉することのできる設備をいうこと。
　なお、密閉する設備については、粉じんの漏れをなくすため内部の空気を吸引して負圧にしておくことが望ましいこと。
（昭 54.7.26　基発第 382 号、平 10.3.25　基発第 128 号）

換気の実施等	第6条　事業者は、特定粉じん作業以外の粉じん作業を行う坑内作業場（ずい道等（ずい道及びたて坑以外の坑（採石法（昭和 25 年法律第 291 号）第2条に規定する岩石の採取のためのものを除く。）をいう。以下同じ。）の内部において、ずい道等の建設の作業を行うものを除く。）については、当該粉じん作業に係る粉じんを減少させるため、換気装置による換気の実施又はこれと同等以上の措置を講じなければならない。

（1）「坑」とは、横坑のみではなく、たて坑、斜坑も含む趣旨であり、例えば、鉱山における坑道、ずい道建設工事の坑、地下発電所建設のためのたて坑、シールド工法の作業室があること。なお明り掘削の上部を覆工板で覆った工事現場は該当しないこと。

（2）「換気装置による換気」とは、動力により外気と坑内の空気を入れかえることをいい、換気装置は、排気式、送気式、送・排気可変式、送・排気併用式等があること。

（3）「同等以上の措置」としては、粉じん発生源を密閉する設備の設置、粉じん発生源を湿潤な状態に保つための設備の設置のほか、粉じん発生源周辺の空気を吸引し、除じん処理又は排ガス処理を行った後、排出するいわゆる「トンネル換気装置」であって、除じん効率が95パーセント以上のものを使用すること等があること。

（昭54.7.26　基発第382号）

第6条の2　事業者は、粉じん作業を行う坑内作業場（ずい道等の内部において、ずい道等の建設の作業を行うものに限る。次条及び第6条の4第2項において同じ。）については、当該粉じん作業に係る粉じんを減少させるため、換気装置による換気の実施又はこれと同等以上の措置を講じなければならない。

ア　「これと同等以上の措置」とは、ずい道等の長さが短い等換気装置が設置できない場合の措置を規定したものであり、「これと同等以上の措置」には、ポータブルファンの設置等があること。

イ　換気装置による換気の実施に当たっては、平成12年12月26日付け基発第768号の2「ずい道等建設における粉じん対策の推進について」において示された「ずい道等建設工事における粉じん対策に関するガイドライン」（以下「ガイドライン」という。）による「粉じん濃度目標レベル」が達成されるように、「ずい道等建設工事における換気技術指針」（平成3年建設業労働災害防止協会発行（平成14年改訂））等に基づき、換気量を設定する必要があること。

（平20.2.26　基発第0226006号）

第6条の3　事業者は、粉じん作業を行う坑内作業場について、半月以内ごとに1回、定期に、厚生労働大臣の定めるところにより、当該坑内作業場の切羽に近接する場所の空気中の粉じんの濃度を測定し、その結果を評価しなければならない。ただし、ずい道等の長さが短いこと等により、空気中の粉じんの濃度の測定が著しく困難である場合は、この限りでない。

2　事業者は、粉じん作業を行う坑内作業場において前項の規定による測定を行うときは、厚生労働大臣の定めるところにより、当該坑内作業場における粉じん中の遊離けい酸の含有率を測定しなければならない。ただし、当該坑内作業場における鉱物等中の遊離けい酸の含有率が明らかな場合にあつては、この限りでない。

(1) 第6条の3第1項関係

ア 本項は、最新の技術的な知見等に基づき、切羽に近接する場所の粉じんの濃度等の測定及びその結果の評価を義務付けたものであること。

イ 本項の「切羽に近接する場所」は、切羽からおおむね10メートルから50メートルの場所をいうが、粉じん則別表第3第一号の2又は第二号の2の作業を行う場合は、切羽からおおむね20メートルから50メートルの場所として差し支えないこと。

ウ 本項ただし書は、建設工事開始後間もない等の事情により測定の対象となる場所が坑外となるような長さのずい道等については、粉じんの濃度を測定しても適正な換気効果を確認することができないこと、及び測定者が測定箇所に入れないような極めて断面が小さいずい道等については、測定することができないことを考慮し、ずい道等の長さが短いこと等により空気中の粉じんの濃度の測定が著しく困難である場合における測定の義務を免除したものであること。

エ 本項及び第6条の4第2項で規定する粉じんの濃度の測定であって、相対濃度指示方法以外の方法によるものについては、測定の精度を確保するため、第一種作業環境測定士、作業環境測定機関等、当該測定について十分な知識及び経験を有する者により実施されるべきであること。

(2) 第6条の3第2項関係

ア 本項は、切羽に近接する場所における粉じんばく露による健康障害のリスクをより適切に評価するため、粉じん中の遊離けい酸の含有率の測定を義務付けたものであること。

イ 本項ただし書の「当該坑内作業場における鉱物等中の遊離けい酸の含有率が明らかな場合」には、鉱物等又はたい積粉じんの中の遊離けい酸の含有率が分析等により判明している場合、過去に空気中の粉じん中の遊離けい酸の含有率を測定し、その後、切羽における主たる岩石の種類が変わっていない場合、ずい道等掘削工事の前に実施したボーリング調査等による工事区間における主たる岩石の種類に応じ、岩石の種類別に文献等から統計的に求められる標準的な遊離けい酸の含有率を用いて、坑内作業における鉱物等中の遊離けい酸の含有率を得ている場合等が含まれること。

ウ 本項で規定する遊離けい酸の含有率の測定については、第一種作業環境測定士、作業環境測定機関等、当該測定について十分な知識及び経験を有する者により実施されるべきであること。

(令2.6.15 基発0615第6号)

第6条の4 事業者は、前条第1項の規定による空気中の粉じんの濃度の測定の結果に応じて、換気装置の風量の増加その他必要な措置を講じなければならない。

2 事業者は、粉じん作業を行う坑内作業場について前項に規定する措置を講じたときは、その効果を確認するため、厚生労働大臣の定めるところにより、当該坑内作業場の切羽に近接する場所の空気中の粉じんの濃度を測定しなければならない。

3 事業者は、前条又は前項の規定による測定を行つたときは、その都度、次の事項を記録して、これを7年間保存しなければならない。

一 測定日時
二 測定方法
三 測定箇所
四 測定条件
五 測定結果
六 測定を実施した者の氏名
七 測定結果に基づいて改善措置を講じたときは、当該措置の概要
八 測定結果に応じた有効な呼吸用保護具を使用させたときは、当該呼吸用保護具の概要

4 事業者は、前項各号に掲げる事項を、常時各作業場の見やすい場所に掲示し、又は備え付ける等の方法により、労働者に周知させなければならない。

(3)　第6条の4第1項関係

　　本項の「その他必要な措置」には、より効果的な換気方式への変更、集じん装置による集じんの実施、作業工程又は作業方法の改善、風管の設置方法の改善、粉じん抑制剤の使用等が含まれること。

(4)　第6条の4第3項関係

ア　本項第四号の「測定条件」は、使用した測定器具の種類、換気装置の稼働状況、作業の実施状況等測定結果に影響を与える諸条件をいうこと。

イ　本項第五号の「測定結果」には、ろ過捕集方法及び重量分析方法により粉じんの濃度の測定を行った場合には、各測定点における試料空気の捕集流量、捕集時間、捕集総空気量、重量濃度、重量濃度の平均値、サンプリングの開始時刻及び終了時刻が含まれ、相対濃度指示方法により粉じんの濃度の測定を行った場合には、各測定点における相対濃度、質量濃度変換係数、重量濃度及び重量濃度の平均値が含まれるとともに、いずれの方法により粉じんの濃度の測定を行った場合にも、粉じん中の遊離けい酸の含有率及び算出された要求防護係数が含まれること。

ウ　本項第六号の「測定を実施した者の氏名」には、測定を外部に委託して行った場合は、受託者の名称等が含まれること。

エ　本項第八号の「当該呼吸用保護具の概要」には、電動ファン付き呼吸用保護具に係る製造者名、型式の名称、形状の種類 (面体形又はルーズフィット形)、面体の形状の種類 (全面形又は半面形)、漏れ率の性能の等級 (S 級、A 級又は B 級)、ろ過材の性能の等級 (PS1、PS2 又は PS3) 及び指定防護係数が含まれること。

(5)　第6条の4第4項関係

　　本項の「各作業場の見やすい場所に掲示」には、朝礼等で使用する掲示板に掲示することが含まれ、「備え付ける等」の「等」には、書面を労働者に交付すること、磁気ディスクその他これに準ずる物に記録し、かつ、各作業場に労働者が当該記録の内容を常時確認することができる機器を設置することが含まれること。

(令 2.6.15　基発 0615 第 6 号)

ずい道等建設工事における粉じん対策に関するガイドライン（抜粋）

1　省略
2　ずい道等の掘削等作業主任者の職務
　　事業者は、ずい道等の掘削等作業主任者に、次の事項を行わせること。
　（1）空気中の粉じんの濃度等の測定の方法及びその結果を踏まえた掘削等の作業の方法を決定すること。
　（2）換気（局所集じん機、伸縮風管、エアカーテン、移動式隔壁等の採用、粉じん抑制剤若しくはエアレス
　　　吹付等粉じんの発生を抑制する措置の採用又は遠隔吹付の採用等を含む。）の方法を決定すること。
　（3）粉じん濃度等の測定結果に応じて、労働者に使用させる呼吸用保護具を選択すること。
　（4）粉じん濃度等の試料採取機器の設置を指揮し、又は自らこれを行うこと。
　（5）呼吸用保護具の機能を点検し、不良品を取り除くこと。
　（6）呼吸用保護具の使用状況を監視すること。
3〜4　省略
5　粉じん濃度等の測定
　（1）粉じん濃度等の測定
　　　　事業者は、粉じん作業を行う坑内作業場（ずい道等の内部において、ずい道等の建設の作業を行うもの
　　　に限る。以下同じ。）について、半月以内ごとに1回、定期に、当該坑内作業場の切羽に近接する場所にお
　　　ける次の事項について測定を行うこと。
　　　　なお、測定は、別紙「換気の実施等の効果を確認するための空気中の粉じん濃度、風速等の測定方法」に従っ
　　　て実施すること。
　　　　また、事業者は、換気装置を初めて使用する場合、又は施設、設備、作業工程若しくは作業方法につい
　　　て大幅な変更を行った場合にも、測定を行う必要があること。
　　①　空気中の粉じん濃度
　　②　空気中の粉じん中の遊離けい酸の含有率
　　③　風速
　　④　換気装置等の風量
　　⑤　気流の方向
　　（一部省略）
　（2）空気中の粉じん濃度の測定結果の評価
　　　　事業者は、空気中の粉じん濃度の測定を行ったときは、その都度、速やかに、次により当該測定の結果
　　　の評価を行うこと。
　　ア　粉じん濃度目標レベル
　　　　　粉じん濃度目標レベルは2mg／m³以下とすること。
　　　　　ただし、掘削断面積が小さいため、2mg／m³を達成するのに必要な大きさ（口径）の風管又は必要
　　　な本数の風管の設置、必要な容量の集じん装置の設置等が施工上極めて困難であるものについては、可
　　　能な限り、2mg／m³に近い値を粉じん濃度目標レベルとして設定し、当該値を記録しておくこと。
　　イ　評価値の計算
　　　　　空気中の粉じん濃度の測定結果の評価値は、各測定点における測定値を算術平均して求めること。
　　ウ　測定結果の評価
　　　　　空気中の粉じん濃度の測定結果の評価は、評価値と粉じん濃度目標レベルとを比較して、評価値が粉
　　　じん濃度目標レベルを超えるか否かにより行うこと。
　（3）空気中の粉じん濃度の測定結果に基づく措置
　　　　事業者は、評価値が粉じん濃度目標レベルを超える場合には、設備、作業工程又は作業方法の点検を行い、
　　　その結果に基づき換気装置の風量の増加のほか、より効果的な換気方式への変更、集じん装置による集じ
　　　んの実施、作業工程又は作業方法の改善、風管の設置方法の改善、粉じん抑制剤の使用等、作業環境を改
　　　善するための必要な措置を講じること。
　　　　また、事業者は、当該措置を講じたときは、その効果を確認するため、（1）の方法により、空気中の粉
　　　じん濃度の測定を行うこと。

6 有効な呼吸用保護具の使用
　（1）事業者は、坑内作業場で労働者を作業に従事させる場合には、坑内において、常時、防じんマスク、電動ファ
　　ン付き呼吸用保護具等有効な呼吸用保護具（掘削作業、ずり積み作業又はコンクリート等吹付作業にあっ
　　ては、電動ファン付き呼吸用保護具に限る。）を使用させること。
　（2）事業者は、坑内作業場におけるずい道等建設工事の作業のうち、掘削作業、ずり積み作業、又はコンクリー
　　ト等吹付作業のいずれかに労働者を従事させる場合にあっては、別紙2の定めるところにより、当該作業
　　場についての4（1）の測定の結果（別紙1の3（2）に掲げる「標準的な遊離けい酸の含有率」を使用
　　する場合は当該遊離けい酸含有率を含む。）に応じて、当該作業に従事する労働者に有効な電動ファン付き
　　呼吸用保護具を使用させること。
　（3）呼吸用保護具の適正な選択、使用及び保守管理の徹底
　　ア 事業者は、呼吸用保護具の選択、使用及び保守管理に関する方法並びに呼吸用保護具のフィルタの交換
　　　の基準を定めること。
　　イ 事業者は、フィルタの交換日等を記録する台帳を整備すること。当該台帳については、3年間保存する
　　　ことが望ましいこと。
　（4）呼吸用保護具の顔面への密着性の確認
　　事業者は、呼吸用保護具を使用する際には、労働者に顔面への密着性について確認させること。
　（5）呼吸用保護具の備え付け等
　　事業者は、同時に就業する労働者の人数と同数以上の呼吸用保護具を備え、常時有効かつ清潔に保持す
　　ること。
7 粉じん濃度等の測定等の記録
　（1）事業者は、空気中の粉じんの濃度等の測定を行ったときは、その都度、次の事項を記録して、これを7
　　年間保存すること。
　　ア 測定日時
　　イ 測定方法
　　ウ 測定箇所
　　エ 測定条件
　　オ 測定結果
　　カ 測定結果の評価
　　キ 測定及び評価を実施した者の氏名
　　ク 測定結果に基づいて改善措置を講じたときは、当該措置の概要
　　ケ 測定結果に応じた有効な呼吸用保護具を使用させたときは、当該呼吸用保護具の概要
　　　以下略

（平 12.12.26　基発第 768 号の 2、平 20.2.26　基発 0226006 号、令 2.7.20　基発 0720 第 2 号）

臨時の粉じん作業を行う場合等の適用除外	**第7条** 第4条及び前3条の規定は、次の各号のいずれかに該当する場合であって、当該特定粉じん作業に従事する労働者に有効な呼吸用保護具（別表第3第一号の2又は第二号の2に掲げる作業に労働者を従事させる場合にあっては、電動ファン付き呼吸用保護具に限る。）を使用させたときは、適用しない。 　一　臨時の特定粉じん作業を行なう場合 　二　同一の特定粉じん発生源に係る特定粉じん作業を行う期間が短い場合 　三　同一の特定粉じん発生源に係る特定粉じん作業を行う時間が短い場合 2　第5条から前条までの規定は、次の各号のいずれかに該当する場合であって、当該粉じん作業に従事する労働者に有効な呼吸用保護具（別表第3第三号の2に掲げる作業に労働者を従事させる場合にあっては、電動ファン付き呼吸用保護具に限る。）を使用させたときは、適用しない。 　一　臨時の粉じん作業であって、特定粉じん作業以外のものを行う場合 　二　同一の作業場において特定粉じん作業以外の粉じん作業を行う期間が短い場合 　三　同一の作業場において特定粉じん作業以外の粉じん作業を行う時間が短い場合

> （1）本条第1項各号のいずれかに該当する場合又は本条第2項各号のいずれかに該当する場合にあっては、粉じん作業が常態として行われないことから、当該粉じん作業に従事する労働者に有効な呼吸用保護具を着用させた場合には第4条、第5条及び第6条の規定は適用されないこととされたこと。
> （2）第1項及び第2項の「有効な呼吸用保護具」とは、送気マスク（JIST8153規格を具備するものに限る。以下同じ。別添1〔省略〕参照）、空気呼吸器（JIST8155規格を具備するものに限る。以下同じ。別添2〔省略〕参照）又は国家検定に合格した防じんマスク若しくは電動ファン付き呼吸用保護具（別表第2第六号に係る特定粉じん作業にあっては、送気マスク又は空気呼吸器に限る。）をいうこと。
> 　また、第1項において、別表第3第一号の2又は第二号の2に掲げる作業に係る有効な呼吸用保護具は電動ファン付き呼吸用保護具に限るものとし、第2項において、別表第3第三号の2に掲げる作業に係る有効な呼吸用保護具についても同様としたこと。
> （3）第1項第一号の「臨時」とは、一期間をもって終了し、くり返されない作業であって、かつ、当該作業を行う期間が概ね3月を超えない場合をいうこと。
> （4）第1項第二号の「同一の特定粉じん発生源に係る特定粉じん作業を行う期間が短い場合」とは、同一の特定粉じん発生源に係る同一の特定粉じん作業を行う期間が1月を超えず、かつ、当該作業の終了の日から6月以内の間に当該特定粉じん発生源に係る次の特定粉じん作業が行われないことが明らかな場合をいうこと。
> （5）第1項第三号の「同一の特定粉じん発生源に係る特定粉じん作業を行なう時間が短い場合」とは、同一の特定粉じん発生源に係る特定粉じん作業が、連日に行われる場合にあっては、1日当たり当該作業時間が最大1時間以内であるときをいい、連日行われない場合にあっては当該作業時間の1日当たりの平均が概ね1時間以内である場合をいうこと。
> （6）第2項第一号、第二号及び第三号の規定の趣旨は、それぞれ第1項第一号、第二号及び第三号の趣旨と同一であること。
> （昭54.7.26　基発第382号、平26.11.28　基発1128第12号）

粉じん則

3. 管　理

特別の教育	**第22条**　事業者は、常時特定粉じん作業に係る業務に労働者を就かせるときは、当該労働者に対し、次の科目について特別の教育を行わなければならない。 　一　粉じんの発散防止及び作業場の換気の方法 　二　作業場の管理 　三　呼吸用保護具の使用の方法 　四　粉じんに係る疾病及び健康管理 　五　関係法令 2　労働安全衛生規則（昭和47年労働省令第32号。以下「安衛則」という。）第37条及び第38条並びに前項に定めるもののほか、同項の特別の教育の実施について必要な事項は、厚生労働大臣が定める。

> じん肺の予防対策の実効をあげるためには、事業者による健康管理や環境対策の実施に加え、個々の労働者がこれらの諸対策を十分に理解し、事業者の行う措置に協力することが重要であることから、事業者は、常時「特定粉じん作業に係る業務」に労働者を就かせる場合には、一定の科目について特別の教育を行わければならないこととされたこと。
> なお、この種の教育は、くり返し行うことにより一層効果を定着させることができることから、当該業務に労働者を就かせた後もくり返し教育を行うよう指導すること。
> （昭54.7.26　基発第382号）

休憩設備	**第23条**　事業者は、粉じん作業に労働者を従事させるときは、粉じん作業を行う作業場以外の場所に休憩設備を設けなければならない。ただし、坑内等特殊な作業場で、これによることができないやむを得ない事由があるときは、この限りでない。 2　事業者は、前項の休憩設備には、労働者が作業衣等に付着した粉じんを除去することのできる用具を備え付けなければならない。 3　労働者は、粉じん作業に従事したときは、第1項の休憩設備を利用する前に作業衣等に付着した粉じんを除去しなければならない。

> （1）「粉じん作業を行う作業場以外の場所」には、粉じん作業を行う屋内作業場と同一建屋内であっても、隔壁等により遮断されていたり、粉じん作業を行っている箇所と距離が離れていること等により粉じんにばく露されない場所が含まれること。
> （2）「休憩設備」には、休憩室のほかソファー、ベンチが含まれること。
> （3）第1項の「坑内等」の「等」には、ずい道の内部が含まれること。
> （4）第2項及び第3項の「作業衣等」の「等」には、保護帽、帽子、靴、手袋があること。
> （5）第2項の「用具」には、衣服用ブラシ、靴をぬぐうマットがあること。
> （6）坑内等特殊な作業場については、本条の適用を除外しているが、このような作業場においても労働者を休憩させるときは、粉じんばく露のできる限り少ない場所で休憩させるのが望ましいこと。
> （昭54.7.26　基発第382号）

清掃の実施	**第24条**　事業者は、粉じん作業を行う屋内の作業場所については、毎日１回以上、清掃を行わなければならない。 ２　事業者は、粉じん作業を行う屋内作業場の床、設備等及び前条第１項の休憩設備が設けられている場所の床等（屋内のものに限る。）については、たい積した粉じんを除去するため、１月以内ごとに１回、定期に、真空掃除機を用いて、又は水洗する等粉じんの飛散しない方法によって清掃を行わなければならない。ただし、粉じんの飛散しない方法により清掃を行うことが困難な場合で当該清掃に従事する労働者に有効な呼吸用保護具を使用させたときは、その他の方法により清掃を行なうことができる。
発破終了後の 措置	**第24条の２**　事業者は、ずい道等の内部において、ずい道等の建設の作業のうち、発破の作業を行ったときは、発破による粉じんが適当に薄められた後でなければ、発破をした箇所に労働者を近寄らせてはならない。 実際上は、ずい道等建設工事の開始前に、当該ずい道等建設工事現場における岩質、工法、換気装置や集じん装置等の使用機械等を踏まえ、事業者において、粉じんが適当に薄まるために必要な時間をあらかじめ試算し、当該設定時間の適否について、初期の実際の発破作業後に、粉じん濃度を測定し確認することとし、当該測定結果を記録しておくこと。なお、当該確認によって、適切と判断された後は、岩質等に大きな変化が生じない限り、前記時間に従って発破終了後の措置を実施して差し支えないこと。したがって、この場合発破作業を行うたびに粉じん濃度を測定する必要はないものであること。 また、「粉じんが適当に薄められた」の判断基準としては、ガイドライン第３の４の（２）のイ「粉じん濃度目標レベル」を指標とすること。 （平20.2.26　基発第0226006号）

呼吸用保護具 の使用	**第 27 条**　事業者は、別表第 3 に掲げる作業（次項に規定する作業を除く。）に労働者を従事させる場合（第 7 条第 1 項各号又は第 2 項各号に該当する場合を徐く。）にあっては、当該作業に従事する労働者に有効な呼吸用保護具（別表第 3 第五号に掲げる作業に労働者を従事させる場合にあっては、送気マスク又は空気呼吸器に限る。）を使用させなければならない。ただし、粉じんの発生源を密閉する設備、局所排気装置又はプッシュプル型換気装置の設置、当該作業に係る粉じんの発生源を湿潤な状態に保つための設備の設置等の措置であって、当該作業に係る粉じんの発散を防止するために有効なものを講じたときは、この限りでない。 2　事業者は、別表第 3 第一号の 2、第二号の 2 又は第三号の 2 に掲げる作業に労働者を従事させる場合（第 7 条第 1 項各号又は第 2 項各号に該当する場合を除く。）にあっては、厚生労働大臣の定めるところにより、当該作業場についての第 6 条の 3 及び第 6 条の 4 第 2 項の規定による測定の結果（第 6 条の 3 第 2 項ただし書に該当する場合には、鉱物等中の遊離けい酸の含有率を含む。）に応じて、当該作業に従事する労働者に有効な電動ファン付き呼吸用保護具を使用させなければならない。 3　労働者は、第 7 条、第 8 条、第 9 条第 1 項、第 24 条第 2 項ただし書及び前 2 項の規定により呼吸用保護具の使用を命じられたときは、当該呼吸用保護具を使用しなければならない。 別表第 3 （第 7 条、第 27 条関係） 一　別表第 1 第一号に掲げる作業のうち、坑外において、衝撃式さく岩機を用いて掘削する作業 一の 2　別表第 1 第一号の 2 に掲げる作業のうち、動力を用いて掘削する場所における作業 二　別表第 1 第二号から第三号の 2 までに掲げる作業のうち、屋内又は坑内の、鉱物等を積載した車の荷台をくつがえし、又は傾けることにより鉱物等を積み卸す場所における作業（次号に掲げる作業を除く。） 二の 2　別表第 1 第三号の 2 に掲げる作業のうち、動力を用いて鉱物等を積み込み、又は積み卸す場所における作業 三　別表第 1 第五号に掲げる作業 三の 2　別表第 1 第五号の 2 に掲げる作業 三の 3　別表第 1 第五号の 3 に掲げる作業 四　別表第 1 第六号に掲げる作業のうち、屋内又は坑内において、手持式又は可搬式動力工具を用いて岩石又は鉱物を裁断し、彫り、又は仕上げする作業 五　別表第 1 第六号又は第七号に掲げる作業のうち、屋外の、研ま材の吹き付けにより、研まし、又は岩石若しくは鉱物を彫る場所における作業 六　別表第 1 第七号に掲げる作業のうち、屋内、坑内又はタンク、船舶、管、車両等の内部において、手持式又は可搬式動力工具（研磨材を用いたものに限る。次号において同じ。）を用いて、岩石。鉱物若しくは金属を研磨し、若しくはばり取りし、又は金属を裁断する作業 六の 2　別表第 1 第七号に掲げる作業のうち、屋外において、手持式又は可搬式動力工具を用いて、岩石又は鉱物を研磨し、又はばり取りする作業

本項は、第6条の3及び第6条の4第2項の規定による測定結果等に応じて、有効な電動ファン付き呼吸用保護具を適切に選択し、それを労働者に使用させることを事業者に義務付ける趣旨であること。また、本項に規定する電動ファン付き呼吸用保護具の要件については、別途、大臣告示において示す予定であること。

（令2.6.15　基発0615第6号）

電気雷管の運搬、電気雷管を取り付けた薬包（火薬類取締法施行規則（昭和25年通商産業省令第88号）第55条の「薬包」をいう。）の装填及び電気雷管の結線の作業（以下「雷管取扱作業」という。）は、粉じん作業に該当せず、呼吸用保護具の使用は義務付けられていないものの、ガイドラインに基づき坑内において有効な呼吸用保護具を使用させる場合は、漏電等による爆発を防止するために、電動ファン付き呼吸用保護具以外の労働安全衛生法第44条の2の型式検定に合格した防じんマスクを使用させること。

ただし、電動ファンを停止しても型式検定に合格した防じんマスクと同等以上の防じん機能を有する電動ファン付き呼吸用保護具を使用する場合で、雷管取扱作業を開始する前に、漏電等による爆発のおそれのない安全な場所で、当該電動ファン付き呼吸用保護具の電池を取り外し保管したうえで、当該雷管取扱作業を行うときは、この限りでないこと。

（平20.2.26　基発第0226006号）

※アーク溶接作業について

「金属をアーク溶接する作業」は、粉じん作業に該当する（粉じん則第2条、別表第1第20号の2）。このため、粉じん則23条（休憩設備）、27条（呼吸用保護具の使用）等の適用がある。

なお、粉じん則以外の規制に関するポイントは次のとおり。

①「アーク溶接機を用いて行う金属の溶接、溶断等の業務」（安衛則第36条三号）に従事させる場合は、特別教育が必要

②金属アーク溶接作業時に発生する「溶接ヒューム」は、特定化学物質（第2類物質）に該当するので、特定化学物質作業主任者の選任（特化則第27条）、特殊健康診断（39条）等の対象となる。

Ⅷ　石綿障害予防規則

1. 総　　則

事業者の責務	**第1条**　事業者は、石綿による労働者の肺がん、中皮腫その他の健康障害を予防するため、作業方法の確立、関係施設の改善、作業環境の整備、健康管理の徹底その他必要な措置を講じ、もって、労働者の危険の防止の趣旨に反しない限りで、石綿にばく露される労働者の人数並びに労働者がばく露される期間及び程度を最小限度にするよう努めなければならない。 2　事業者は、石綿を含有する製品の使用状況等を把握し、当該製品を計画的に石綿を含有しない製品に代替するよう努めなければならない。
定　　義	**第2条**　この省令において「石綿等」とは、労働安全衛生法施行令（以下「令」という。）第6条第二十三号に規定する石綿等をいう。 2、3項省略 4　この省令において「石綿分析用試料等」とは、令第6条第二十三号に規定する石綿分析用試料等をいう。 ┌─────────────────────────────────┐ **参考：労働安全衛生法施行令第6条第二十三号** 石綿若しくは石綿をその重量の0.1パーセントを超えて含有する製剤その他の物（以下「石綿等」という。）を取り扱う作業（試験研究のため取り扱う作業を除く。）又は石綿等を試験研究のため製造する作業若しくは第16条第1項第四号イからハまでに掲げる石綿で同号の厚生労働省令で定めるもの若しくはこれらの石綿をその重量の0.1パーセントを超えて含有する製剤その他の物（以下「石綿分析用試料等」という。）を製造する作業 └─────────────────────────────────┘

2．石綿等を取り扱う業務等に係る措置

① 解体等の業務に係る措置

事前調査及び分析調査	**第3条** 事業者は、建築物、工作物又は船舶（鋼製の船舶に限る。以下同じ。）の解体又は改修（封じ込め又は囲い込みを含む。）の作業（以下「解体等の作業」という。）を行うときは、石綿による労働者の健康障害を防止するため、あらかじめ、当該建築物、工作物又は船舶（それぞれ解体等の作業に係る部分に限る。以下「解体等対象建築物等」という。）について、石綿等の使用の有無を調査しなければならない。 2　前項の規定による調査（以下「事前調査」という。）は、解体等対象建築物等の全ての材料について次に掲げる方法により行わなければならない。 　一　設計図書等の文書（電磁的記録を含む。以下同じ。）を確認する方法。ただし、設計図書等の文書が存在しないときは、この限りでない。 　二　目視により確認する方法。ただし、解体等対象建築物等の構造上目視により確認することが困難な材料については、この限りでない。 3　前項の規定にかかわらず、解体等対象建築物等が次の各号のいずれかに該当する場合は、事前調査は、それぞれ当該各号に定める方法によることができる。 　一　既に前項各号に掲げる方法による調査に相当する調査が行われている解体等対象建築物等　当該解体等対象建築物等に係る当該相当する調査の結果の記録を確認する方法 　二　船舶の再資源化解体の適正な実施に関する法律（平成30年法律第61号）第4条第1項の有害物質一覧表確認証書（同条第2項の有効期間が満了する日前のものに限る。）又は同法第8条の有害物質一覧表確認証書に相当する証書（同法附則第5条第2項に規定する相当証書を含む。）の交付を受けている船舶　当該船舶に係る同法第2条第6項の有害物質一覧表を確認する方法 　三　建築物若しくは工作物の新築工事若しくは船舶（日本国内で製造されたものに限る。）の製造工事の着工日又は船舶が輸入された日（第5項第四号において「着工日等」という。）が平成18年9月1日以降である解体等対象建築物等（次号から第八号までに該当するものを除く。）　当該着工日等を設計図書等の文書で確認する方法 　四　平成18年9月1日以降に新築工事が開始された非鉄金属製造業の用に供する施設の設備（配管を含む。以下この項において同じ。）であって、平成19年10月1日以降にその接合部分にガスケットが設置されたもの　当該新築工事の着工日及び当該ガスケットの設置日を設計図書等の文書で確認する方法 　五　平成18年9月1日以降に新築工事が開始された鉄鋼業の用に供する施設の設備であって、平成21年4月1日以降にその接合部分にガスケット又はグランドパッキンが設置されたもの　当該新築工事の着工日及び当該ガスケット又はグランドパッキンの設置日を設計図書等の文書で確認する方法 　六　平成18年9月1日以降に製造工事が開始された潜水艦であって、平成21年4月1日以降にガスケット又はグランドパッキンが設置されたもの　当該製造工事の着工日及び当該ガスケット又はグランドパッキンの設置日を設計図書等の文書で確認する方法 　七　平成18年9月1日以降に新築工事が開始された化学工業の用に供する施設（次号において「化学工業施設」という。）の設備であって、平成23年3月1日以降にその接合部分にグランドパッキンが設置されたもの　当該新築工事の着工日及び当該グランドパッキンの設置日を設計図書等の文書で確認する方法 　八　平成18年9月1日以降に新築工事が開始された化学工業施設の設備であって、平成24年3月1日以降にその接合部分にガスケットが設置されたもの　当該新築工事の着工日及び当該ガスケットの設置日を設計図書等の文書で確認する方法

4　事業者は、事前調査を行ったにもかかわらず、当該解体等対象建築物等について石綿等の使用の有無が明らかとならなかったときは、石綿等の使用の有無について、分析による調査 (以下「分析調査」という。) を行わなければならない。ただし、事業者が、当該解体等対象建築物等について石綿等が使用されているものとみなして労働安全衛生法 (以下「法」という。) 及びこれに基づく命令に規定する措置を講ずるときは、この限りでない。

※〔編注〕令和5年10月1日から、現行の4項は5項に移行し、第4項として下記が追加されます。
4　事業者は、事前調査のうち、建築物に係るものについては、前項各号に規定する場合を除き、適切に当該調査を実施するために必要な知識を有する者として厚労労働大臣が定めるものに行わせなければならない。

参考：石綿障害予防規則第3条第4項の規定に基づき厚生労働大臣が定める者
（令和2年厚生労働省告示第276号）

石綿障害予防規則第3条第4項の規定に基づき厚生労働大臣が定める者は、次の各号に掲げる調査対象物の区分に応じ、それぞれ当該各号に定める者とする。
　一　建築物 (建築物石綿含有建材調査者講習登録規程第2条第4項に規定する一戸建ての住宅及び共同住宅の住戸の内部 (次号において「一戸建て住宅等」という。) を除く。)
　　　同条第2項に規定する一般建築物石綿含有建材調査者、同条第3項に規定する特定建築物石綿含有建材調査者又はこれらの者と同等以上の能力を有すると認められる者
　二　一戸建て住宅等
　　　前号に掲げる者又は登録規程第2条第4項に規定する一戸建て等石綿含有建材調査者

5　事業者は、事前調査又は分析調査 (以下「事前調査等」という。) を行ったときは、当該事前調査等の結果に基づき、次に掲げる事項 (第3項第三号から第八号までの場合においては、第一号から第四号までに掲げる事項に限る。) の記録を作成し、これを事前調査を終了した日 (分析調査を行った場合にあっては、解体等の作業に係る全ての事前調査を終了した日又は分析調査を終了した日のうちいずれか遅い日)(第三号及び次項第一号において「調査終了日」という。) から3年間保存するものとする。
　一　事業者の名称、住所及び電話番号
　二　解体等の作業を行う作業場所の住所並びに工事の名称及び概要
　三　調査終了日
　四　着工日等 (第3項第四号から第八号までに規定する方法により事前調査を行った場合にあっては、設計図書等の文書で確認した着工日及び設置日)
　五　事前調査を行った建築物、工作物又は船舶の構造
　六　事前調査を行った部分 (分析調査を行った場合にあっては、分析のための試料を採取した場所を含む。)
　七　事前調査の方法 (分析調査を行った場合にあっては、分析調査の方法を含む。)
　八　第六号の部分における材料ごとの石綿等の使用の有無 (前項ただし書の規定により石綿等が使用されているものとみなした場合は、その旨を含む。) 及び石綿等が使用されていないと判断した材料にあっては、その判断の根拠
　九　第2項第二号ただし書に規定する材料の有無及び場所

6　事業者は、解体等の作業を行う作業場には、次の事項を、作業に従事する労働者が見やすい箇所に掲示するとともに、次条第1項の作業を行う作業場には、前項の規定による記録の写しを備え付けなければならない。
　一　調査終了日
　二　前項第六号及び第八号に規定する事項の概要
7　第2項第二号ただし書に規定する材料については、目視により確認することが可能となったときに、事前調査を行わなければならない。

※〔編注〕令和5年10月1日から、第6項として、下記が挿入される。現行の第5項は第7項となり、下記のとおり変更される。
6　事業者は、分析調査については、適切に分析調査を実施するために必要な知識及び技能を有する者として厚生労働大臣が定めるものに行わせなければならない。

参考：石綿障害予防規則第3条第6項の規定に基づき厚生労働大臣が定める者（令和2年厚生労働省告示第277号）
　石綿障害予防規則第3条第6項の規定に基づき厚生労働大臣が定める者は、次の各号のいずれかに該当する者とする。
一　分析調査講習を受講し、次条第四号及び第五号の修了考査に合格した者
二　前号に掲げる者と同等以上の知識及び技能を有すると認められる者
　以下略

7　事業者は、事前調査又は分析調査（以下「事前調査等」という。）を行ったときは、当該事前調査等の結果に基づき、次に掲げる事項（第3項第三号から第八号までの場合においては、第一号から第四号までに掲げる事項に限る。）の記録を作成し、これを事前調査を終了した日（分析調査を行った場合にあっては、解体等の作業に係る全ての事前調査を終了した日又は分析調査を終了した日のうちいずれか遅い日）（第三号及び次項第一号において「調査終了日」という。）から3年間保存するものとする。
　一～八　略
　九　事前調査のうち、建築物に係るもの（第3項第三号に掲げる方法によるものを除く。）を行った者（分析調査を行った場合にあっては、当該分析調査を行ったものを含む。）の氏名及び第4項の厚生労働大臣が定める者であることを証明する書類（分析調査を行った場合にあっては、前項の厚生労働大臣が定める者であることを証明する書類を含む。）の写し
　十　略

| 作業計画 | 第4条　事業者は、石綿等が使用されている解体等対象建築物等（前条第4項ただし書の規定により石綿等が使用されているものとみなされるものを含む。）の解体等の作業（以下「石綿使用建築物等解体等作業」という。）を行うときは、石綿による労働者の健康障害を防止するため、あらかじめ、作業計画を定め、かつ、当該作業計画により石綿使用建築物等解体等作業を行わなければならない。 |

2　前項の作業計画は、次の事項が示されているものでなければならない。
　一　石綿使用建築物等解体等作業の方法及び順序
　二　石綿等の粉じんの発散を防止し、又は抑制する方法
　三　石綿使用建築物等解体等作業を行う労働者への石綿等の粉じんのばく露を防止する方法
3　事業者は、第1項の作業計画を定めたときは、前項各号の事項について関係労働者に周知させなければならない。

事前調査の結果等の報告	第4条の2　事業者は、次のいずれかの工事を行おうとするときは、あらかじめ、電子情報処理組織（厚生労働省の使用に係る電子計算機と、この項の規定による報告を行なう者の使用に係る電子計算機とを電気通信回線で接続した電子情報処理組織をいう。）を使用して、次項に掲げる事項を所轄労働基準監督署長に報告しなければならない。 　一　建築物の解体工事（当該工事に係る部分の床面積の合計が80平方メートル以上であるものに限る。） 　二　建築物の改修工事（当該工事の請負代金の額が100万円以上であるものに限る。） 　三　工作物（石綿等が使用されているおそれが高いものとして厚生労働大臣が定めるものに限る。）の解体工事又は改修工事（当該工事の請負代金の額が100万円以上であるものに限る。） 2　前項の規定により報告しなければならない事項は、次に掲げるもの（第3条第3項第三号から第八号までの場合においては、第一号から第四号までに掲げるものに限る。）とする。 　一　第3条第5項第一号から第四号までに掲げる事項及び労働保険番号 　二　解体工事又は改修工事の実施期間 　三　前項第一号に掲げる工事にあっては、当該工事の対象となる建築物（当該工事に係る部分に限る。）の床面積の合計 　四　前項第二号または第三号に掲げる作業にあっては、当該工事に係る請負代金の額 　五　第3条第5項第五号及び第八号に掲げる事項の概要 　六　前条第1項に規定する作業を行う場合にあっては、当該作業に係る石綿作業主任者の氏名 　七　材料ごとの切断等の作業（石綿を含有する材料に係る作業に限る。）の有無並びに当該作業における石綿等の粉じんの発散を防止し、又は抑制する方法及び当該作業を行う労働者への石綿等の粉じんのばく露を防止する方法 3　第1項の規定による報告は、様式第1号による報告書を所轄労働基準監督署長に提出することをもって代えることができる。 4　第1項各号に掲げる工事を同一の事業者が2以上の契約に分割して請け負う場合においては、これを一の契約で請け負ったものとみなして、同項の規定を適用する。 5　第1項各号に掲げる工事の一部を請負人に請け負わせている事業者（当該仕事の一部を請け負わせる契約が2以上あるため、その者が2以上あることとなるときは、当該請負契約のうちの最も先次の請負契約における注文者とする。）があるときは、当該仕事の作業の全部について、当該事業者が同項の規定による報告を行わなければならない。 ※〔編注〕本条は、令和4年4月1日から施行される。
作業の届出	第5条　事業者は、次に掲げる作業を行うときは、あらかじめ、様式第1号の2による届書に当該作業に係る解体等対象建築物等の概要を示す図面を添えて、所轄労働基準監督署長に提出しなければならない。 　一　解体等対象建築物等に吹き付けられている石綿等（石綿等が使用されている仕上げ用塗り材（第六条の三において「石綿含有仕上げ塗材」という。）を除く。）の除去、封じ込め又は囲い込みの作業 　二　解体等対象建築物等に張り付けられている石綿等が使用されている保温材、耐火被覆材（耐火性能を有する被覆材をいう。）等（以下「石綿含有保温材等」という。）の除去、封じ込め又は囲い込みの作業（石綿等の粉じんを著しく発散するおそれがあるものに限る。） 2　前項の規定は、法第88条第3項の規定による届出をする場合にあっては、適用しない。

事前調査の対象

　事前調査に際しては、石綿含有建材であると証明できたものだけを挙げればよいのではなく、各建材について石綿含有の有無を書面調査や現地での目視調査により確認し、石綿含有の有無が不明であれば分析により判定する、もしくは石線ありとみなすことが必要である。

　事前調査は、建築物等の解体工事のほか、改修等工事も対象である。また、石綿則では船舶（鋼製の船舶に限る。）の解体等を行う際にも事前調査が義務付けられている。事前調査の対象は次の表のとおりである。

法令	大気汚染防止法	石綿障害予防規則
解体等工事の対象	建築物、工作物	建築物、工作物 船舶（鋼製の船舶に限る）

　工作物には、工場・事業場における製造施設や煙突だけでなく、土地に固着している構造物が含まれる（建築物よりも工作物の方が幅広い）ことに留意が必要である。

- -

事前調査の実施方法

　事前調査の実施方法の概略は、下図のとおりである。

　事前調査では、まず、書面調査や現地での目視調査を実施し、これらの調査で建材の石綿含有の有無が分からなかった場合は分析調査を行い、石綿含有の有無を判断する。

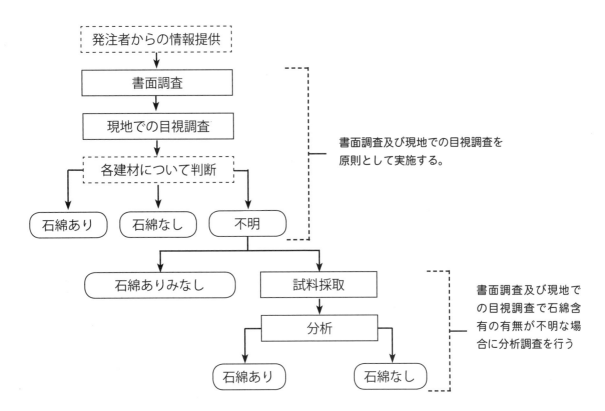

事前調査結果の標識の例

石綿含有吹付け材、石綿含有保温材等の除去等を含む作業（届出対象）

石綿含有吹付け材、石綿含有保温材等の除去等を含む作業（届出対象）記入例 ※掲示サイズは（横 420mm 以上、縦 297mm 以上）

建築物等の解体等の作業に関するお知らせ

本工事は、石綿障害予防規則第 4 条の 2 及び大気汚染防止法第 18 条の 15 第 6 項の規定による事前調査結果の報告[注1]、労働安全衛生法第 88 条第 3 項（労働安全衛生規則第 90 条第五号の二）の規定による計画の届出及び大気汚染防止法第 18 条の 17 第 1 項の規定による事前調査結果の届出を行っております。

石綿障害予防規則第 3 条第 8 項及び大気汚染防止法第 18 条の 15 第 5 項及び同法施行規則第 16 条の 4 第二号の規定により、解体等の作業及び建築物の特定粉じん排出等作業について以下のとおり、お知らせします。

事業場の名称：○○○○解体工事作業所			
届出先及び届出年月日	東京○○ 労働基準監督署 東京 ⑩ 道・府・県 ○○市 ㊞	令和○○年○○月○○日	発注者または自主施工者 氏名又は名称（法人にあっては代表者の氏名）
調査終了年月日		令和○○年○○月○○日	○○不動産（株）代表取締役社長 ○○ ○○
看板 表示日		令和○○年○○月○○日	住所
解体等工事期間	令和○○年○○月○○日 ～ 令和○○年○○月○○日		東京都○区○－○
石綿除去(特定粉じん排出)作業等の作業期間	令和○○年○○月○○日 ～ 令和○○年○○月○○日		

調査方法の概要（調査箇所）

【調査方法】書面調査、現地調査、分析調査	元請業者（工事の施工者かつ調査者）
【調査箇所】建築物全体（1階～4階）	氏名又は名称（法人にあっては代表者の氏名）
※改修等の場合は、改修等を実施するために調査した箇所を記載する。	○○建設株式会社 代表取締役社長 ○○ ○○
（例）1階機械室（改修等工事対象場所）	住所 東京都○区○－○

調査結果の概要（部分と石綿含有建材（特定建築材料）の種類、判断根拠）

【石綿含有あり】	現場責任者氏名 ○○ ○○
1階 機械室 吹付け石綿 クリソタイル	連絡場所 TEL ○3-×××-××××
1階 機械室（石綿含有とみなし）	○○ ○○ を石綿作業主任者に選任しています。
エレベーターシャフト 吹付け石綿 クリソタイル	調査を行った者（分析等の実施者）
【石綿含有なし】○数字は右下欄の「その他の事項」を参照	氏名又は名称及び住所
1～4階 トイレ内PS 保温材③	事前調査・試料採取を実施した者
1～4階 床：ビニル床タイル③、天井：フレキシブルボード④ その他の建材④⑤	①特定建築物石綿含有建材調査者

石綿除去等作業（特定粉じん排出作業）の方法

石綿含有建材（特定建築材料）の処理方法　除去・囲い込み・封じ込め・その他	○○環境（株）氏名 ○○ ○○ 登録番号 ○○○○ 住所：東京都○区○－○
集じん・排気装置　機種・型式・設置数　機種・集じん・排気装置・型式・○○○-2000・設置数：○台	分析を実施した者 ②○○環境分析センター
排気能力(m³/min)　○m³/min（1時間あたりの換気回数4回以上）	氏名 ○○ 登録番号 ○○○○ 住所：埼玉県○市○－○
使用するフィルタの種類及びその集じん効果(%)　HEPAフィルタ ・ 補修効率:99.97% ・ 粒子径:0.3μm	
使用する資材及びその種類　・湿潤用薬液：○○○○ ・固化用薬液：○○○○　・隔離用シート（厚さ：○mm、その他○mm）・接着テープ 等	**その他の事項** 調査結果の概要に示す「石綿含有なし」に記載された○数字は、以下の判断根拠を表す
その他の石綿（特定粉じん）の排出又は飛散の抑制方法　（例）吹付け層に薬液を浸透させる等により表層を被覆する封じ込め工法[注2] ・（例）板状材料で完全に覆うことにより密閉する囲い込み工法[注2]	①目視 ②設計図書 ③分析 ④材料製造者による証明
備考：その他の条例等の届出年月日 ○○区建築物の解体工事等に関する要綱（令和○○年○月○日届出）	⑤材料の製造年月日

注1）工事に係る部分の床面積の合計が 80m² 以上の建築物の解体工事、請負金額 100 万円以上の建築物の改修等工事等の場合
注2）封じ込め工法や囲い込み工法を行う場合の記載例

石綿含有成形板等、石綿含有仕上塗材の除去等作業（届出非対象）

石綿含有成形板等、石綿含有仕上材の除去等作業（届出非対象）記入例 ※掲示サイズは（横 420mm 以上、縦 297mm 以上）

建築物等の解体等の作業に関するお知らせ

本工事は、石綿障害予防規則第 4 条の 2 及び大気汚染防止法第 18 条の 15 第 6 項の規定による事前調査結果の報告[注]を行っております。

石綿障害予防規則第 3 条第 8 項及び大気汚染防止法第 18 条の 15 第 5 項及び同法施行規則第 16 条の 4 第二号の規定により、解体等の作業及び建築物の特定粉じん排出等作業について以下のとおり、お知らせします。

事業場の名称：○○○○解体工事作業所		
調査終了年月日	令和○○年○○月○○日	発注者または自主施工者 氏名又は名称（法人にあっては代表者の氏名）
看板 表示日	令和○○年○○月○○日	○○○○開発（株）代表取締役社長 ○○ ○○
解体等工事期間	令和○○年○○月○○日 ～ 令和○○年○○月○○日	住所
石綿除去(特定粉じん排出)作業等の作業期間	令和○○年○○月○○日 ～ 令和○○年○○月○○日	東京都○区○－○

調査方法の概要（調査箇所）

【調査方法】書面調査、現地調査、分析調査	元請業者（工事の施工者かつ調査者）
【調査箇所】建築物全体（1階～3階）	氏名又は名称（法人にあっては代表者の氏名） ○○建設株式会社 代表取締役社長 ○○ ○○

調査結果の概要（部分と石綿含有建材（特定建築材料）の種類、判断根拠）

【石綿含有あり】	住所 東京都○区○－○
外壁 石綿含有仕上塗材 クリソタイル	現場責任者氏名 ○○ ○○
1階 軒天 石綿含有けい酸カルシウム板第1種 クリソタイル	連絡場所 TEL ○3-×××-××××
2階 事務室・会議室A 床 ビニル床タイル クリソタイル	○○ ○○ を石綿作業主任者に選任しています。
2階 給湯室 天井 フレキシブルボード クリソタイル	調査を行った者（分析等の実施者）
【石綿含有なし】○数字は右下欄の「その他の事項」を参照	氏名又は名称及び住所
1階 倉庫 吹付けロックウール①	事前調査・試料採取を実施した者
1～3階 床：ビニル床シート⑤、壁：けい酸カルシウム板第1種① 天井：岩綿吸音板② その他の建材④⑤	①一般建築物石綿含有建材調査者

石綿除去等作業（特定粉じん排出等作業）の方法

石綿含有建材（特定建築材料）の処理方法　除去・その他	○○環境（株）氏名 ○○ ○○ 登録番号 ○○○○ 住所：東京都○区○－○
特定粉じんの排出又は飛散の抑制方法 ・石綿含有成形板等（例）フレキシブルボードは原則のまま取り外す。ビニル床タイルは湿潤化しながらバール等で除去を行う。石綿含有けい酸カルシウム板第1種は作業場を養生シートで養生（隔離）し、湿潤化しながらバール等で除去を行う。 ・石綿含有仕上塗材（例）剥離剤併用手工具ケレン工法、外周を養生シートで養生（隔離）し、除去を行う。	分析を実施した者 ②○○環境分析センター 氏名 ○○ 登録番号 ○○○○ 住所：埼玉県○市○－○
使用する資材及びその種類　・湿潤用薬液：○○○○ ・剥離剤○○○ ・養生用シート（厚さ：○mm）・接着テープ 等	**その他の事項** 調査結果の概要に示す「石綿含有なし」に記載された○数字は、以下の判断根拠を表す ①目視 ②設計図書 ③分析 ④材料製造者による証明 ⑤材料の製造年月日
備考：その他の条例等の届出年月日 ○○区建築物の解体工事等に関する要綱（令和○○年○月○日届出）	

注）工事に係る部分の床面積の合計が 80m² 以上の建築物の解体工事、請負金額 100 万円以上の建築物の改修等工事等の場合

石綿使用なし記入例

石綿使用なし記入例 ※掲示サイズは（横 420mm 以上、縦 297mm 以上）

建築物等の解体等の作業に関するお知らせ

本工事は、石綿障害予防規則第 4 条の 2 及び大気汚染防止法第 18 条の 15 第 6 項の規定による事前調査結果の報告[注]を行っております。

大気汚染防止法、労働安全衛生法、石綿障害予防規則及び条例等に基づく調査結果をお知らせします。

事業場の名称：○○○○解体工事作業所		
調査終了年月日	令和○○年 ○月 ○日	元請業者（解体等工事の施工者かつ調査者）
看板 表示日	令和○○年 ○月 ○日	氏名又は名称（法人にあっては代表者の氏名）
解体等工事期間	令和○○年 ○月 ○日 ～ 令和○○年 ○月 ○日	○○建設株式会社 代表取締役社長 ○○○○

調査方法の概要（調査箇所）	
【調査方法】書面調査、現地調査、分析調査	住所
※建物の着工日で石綿含有なしを判断した場合は、書面調査のみとなる	東京都○○区○－○
【調査箇所】建築物全体（1階～3階）	
	現場責任者氏名 ○○○○
	連絡場所 TEL ○3-×××-××××

調査結果の概要（部分と石綿含有建材（特定建築材料）の種類、判断根拠）

石綿は使用されていませんでした。（特定工事に該当しません）	調査を行った者（分析等の実施者）
	氏名又は名称及び住所
【石綿含有なし】○数字は右下欄の「その他の事項」を参照	事前調査・試料採取を実施した者
1～3階 床：ビニル床タイル③、ビニル床シート③、天井：岩綿吸音板②、けい酸カルシウム板第1種③、壁：スレートボード⑤	①日本アスベスト調査診断協会登録者 氏名 ○○ 会員番号 ○○○○ 住所：東京都○区○○－○○
外壁 仕上塗材⑤	分析を実施した者
	②○○環境分析センター 代表取締役社長 ○○ ○○
※建物の着工日で石綿含有なしを判断した場合の例 建物の着工日が 2006 年 9 月 1 日以降⑤	登録番号 ○○○○ 住所：埼玉県○○市○○－○○

その他の事項
調査結果の概要に示す「石綿含有なし」に記載された○数字は、以下の判断根拠を表す
①目視 ②設計図書 ③分析 ④材料製造者による証明
⑤材料の製造年月日

注）工事に係る部分の床面積の合計が 80m² 以上の建築物の解体工事、請負金額 100 万円以上の建築物の改修等工事等の場合

事業者は、建設業その他政令で定める業種に属する事業の仕事（建設業に属する事業にあっては、前項の厚生労働省令で定める仕事を除く。）で厚生労働省令で定めるものを開始しようとするときは、その計画を当該仕事の開始の日の 14 日前までに、厚生労働省令で定めるところにより、労働基準監督署長に届け出なければならない。

参考：厚生労働省令で定める仕事（労働安全衛生規則第 90 条第 1 項）
五の 2 　建築物、工作物又は船舶 (鋼製の船舶に限る。次号において同じ。) に吹き付けられている石綿等 (石綿等が使用されている仕上げ用塗り材を除く。) の除去、封じ込め又は囲い込みの作業を行う仕事
五の 3 　建築物、工作物又は船舶に張り付けられている石綿等が使用されている保温材、耐火被覆材 (耐火性能を有する被覆材をいう。) 等の除去、封じ込め又は囲い込みの作業 (石綿等の粉じんを著しく発散するおそれのあるものに限る。) を行う仕事

※様式は 426 ページ「8．様式の抜粋」を参照

吹き付けられた石綿等及び石綿含有保温材等の除去等に係る措置

第 6 条　事業者は、次の作業に労働者を従事させるときは、適切な石綿等の除去等に係る措置を講じなければならない。ただし、当該措置と同等以上の効果を有する措置を講じたときは、この限りでない。
　一　前条第 1 項第一号に掲げる作業 (囲い込みの作業にあっては、石綿等の切断等の作業を伴うものに限る。)
　二　前条第 1 項第二号に掲げる作業 (石綿含有保温材等の切断等の作業を伴うものに限る。)
2　前項本文の適切な石綿等の除去等に係る措置は、次に掲げるものとする。
　一　前項各号に掲げる作業を行う作業場所 (以下この項において「石綿等の除去等を行う作業場所」という。) を、それ以外の作業を行う作業場所から隔離すること。
　二　石綿等の除去等を行う作業場所にろ過集じん方式の集じん・排気装置を設け、排気を行うこと。
　三　石綿等の除去等を行う作業場所の出入口に前室、洗身室及び更衣室を設置すること。これらの室の設置に当たっては、石綿等の除去等を行う作業場所から労働者が退出するときに、前室、洗身室及び更衣室をこれらの順に通過するように互いに連接させること。
　四　石綿等の除去等を行う作業場所及び前号の前室を負圧に保つこと。
　五　第一号の規定により隔離を行った作業場所において初めて前項各号に掲げる作業を行う場合には、当該作業を開始した後速やかに、第二号のろ過集じん方式の集じん・排気装置の排気口からの石綿等の粉じんの漏えいの有無を点検すること。
　六　第二号のろ過集じん方式の集じん・排気装置の設置場所を変更したときその他当該集じん・排気装置に変更を加えたときは、当該集じん・排気装置の排気口からの石綿等の粉じんの漏えいの有無を点検すること。
　七　その日の作業を開始する前及び作業を中断したときは、第三号の前室が負圧に保たれていることを点検すること。
　八　前三号の点検を行った場合において、異常を認めたときは、直ちに前項各号に掲げる作業を中止し、ろ過集じん方式の集じん・排気装置の補修又は増設その他の必要な措置を講ずること。

	3　事業者は、前項第一号の規定により隔離を行ったときは、隔離を行った作業場所内の石綿等の粉じんを処理するとともに、第1項第一号に掲げる作業 (石綿等の除去の作業に限る。) 又は同項第二号に掲げる作業 (石綿含有保温材等の除去の作業に限る。) を行った場合にあっては、吹き付けられた石綿等又は張り付けられた石綿含有保温材等を除去した部分を湿潤化するとともに、石綿等に関する知識を有する者が当該石綿等又は石綿含有保温材等の除去が完了したことを確認した後でなければ、隔離を解いてはならない。
石綿含有成形品の除去に係る措置	第6条の2　事業者は、成形された材料であって石綿等が使用されているもの (石綿含有保温材等を除く。次項において「石綿含有成形品」という。) を建築物、工作物又は船舶から除去する作業においては、切断等以外の方法により当該作業を実施しなければならない。ただし、切断等以外の方法により当該作業を実施することが技術上困難なときは、この限りでない。 2　事業者は、前項ただし書の場合において、石綿含有成形品のうち特に石綿等の粉じんが発散しやすいものとして厚生労働大臣が定めるものを切断等の方法により除去する作業を行うときは、次に掲げる措置を講じなければならない。ただし、当該措置と同等以上の効果を有する措置を講じたときは、この限りでない。 　一　当該作業を行う作業場所を、当該作業以外の作業を行う作業場所からビニルシート等で隔離すること。 　二　当該作業中は、当該石綿含有成形品を常時湿潤な状態に保つこと。
石綿含有仕上げ塗材の電動工具による除去に係る措置	第6条の3　前条第2項の規定は、事業者が建築物、工作物又は船舶の壁、柱、天井等に用いられた石綿含有仕上げ塗材を電動工具を使用して除去する作業に労働者を従事させる場合について準用する。

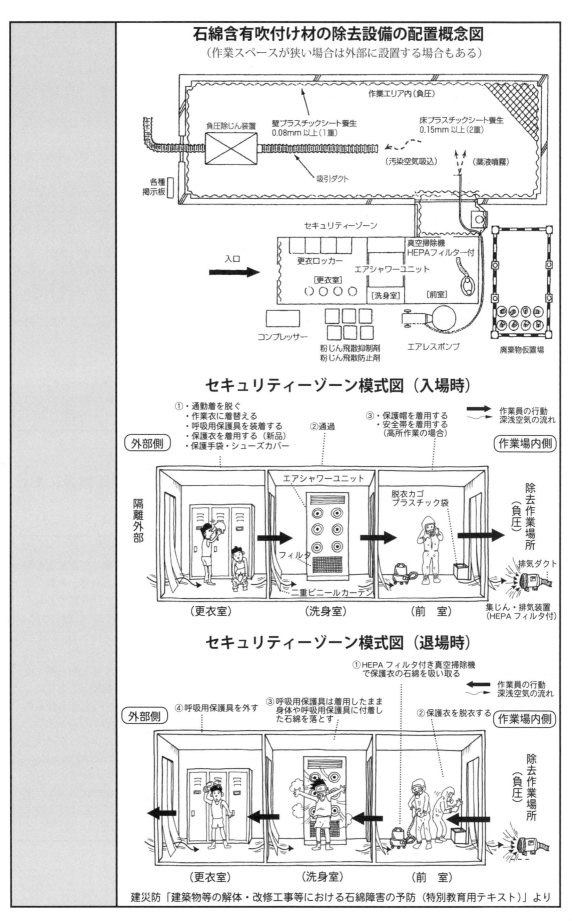

石綿含有吹付け材の除去設備の配置概念図
（作業スペースが狭い場合は外部に設置する場合もある）

作業エリア内（負圧）

負圧除じん装置

壁プラスチックシート養生
0.08mm以上（1重）

床プラスチックシート養生
0.15mm以上（2重）

（汚染空気吸込）　　　　（薬液噴霧）

各種
掲示板

吸引ダクト

セキュリティーゾーン

入口

更衣ロッカー

［更衣室］

真空掃除機
HEPAフィルター付

エアシャワーユニット

［洗身室］　　　　　［前室］

コンプレッサー

粉じん飛散抑制剤
粉じん飛散防止剤

エアレスポンプ

廃棄物仮置場

セキュリティーゾーン模式図（入場時）

① ・通勤着を脱ぐ
・作業衣に着替える
・呼吸用保護具を装着する
・保護衣を着用する（新品）
・保護手袋・シューズカバー

②通過

③ ・保護帽を着用する
・安全帯を着用する
（高所作業の場合）

作業員の行動
深浅空気の流れ

外部側

作業場内側

隔離外部

エアシャワーユニット

フィルタ

二重ビニールカーテン

（更衣室）

（洗身室）

脱衣カゴ
プラスチック袋

（前室）

除去作業場所
（負圧）

排気ダクト

集じん・排気装置
（HEPAフィルタ付）

セキュリティーゾーン模式図（退場時）

①HEPAフィルタ付き真空掃除機
で保護衣の石綿を吸い取る

④呼吸用保護具を外す

③呼吸用保護具は着用したまま
身体や呼吸用保護具に付着し
た石綿を落とす

②保護衣を脱衣する

作業員の行動
深浅空気の流れ

外部側

作業場内側

除去作業場所
（負圧）

（更衣室）

（洗身室）

（前室）

建災防「建築物等の解体・改修工事等における石綿障害の予防（特別教育用テキスト）」より

石綿等の切断等の作業を伴わない作業	第7条　事業者は、次に掲げる作業に労働者を従事させるときは、当該作業場所に当該作業に従事する労働者以外の者（第14条に規定する措置が講じられた者を除く。）が立ち入ることを禁止し、かつ、その旨を見やすい箇所に表示しなければならない。 　一　第5条第1項第一号に掲げる作業（石綿等の切断等の作業を伴うものを除き、囲い込みの作業に限る。） 　二　第5条第1項第二号に掲げる作業（石綿含有保温材等の切断等の作業を伴うものを除き、除去又は囲い込みの作業に限る。） 2　特定元方事業者（法第15条第1項の特定元方事業者をいう。）は、その労働者及び関係請負人（法第15条第1項の関係請負人をいう。以下この項において同じ。）の労働者の作業が、前項各号に掲げる作業と同一の場所で行われるときは、当該作業の開始前までに、関係請負人に当該作業の実施について通知するとともに、作業の時間帯の調整等必要な措置を講じなければならない。
発注者の責務等	第8条　解体等の作業を行う仕事の発注者（注文者のうち、その仕事を他の者から請け負わないで注文している者をいう。次項及び第35条の2第2項において同じ。）は、当該仕事の請負人に対し、当該仕事に係る解体等対象建築物等における石綿等の使用状況等を通知するよう努めなければならない。 2　解体等の作業を行う仕事の発注者は、当該仕事の請負人による事前調査等及び第35条の2第1項の規定による記録の作成が適切に行われるように配慮しなければならない。
建築物の解体等の作業の条件	第9条　解体等の作業を行う仕事の注文者は、事前調査等、当該事前調査等の結果を踏まえた当該作業等の方法、費用又は工期等について、法及びこれに基づく命令の規定の遵守を妨げるおそれのある条件を付さないように配慮しなければならない。

②　労働者が石綿等の粉じんにばく露するおそれがある建築物等における業務に係る措置

	第10条　事業者は、その労働者を就業させる建築物若しくは船舶の壁、柱、天井等又は当該建築物若しくは船舶に設置された工作物（次項及び第4項に規定するものを除く。）に吹き付けられた石綿等又は張り付けられた石綿含有保温材等が損傷、劣化等により石綿等の粉じんを発散させ、及び労働者がその粉じんにばく露するおそれがあるときは、当該吹き付けられた石綿等又は石綿含有保温材等の除去、封じ込め、囲い込み等の措置を講じなければならない。 2　事業者は、その労働者を臨時に就業させる建築物若しくは船舶の壁、柱、天井等又は当該建築物若しくは船舶に設置された工作物（第4項に規定するものを除く。）に吹き付けられた石綿等又は張り付けられた石綿含有保温材等が損傷、劣化等により石綿等の粉じんを発散させ、及び労働者がその粉じんにばく露するおそれがあるときは、労働者に呼吸用保護具及び作業衣又は保護衣を使用させなければならない。 3　労働者は、事業者から前項の保護具等の使用を命じられたときは、これを使用しなければならない。 4　法第34条の建築物貸与者は、当該建築物の貸与を受けた2以上の事業者が共用する廊下の壁等に吹き付けられた石綿等又は張り付けられた石綿含有保温材等が損傷、劣化等により石綿等の粉じんを発散させ、及び労働者がその粉じんにばく露するおそれがあるときは、第1項に規定する措置を講じなければならない。

③　石綿等を取り扱う業務に係るその他の措置

石綿等の切断等の作業に係る措置	**第13条**　事業者は、次の各号のいずれかに掲げる作業に労働者を従事させるときは、石綿等を湿潤な状態のものとしなければならない。ただし、石綿等を湿潤な状態のものとすることが著しく困難なときは、除じん性能を有する電動工具の使用その他の石綿等の粉じんの発散を防止する措置を講ずるように努めなければならない。 　一　石綿等の切断等の作業（第6条の2第2項に規定する作業を除く。） 　二　石綿等を塗布し、注入し、又は張り付けた物の解体等の作業（石綿使用建築物等解体等作業を含み、第6条の3に規定する作業を除く。） 　三　粉状の石綿等を容器に入れ、又は容器から取り出す作業 　四　粉状の石綿等を混合する作業 　五　前各号に掲げる作業、第6条の2第2項に規定する作業又は第6条の3に規定する作業（以下「石綿等の切断等の作業等」という。）において発散した石綿等の粉じんの掃除の作業 2　事業者は、石綿等の切断等の作業等を行う場所に、石綿等の切りくず等を入れるためのふたのある容器を備えなければならない。 厚労省リーフレット「建築物の解体 等の作業における石綿対策」より  **第14条**　事業者は、石綿等の切断等の作業等に労働者を従事させるときは、当該労働者に呼吸用保護具（第6条第2項第一号の規定により隔離を行った作業場所における同条第1項第一号に掲げる作業（除去の作業に限る。第35条の2第2項において「吹付石綿等除去作業」という。）に労働者を従事させるときは、電動ファン付き呼吸用保護具又はこれと同等以上の性能を有する空気呼吸器、酸素呼吸器若しくは送気マスク（同項において「電動ファン付き呼吸用保護具等」という。）に限る。）を使用させなければならない。 2　事業者は、石綿等の切断等の作業等に労働者を従事させるときは、当該労働者に作業衣を使用させなければならない。ただし、当該労働者に保護衣を使用させるときは、この限りでない。 3　労働者は、事業者から前2項の保護具等の使用を命じられたときは、これを使用しなければならない。
立入禁止措置	**第15条**　事業者は、石綿等を取り扱い（試験研究のため使用する場合を含む。以下同じ。）、若しくは試験研究のため製造する作業場又は石綿分析用試料等を製造する作業場には、関係者以外の者が立ち入ることを禁止し、かつ、その旨を見やすい箇所に表示しなければならない。

石綿則

石綿作業主任者の選任	第19条　事業者は、令第6条第二十三号に掲げる作業については、石綿作業主任者技能講習を修了した者のうちから、石綿作業主任者を選任しなければならない。

石綿作業主任者の職務	第20条　事業者は、石綿作業主任者に次の事項を行わせなければならない。 一　作業に従事する労働者が石綿等の粉じんにより汚染され、又はこれらを吸入しないように、作業の方法を決定し、労働者を指揮すること。 二　局所排気装置、プッシュプル型換気装置、除じん装置その他労働者が健康障害を受けることを予防するための装置を1月を超えない期間ごとに点検すること。 三　保護具の使用状況を監視すること。

特別の教育	第27条　事業者は、石綿使用建築物等解体等作業に係る業務に労働者を就かせるときは、当該労働者に対し、次の科目について、当該業務に関する衛生のための特別の教育を行わなければならない。 一　石綿の有害性 二　石綿等の使用状況 三　石綿等の粉じんの発散を抑制するための措置 四　保護具の使用方法 五　前各号に掲げるもののほか、石綿等の粉じんのばく露防止に関し必要な事項

2　労働安全衛生規則（昭和47年労働省令第32号。以下「安衛則」という。）第37条及び第38条並びに前項に定めるもののほか、同項の特別の教育の実施について必要な事項は、厚生労働大臣が定める。

参考：石綿使用建築物等解体等業務特別教育規程

石綿障害予防規則第27条第1項の規定による特別の教育は、学科教育により、次の表上欄〔本書において左欄〕に掲げる科目に応じ、それぞれ、同表中欄に掲げる範囲について同表下欄〔本書において右欄〕に掲げる時間以上行うものとする。

科　目	範　囲	時間
石綿の有害性	石綿の性状 石綿による疾病の病理及び症状 喫煙の影響	0.5時間
石綿等の使用状況	石綿を含有する製品の種類及び用途 事前調査の方法	1時間
石綿等の粉じんの発散を抑制するための措置	建築物、工作物又は船舶（鋼製の船舶に限る。）の解体等の作業の方法 湿潤化の方法 作業場所の隔離の方法 その他石綿等の粉じんの発散を抑制するための措置について必要な事項	1時間
保護具の使用方法	保護具の種類、性能、使用方法及び管理	1時間
その他石綿等のばく露の防止に関し必要な事項	労働安全衛生法（昭和47年法律第57号）、労働安全衛生法施行令（昭和47年政令第318号）、労働安全衛生規則（昭和47年労働省令第32号）及び石綿障害予防規則中の関係条項　石綿等による健康障害を防止するため当該業務について必要な事項	1時間

休憩室	**第28条** 事業者は、石綿等を常時取り扱い、若しくは試験研究のため製造する作業又は石綿分析用試料等を製造する作業に労働者を従事させるときは、当該作業を行う作業場以外の場所に休憩室を設けなければならない。 2 事業者は、前項の休憩室については、次の措置を講じなければならない。 　一　入口には、水を流し、又は十分湿らせたマットを置く等労働者の足部に付着した物を除去するための設備を設けること。 　二　入口には、衣服用ブラシを備えること。 3 労働者は、第1項の作業に従事したときは、同項の休憩室に入る前に、作業衣等に付着した物を除去しなければならない。
床	**第29条** 事業者は、石綿等を常時取り扱い、若しくは試験研究のため製造する作業場又は石綿分析用試料等を製造する作業場及び前条第1項の休憩室の床を水洗等によって容易に掃除できる構造のものとしなければならない。
掃除の実施	**第30条** 事業者は、前条の作業場及び休憩室の床等については、水洗する等粉じんの飛散しない方法によって、毎日1回以上、掃除を行わなければならない。
洗浄設備	**第31条** 事業者は、石綿等を取り扱い、若しくは試験研究のため製造する作業又は石綿分析用試料等を製造する作業に労働者を従事させるときは、洗眼、洗身又はうがいの設備、更衣設備及び洗濯のための設備を設けなければならない。
容器等	**第32条** 事業者は、石綿等を運搬し、又は貯蔵するときは、当該石綿等の粉じんが発散するおそれがないように、堅固な容器を使用し、又は確実な包装をしなければならない。 2 事業者は、前項の容器又は包装の見やすい箇所に石綿等が入っていること及びその取扱い上の注意事項を表示しなければならない。 3 事業者は、石綿等の保管については、一定の場所を定めておかなければならない。 4 事業者は、石綿等の運搬、貯蔵等のために使用した容器又は包装については、当該石綿等の粉じんが発散しないような措置を講じ、保管するときは、一定の場所を定めて集積しておかなければならない。

特別管理産業廃棄物保管場所	
管理責任者名 （または名称）	
連　絡　先	
廃棄物保管の高さ （屋外保管で容器を用いない場合に限る）	
廃棄物保管数量	
廃棄物の種類	

建災防「目で見る石綿作業の安全」より

使用された器具等の付着物の除去	**第32条の2** 事業者は、石綿等を取り扱い、若しくは試験研究のため製造する作業又は石綿分析用試料等を製造する作業に使用した器具、工具、足場等について、付着した物を除去した後でなければ作業場外に持ち出してはならない。ただし、廃棄のため、容器等に梱包したときは、この限りでない。
喫煙等の禁止	**第33条** 事業者は、石綿等を取り扱い、若しくは試験研究のため製造する作業場又は石綿分析用試料等を製造する作業場で労働者が喫煙し、又は飲食することを禁止し、かつ、その旨を当該作業場の見やすい箇所に表示しなければならない。 2 労働者は、前項の作業場で喫煙し、又は飲食してはならない。

掲　示	**第34条**　事業者は、石綿等を取り扱い、若しくは試験研究のため製造する作業場又は石綿分析用試料等を製造する作業場には、次の事項を、作業に従事する労働者が見やすい箇所に掲示しなければならない。 　一　石綿等を取り扱い、若しくは試験研究のため製造する作業場又は石綿分析用試料等を製造する作業場である旨 　二　石綿の人体に及ぼす作用 　三　石綿等の取扱い上の注意事項 　四　使用すべき保護具
作業の記録	**第35条**　事業者は、石綿等の取扱い若しくは試験研究のための製造又は石綿分析用試料等の製造に伴い石綿等の粉じんを発散する場所において常時作業に従事する労働者について、1月を超えない期間ごとに次の事項を記録し、これを当該労働者が当該事業場において常時当該作業に従事しないこととなった日から40年間保存するものとする。 　一　労働者の氏名 　二　石綿等を取り扱い、若しくは試験研究のため製造する作業又は石綿分析用試料等を製造する作業に従事した労働者にあっては、従事した作業の概要、当該作業に従事した期間、当該作業（石綿使用建築物等解体等作業に限る。）に係る事前調査（分析調査を行った場合においては事前調査及び分析調査）の結果の概要並びに次条第1項の記録の概要 　三　石綿等の取扱い若しくは試験研究のための製造又は石綿分析用試料等の製造に伴い石綿等の粉じんを発散する場所における作業（前号の作業を除く。以下この号及び次条第1項第二号において「周辺作業」という。）に従事した労働者（以下この号及び次条第1項第二号において「周辺作業従事者」という。）にあっては、当該場所において他の労働者が従事した石綿等を取り扱い、若しくは試験研究のため製造する作業又は石綿分析用試料等を製造する作業の概要、当該周辺作業従事者が周辺作業に従事した期間、当該場所において他の労働者が従事した石綿等を取り扱う作業（石綿使用建築物等解体等作業に限る。）に係る事前調査及び分析調査の結果の概要、次条1項の記録の概要並びに保護具等の使用状況 　四　石綿等の粉じんにより著しく汚染される事態が生じたときは、その概要及び事業者が講じた応急の措置の概要
作業計画による作業の記録	**第35条の2**　事業者は、石綿使用建築物等解体等作業を行ったときは、当該石綿使用建築物等解体等作業に係る第4条第1項の作業計画に従って石綿使用建築物等解体等作業を行わせたことについて、写真その他実施状況を確認できる方法により記録を作成するとともに、次の事項を記録し、これらを当該石綿使用建築物等解体等作業を終了した日から3年間保存するものとする。 　一　当該石綿使用建築物等解体等作業に従事した労働者の氏名及び当該労働者ごとの当該石綿使用建築物等解体等作業に従事した期間 　二　周辺作業従事者の氏名及び当該周辺作業従事者ごとの周辺作業に従事した期間 2　事業者は、前項の記録を作成するために必要である場合は、当該記録の作成者又は石綿使用建築物等解体等作業を行う仕事の発注者の労働者（いずれも呼吸用保護具（吹付石綿等除去作業が行われている場所に当該者を立ち入らせるときは、電動ファン付き呼吸用保護具等に限る。）及び作業衣又は保護衣を着用する者に限る。）を第6条第2項第一号及び第6条の2第2項第一号（第6条の3の規定により準用する場合を含む。）の規定により隔離された作業場所に立ち入らせることができる。

石綿等取扱い作業の注意事項

418

4．健康診断

健康診断の実施	**第 40 条**　事業者は、令第 22 条第 1 項第三号の業務（石綿等の取扱い若しくは試験研究のための製造又は石綿分析用試料等の製造に伴い石綿の粉じんを発散する場所における業務に限る。）に常時従事する労働者に対し、雇入れ又は当該業務への配置替えの際及びその後 6 月以内ごとに 1 回、定期に、次の項目について医師による健康診断を行わなければならない。 　一　業務の経歴の調査 　二　石綿によるせき、たん、息切れ、胸痛等の他覚症状又は自覚症状の既往歴の有無の検査 　三　せき、たん、息切れ、胸痛等の他覚症状又は自覚症状の有無の検査 　四　胸部のエックス線直接撮影による検査 2　事業者は、令第 22 条第 2 項の業務（石綿等の製造又は取扱いに伴い石綿の粉じんを発散する場所における業務に限る。）に常時従事させたことのある労働者で、現に使用しているものに対し、6 月以内ごとに 1 回、定期に、前項各号に掲げる項目について医師による健康診断を行わなければならない。 3　事業者は、前 2 項の健康診断の結果、他覚症状が認められる者、自覚症状を訴える者その他異常の疑いがある者で、医師が必要と認めるものについては、次の項目について医師による健康診断を行わなければならない。 　一　作業条件の調査 　二　胸部のエックス線直接撮影による検査の結果、異常な陰影（石綿肺による線維増殖性の変化によるものを除く。）がある場合で、医師が必要と認めるときは、特殊なエックス線撮影による検査、喀痰の細胞診又は気管支鏡検査
健康診断の結果の記録	**第 41 条**　事業者は、前条各項の健康診断（法第 66 条第 5 項ただし書の場合において当該労働者が受けた健康診断を含む。次条において「石綿健康診断」という。）の結果に基づき、石綿健康診断個人票（様式第 2 号）を作成し、これを当該労働者が当該事業場において常時当該業務に従事しないこととなった日から 40 年間保存しなければならない。 　┌──────────────────────────────┐ 　**参考：労働安全衛生法第 66 条第 5 項** 　労働者は、前各項の規定により事業者が行なう健康診断を受けなければならない。ただし、事業者の指定した医師又は歯科医師が行なう健康診断を受けることを希望しない場合において、他の医師又は歯科医師の行なうこれらの規定による健康診断に相当する健康診断を受け、その結果を証明する書面を事業者に提出したときは、この限りでない。 　└──────────────────────────────┘ ※様式第 2 号は 427 ページの「8．様式の抜粋」を参照
健康診断の結果についての医師からの意見聴取	**第 42 条**　石綿健康診断の結果に基づく法第 66 条の 4 の規定による医師からの意見聴取は、次に定めるところにより行わなければならない。 　一　石綿健康診断が行われた日（法第 66 条第 5 項ただし書の場合にあっては、当該労働者が健康診断の結果を証明する書面を事業者に提出した日）から 3 月以内に行うこと。 　二　聴取した医師の意見を石綿健康診断個人票に記載すること。 2　事業者は、医師から、前項の意見聴取を行う上で必要となる労働者の業務に関する情報を求められたときは、速やかに、これを提供しなければならない。

事業者は、第 66 条第 1 項から第 4 項まで若しくは第 5 項ただし書又は第 66 条の 2 の規定による健康診断の結果（当該健康診断の項目に異常の所見があると診断された労働者に係るものに限る。）に基づき、当該労働者の健康を保持するために必要な措置について、厚生労働省令で定めるところにより、医師又は歯科医師の意見を聴かなければならない。

参考：労働安全衛生法第 66 条

事業者は、労働者に対し、厚生労働省令で定めるところにより、医師による健康診断を行なわなければならない。

2　事業者は、有害な業務で、政令で定めるものに従事する労働者に対し、厚生労働省令で定めるところにより、医師による特別の項目についての健康診断を行なわなければならない。有害な業務で、政令で定めるものに従事させたことのある労働者で、現に使用しているものについても、同様とする。

3　事業者は、有害な業務で、政令で定めるものに従事する労働者に対し、厚生労働省令で定めるところにより、歯科医師による健康診断を行なわなければならない。

4　都道府県労働局長は、労働者の健康を保持するため必要があると認めるときは、労働衛生指導医の意見に基づき、厚生労働省令で定めるところにより、事業者に対し、臨時の健康診断の実施その他必要な事項を指示することができる。

5　労働者は、前各項の規定により事業者が行なう健康診断を受けなければならない。ただし、事業者の指定した医師又は歯科医師が行なう健康診断を受けることを希望しない場合において、他の医師又は歯科医師の行なうこれらの規定による健康診断に相当する健康診断を受け、その結果を証明する書面を事業者に提出したときは、この限りでない。

参考：労働安全衛生法第 66 条の 2

午後 10 時から午前 5 時まで（厚生労働大臣が必要であると認める場合においては、その定める地域又は期間については午後 11 時から午前 6 時まで）の間における業務（以下「深夜業」という。）に従事する労働者であって、その深夜業の回数その他の事項が深夜業に従事する労働者の健康の保持を考慮して厚生労働省令で定める要件に該当するものは、厚生労働省令に定めるところにより、自ら受けた健康診断（前条第 5 項ただし書の規定による健康診断を除く。）の結果を証明する書面を事業者に提出することができる。

健康診断の結果の通知	第 42 条の 2　事業者は、第 40 条各項の健康診断を受けた労働者に対し、遅滞なく、当該健康診断の結果を通知しなければならない。
健康診断結果報告	第 43 条　事業者は、第 40 条各項の健康診断（定期のものに限る。）を行ったときは、遅滞なく、石綿健康診断結果報告書（様式第 3 号）を所轄労働基準監督署長に提出しなければならない。 ※様式第 3 号は 429 ページの「8．様式の抜粋」を参照

5．保護具

呼吸用保護具	**第44条** 事業者は、石綿等を取り扱い、若しくは試験研究のため製造する作業場又は石綿分析用試料等を製造する作業場には、石綿等の粉じんを吸入することによる労働者の健康障害を予防するため必要な呼吸用保護具を備えなければならない。
保護具の数等	**第45条** 事業者は、前条の呼吸用保護具については、同時に就業する労働者の人数と同数以上を備え、常時有効かつ清潔に保持しなければならない。
保護具等の管理	**第46条** 事業者は、第10条第2項、第14条第1項及び第2項、第35条の2第2項、第44条並びに第48条第六号（第48条の4において準用する場合を含む。）に規定する保護具等が使用された場合には、他の衣服等から隔離して保管しなければならない。 2　事業者及び労働者は、前項の保護具等について、付着した物を除去した後でなければ作業場外に持ち出してはならない。ただし、廃棄のため、容器等に梱包したときは、この限りでない。 ┌─────────────────────────────┐ **参考：石綿障害予防規則第48条第六号** 石綿等を製造し、又は使用する者は、保護前掛及び保護手袋を使用すること。 └─────────────────────────────┘
令第16条第1項第四号の厚生労働省令で定めるもの等	**第46条の2**　令第16条第1項第四号の厚生労働省令で定めるものは、次の各号に掲げる場合の区分に応じ、当該各号に定めるものとする。 　一　令第16条第1項第四号イからハまでに掲げる石綿又はこれらの石綿をその重量の0.1パーセントを超えて含有する製剤その他の物（以下この条において「製造等可能石綿等」という。）を製造し、輸入し、又は使用しようとする場合あらかじめ労働基準監督署長に届け出られたもの 　二　製造等可能石綿等を譲渡し、又は提供しようとする場合製造等可能石綿等の粉じんが発散するおそれがないように、堅固な容器が使用され、又は確実な包装がされたもの 2　前項第一号の規定による届出をしようとする者は、様式第三号の2による届書を、製造等可能石綿等を製造し、輸入し、又は使用する場所を管轄する労働基準監督署長に提出しなければならない。 ┌─────────────────────────────┐ **参考：労働安全衛生法施行令第16条第1項第四号** 石綿（次に掲げる物で厚生労働省令で定めるものを除く。） イ　石綿の分析のための試料の用に供される石綿 ロ　石綿の使用状況の調査に関する知識又は技能の習得のための教育の用に供される石綿 ハ　イ又はロに掲げる物の原料又は材料として使用される石綿 └─────────────────────────────┘

石綿則

6．建築物等の解体等における石綿等の除去等に対する規制の体系

石綿含有建材除去等の工法	切断等による除去				切断等によらない除去			封じ込め、囲い込み	
						石綿含有保温材等		切断等を伴う	切断等を伴わない
建築材料の種類	石綿含有吹付け材		石綿含有保温材等		屋根用折板裏断熱材		配管保温材	石綿含有吹付け材 石綿含有保温材等	
石綿含有建材除去等作業時の飛散防止方法	作業場を負圧隔離養生等	特殊工法（例 グローブバッグの場合）1)	作業場を負圧隔離養生等	特殊工法（例 グローブバッグの場合）1)	断熱材を折板に付けたままの除去	湿潤化して原形のまま取り外し	非石綿部での切断による除去 2)	作業場を負圧隔離養生等	作業場を隔離養生（負圧不要）等
事前調査	要	要	要	要	要	要	要	要	要
事前調査結果の報告	要	要	要	要	要	要	要	要	要
事前調査結果の備え付け	要	要	要	要	要	要	要	要	要
作業計画の作成	要	要	要	要	要	要	要	要	要
大防法及び安衛法・石綿則の届出	要	要	要	要	要	要	安衛法・石綿則は要	要	要
事前調査結果の掲示	要	要	要	要	要	要	要	要	要
作業実施の掲示	要	要	要	要	要	要	要	要	要
喫煙禁止/飲食禁止の掲示	要	要	要	要	要	要	要	要	要
作業主任者の選任	要	要	要	要	要	要	要	要	要
特別教育	要	要	要	要	要	要	要	要	要
保護具着用	要	要	要	要	要	要	要	要	要
作業場への関係者以外立入禁止	要	要	要	要	要	要	要	要	要
隔離	負圧隔離養生	グローブバッグ	負圧隔離養生	グローブバッグ	隔離養生（負圧不要）3)	隔離養生（負圧不要）3)	−	負圧隔離養生	隔離養生（負圧不要）3)
セキュリティゾーンの設置	要	−	要	−	−	−	−	要	−
負圧の確保、集じん・排気装置の設置	要	高性能真空掃除機による除じん	要	高性能真空掃除機による除じん	−	−	−	要	−
機器による漏えいの確認	要	必要に応じて	要	必要に応じて	−	−	−	要	−
負圧の確認	要	−	要	−	−	−	−	要	−
湿潤化	常時要	常時要	常時要	常時要	常時要	常時要	−	常時要	常時要
清掃	要	要	要	要	要	要	−	要	要
取り残し等の確認	要	要	要	要	要	要	要	要	要
粉じん飛散防止処理	要	要	要	要	要	要	−	要	要
隔離解除のための粉じん飛散状況確認	要	−	要	−				要	
事前調査結果、作業内容の記録・保管	要	要	要	要	要	要	要	要	要

備考：「要」は法令上求められる措置を示す。
1）グローブバッグは、局所的に使用されるものである。
2）石綿含有建材に接触せず、振動等による石綿の飛散のおそれがない場合には対象外。
3）劣化による飛散が想定される場合は、負圧隔離養生等を行う。また、劣化により切断等によらない工法で除去等を行うことが難しい場合は、切断等による工法で除去を行う。

石綿含有建材除去等の工法	切断等によらない除去	切断等による除去	切断等によらない除去	切断等による除去	切断等による除去（電動工具は使用しない）		切断等による除去（電動工具を用いて除去）	
建築材料の種類	石綿含有成形板等				石綿含有仕上塗材			
	石綿含有成形板等		石綿含有けい酸カルシウム板第1種					
石綿含有建材除去等時の飛散防止方法	原形のまま取り外し	湿潤化等	原形のまま取り外し	作業場を隔離養生（負圧不要）等	湿潤化		作業場を隔離養生等	
					（例 高圧水洗除去）	（例 剥離剤併用手工具ケレン除去）	（例 ディスクグラインダー除去）	（例 集じん装置付きディスクグラインダー除去（HEPAフィルタ付き））
事前調査	要	要	要	要	要	要	要	要
事前調査結果の報告	要	要	要	要	要	要	要	要
事前調査結果の備え付け	要	要	要	要	要	要	要	要
作業計画の作成	要	要	要	要	要	要	要	要
大防法及び安衛法・石綿則の届出	不要	不要	不要	不要	不要	不要	不要	不要
事前調査結果の掲示	要	要	要	要	要	要	要	要
作業実施の掲示	要	要	要	要	要	要	要	要
喫煙禁止/飲食禁止の掲示	要	要	要	要	要	要	要	要
作業主任者の選任	要	要	要	要	要	要	要	要
特別教育	要	要	要	要	要	要	要	要
保護具着用	要	要	要	要	要	要	要	要
作業場への関係者以外立入禁止	要	要	要	要	要	要	要	要
隔離	−	−	−	隔離養生（負圧不要）	−	−	隔離養生（負圧不要）	−（同等の措置の要件を満たす場合）
湿潤化	−1)	常時要	−1)	常時要	常時要	常時要	常時要	−（同等の措置の要件を満たす場合）
（飛沫防止等の養生）	−	−	−	−	○2)	○2)	−	−
（床防水養生）	−	−	−	−	○2)	−	−	−
（汚染水処理）	−	−	−	−	○2)	−	−	−
清掃	要	要	要	要	要	要	要	要
取り残し等の確認	要	要	要	要	要	要	要	要
事前調査結果、作業内容の記録・保管	要	要	要	要	要	要	要	要

備考：「要」は法令上求められる措置を示す。
1）粉じん飛散防止のために実施することが望ましい。
2）「○」は適切な石綿飛散防止対策のために実施が必要な措置を示す。

石綿則

7．呼吸用保護具、保護衣、作業衣、その他の保護具の例

保護衣（微粒子防護用密閉服）

保護めがね（ゴーグル形）

保護めがね（ゴーグル形）

手袋

シューズカバー

全面形のプレッシャデマンド形エアラインマスクと保護衣の例

全面形の電動ファン付き呼吸用保護具と保護衣の例

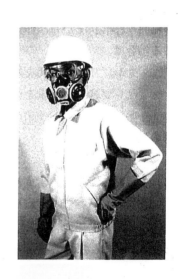

半面形の取替え式防じんマスクと作業衣の例

建災防「石綿粉じんへのばく露防止マニュアル」より

様式第1号（第4条の2関係）（表面）※

事前調査結果等報告

元方事業者に関する事項	事業者の名称	労働保険番号	事業者の住所	事業者の電話番号		
	作業場所の住所					
	工事の概要	工事の名称				
		建築物又は工作物の構造の概要	解体工事又は改修工事の着工日	西暦 年 月 日	建築物又は工作物の新築工事の着工日	西暦 年 月 日
		解体工事又は改修工事の実施期間	西暦 年 月 日～ 年 月 日			
	解体工事を行う床面積の合計 ㎡	解体工事又は改修工事の請負金額 円	事前調査の終了年月日	西暦 年 月 日		
	事前調査を実施した者（作業対象か建築物の場合に限る。以下同じ。）	氏名 / 講習実施機関の名称	分析調査を実施した者	氏名 / 講習実施機関の名称	作業に係る 石綿作業主任者の氏名	
請負事業者に関する事項	事業者の名称	労働保険番号	事業者の住所	事業者の電話番号		
	事前調査を実施した者	氏名 / 講習実施機関の名称	分析調査を実施した者	氏名 / 講習実施機関の名称	作業に係る 石綿作業主任者の氏名	
	事業者の名称	労働保険番号	事業者の住所	事業者の電話番号		
	事前調査を実施した者	氏名 / 講習実施機関の名称	分析調査を実施した者	氏名 / 講習実施機関の名称	作業に係る 石綿作業主任者の氏名	
	事業者の名称	労働保険番号	事業者の住所	事業者の電話番号		
	事前調査を実施した者	氏名 / 講習実施機関の名称	分析調査を実施した者	氏名 / 講習実施機関の名称	作業に係る 石綿作業主任者の氏名	
	事業者の名称	労働保険番号	事業者の住所	事業者の電話番号		
	事前調査を実施した者	氏名 / 講習実施機関の名称	分析調査を実施した者	氏名 / 講習実施機関の名称	作業に係る 石綿作業主任者の氏名	

※ ［編注］本様式は、令和4年4月1日から使用される。

石綿則

様式第1号 （第5条関係）※

建 築 物 解 体 等 作 業 届

事 業 場 の 名 称		作業場の所在地			
仕 事 の 範 囲					
解 体 す る 部 材 の 種 類					
発 注 者 名		工 事 請 負 金 額			円
仕 事 の 開 始 予 定 年 月 日	年　　月　　日	仕事の終了 予定年月日		年　　月　　日	
主 た る 事 務 所 の 所 在 地			電話		
使 用 予 定 労 働 者 数	人	関 係 請 負 人 の 予 定 数	人	関 係 請 負 人 の 使用する労働者 の予定数の合計	人
作 業 主 任 者 の 氏 名					
石 綿 ば く 露 防 止 の た め の 措 置 の 概 要					

年　　　月　　　日

事業者職氏名

労働基準監督署長　殿

※〔編注〕本様式番号は、令和4年4月1日から「第1号の2」に改められる。

石 綿 健 康 診 断 個 人 票

氏名		生 年 月 日	年　　月　　日	雇入年月日	年　　月　　日
		性　　別	男　・　女		

業　　務　　名					
健 康 診 断 の 時 期 （雇入れ・配置替え・定期）					

	健 診 年 月 日		年　月　日	年　月　日	年　月　日	年　月　日
第一次健康診断	既　　往　　歴					
	検診又は検査の項目					
	医 師 の 診 断 及 び 第 二 次 健 康 診 断 の 要 否					
	健 康 診 断 を 実 施 し た 医 師 の 氏 名 ㊞					
	備　　　　考					

	健 診 年 月 日		年　月　日	年　月　日	年　月　日	年　月　日
第二次健康診断	作　業　条　件					
	検診又は検査の項目					
	医 師 の 診 断					
	健 康 診 断 を 実 施 し た 医 師 の 氏 名 ㊞					
	備　　　　考					

医 師 の 意 見					
意 見 を 述 べ た 医 師 の 氏 名 ㊞					

石綿則

様式第 2 号（第41条関係）（裏面）

業務 の 経 歴							
	業　務　等	期　間	年　数		業　務　名	期　間	年　数
現在の勤務先に来る前	事業場名 業務名	年　月から 年　月まで	年　月	現在の勤務先に来てから		年　月から 年　月まで	年　月
	事業場名 業務名	年　月から 年　月まで	年　月			年　月から 年　月まで	年　月
	事業場名 業務名	年　月から 年　月まで	年　月			年　月から 年　月まで	年　月
	事業場名 業務名	年　月から 年　月まで	年　月			年　月から 年　月まで	年　月
	事業場名 業務名	年　月から 年　月まで	年　月			年　月から 年　月まで	年　月
	業務に従事した期間の合計	年　月				年　月から 年　月まで	年　月

＜備考＞
1　第一次健康診断及び第二次健康診断の「健診又は検査の項目」の欄は、業務ごとに定められた項目についての検査をした結果を記載すること。
2　「医師の診断」の欄は、異常なし、要精密検査、要治療等の医師の診断を記入すること。
3　「医師の意見」の欄は、健康診断の結果、異常の所見があると診断された場合に、就業上の措置について医師の意見を記入すること。

様式第3号（第43条関係）（表面）

石綿健康診断結果報告書

8 0 3 1 0

標準字体　0 1 2 3 4 5 6 7 8 9

労働保険番号		在籍労働者数	人

都道府県　所掌　管轄　　基幹番号　　枝番号　被一括事業場番号

事業場の名称		事業の種類	

事業場の所在地	郵便番号（　　　　　）
	電話　　　（　　）

対象年	7：平成 9：令和→ 元号 年 □□□	（　月～　月分）（報告　回目）	健診年月日	7：平成 9：令和→ 元号 年 月 日 □□□□□□

健康診断実施機関の名称		第二次健康診断	年　月　日

健康診断実施機関の所在地	

項　目 ＼ 石綿業務の種別	石綿業務コード □□ 具体的業務内容（　　　　　）	石綿業務コード □□ 具体的業務内容（　　　　　）	石綿業務コード □□ 具体的業務内容（　　　　　）
従事労働者数	□□□□人	□□□□人	□□□□人
受診労働者数	□□□□人	□□□□人	□□□□人
上記のうち第二次健康診断を要するとされた者の数	人	人	人
第二次健康診断受診者数	人	人	人
上記のうち有所見者数	□□□□人	□□□□人	□□□□人
疾病にかかっていると診断された者の数	□□□□人	□□□□人	□□□□人

ページ □ ／ 総ページ □	産業医	氏名 所属医療機関の名称及び所在地

年　月　日

事業者職氏名

労働基準監督署長殿

受付印

折り曲げる場合は、（▶）の所を谷に折り曲げること。

石綿則

Ⅸ　資　　料

1．業務に必要な資格
2．始業点検・自主検査項目
3．立入禁止措置
4．数字と基準
5．リスクアセスメント
6．危険予知訓練シート

1．業務に必要な資格

業務名	選任・配置すべき者	業務内容		必要な資格	関係条文
足場・高所	足場の組立て等作業主任者	つり足場（ゴンドラのつり足場は除く）、張出し足場、高さ５m以上の足場の組立て、解体又は変更の作業		技能講習修了者	安衛法　14 安衛令　6（15） 安衛則　16・565
	足場の組立て等作業者	足場の組立て、解体又は変更の作業に係る作業（地上又は堅固な床上における補助作業を除く）		特別教育修了者	安衛則 36（39）
	墜落危険作業指揮	建築物、橋梁、足場の組立て、解体又は変更の作業（但し、上欄のものは除く）		事業者が指名	安衛則　529
	作業者	高さが２メートル以上の箇所において、作業床を設けることが困難な場合で、フルハーネス型を使用して行う作業（ロープ高所作業を除く）		特別教育修了者	安衛則 36（41）
型わく	型わく支保工の組立て等作業主任者	型わく支保工の組立て又は解体の作業		技能講習修了者	安衛法　14 安衛令　6（14） 安衛則　16・246
鉄骨	建築物等の鉄骨の組立て等作業主任者	建築物の骨組み又は塔である高さ５m以上の金属部材による組立て、解体、変更の作業		技能講習修了者	安衛法　14 安衛令　6（15の2） 安衛則　16・517(4)
掘削	地山の掘削作業主任者	掘削面の高さが２m以上となる地山の掘削作業		技能講習修了者	安衛法　14 安衛令　6（9） 安衛則　16・359
	土止め支保工作業主任者	土止め支保工の切りばり又は腹おこしの取付け又は取りはずしの作業		技能講習修了者	安衛法　14 安衛令　6（10） 安衛則　16・374
	採石のための掘削作業主任者	掘削面の高さが２m以上となる岩石の採取のための掘削作業		技能講習修了者	安衛法　14 安衛令　6（11） 安衛則　16・403
	ガス導管防護作業指揮	明り掘削の作業により露出したガス導管の防護の作業		事業者が指名	安衛則　362
建設機械等	車両系建設機械（整地・運搬、積込掘削用及び解体用）運転者	機体重量３t以上のもの	動力を用い、不特定の場所に自走できるものの運転（道路上走行運転を除く）	○技能講習修了者 ○建設業法施行令に規定する建設機械施工技術検定に合格した者	安衛法　61 安衛令　20（12）
		機体重量３t未満のもの		特別教育修了者	安衛則　36（9）
	同上（基礎工事用）機械運転者	機体重量３t以上のもの	動力を用い、不特定の場所に自走できるものの運転（道路上走行運転を除く）	○技能講習修了者 ○建設業法施行令に規定する建設機械施工技術検定合格者	安衛法　61 安衛令　20（12）
		機体重量３t未満のもの		特別教育修了者	安衛則　36（9）
		機体重量を問わず	動力を用い、不特定の場所に自走できるもの以外の運転	特別教育修了者	安衛則　36（9の2）
		機体重量を問わず	作業装置の操作（車体上の運転席の操作を除く）	特別教育修了者	安衛則　36（9の3）

業務名	選任・配置すべき者	業務内容	必要な資格	関係条文
建設機械等	同上（締固め用）機械運転者	機体重量を問わず動力を用い、不特定の場所に自走できるものの運転（道路上走行運転を除く）	特別教育修了者	安衛法　59 安衛則　36（10）
建設機械等	車両系建設機械修理作業指揮	車両系建設機械の修理又はアタッチメントの装着及び取りはずしの作業	事業者が指名	安衛則　165
建設機械等	くい打（抜）機、ボーリングマシン組立作業指揮	くい打機、くい打機又はボーリングマシンの組立て解体、変更又は移行を行う場合	事業者が指名	安衛則　190
建設機械等	ボーリングマシン運転者	ボーリングマシンの運転者	特別教育修了者	安衛則　36 （10の3）
建設機械等	ショベルローダー フォークローダー フォークリフト 不整地運搬車運転者	最大荷重又は最大積載量1t以上のもの（道路上走行の運転を除く）	技能講習修了者	安衛法　61 安衛令　20 （11・13・14）
建設機械等	ショベルローダー フォークローダー フォークリフト 不整地運搬車運転者	最大荷重又は最大積載量1t未満のもの（道路上走行の運転を除く）	特別教育修了者	安衛法　59 安衛則　36 （5・5の2・5の3）
コンクリートポンプ車	コンクリートポンプ車の操作者	作業装置の操作者	特別教育修了者	安衛法　59 安衛則　36 （10の2）
コンクリートポンプ車	輸送管組立解体作業指揮	コンクリート圧送用配管の組立て又は解体の作業	事業者が指名	安衛則　171の3
高所作業車	高所作業車運転者	最大上昇時の作業床の高さ10m以上のもの（道路上走行運転を除く）	技能講習修了者	安衛法　61 安衛令　20（15）
高所作業車	高所作業車運転者	最大上昇時の作業床の高さ2m以上10m未満のもの（道路上走行運転を除く）	特別教育修了者	安衛法　59 安衛則　36 （10の4）
高所作業車	作業指揮	高所作業車を使用する作業	事業者が指名	安衛則　194の6
高所作業車	作業指揮	修理、作業床の着脱の作業	事業者が指名	安衛則　194の14
ゴンドラ	ゴンドラ操作者	ゴンドラの操作の業務	特別教育修了者	安衛法　59 安衛則　36（20） ゴ則　12
クレーン等の設置	クレーン組立て解体作業指揮	クレーンの組立て又は解体の作業	事業者が指名	ク則　33
クレーン等の設置	移動クレーンのジブの組立て解体作業指揮	移動式クレーンのジブの組立て又は解体の作業	事業者が指名	ク則　75の2
クレーン等の設置	デリック組立て解体作業指揮	デリックの組立て又は解体の作業	事業者が指名	ク則　118
クレーン等の設置	エレベーター組立て解体作業指揮	屋外に設置するエレベーターの昇降路塔又はガイドレール支持塔の組立て又は解体の作業	事業者が指名	ク則　153
クレーン等の設置	建設用リフト組立て解体作業指揮	建設用リフト組立て又は解体の作業	事業者が指名	ク則　191
クレーン等の運転	クレーン運転者	つり上げ荷重5t以上のクレーン	・免許者（クレーン・デリック運転士） ・起重機運転士（旧安衛則による）	安衛法　61 安衛令　20（6） ク則　22
クレーン等の運転	クレーン運転者	つり上げ荷重が5t以上の床上操作式クレーン（床上で運転し、かつ運転者が荷の移動とともに移動する方式のクレーン）	免許者（クレーン・デリック運転士）又は技能講習修了者	安衛法　61 安衛令　20（6） ク則　22

業務名	選任・配置すべき者	業務内容	必要な資格	関係条文
クレーン等の運転	クレーン運転者	イ．つり上げ荷重５ｔ未満のクレーン ロ．つり上げ荷重５ｔ以上の跨線テルハ	特別教育修了者	安衛法 59 安衛則 36（15） ク則 21
	移動式クレーン運転者	つり上げ荷重５ｔ以上のもの	○免許者（移動式クレーン運転士） ○起重機運転士（旧安衛則による）	安衛法 61 安衛令 20（7） ク則 68
		小型移動式クレーン（つり上げ荷重が１ｔ以上５ｔ未満のもの）	免許者（移動式クレーン運転士）又は技能講習修了者	安衛法 61 安衛令 20（7） ク則 68
		つり上げ荷重１ｔ未満のもの	特別教育修了者	安衛法 59 安衛則 36（16）
	デリック運転者	つり上げ荷重５ｔ以上のもの	○免許者（クレーン・デリック運転士） ○起重機運転士（旧安衛則による）	安衛法 61 安衛令 20（8） ク則 108
		つり上げ荷重５ｔ未満のもの	特別教育修了者	安衛法 59 安衛則 36（17）
	建設用リフト運転者	建設用リフトの運転の業務	特別教育修了者	安衛法 59 安衛則 36（18）
玉掛け	玉掛作業者	つり上げ荷重１ｔ以上のクレーン、移動式クレーン又はデリックの玉掛けの作業	○技能講習修了者 昭 53.10.1 以前のクレーン等の運転免許所持者職業訓練法による当該訓練を終了した者	安衛法 61 安衛令 20（16） ク則 221
		つり上げ荷重１ｔ未満のクレーン、移動式クレーン又はデリックの玉掛けの業務	特別教育修了者	安衛法 59 安衛則 36（19）
火薬・発破	火薬類取扱保安責任者	火薬類の貯蔵消費管理	免許者（甲・乙種）	火取法 30 火取則 69
	導火線発破作業指揮	導火線発破作業の指名	発破技師免許者	安衛則 319
	電気発破作業指揮	電気発破作業の指名	発破技師免許者	安衛則 320
	発破技師	発破の業務（せん孔、装てん、結線、点火、並びに不発の装薬又は残薬の点検及び処理）	発破技師免許者 従事者手帳所持者	安衛法 61 安衛令 20（1） 安衛則 318
	コンクリート破砕器作業主任者	コンクリート破砕器を用いて行う破砕の作業	技能講習修了者	安衛令 6（8の2） 安衛則 16・ 321の3
電機	電気主任技術者	自家用電気工作物を設置する事業場	免許者	電事法 72
	停電・活線作業指揮	停電作業又は高圧、特別高圧の電路の活線若しくは活線近接作業	事業者が指名	安衛法 350
	電気取扱者	充電電路又はその支持物の敷設、点検、修理充電部分が露出した開閉器の操作	特別教育修了者	安衛法 59 安衛則 36（4）
	電気工事士	電気工事（一般用電気工作物又は自家用電気工作物の設置又は変更の工事）を行う者	免許者（自家用で主任技術者を選任し、その指揮下で行う場合は、上覧の者で）	電工法 3
溶接	ガス溶接作業主任者	アセチレン溶接装置又はガス集合溶接装置を用いて行う金属の溶接、溶断又は加熱の業務	免許者	安衛法 14 安衛令 6（2） 安衛則 16・314

業務名	選任・配置すべき者	業務内容	必要な資格	関係条文
溶接	ガス溶接作業者	可燃性ガス及び酸素を用いて行う金属の溶接、溶断又は加熱の業務	技能講習修了者	安衛法　61 安衛令　20（10）
溶接	アーク溶接作業	アーク溶接の業務	特別教育修了者	安衛法　59 安衛則　36（3）
溶接	アーク溶接作業	アーク溶接・溶断等においてヒュームを発生する作業	特定化学物質作業主任者	安衛法　14 安衛令　6（18） 特化則　27
機械類	巻上機運転者	動力駆動の巻上機（電気ホイスト・エアーホイスト及びこれら以外の巻上機でゴンドラに係るものを除く）の運転の業務	特別教育修了者	安衛法　59 安衛則　36（11）
機械類	研削といし取替試運転作業者	研削といしの取替え又は取替え時の試運転の業務	特別教育修了者	安衛法　59 安衛則　36（1）
機械類	軌条動力車運転者	軌条により人又は荷を運搬する動力車の運転の業務	特別教育修了者	安衛法　59 安衛則　36（13）
機械類	木材加工用機械作業主任者	丸のこ盤、帯のこ盤等木材加工用機械を5台以上有する事業場における当該機械による作業	技能講習修了者	安衛法　14 安衛令　6（6） 安衛則　16・129
機械類	車両系荷役運搬機械作業指揮	車両系荷役運搬機械を用いて行う作業	事業者が指名	安衛法　20 安衛則　151の4
機械類	車両系荷役運搬機械等修理作業指揮	車両系荷役運搬機械等の修理又はアタッチメントの装着若しくは取り外し	事業者が指名	安衛法　20 安衛則　151の15
機械類	産業用ロボット	ロボットの教示等及び操作の業務	特別教育修了者	安衛則　36（31）
機械類	産業用ロボット	ロボットの検査等の業務	特別教育修了者	安衛則　36（32）
機械類	特定自主検査検査実施者	車両系建設機械・フォークリフト・不整地運搬車・高所作業車の特定自主検査（1年又は2年以内毎に1回）	一定の条件該当者で研修を受けたもの等その他、厚生労働大臣の定める者	安衛法　45 安衛則　151の24 151の56 169の2 194の22
機械類	ボーリングマシン運転者	ボーリングマシンの運転	特別教育修了者	安衛則　36（10の3）
貨物	はい作業者主任者	高さ2m以上のはいのはい付け又は、はいくずし作業	技能講習修了者	安衛法　14 安衛令　6（12） 安衛則　16・428
貨物	貨物積卸作業指揮	一の荷で重量100kg以上のものを貨物自動車等に積み卸しする作業	事業者が指名	安衛則　151の48 151の62 151の70
橋梁上部工	鋼橋架設等作業主任者	金属製の部材で構成される橋梁の上部構造で、高さが5m以上のもの又は支間が30m以上のものの架設、解体又は変更の作業	技能講習修了者	安衛法　14 安衛令　6（15の3） 安衛則　16 安衛則　517の8
橋梁上部工	コンクリート橋架設等作業主任者	コンクリート造の橋梁の上部構造で、高さが5m以上又は支間が30m以上のものの架設又は変更の作業	技能講習修了者	安衛法　14 安衛令　6（15の6） 安衛則　16 安衛則　517の22
ずい道	ずい道等の掘削等作業主任者	ずい道等掘削の作業又はこれに伴うずり積み、ずい道支保工の組立て、ロックボルト取付け若しくはコンクリート等の吹付けの作業	技能講習修了者	安衛法　14 安衛令　6（10の2） 安衛則　16・383の2
ずい道	ずい道等の覆工作業主任者	ずい道等の覆工（ずい道型わく支保工の組立て、移動若しくは解体又は当該組立て若しくは移動に伴うコンクリートの打設をいう）の作業	技能講習修了者	安衛法　14 安衛令　6（10の3） 安衛則　16・383の4

業務名	選任・配置すべき者	業 務 内 容	必要な資格	関連条文
ずい道	ずい道等の掘削覆工等の作業者	ずい道等の掘削作業又はこれに伴うずり、資材等の運搬・覆工コンクリートの打設等の作業	特別教育修了者	安衛法　59 安衛則　36（30）
	特定粉じん作業者	特定粉じん作業の業務に常時従事させるとき	特別教育修了者	安衛法　59 安衛則　36（29） 粉じん則　22
	防火担当者	ずい道等の内部の火気又はアークを使用する場所	事業者が指名	安衛則　389の4
	ずい道作業者	ずい道等の掘削の作業又はこれに伴うずり積み、資材等の運搬、覆工のコンクリートの打設等の作業	特別教育修了者	安衛則　36（30）
酸欠	第1種酸素欠乏危険作業主任者	第1種酸素欠乏危険作業（酸素欠乏症にかかるおそれのある場所として、安衛令別表－6で定められた場所での作業）	技能講習修了者	安衛法　14 安衛令　6（21） 酸欠則　11
	第2種酸素欠乏危険作業主任者	第2種酸素欠乏危険作業（酸素欠乏症及び硫化水素中毒にかかるおそれのある場所とし安衛令別表－6で定められた場所での作業）	技能講習修了者	
	第1種酸素欠乏危険作業作業者	第1種酸素欠乏危険作業に就労させるとき	特別教育修了者	安衛法　59 安衛則　36（26） 酸欠則　12
	第2種酸素欠乏危険作業作業者	第2種酸素欠乏危険作業に就労させるとき	特別教育修了者	
有機溶剤	有機溶剤作業主任者	屋内で有機溶剤業務に労働者が従事するとき	技能講習修了者	安衛法　14 安衛令　6（22） 有機則　19
高気圧	高圧室内作業主任者	高圧室内作業（大気圧を超える気圧下の、作業室又はシャフトの内部において行う作業）	免許者	安衛法　14 安衛令　6（1） 高圧則　10
	空気圧縮機運転者	作業室・気閘室へ送気する空気圧縮機の運転	特別教育修了者	安衛法　59 安衛則　36 　（20の2） 　（21） 　（22） 　（23） 　（24） 　（24の2） 高圧則　11
	加減圧係員	高圧室内作業者に加減圧を行うための送排気の調節を行うバブル又はコックの操作		
	送気調節係員	作業室又は潜水作業者への送気の調節を行うバブル又はコックの操作		
	再圧室操作係員	再圧室の操作		
	高圧室内作業者	高圧室内で作業する労働者		
	潜水士	潜水器を用い、かつ空気圧縮機若しくは手押しポンプによる送気又はボンベからの給気を受けて、水中において行う業務	免許者	安衛法　61 安衛令　20（9） 高圧則　12
石綿	石綿作業主任者	石綿若しくは石綿をその重量の0.1%を超えて含有する物（石綿等）を取り扱う作業	技能講習修了者	安衛令　6（23） 石綿則　19
	石綿作業者	石綿等が使用されている工作物の解体及び石綿等の封じ込め又は囲い込みの作業	特別教育修了者	安衛則　36 石綿則　27
木造建築	木造建築物の組立て等作業主任者	軒高5メートル以上の木造建築物の構造部材の組立て又はこれに伴う屋根下地若しくは外壁下地の取付けの作業	技能講習修了者	安衛法　14 安衛令　6（15の4） 安衛則　16・ 　517の12
コンクリート解体破壊	コンクリート造の工作物の解体等作業主任者	高さが5メートル以上のコンクリート造の工作物の解体又は破壊の作業	技能講習修了者	安衛法　14 安衛令　6（15の5） 安衛則　16・ 　517の17
伐木等	伐木作業者	○チェンソーを用いて行う立木の伐木、かかり木の処理又は造材の業務	特別教育修了者	安衛法　59 安衛則　36（8）

		高さ2m以上の箇所で作業で作業床を設け			
高所作業	ロープ	ロープ高所作業作業者	高さ2m以上の箇所で作業で作業床を設けることが困難なところにおいて、ロープに取り付けた身体保持器具を用いて行う作業	特別教育修了者	安衛則 36（40）
除染		除染等業務従事者	東日本大震災により生じた放射性物質により汚染された土壌等を除染するための業務	特別教育修了者	除染則 19

2．始業点検・自主検査項目

機械設備	始業点検該当項目	定期自主検査該当項目（3年間記録・保存）		関連法規
		1カ月以内ごと	1年以内ごと	
クレーン	1. 巻過防止装置、ブレーキ、クラッチ及びコントローラーの機能 2. ランウェイの上及びトロリーが横行するレールの状態 3. ワイヤロープの通っている箇所の状態 〔30m/sec以上の風、中震以上の地震後…各部〕 〔 〕始業時以外の点検実施	1. 安全装置、警報装置、ブレーキ及びクラッチ 2. ワイヤロープ、つりチェーン、フック、グラブバケット 3. 配線、集電装置、配電盤、開閉器、コントローラ（ケーブルクレーン） 4. ロープ緊結部分、ウインチの捉付状態	各部分のほか荷重試験	ク則 34 〃 35 〃 36 〃 37 〃 38
移動式クレーン	1. 巻過防止装置、過負荷警報装置、警報装置 2. ブレーキ、クラッチ及びコントローラ機能	1. 安全装置、警報装置、ブレーキ及びクラッチ 2. ワイヤロープ、つりチェーン、フック、グラブバケット 3. 配線、配電盤及びコントローラ	各部分のほかの荷重試験 　始業点検、月例、年次検査は厚生労働省労働基準局長通達による。	ク則 76 〃 77 〃 78 〃 79
デリック	1. 巻過防止装置、ブレーキ、クラッチ及びコントローラーの機能 2. ワイヤロープ通過箇所 〔30m/sec以上の風、中震以上の地震後…各部〕	1. 安全装置、警報装置、ブレーキ及びクラッチ 2. ウインチの捉付 3. フック、グラブバケット 4. ワイヤロープ、ガイドロープ緊結部 5. 配線、開閉器、コントローラ	各部分のほかの荷重試験	ク則 119 〃 120 〃 121 〃 122 〃 123
エレベーター	〔30m/sec以上の風、中震以上の地震後…各部（屋外設置のもの）〕	1. 安全装置、ブレーキ、制御装置、ファイナルリミットスイッチ 2. ワイヤロープ、ガイドレール 3. ガイドロープの緊結箇所（屋外）	各部分	ク則 154 〃 155 〃 156 〃 157
建設用リフト	1. ブレーキ及び、クラッチの機能 2. ワイヤロープ通過箇所 〔30m/sec以上の風、中震以上の地震後…各部〕	1. ブレーキ、クラッチ、ワイヤロープ、ガイドレール 2. ウインチの捉付状態、ガイドロープ緊結箇所 3. 配線、制御装置		ク則 192 〃 193 〃 194 〃 195
玉掛用具	1. ワイヤロープ、つりチェーン、繊維ロープ、繊維ベルト 2. フック、シャックル、リング			ク則 220

| 機械設備 | 始業点検該当項目 | 定期自主検査該当項目（3年間記録・保存） | | 関連法規 |
		1カ月以内ごと	1年以内ごと	
ゴンドラ	1. ワイヤロープ、緊結器具、手すり、ロープの通過箇所 2. 突りょう、昇降装置とワイヤロープの取付部、ライフラインの取付 3. 安全装置、ブレーキ、制御装置、昇降装置の歯止（強風、大雨、大雪等の悪天候後）	1. 安全装置、ブレーキ、制御装置 2. 突りょう、アーム、作業床 3. 昇降装置、配線、配電		ゴ則 21 〃 22
車両系建設機械	1. ブレーキ及びクラッチ	1. ブレーキ、クラッチ、操作装置、作業装置 2. ワイヤロープ、チェーン、バケット、ジッパー	各部分 検査業者又は検査員（有資格者）による検査が必要	安則 〃 167 〃 168 〃 169 〃 170
高所作業車	1. 制動装置、操作装置及び作業装置の機能	1. 制動装置、クラッチ及び操作装置の異常の有無 2. 作業装置及び油圧装置の異常の有無 3. 安全装置の異常の有無	各部分	安則 194の23 194の24 194の25 194の27
くい打機くい抜機 〔組立てたとき〕	1. 機体の緊結部、巻上げ用ワイヤロープ、みぞ車、滑車装置の取付 2. 巻上げ装置のブレーキ及び歯止め装置 3. ウインチの据付、控えのとり方及び固定の状況			安則 192
軌道装置電気機関車等	1. ブレーキ、連結装置、警報装置、集電装置、前照燈、制御装置 2. 空気等の配管からの洩れ、安全装置 軌道及び路面…随時	1. 電気 電路、ブレーキ、連結装置 2. 内燃 ブレーキ、連結装置 3. 巻上げ装置 ブレーキ、ワイヤロープ、取付金具	1. 電気 電動機、制御装置、ブレーキ、電動しゃ断器、台車、連結装置、蓄電池、避電器、配線、計器 2. 内燃 機関、動力伝達装置、台車、ブレーキ、制御装置、連結装置、計器 3. 巻上げ 電動機、電力伝達装置、巻胴、ブレーキ、ロープ、安全装置、計器、取付金具	安則 〃 229 〃 230 〃 231 〃 232 各部分 3年ごとに
第1種、第2種圧力容器			1. 本体の損傷 2. ふたの締付けボルトの磨耗 3. 管及び弁の損傷	ボ則 67 〃 88
ボイラー	（小型ボイラ） 1. 本体、燃焼装置、自動制御装置及び附属品の損傷・異常		（小型ボイラ） 1. 本体、燃焼装置、自動制御装置及び附属品の損傷・異常	ボ則 32 〃 94

機械設備	始業点検該当項目	定期自主検査該当項目（3年間記録・保存）		関連法規
		1カ月以内ごと	1年以内ごと	
高 圧 室	1. 送気管、排気管、通話設備、送気調節の弁又はコック 2. 排気調節の弁又はコック 3. コンプレッサー附属冷却装置 4. 呼吸用保護具、避難救急用具 5. 自動警報装置…1週ごと	（点検→記録3年保存） 1. 圧力計、空気清浄装置、電路の漏電		高圧則 20 の2 　〃　　22
再 圧 室	1. 送気設備、排気設備、通話装置、警報装置 （加圧、減圧の状況→その都度記録）	（点検→記録3年保存） 1. 送気設備、排気設備、通話装置、警報装置 2. 電路の漏電、電気機械器具及び配線		高圧則 44 　〃　　45
酸欠作業	1. 空気呼吸器、安全帯及び取付設備 2. 人員（入場時及び退場時）			酸欠則 5の2 　〃　　7 　〃　　8
事 務 所	1. 燃焼器具	（点検2カ月ごとに→記録3年保存） 1. 機械換気装置 （点検→6カ月以内ごとに） 2. 照明器具（作業箇所）		事務則 6 　〃　　9 　〃　　10
型わく支保工	コンクリート打設作業 1. 異常の有無 2. 材料、器具、工具…作業主任者			安則 244
危 険 物	（作業指揮者→随時に→措置についての記録） 1. 設備、附属設備、温度、遮光、換気 2. 取扱い状況			安則 257
電気機械器具	1. 溶接棒ホルダーの絶縁防護部分 2. 自動電撃防止装置、漏電しゃ断装置…作動状況 3. アース…線の切断、極の浮上 4. 移動電線、接続器具…損傷の有無 5. 短絡設置器具、検電器具、絶縁用防護具、絶縁用防具、活動作業用器具	（6カ月ごとに1回→記録3年間保存） 1. 絶縁用保護具、絶縁用防具、活線用作業器具の絶縁性能 …低圧 300 V以上 （点検→毎月1回以上） 2. 囲い及び絶縁覆		安則 351 　〃 352

資

料

機械設備	始業点検該当項目	定期自主検査該当項目（3年間記録・保存）		関連法規
		1カ月以内ごと	1年以内ごと	
局所排気装置（プッシュプル型換気装置）	自主検査項目と同じ ・始めて使用するとき ・分解して改造、修理を行ったとき		1. 磨耗、腐食、くぼみ等 2. ダクト、排風機… 　粉じんの堆積状況 3. ダクト… 　接続部のゆるみ 4. 電動機・ベルト 5. 吸気・排気能力	粉じん 17 　〃　 18 　〃　 19 　〃　 20 有機 21 　〃　 22
防じん装置	同　　上		1. 構造部分の磨耗・腐食、破損の有無及び程度 2. 内部の粉じん堆積状態 3. ろ過除じん装置… 　ろ材の破損、取付部のゆるみ 4. 処理能力	同　　上
明り掘削	1. 浮石、き裂の有無及び状況 2. 含水、湧水及び凍結の状態の変化 〔大雨・中震以上の地震・発破後〕			安則　358
土止め支保工	1. 部材の損傷、変形、腐食、変位、脱落 2. 切りばりの緊圧の度合、部材の接続部、取付部交さ 〔7日以内ごと、中震以上の地震後、大雨〕			安則　373
採　石	1. 浮石、き裂、含水、湧水、凍結 〔大雨・中震以上の地震・発破後〕			安則　401
構内運搬者貨物自動車	1. 制動装置、操縦装置、荷役装置、油圧装置の機能 2. 車輪の異常 3. 前照燈、尾燈、方向指示器、警音器の機能			安則 151の75
積おろし（トラック）	1. 繊維ロープ（荷掛け用） 2. 器具・工具…作業指揮			安則　419 　〃 420
フォークリフト	1. 制動装置、操縦装置、荷役装置、油圧装置の機能 2. 車輪の異常の有無 3. 前照燈、後照燈、方向指示器、警報装置の機能	1. 制動装置、クラッチ、操縦装置の異常の有無 2. 荷役装置、油圧装置の異常の有無 3. ヘッドガード、バックレストの異常の有無	各部分 特定自主検査（検査業者によるもの）	安則 151の 21、22、 23、24、 25

| 機械設備 | 始業点検該当項目 | 定期自主検査該当項目（3年間記録・保存） | | 関連法規 |
		1カ月以内ごと	1年以内ごと	
ショベル ローダー ホーク ローダー	1. 制動装置、操縦装置、荷役装置、油圧装置の機能 2. 車輪の異常の有無 3. 前照燈、後照燈、方向指示器、警報装置の機能	1. 制動装置、クラッチ 操縦装置の異常の有無 2. 荷役装置、油圧装置の異常の有無 3. ヘッドガードの異常の有無	1. 原動機、動力伝達装置、走行装置の異常の有無 2. 制動装置、操縦装置の異常の有無 3. 荷役装置、油圧装置の異常の有無 4. 電気系統、安全装置、計器の異常の有無	安則 151の31 32 33 34
コンベヤー	1. 原動機、プーリーの機能 2. 逸走防止装置、非常停止装置の機能 3. 原動機、回転軸、歯車、プーリーの覆い、囲い			安則 151の82
ロープ高所 作業	1. メインロープ等 2. 要求性能墜落制止用器具 3. 保護具			安則 539の8
足　場 つり足場	1. 床材の損傷、取付部及び掛渡し、緊結部、接続部、取付部 2. 緊結材、緊結金具、手すり、幅木 3. 脚部の沈下、滑動（つり足場の場合は除外） 4. 筋かい、控え、壁つなぎ、建地、布、腕木 5. 突りょうとつり索との取付部、つり装置の歯止めの機能 〔強風、大雨、大雪、中震以上の地震の場合、足場の組立、組立変更後に〕			安則　567 〃　568
作業構台	1. 支柱の滑動・沈下の状態 2. 支柱、はり、床材の損傷の有無、取付け及び掛渡しの状態 3. 緊結部、接続部、取付部のゆるみ 4. 緊結部、緊結金具の損傷・腐食 5. 水平つなぎ、筋かい等の取付け状態 6. 手すり・中さん等の取外し、脱落の有無 　（点検の時期は足場と同じ）			安則 575の8
ずい道	1. 浮石、き裂、含水、湧水 〔毎日、中震以上の地震後、発破後〕			安則　382
ずい道支 保工	1. 部材の損傷、変形、腐食、変位、脱落 2. 部材の緊圧の度合、接続部、交さ部の状態 3. 脚部の沈下			安則　396
ガス自動 警報装置	1. 計器の異常の有無 2. 検知部の異常の有無 3. 警報装置の作動の状態			安則 382の3

資

料

3．立入禁止措置

該 当 箇 所 等		表 示 掲 示	措　　置		関連法規
			関係者以外 立入禁止	禁止区域 設定等	
足場、組立 解体、変更	つり足場、張出し足場、5 m以上の足場		○		安則　564条
高所作業	墜落のおそれ箇所		○		安則　530条
上下作業	飛来、落下の危険がある場合			○	安則　537、 538条
杭打、杭抜	ワイヤロープの屈曲部内側			○	安則　187条
土止め支保工	切梁、腹おこしの取付、取外		○		安則　372条
明り掘削	地山の崩壊、土石の落下	△		○	安則　361条
	バケット、アーム等の接触			○	安則　158条
型わく支保工	組立、解体		○		安則　245条
ずい道等	コソク作業、支保工補強作業		○		安則　386条
	車両、バケット、アーム等の接触			○	安則　158、 205条
	可燃性ガス濃度が爆発下限界の30%以 上	○	○		安則　389の8
採石作業	掘削箇所の下方			○	安則　411条
移動式クレーン	クレーン上部旋回体との接触 ク則74条─2に該当するつり荷の下			○	ク則　74、 74-2条
クレーン	組立、解体	○	○		ク則　33条
	ワイヤロープの内角側 （ケーブルクレーン）			○	ク則　28条
	つり荷の下			○	ク則　29条
デリック	組立、解体	○	○		ク則　118条
	ワイヤロープの内角側			○	ク則　114条
	つり荷の下	△		○	ク則　115条
エレベーター	組立、解体	○	○		ク則　153条
建設用リフト	組立、解体	○	○		ク則　191条
	搬器の昇降による危険箇所			○	ク則187条
	ワイヤロープの内角側			○	ク則187条
ゴンドラ	作業箇所の下方	○	○		ゴ則　18条
高 気 圧	高気圧室（外部）	○	○		高気圧　13条
危険箇所	特に危険な箇所（火災、爆発）	○	○		安則288条
有害箇所 （衛生上）	炭酸ガス1.5%超、酸素18%未満、硫化 水素10ppm超	○	○		安則585条
	ガス粉じん発生箇所、有害物を取扱う場 所	○	○		安則585、 586条
	有機溶剤で汚染され、中毒のおそれのあ る事故現場（汚染が除去されるまで）			○	有機　27

該　当　箇　所　等		表示掲示	措　置		関連法規
			関係者以外立入禁止	禁止区域設定等	
酸素欠乏危険作業	酸素欠乏など危険物作業を行う場合	○	○		酸欠　9条
	酸素欠乏・硫化水素中毒のおそれが生じた場合	○	○指名者以外		酸欠　14条
	酸素欠乏の空気が漏出している井戸、配管を発見したとき			○	酸欠　24条
石綿等の除去	・解体等対象建築物等に吹き付けられている石綿等（石綿含有仕上げ塗材除く）の囲い込みの作業（切断等の作業を伴うものを除く） ・石綿含有保温材等の除去・囲い込みの作業（切断等の作業を伴うものを除く）	○	○		石綿　7
石綿等の取扱	石綿等を取扱う作業場	○	○		石綿　15
除染等作業	東日本大震災により生じた放射性物質により汚染された土壌等を除染するための作業を行う箇所		○		除染　9
事故現場	有機溶剤中毒のあった場所、高圧作業室、気閘室、放射線装置室、酸素欠乏危険場所等	○		○	安則　640条
車両系建設機械	接触のおそれのある箇所		○		安則　158条
車両系運搬機械	接触のおそれのある箇所		○		安則　151の7
車両系運搬機械	接触のおそれのある箇所（採石作業）			○	安則　415条
解体用機械を用いた作業	物体の飛来等により労働者に危険が生じるおそれのある箇所		○		安則　171の6
構内運搬車	積卸ろし（100kg以上）		○		安則　151の62
貨物自動車	積卸ろし（100kg以上）		○		安則　151の70
不整地運搬車	積卸ろし（100kg以上）		○		安則　151の48
コンクリートポンプ車	コンクリート等の吹き出し箇所			○	安則　171の2
荷役作業	積卸ろし（100kg以上）		○		安則　420条
	はい付け、はいくずし作業		○		安則　433条
伐木作業	作業を行っている下方			○	安則　481条
鉄骨の組立	作業を行う区域		○		安則　517の3
木造建築物の組立・変更	作業を行う区域		○		安則　517の11
コンクリート工作物の解体	作業を行う区域		○		安則　517の15
作業構台の組立	作業を行う区域		○		安則　575の7
鋼橋の架設等作業	作業を行う区域		○		安則　517の7
コンクリート橋の架設等作業	〃		○		安則　517の21

※1．表示・掲示と措置が重複するものは、措置の方法として法規に明記されているもの
　2．措置の方法としては、棚、ロープ等の措置、注意標識の掲示、監視員の配置等がある

数字	内容	安衛則条項
3cm 以下	作業床の床材間のすき間	563 条 1 項二号
3.5cm 以上	足場板（板材）の厚さ（厚さ 3.5cm 幅 20cm 長さ 3.6 m 以上）	563 条 2 項一号
5cm 以上	腕木は建地又は布より 5cm 程度突出して取り付ける。	
6cm 以上	足場板（板材）の厚さ（厚さ 6cm 幅 30cm 長さ 4 m 以上）	563 条 2 項二号
10cm 以上	幅木の寸法	移動式足場技術指針
10cm 以上	足場板の支点からの突出部の長さ（10cm かつ板長の $\frac{1}{18}$ 以下）	563 条 2 項一号ロ
10cm以上	高さ 2 m 以上のはい※の間隔	430 条
	※はい 　倉庫、上屋又は土場に積み重ねられた荷（小麦、大豆、鉱石等のばら物の荷を除く）の集団をいう。	427 条
20cm 以上	足場材の緊結、取りはずし、受渡し等に使用する足場板の幅 （安全帯も使用する）	564 条 1 項四号
20cm 以上	足場板の重ねた部分の長さ	563 条 2 項一号ハ
20cm 以下	根がらみパイプの地上からの高さ	
25cm 以上	はしご道の踏さんの間隔（25cm ～ 35cm・40cm、60cm） 安衛則では「等間隔」	
30cm 以上	スレート等屋根上作業の際の歩み板幅	524 条
30cm 以上	移動はしごの側木の幅	527 条 1 項三号
25cm 以上	開口部、足場等のすき間は養生が必要（一搬的基準）	
40cm 以上	高さ 2 m 以上における作業床の幅	563 条 1 項二号
60cm 以上	はしごの上端突出長さ	556 条 1 項五号
60cm 以下	はしご道のはしごの踏さん最下段と床まで間隔（一搬的基準）	
80cm 以上	機械間等の通路幅	543 条
85cm 以上	手すりの高さ（中さん幅木を設ける。） イ．手すり材は建地の内側に取り付ける。 ロ．手すり材は水平方向又は上方から 100kg の荷重に耐える 　ものであること。 ハ．可燃性のロープ等は不可。	563 条 1 項三号ハ
90cm 以上	移動式足場の手すりの高さ※ 85cm の項参照	移動式足場技術指針
1 m以内	壁つなぎに引張材と圧縮材を使用した時の間隔	570 条 1 項五号ハ
1 m以上	建地丸太の重ね合せ継手の場合の重ねしろ	569 条 1 項三号
1.5 m以下	単管足場の建地（はり間方向）間隔 ※丸太も同様とする。	571 条 1 項一号
1.5 m以内	腕木の間隔（1.2 m～ 1.5 mが標準）	
1.5 m以上	※腕木は建地と布を交さ部で布の上側に取り付ける。	

数字	内容	安衛則条項
1.5 m以上	昇降設備を必要とする高さ、深さ	526条1項
	移動はしご接続の場合、重合せ継手の長さ（2箇所以上で固定）	昭和43・6・14
1.5 m以内	移動はしご接続の場合、突合せ継手のときの添木の長さ （4箇所以上で固定）	安発100 安発第100号
1.8 m以内	屋内の通路面からの高さ1.8 m以内に障害物を置かない。	542条三号
1.8 m以上	建地丸太の突合せ継手の場合、添木の長さ（4箇所以上で固縛） ※丸太は2.5 m以下	569条1項三号 569条1項一号
2 m以下	単管足場、地上第一の布高さ（2段目からは1.5 m〜1.6 m程度とする）	571条1項二号 569条1項一号
2 m以上	※丸太は3 m以下（2段目からは1.5 m〜1.6 m程度とする）	518条1項
2 m以上	足場を組立てる等の方法により作業床を設ける。	519条1項
2 m以上	作業床の端、開口部等には、囲い、手すり、覆い等を設ける。 作業の必要上臨時に囲い等、取外す場合防網を張る。	518条2項 519条2項
2 m以上	安全帯を使用させる。労働者は使用する。	520条
2 m以上	安全帯の取付設備を設ける。	521条
2 m以上	悪天候（強風、大雨、大雪等）時の作業禁止 （危険が予想されるとき）	522条
2 m以上	必要な照度の保持	523条
2 m以上	はい作業における保護帽※（墜落災害防止型）の着用	435条
	※5トン以上の貨物自動車での荷積み、荷卸し作業時の保護帽	
400kg	単管本足場の建地間（スパン1.5 m×1.8 m）の積載荷重（等分布荷重）の限度（集中荷重の場合は200kgとする）	571条1項四号
15度超える	架設通路のこう配が15度を超えるものは、踏さん、その他滑止めを設ける。	552条1項三号
30度以下	架設通路のこう配の角度（階段を設けたもの、高さ2 m未満で丈夫な手掛りを設ければよい）	552条1項二号
75度以下	脚立の脚と水平面との角度	528条1項三号

5. リスクアセスメント

　生産工程の多様化・複雑化が進展するとともに、新たな機械設備・化学物質が導入されるなど、労働災害の原因が多様化し、その把握が困難となっています。

　このため、法令に規定される最低基準としての災害防止対策を遵守するだけでなく、労働安全衛生法第28条の2に基づいて、自主的に個々の事業場の危険性又は有害性等の調査を実施し、その結果に基づいて適切な労働災害防止対策を講じることが求められています（一定の化学物質（通知対象物等）については、安衛法第57条の3に基づく調査が義務付けられています）。

危険性又は有害性等の調査（リスクアセスメント）とは

● 危険性又は有害性等の調査（リスクアセスメント）とは、労働者の就業に係る危険性又は有害性（ハザード）を特定し、それに対する対策を検討する一連の流れです。事業者は、リスクアセスメントの結果に基づき、リスク低減措置を実施するよう努めなければなりません。

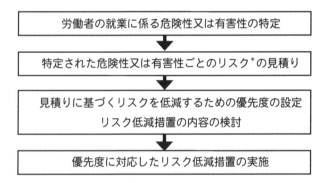

※　リスクとは
　　特定された危険性又は有害性によって生ずるおそれのある負傷又は疾病の重篤度（ひどさ）と、負傷又は疾病の発生可能性の度合の両者を組み合わせて見積もるものです。

労働安全衛生マネジメントシステム（OSHMS）との関係

■「労働安全衛生マネジメントシステムに関する指針」（平成11年労働省告示第53号）に定める危険性又は有害性等の調査及び実施事項の決定の具体的事項としても位置づけられます。

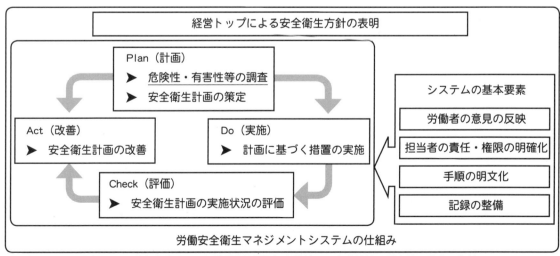

参考：〔厚生労働省・都道府県労働局・労働基準監督署〕危険性又は有害性等の調査等に関する指針

① リスクアセスメントの5つのステップ

実施の準備

① 経営トップの導入表明と実施の統括管理（店社）
② 実施体制の整備（店社）
③ 手順の策定（店社）
④ 過去の情報のデータベース化（店社）
⑤ 統括安全衛生責任者が統括管理（作業所）
⑥ 工事主任等が主体で実施（作業所）
⑦ 趣旨、内容等の周知（作業所）
⑧ 対象の選定
⑨ 情報の入手

ステップ1
危険性又は有害性の特定

① 作業の洗い出し
② 危険性又は有害性の分類
③ 危険性又は有害性の特定

ステップ2
リスクの見積り

① 特定した危険性又は有害性についてリスクを見積もる
② 負傷又は疾病の対象者及び内容を予測
③ 機械設備、作業等の特性に応じて見積もる
※リスクとは、災害が発生したときの「災害の重大性（重篤度）」と、「災害の可能性（度合）」を組み合わせたもの

ステップ3
リスク低減措置
内容の検討

① リスクをレベル分けし、対策の優先順位を決定
② リスクの低減措置を検討

ステップ4
リスク低減措置の実施

① リスクレベルに対する優先度の基準により実施
② 低減措置が著しく合理性を欠く場合を除き、低減措置を実施

ステップ5
実施内容の記録

① リスクアセスメント及び対策等の実施内容の記録

参考：［建設業労働災害防止協会］統括管理の手引

資

料

②　リスクアセスメントを取り入れた作業手順書

（1）作業手順書の目的とは

　　専門工事業者自らが毎日の作業の中で発生する「ムダ・ムラ・ムリ」を取り除き、工事を『安全に、良いものを、効率的に』行うために作成するもので、その最適の順序と急所を示したものです。
　　言いかえれば、作業手順書とは、作業員に作業の順序と作業のステップごとの急所を習得させて作業させることにより、安全、品質、施工能率を良くすることが目的です。

（2）リスクアセスメントの取り込み
　　さらに、作業手順書にリスクアセスメントの考え方、『危険性または有害性の洗い出し、見積り、評価、対策の立案』を取り込むことにより、作業手順書を充実させ、災害防止に活用することが重要になります。

リスクアセスメント作業手順書の作成のポイント

手順 （主なステップ）	主な作業の順序に区分します。 たとえば玉掛作業の本作業では、 立入禁止措置→クレーンの移動→本作業となります。

作業の急所	作業をする上で必ず守るべき項目を記入します。

危険性または有害性	危険性または有害性を引き出すことが容易なものとして 次の３つがあります。 ・災害事例 ・ヒヤリ・ハット ・ＫＹで出された危険性または有害性

見積もり・評価

見積もり・評価の基準に基づいて危険度を決める。

（例）

可能性	重大性	評価	危険度
○	○	○×○=○	ランク○

A．災害発生の可能性
　　多いか少ないかを見積もる

災害発生の可能性	点数
ほとんど起こらない	1
たまに起こる	2
かなり起こる	3

B．災害発生の重大性
　　けがの程度を見積もる

災害発生の重大性	点数
休業４日未満の災害	1
休業４日以上の災害	2
かなり起こる	3

C．リスクレベルと低減対策
　　リスクの見積もり点数は、災害の可能性の点数と災害の重大
　　性の点数を掛けて算出する

評価	危険度	リスクレベルと対策
9	きわめて大きい	ランク5（即作業中止、即改善）
6	かなり大きい	ランク4（優先的に措置、改善）
4〜3	大きい	ランク3（見直しを行う）
2	かなり少ない	ランク2（計画的に改善）
1	きわめて小さい	ランク1（教育や配置見直し）

防止対策	リスクの程度に応じた内容の対策を検討する。 リスク程度の高いものについては、計画時における防止 対策や機械設備による本質的防止対策を考える。

実施者	職長、安全衛生責任者、作業主任者、作業責任者、作業 員など、誰が実施するのかを決める。

資料

作業手順を取り入れた開口部からの荷降ろし作業のリスクアセスメント（例）

作業区分	作業手順	危険性または有害性要因	可能性	重大性	評価点	危険度	防止対策	実施者
準備作業	1. 作業前ミーティングを実施する	①体調不良で集中力を欠き災害に繋がる	1	2	2	2	①全員の体調を確認する	職長
		②作業手順・安全指示の漏れで災害になる	3	2	6	4	②全員に作業手順を説明し安全指示する	職長
	2. KY活動を実施する	KY活動で真の危険性・有害性を見逃す	2	3	6	4	現地KY活動を実施し危険性・有害性を調査し対策を決定する	職長
	3. 保護具の点検を行う	保護具の不備で飛散災害等にあう	1	2	2	2	全員の保護具を確認する	職長
	4. 有資格者を配置する	無資格者の運転により災害が発生する	2	2	4	3	資格を確認して適正配置する	職長
	5. 技能者・経験者を配備する	技能・経験不足により災害をおこす	2	1	2	2	技能・経験豊富な者を指名する	職長
	6. 機械・器具の始業前点検を行う	始業前点検未実施で災害をおこす	1	2	2	2	機械・器具の始業前を実施する	職長
	7. 玉掛用具の確認・点検を行う	不良玉掛けワイヤーの素線で手指にケガをする	1	2	2	2	皮手袋を使用して点検する	玉掛者
	8. 他職種と上下作業でないか	作業調整不足による飛来・落下災害にあう	2	3	6	4	打合せ時に作業調整を十分に行ない輻輳作業は避ける	職長
	9. クレーン周り及び作業区画を設置する	作業範囲に入り、挟まれ、飛来・落下災害にあう	2	3	6	4	関係者以外立入禁止の措置を明確に行ない明示する	誘導員
本作業	1. クレーンの足元を確認する	敷鉄板および地盤が悪く転倒する	1	3	3	3	敷鉄板および地盤耐力を確認する	運転者
	2. 吊込み、所定位置に旋回・巻き下げ確認する	①吊荷の振れで激突される	1	2	2	2	①地切り時、荷振れを確認、介錯ロープを取り付ける	玉掛者
		②吊込み時玉掛ワイヤーで手指を挟む	1	2	2	2	②玉掛ワイヤーから手を離す	玉掛者

	作業手順	危険性・有害性					対策	担当
本作業	3. 開口部の周りを点検し、落下防止養生ネットを取外す	①不要資機材の放置で転倒する	1	2	2	2	①周辺資機材の整理・整頓を行う	作業員
		②置いてある資材部材が落下する	1	2	2	2	②落下防止用幅木の取付けを確認する	作業員
	4. 荷受の敷物準備をしておく	①不要資材につまずいて転倒する	1	1	1	1	①足元は整理・整頓しておく	作業員
		②敷物運搬・設置時に手足指を挟む	1	1	1	1	②声を掛け合い行う	作業員
	5. 安全手摺を点検し、開口部から材料を投入する	①吊荷がフックからはずれ落下する	2	3	6	4	①フックの掛かりを確認してから吊り上げる	玉掛者
		②無理に身を乗出し過ぎて墜落する	3	3	9	5	②手摺の高さ85cm以上確保、親綱、安全帯を使用する	作業員
		③吊荷が手摺り等に引っかかり落下する	2	3	6	4	③合図は明確に行い、介錯ロープを有効に使用する	合図者
		④吊荷がずれて落下する	2	3	6	4	④下方の作業員は吊荷の下に入らない	作業員
		⑤工具等が落下し被災する	2	1	2	2	⑤ひも付き工具を使用する	作業員
	6. 荷受・玉掛ワイヤーを取り外す	①吊荷で手足を挟む	1	2	2	2	①荷降ろし合図は明確に行う	合図者
		②荷崩れで手足を挟む	1	2	2	2	②荷の固定(番線他)を確認する	作業員
		③荷が転がり手足を挟む	1	2	2	2	③荷の転がり防止措置をする	作業員
	7. 荷物を指定場所に移動する	不要資材で転倒する	3	1	3	1	運搬通路を確保する	作業員
	8. 開口部の周りを点検し、ネットを復旧する	手摺りの不備、落下防止養生ネットの復旧忘れで転落する	1	3	3	3	危険箇所を確認し、是正を実施する	職長
	9. 安全標識の設置を確認する	危険注意表示がなく養生ネット等を開放し墜落する	1	3	3	3	危険注意表示を確認する	職長
片付け作業	1. 跡片付けを行う	残材で転倒する	1	2	2	2	残材の撤去・片付けを行う	作業員
	2. 資機材の整理・整頓を行う	仮設資材にぶつかりケガをする	1	2	2	2	仮設カラーコーン等で囲う	作業員
	3. 作業終了確認を行う	危険性・有害性の点検をする	1	1	1	1	自分の持場を点検し報告する	職長

③ リスクアセスメントを取り入れた危険予知活動

（1）危険予知活動の目的

　　災害発生要因を先取りし、現場や作業に潜む危険を自主的に発見し、把握、解決し一人ひとりが危険に対する感受性や集中力、そして問題解決力を高める活動で、「不安全行動災害の防止」および「自主安全管理活動の促進」を図ることを目的としています。

　　危険予知活動をKY活動と略すのは、「危険のK」「予知のY」をとって「KY活動」と表したものです。

（2）リスクアセスメントの取り込み

　　建設業の作業は製造業と異なり、受注産業で重層請負制度の中に成り立っています。毎日の仕事は屋外作業で、移動性が激しく、その日のうちに作業が何回も変更され、危険はいつでもどこにでも存在しています。毎日毎日、時々刻々、一瞬一瞬が真剣勝負です。

　　そこで、現場における労働災害防止は、職長・安全衛生責任者が中心となり作業場所での「現地KY」で危険要因を発見し、さらにリスクアセスメントを取り入れ、最重点実施項目を特定し、一人ひとりが行動に結びつけることが目的です。

リスクアセスメントを取り入れたKY活動基礎4ラウンド法

	ラウンド	危険予知の進め方
1ラウンド	どんな危険がひそんでいるか。 【リスクアセスメント】 ステップ1 危険性または有害性の洗い出し	①作業内容を考えながら、予測できる危険をなるべくたくさん指摘し、発言する。 ②発言は「ナニナニなのでナニナニになる」とか「ナニナニなのでどうしたときどうなる」というように、危険な状態と予測される結果について具体的に発言する。 　例えば、 　「足場がぬれているので、足を滑らせて墜落する」 　「足場上で作業していて、滑って墜落」等 ③思いつきや、他人の発言に便乗し、ヒントを得てどんどん新しい発言をする。 ④発表された意見を批判しない。 ⑤発言は多いほど良い。
2ラウンド	これが危険のポイントだ。 (問題の絞込み) ステップ2 危険性または有害性の見積もりおよび評価	①1ラウンドで発言した危険要因の評価を行う。 ②特に重要なもの、緊急を要するものを特定する。
3ラウンド	あなたならどうする。 (対策の検討) ステップ3 危険性または有害性の防止対策	①危険度の最高位に特定した事項の問題点を解決するためにはどうしたらよいか、具体的な対策を立てる。 ②対策を用紙等に書く。
4ラウンド	私たちはこうする (行動目標の設定)	①出された対策のうち、グループとしてすぐ実施する必要のある対策、どうしてもやるべき対策を行動目標とする。 ②実行可能な行動目標を決定する。

危険予知活動表

[会社名] ○○○ 建設　グループ名 ○○班　職長氏名 ○○○○

* 当日、作業終了時に提出すること
令和 ○○年○○月○○日 ( ) 天候○○)

作業内容	人員	作業	配置	使用機械名及びオペレーター氏名	資格本証携帯確認
1 開口部からの荷降し	4名	作業主任者(正)：○○○○	作業主任者(副)：○○○○	移動式クレーン 25t：○○ ○○	済
2	名	作業主任者(正)：	作業主任者(副)：		
3	名	玉掛作業責任者：○○○○	作業指揮者(副)：		
4	名	合図者：○○○○	誘導員：		
5	名	有資格作業：玉掛技能講習 ○○、○○○○			

（資格証は携行する／作業主任者の資格証は携行する）

どのような危険があるか	可能性	重大性	評価	危険性	私たちはこうする 危険性の高いものから低減対策を記入 ＝重点目標
1 無理に身を乗出し過ぎて墜落する	3	3	9	5	1 親綱設置、安全帯の使用
2 作業範囲に入り、挟まれ 飛来落下災害にあう	2	3	6	4	3 立入禁止措置を明確に行い表示する
3 吊荷がフックからはずれ落下する	2	3	6	4	2 フックの掛かりを確認してから吊上げる
4 吊荷が手摺り等に引っかかり落下する	2	3	6	4	4 合図は明確に行い、介錯ロープで絡める
5					

「災害の重大性・可能性」（1 不休 ほとんど起こらない、2 休業 たまに起こる、3 死亡・障害 かなり起こる）

評価は重大性と可能性の数値を掛け算する 危険性は評価により 9 危険性 5即座に対応が必要 6 危険性 4抜本的対策が必要 4又は3 危険性 3対策が必要 2 危険性 2注意・対策必要なし 1 危険性 1対策の必要なし

ワンポイント 開口部作業、安全帯完全使用 ヨシ!!

全員で復唱する為、簡潔に最後は必ず「ヨシ」で絞める

確認事項 該当に○をつける

	健康状態確認	保護具	服装	危険作業危険箇所の説明	有害業務の説明	外国人労働者	在留資格確認	在留期限確認	高齢者 60歳以上の作業員	18歳未満の作業員	女性の作業員	適正配置状況 就業制限業務への配置	就業制限業務への配置
	済 有 済	有	良	済	済	否 未	未	未	否	無	無	良 否	有 無 有 無

遅刻者　○○ ○○
遅刻者とのミーティング　○○

参加者氏名（フルネーム自筆サイン）：各自が自筆でフルネームで記入

ヒヤリ・ハット報告　有／無

事例：クレーンで足場材を揚重する際、まだ先行作業員が旋回内に居るのに揚重を開始してしまった

対策：クレーンで足場材を揚重する際、揚重の合図は、区画の明示、作業員が居ないかを確認してから行う

作業終了時の片付け及び使用重機、足場、電源、火の元等の確認　労働災害

元請確認欄　作業終了後に記入
済 未（済）
有 無（無）

453

6．危険予知訓練シート

◆ どんな危険があるか

クレーン荷揚げ作業

現場状況

① 工事の種別

建築工事：鉄筋コンクリート造

② 主な作業の種別

鉄筋組立作業、型わく組立作業

③ 概況

1階立上り躯体工事中であり、2階床スラブ上では鉄筋組立て、1階床上では型わく組立て、ヤード上では移動式クレーンによる荷揚げ等、各々の作業が行われている。

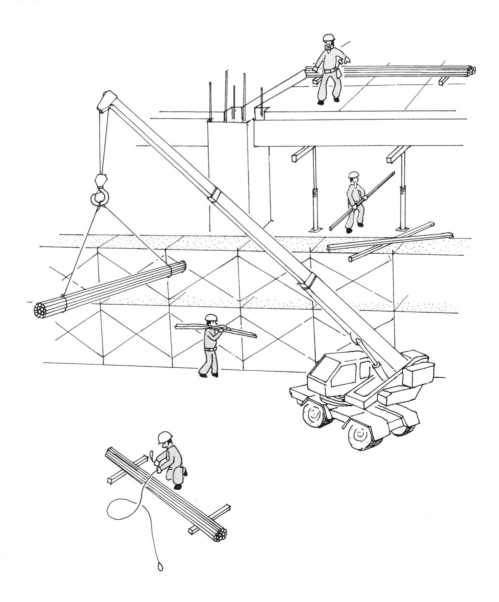

◆ 予測される危険

クレーン荷揚げ作業

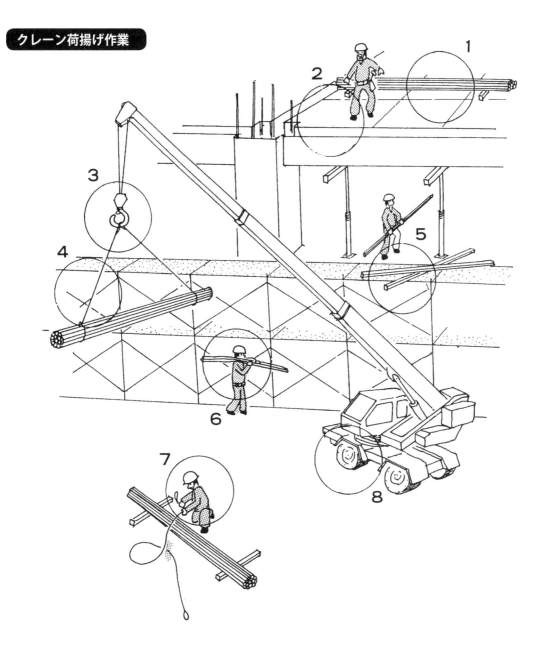

	予測される危険	主な関係法令等
1	鉄筋を載せ過ぎ、型わくが崩壊する	安衛則 242 条、245 条
2	作業員が床端から足を踏み外し、墜落する	クレーン則 66 条 2、安衛則 519 条、521 条
3	クレーンのフックから、ワイヤロープが外れる	クレーン則 66 条 3、基発第 96 号 2
4	玉掛けワイヤロープが切断する	クレーン則 213 条、215 条、220 条
5	足場上から資材が落下する	安衛則 537 条、538 条
6	作業員がクレーンに挟まれる	クレーン則 66 条 2、74 条
7	玉掛け中作業員に、つり荷が落下する	クレーン則 66 条 2、74 条 2、基発第 96 号 2
8	クレーンが転倒する	クレーン則 66 条 2、70 条 3、70 条 4

資料

◆ どんな危険があるか

足場、鉄骨、組立て作業

現場状況

① 工事の種別

　建築工事：鉄骨造

② 主な作業の種別

　外部足場組立作業、鉄骨組立作業

③ 概況

　4 階床部では梁鉄骨組立て中であり、2 階床部ではデッキプレート貼り作業中。

　また、外部足場の組立て作業も行われている。

◆ 予測される危険

足場、鉄骨、組立て作業

	予測される危険	主な関係法令等
1	梁を組立て中の作業員が墜落する	安衛則517条2、同条5、521条
2	玉掛けワイヤから、鉄骨梁が外れ落下する	クレーン則220条、基発第96号2
3	鉄骨柱を昇降中、足滑らせ墜落する	安衛則517条2、526条
4	デッキプレート貼り中の作業員が、荷に振られ墜落する	安衛則518条、519条、520条、521条
5	酸素ボンベが床端から落下する	安衛則263条、537条、538条
6	下で移動中の作業員の頭上に材料が落下する	安衛則517条3、538条
7	組立中の鉄骨が倒壊する	安衛則517条2、同条5、638条3
8	足場を組立て中の作業員が、動作の反動で墜落する	安衛則521条、564条、566条
9	足場上でクレーンで荷を取込み中、荷に振られて墜落する	安衛則518条、519条、520条、521条
10	足場上で荷を片付け中、身を乗り出し過ぎて墜落する	安衛則519条、520条、521条

資料

◆ どんな危険があるか

型わく、鉄筋組立て作業

現場状況

① 工事の種別

　建築工事：鉄筋コンクリート造

② 主な作業の種別

　型わく組立作業、鉄筋組立作業

③ 概況

　上層階立上り躯体工事中であり、床スラブの型わく支保工組立て、および柱筋組立て作業が行われている。

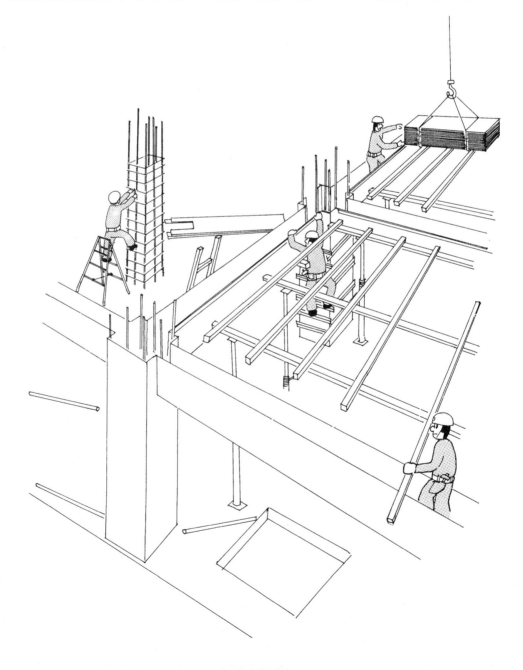

◆ 予測される危険

型枠、鉄筋組立て作業

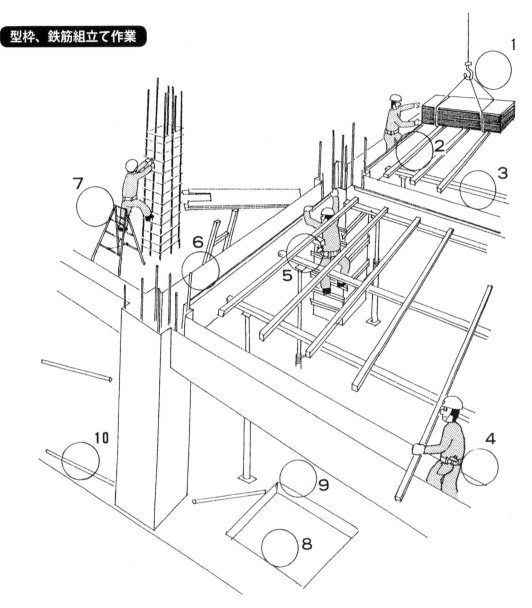

	予測される危険	主な関係法令等
1	つり荷中のベニヤが、バラけて落下する	クレーン則 220 条、基発第 96 号 2
2	ベニヤ材取込み中の作業員に、荷が激突し、墜落する	安衛則 247 条、521 条、基発第 96 号 2
3	型わく支保工が崩壊する	安衛則 239 条、240 条、646 条
4	スラブ組立て中、梁底が外れ墜落する	安衛則 242 条、247 条
5	柱型わくを昇降中、不安定な梁側を持ったため墜落する	安衛則 247 条、526 条
6	梯子を昇降中の作業員が、はしごが滑って傾き墜落する	安衛則 526 条、527 条
7	脚立で作業中の作業員が、フープに掛けた足が滑り落下する	安衛則 528 条
8	作業員が開口部から墜落する	安衛則 519 条、530 条
9	開口部から材料が落下し下の作業員に当たる	安衛則 537 条、538 条
10	資材が床の端部から落下する	安衛則 537 条、538 条

資
料

◆ どんな危険があるか

内装作業

現場状況

① 工事の種別

　建築工事：鉄筋コンクリート造など

② 主な作業の種別

　電気設備作業、金属建具取付作業、鍛冶作業

③ 概況

　上層階仕上工事中であり、床スラブ上ではローリングタワーを使用しての照明器具取付け、および差し筋の切断作業などが行われ、また外壁側では金属製建具わくの取付け作業が行われている。

◆ 予測される危険

内装作業

	予測される危険	主な関係法令等
1	脚立で作業中の作業員が、動作の反動で転落する	安衛則 528 条
2	開口部で荷を取込み中、身を乗り出し過ぎ墜落する	安衛則 519 条、520 条、521 条
3	移動式足場を昇降中の作業員が、手を滑らせ墜落する	移動式足場安全基準技術指針、安衛則 526 条
4	移動式足場上の作業員が、手すりが外れた為転落する	移動式足場安全基準技術指針、安衛則 520 条、521 条
5	移動式足場昇降中の作業員が、不用意に置いた足場板に乗り転落する	安衛則 526 条
6	移動式足場が傾き転倒する	安衛法第 28 条 1、移動式足場安全基準技術指針
7	溶断中の火花が眼に入る	安衛則 312 条、315 条、593 条

資

料

◆ どんな危険があるか

機械掘削作業

現場状況

① 工事の種別

　土木工事

② 主な作業の種別

　明り掘削作業

③ 概況

　バックホウによる掘削作業中であり、ダンプへの積込みと残土運搬・搬出が行われている。また、既製杭の周りでは床付け手作業が行われている。

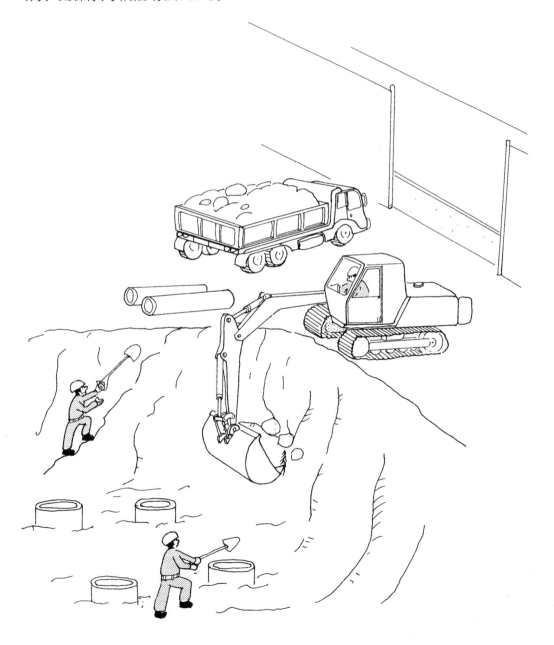

◆ 予測される危険

機械掘削作業

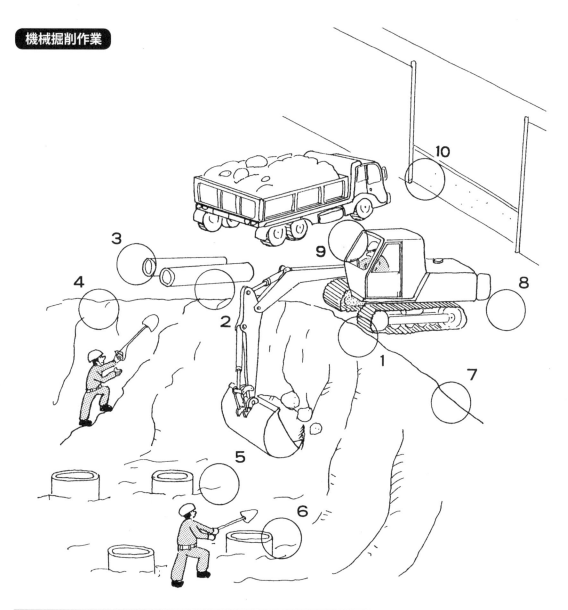

	予測される危険	主な関係法令
1	法肩が崩れ機械が転落する	安衛則 157 条、355 条、358 条
2	機械でヒューム管を荷下ろし中、ワイヤロープから荷が外れ落下する	安衛則 155 条、164 条、基発第 96 号 2
3	ヒューム管が法肩からころがり落ちる	安衛則 155 条、537 条
4	法面を昇降中の作業員が転落する	安衛則 526 条
5	作業員が機械のバケットに激突する	安衛則 155 条、158 条、159 条
6	作業員が杭穴から墜落する	安衛則 519 条
7	作業員が法肩から転落する	安衛則 519 条
8	付近で移動中の作業員に機械が接触する	安衛則 158 条、159 条
9	機械の運転者が機械から降りるときに機械に挟まれる	安衛則 160 条
10	ダンプカーが通行人をはねる	公衆要綱（土）第 14、16、20

図解 安全衛生法要覧　改訂第6版

2004 年　7 月 12 日　初版
2021 年 11 月　1 日　改訂第 6 版

編　　　者　建設労務安全研究会

発 行 所　株式会社労働新聞社
　　　　　　〒 173-0022　東京都板橋区仲町 29-9
　　　　　　TEL：03-5926-6888（出版）　03-3956-3151（代表）
　　　　　　FAX：03-5926-3180（出版）　03-3956-1611（代表）
　　　　　　https://www.rodo.co.jp　　　　pub@rodo.co.jp
表　　　紙　尾﨑 篤史
印　　　刷　モリモト印刷株式会社

ISBN 978-4-89761-872-2